"十四五"普通高等教育本科系列教材

 全国电力行业"十四五"规划教材

碳中和技术

主　编　明廷臻　王发洲

副主编　颜伏伍　王　真　韩　军

　　　　郭　嘉　卢雪松

参　编　彭　翀　李佳硕　肖海兵

　　　　吴华东　杨　露　张　佩

　　　　罗　聪　秦林波　徐勇庆

　　　　曾　奕　董　旭　刘志超

主　审　袁艳平

中国电力出版社
CHINA ELECTRIC POWER PRESS

内 容 提 要

本书在简要介绍气候变化、碳理论基础、碳排放核算等相关知识的基础上,详细阐述了不同行业和领域碳中和技术的相关知识,包括能源领域、建筑领域、钢铁领域、交通领域、化工领域、环境生态领域等,同时针对碳中和技术集成方法做了简要介绍并提供了相应的实际案例。为了适应不同行业领域读者群的需要,本书在取材上兼顾基础性、全面性和新颖性,以便为读者提供更多的关于碳中和技术的最新信息。同时,本书在叙述上力求通俗易懂,对涉及的相关理论只做适当介绍,不做深入探讨。

本书可作为普通高等学校能源动力类、土木类、建筑类、材料类、机械类、农业工程类、交通运输类、环境科学与工程类等工科类专业的本科教材,也可作为普通高等学校理学、工学、管理学等学科本科专业或研究生教材,还可作为素质教育用书,供有关工程技术人员和管理干部参考。

图书在版编目(CIP)数据

碳中和技术/明廷臻,王发洲主编.—北京:中国电力出版社,2023.5(2023.8重印)
ISBN 978-7-5198-7432-2

Ⅰ.①碳… Ⅱ.①明… ②王… Ⅲ.①二氧化碳-节能减排-研究-高等学校-教材 Ⅳ.①X511

中国国家版本馆 CIP 数据核字(2023)第 028664 号

出版发行:中国电力出版社
地　　址:北京市东城区北京站西街 19 号(邮政编码 100005)
网　　址:http://www.cepp.sgcc.com.cn
责任编辑:周巧玲
责任校对:黄　蓓　王海南
装帧设计:赵丽媛
责任印制:吴　迪

印　　刷:三河市航远印刷有限公司
版　　次:2023 年 5 月第一版
印　　次:2023 年 8 月北京第二次印刷
开　　本:787 毫米×1092 毫米　16 开本
印　　张:16.75
字　　数:415 千字
定　　价:48.00 元

序

当前人类共同面对的巨大挑战之一是全球气候变化。首先，人类活动不可避免地会产生碳排放，小到衣食住行，大到经济发展，无时无刻不在释放二氧化碳。其次，由于乱砍滥伐森林，减少了绿色植物的光合作用，地表水域逐渐缩小和降水量的降低，减少了对二氧化碳的吸收溶解，使得生态系统中二氧化碳生成与转化的动态平衡遭到破坏。气候变化已经不仅仅是子孙后代面临的危机，对于当代人更是迫在眉睫的威胁。随着经济的发展，中国碳排放逐年增加，应对气候变化事关国内国际两个大局，是推动经济高质量发展和生态文明建设的重要抓手，是参与全球环境治理的重要领域。

中国二氧化碳的排放来源主要包括能源、建筑、钢铁、交通、化工、环境与生态等行业领域。根据中国的"双碳"目标，碳排放的治理大致可划分为三个阶段，第一阶段（2021—2030年）碳排放达峰期、第二阶段（2030—2045年）加速减排期和第三阶段（2045—2060年）深度脱碳期。实现"双碳"目标必须推广普及和深入挖掘碳中和技术，主要包含能效提升、零碳排放和负碳技术。能效提升路线主要包括节能减排和提质增效两个方向；零碳排放路线主要包括能源替代及终端电气化两个方向；负碳技术则包括吸收转化二氧化碳技术、甲烷等非二氧化碳温室气体的降解技术、植树造林等。

《碳中和技术》一书围绕碳中和的基础理论和各行业新兴的技术开展阐述。从内容上看，该书主要分为四部分：第一部分介绍全球气候变化成因与后果，以及应对气候变化所面临的困难；第二部分讲述碳理论基础和碳排放核算方法，全世界碳排放量逐年增加，控制碳排放刻不容缓；第三部分详细介绍能源、建筑、钢铁、交通、化工、环境生态等领域的减碳新技术，取得的效果和未来的展望；第四部分介绍碳中和技术集成方法和案例。上述内容的介绍，有助于读者对主要领域的碳中和技术有较为全面的了解。

该书不仅是一本良好的普及气候危机和碳中和方面的基础读物，而且有助于读者较全面地了解当前各主要领域的一些新兴碳中和技术。书中内容涉猎面广，可为不同行业的从业人员开拓减排新思路，也为碳中和技术集成的综合应用提供新的思路。相信该书会为各行业领域从事碳中和技术的工程技术人员提供有价值的参考。

潘垣

2022 年 10 月
华中科技大学

前 言

工业革命以来，世界各国通过大力开采和使用化石燃料来实现经济的飞速发展，向大气中排放了大量的温室气体，带来了严重的气候危机。2020 年全球仅与能源相关的二氧化碳排放量就高达 315 亿 t，并且呈现不断增长的趋势。根据联合国政府间气候变化专门委员会（IPCC）报道，当前全球表面平均温升为 1.09℃，所导致的气候变化已成为 21 世纪人类面临的最重要难题。2022 年 6 月至 8 月，全球多个国家和地区出现了 100 多年来的历史最高气温及最大范围的高温天气。全球变暖的进一步加剧引发了冰川融化、极端高温、森林火灾、火山爆发、疾病增多、生态破坏等一系列问题，涉及人类生活的方方面面。

实现碳达峰、碳中和目标，将促使人类历史上第一次实现跨国跨界、全球协作的能源革命和产业变革。在全球范围内各行业领域交叉融合、开发碳中和技术是应对气候变化与可持续发展的必然选择。在《巴黎协定》签署 5 周年之际，中国向世界宣告 2030 年前实现碳达峰，2060 年前力争实现碳中和的目标，这不仅是我国积极应对气候变化的国策，也是基于科学论证的国家战略。该目标对我国是挑战，更是机遇，将催生各行业领域交叉融合的新理论、新技术、新产品及新产业发展，从而实现经济、能源、环境、气候的可持续发展。

各行业努力实施碳达峰、碳中和的国家战略，实现低碳转型，必定需要不同学科之间在基础理论、方法与手段、技术与应用等多方面开展广泛和有深度的交叉融合。另外，国家机关、高校、科研院所、企业等决策者、科研人员、工程技术人员、大学生及广大社会有识之士均需了解不同领域的碳中和知识，但目前国内外尚缺乏一本系统介绍碳中和相关技术的教材。正是基于这样一个目的，本书编写团队以多年来在相关领域的科学研究、工程技术、应用与实践等方面的积累为基础，编写了本书，目的是向大家介绍不同行业和领域碳中和技术的相关知识，主要包括能源领域、建筑领域、钢铁领域、交通领域、化工领域、环境生态领域等，同时针对碳中和技术集成方法进行介绍并提供相应的实际案例。本书力求资料新颖、内容全面、叙述简洁，力图为读者提供更多碳中和技术的最新知识。此外，本书在编写上也力求兼顾大学生科学素质教育的要求以及不同领域工程技术人员的需要，在理论上不做深入的探讨，叙述上力求通俗易懂，可读性强。本书配套丰富的数字资源，可扫描二维码阅读。

全书共十章，由明廷臻、王发洲任主编，颜伏伍、王真、韩军、郭嘉、卢雪松任副主编。各章的执笔负责人及参与人如下：第一章由武汉理工大学明廷臻教授和黄冈师范学院卢雪松教授负责，职聪聪、丁鑫源、杨凯、王庆港参与；第二章由武汉理工大学明廷臻教授负责，董旭、李澳铖、李泽昊、欧阳彝廉参与；第三章由山东大学李佳硕教授负责，熊寒冰、杜美伦、刘雅晨参与；第四章由华中科技大学罗聪副教授负责，徐勇庆、熊寒冰、杜美伦、刘雅晨参与；第五章由武汉理工大学王发洲教授负责，刘志超、杨露、李智勇、刘栋城、高亚辉参与；第六章由武汉科技大学韩军教授负责，秦林波、张贺珺、史传杰、张鹏参与；第七章由武汉理工大学颜伏伍教授负责，张佩、职聪聪、丁鑫源、杨凯参与；第八章由武汉工程大学郭嘉教授负责，吴华东、李澳铖、李泽昊、欧阳彝廉参与；第九章由华中农业大学王真教授负责，肖海兵、曾奕、职聪聪、丁鑫源、杨凯参与；第十章由华中科技大学彭翀教授负责，舒建峰、李月雯、李澳铖、李泽昊参与。明廷臻、王发洲、颜伏伍、韩军、郭嘉、王真、卢雪松多次参与全书框架结构与内容的讨论，明廷臻负责全书统稿；王发洲、颜伏伍、韩军、郭嘉、王真、卢雪松、罗聪、李佳硕参与各自章节的校稿，明廷臻负责全书校稿，石天豪、王庆港、赵思童、王文静、杨迪、胡善江、杨心怡、刘文倩、雷瞳、周继远、赵东豪协助校稿；全书的图片整理和文献校对由卢雪松负责，石天豪、王庆港、赵思童参与部分工作。

衷心感谢建筑环境与能源应用工程专业教学指导委员会主任委员、清华大学朱颖心教授给予本书精心的指导；诚挚感谢西南交通大学袁艳平教授百忙之中抽出宝贵时间担任本书的主审并提出了许多中肯的意见。

碳中和技术覆盖面广，发展也十分迅速，各种创新技术层出不穷。随着科学技术不断发展，本书的内容需要与时俱进、不断更新。另外，由于编者水平所限，书中若有疏漏之处，恳请各位读者批评指正。

编者 明廷臻

2023 年 5 月于武汉理工大学

配套数字资源

目 录

第一章 概　　述

第一节　全球能源生产与消费

一、全球能源生产情况

能源是世界各国国民经济命脉。能源生产和消费状况反映了一个国家的社会发展水平及人民生活水平的高低。图 1-1 所示为 2020 年中国、美国、俄罗斯、沙特阿拉伯、澳大利亚和加拿大六个主要能源生产国的天然气、原油和原煤这三种主要能源的生产情况。美国是天然气和原油的最大生产国，中国是煤的最大生产国。而天然气、原油和原煤三种主要能源生产总量从大到小依次为中国、美国、俄罗斯、沙特阿拉伯、澳大利亚和加拿大。

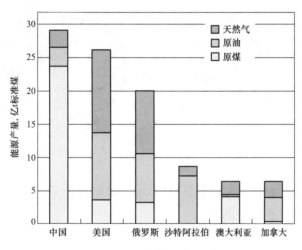

图 1-1　2020 年能源产量对比

中国能源生产结构特点是多煤少油缺气。图 1-2 所示为中国原煤、天然气和原油产量变化趋势图。自 2003 年至 2021 年中国能源生产总量从 17.8 亿 t 标准煤增长至 43.3 亿 t 标准煤，增长率为 143%。其中，原煤从 13.5 亿 t 标准煤增长至 29.0 亿 t 标准煤，增长率为 115%，原油从 2.4 亿 t 标准煤增长至 2.9 亿 t 标准煤，增长率为 21%，天然气从 0.5 亿 t 标准煤增长至 2.6 亿 t 标准煤，增长率为 420%。图 1-3 所示为 2003 年和 2021 年中国能源生产结构对比图。与 2003 年相比，2021 年中国原煤和原油的比重有所下降，而天然气和一次电力及其他能源所占比重有所增加，原煤比重从 75.7% 下降至 67%，原油比重从 13.6% 下降至 6.6%，天然气比重从 2.6% 增长至 6.1%，一次电力及其他能源比重从 8.1% 增长至 20.3%。

近 30 年来，美国、沙特阿拉伯、澳大利亚、加拿大的一次能源供应量分别增长了 6%、270%、52% 和 36%。其中，俄罗斯为世界上重要的原油生产国和出口国，更是天然气市场的巨头。欧盟对俄罗斯天然气的进口占欧盟天然气需求量的 40%。近年来，随着欧洲国内

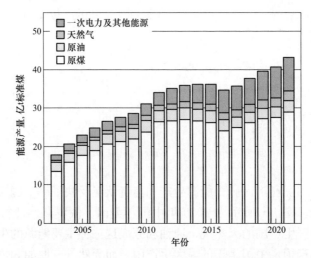

图 1-2 中国原煤、天然气和原油产量变化趋势

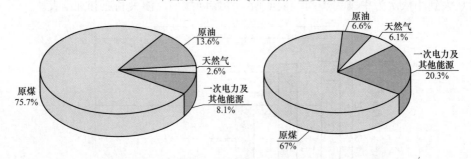

图 1-3 2003 年与 2021 年中国能源生产结构对比

天然气产量的下降，这一份额有所增加。2021 年，俄罗斯成为世界第四大液化天然气出口商，约占全球液化天然气供应量的 8%。

二、全球能源消费情况

全球能源消费结构主要由石油、天然气、煤炭三大传统能源构成，其余还包括了核能、水电和可再生能源。从全球能源消费结构看（见图 1-4），从 2000 年到 2019 年，全球煤炭需求总量稳步上升，近几年开始下降；而天然气和非化石能源消费量则保持高速增长趋势，绿色低碳能源消费占比稳步提升，并逐渐填补煤炭消费占比下降的缺口，由此可见全球能源消费结构将向清洁、低碳和多元化转变[1]。

从全球主要能源消费国看（见图 1-5），2019 年全球主要能源消费国三大传统能源的消费占比分别为美国 82.7%、日本 87.6%、中国 85.1%、印度 92%、俄罗斯 88.9%。其中，煤炭消费中国和印度位居第一和第二，2019 年分别达到 57.9%、57.5%，是煤炭消费大国；美国和日本能源消费结构从某种程度上呈现出一定的多元化发展趋势；俄罗斯因为天然气资源充足，在能源消费结构中天然气占据主导地位。

随着新冠肺炎疫情防控进入常态化，世界各地区逐步放松管制，经济活动逐渐复苏，全球能源消费量开始大幅增长。《BP 世界能源统计年鉴 2022》指出，2021 年全球一次能源消费量大幅反弹，增长近 6%，碳排放量上升 5.7%，接近 2019 年的水平，扭转了 2020 年全球大部分地区疫情期间能源消费急剧下降的趋势；全球石油消费 2021 年增长 534.2 万

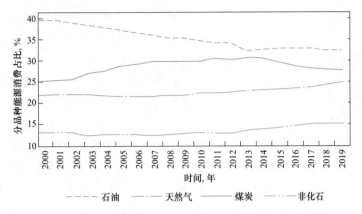

图 1-4　2000—2019 年全球一次能源消费结构变化趋势[1]

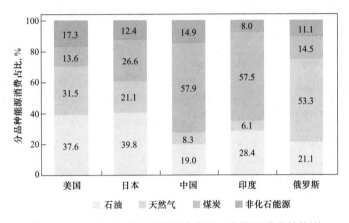

图 1-5　2019 年全球主要能源消费国一次能源消费结构[1]

桶，全球天然气需求 2021 年增长 5.3%，恢复到 2019 年疫情大流行前的水平；煤炭消费量在 2021 年增长超过 6%，达到了产量与消费量相匹配；可再生能源在 2021 年增长 15%，高于当年任何其他燃料的增幅[2]。图 1-6 所示为 2020 年与 2021 年全球一次能源消费量占比图。

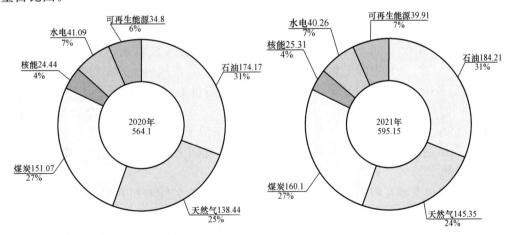

图 1-6　2020 年与 2021 年全球一次能源消费量占比[2]（单位：EJ）

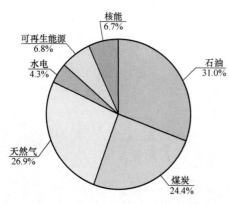

图 1-7　2022 年全球能源消费结构及比重

图 1-7 所示体现了 2022 年全球能源消费结构及比重。与 2021 年相比，一次能源占比仍在增加，煤炭消费占比在减少。

能源消费增加的同时，二氧化碳（CO_2）排放量也在增加。2021 年的全球碳排放量比 2020 年增加了 $1805.6 \times 10^6 t$，达到了 $33\,884.1 \times 10^6 t$，同比增长 5.7%。其中能源产生的 CO_2 排放量增加了 5.9%。2011—2021 年全球能源碳排放趋势见图 1-8。在碳中和时代背景下，寻求绿色发展路径是满足经济发展需求，实现碳中和的最优方案。全球大多数国家都在倡导低碳，纷纷将能源的绿色转型，大力使用清洁能源作为助力经济增长、应对气候变化和实现能源安全的重要途径。

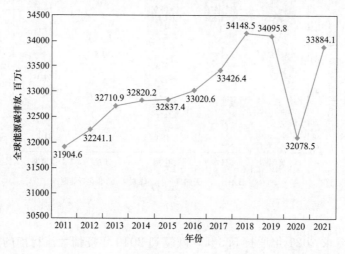

图 1-8　2011—2021 年全球能源碳排放趋势

三、能源消费造成的影响

1. 工业领域

大气污染目前是中国乃至全球面临的非常严峻的环境问题之一。工业大气污染物种类繁复，从传统的工业废气如 SO_2、烟尘、粉尘等，到可吸入颗粒物（PM10）、细颗粒物（PM2.5）等[3]。2019 年中国工业增加值为 31.7 万亿元，占国内生产总值的 32%。但中国工业高能耗、高排放特征依旧显著[5]。在世界能源消费量中，中国消耗占比约为 20% 能源、11% 石油和 50% 煤炭[5]。据中国环境统计年报（2005—2015 年）统计，全国废气中主要空气污染物（SO_2、NO_x 及烟粉尘）排放 70%～80% 来源于工业行业。化工原料和化工产品制造、造纸及纸制品制造、纺织制造、煤炭开采和洗煤四大行业的工业固体废物达到 31.1 亿 t，占总量的 95.1%（见图 1-9）[6]。

中国污染场地主要有四类，包括重金属污染场地、持久性有机污染场地、有机污染场地（如石油、化工、焦化）和电子废物污染场地[7]。四种不同类型的污染场地的相关污染物列在表 1-1 中，几乎可以在所有环境介质中找到，甚至是深层土壤和受污染场地内的地下水。

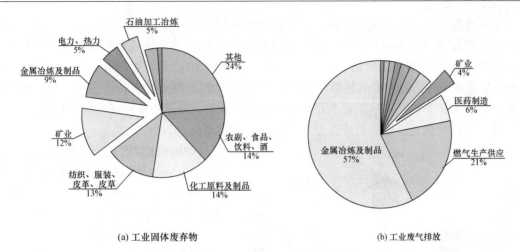

(a) 工业固体废弃物　　　　　　　　　　　(b) 工业废气排放

图 1-9　2015 年中国工业污染物排放[6]

表 1-1　　　　　　　　　　中国不同类型工业污染场地的主要产业和污染物

污染物场地类型	产业类型	主要污染物
重金属污染	钢铁冶炼、矿业、化学固体废物堆放	砷、铅、镉、汞、铬
持续性有机污染	化学、农药生产、拆卸和掩埋电容器	双对氯苯基三氯乙烷、六氯苯、氯丹、灭蚁灵、多氯联苯二噁英、多溴联苯醚
有机污染	石化、炼焦	苯、碳氢化合物、重金属
电子废物污染	电子废弃物处理	重金属、溴化阻燃剂、二噁英

　　中国环境公报数据显示，2018 年，338 个地级及以上城市发生重度污染 1899 天次、严重污染 822 天次，以 PM2.5 为首要污染物的天数占重度及以上污染天数的 60% 以上。随着大气污染物对人类健康威胁逐步增大，多所世界权威机构对此展开研究，并指出在大气处于重度污染的情况下，血管系统疾病、呼吸系统疾病的发病率会随着 PM2.5 的增加而提高，严重时甚至产生死亡。

　　2. 交通运输

　　物流和运输活动是全球经济发展的基本支柱之一。1999—2016 年，美国运输相关需求的年均增长约为 10%，交通运输对欧洲 GDP 的贡献约为 5%[8]。然而这种经济繁荣伴随着一系列的负外部性。运输领域是全球能源消耗的主要贡献者之一，几乎占全球能源消耗的 29%，并产生高达 24% 的全球 CO_2 排放量[9]。近年来，中国交通运输业能源消耗主要以高污染、高排放的汽油、煤油、柴油为主，占交通运输业总能源消耗的 69.5%，电力、天然气等清洁能源的使用在交通运输业仍占比较少。

　　3. 建筑业

　　建筑作为与交通、工业并列的能源消耗和碳排放三大部门之一，其能源消耗和碳排放占比超过 1/3。据国际能源署（IEA）《2020 年能源技术展望》[11]中指出，2018 年全球终端能源消费达到了 99.4 亿 t 标准油，其中建筑部门能源消耗占全球终端能源的 35%，而碳排放则占全球碳排放的 38%，其中还不包括建筑材料生产和建筑拆除两个阶段的能源消耗和碳排放。

2019 年联合国气候变化大会指出，全球建筑部门和建筑业的碳排放量占碳排放总量的近 40%。在新兴经济体和发展中国家，人口数量的不断增长及购买力的快速提升导致建筑的能源需求在 2060 年可能增加 50%[12]。此外，预计到 2050 年，建筑存量将翻一番，这将导致全球建筑中的能源和排放持续增加[13]。作为最大的发展中经济体，中国正面临着快速增长的家庭能源需求[14]，这需要大量的化石能源的使用，并进一步增加 CO_2 的排放[15]。近 10 年来，中国居住建筑驱动的碳排放显著增加，年均增长 5.76%[16]。

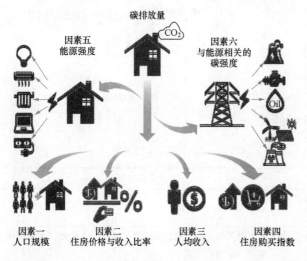

图 1-10　基于卡亚恒等式的住宅建筑部门碳排放模型[12]

《中国建筑能耗研究报告 2020》指出，近 20 年来因建筑存量的不断增加，中国建筑全寿命周期（宏观建筑部门）碳排放总量的变化呈现持续增长的状态，且年均增长率达到了 8.6%，2017 年中国建筑全寿命周期的碳排放总量达到了 47.5 亿 tCO_2，其中建筑运行和建筑材料生产两个阶段的碳排放量占总排放量的 96% 以上[17]。基于卡亚恒等式的住宅建筑部门碳排放模型见图 1-10。

CO_2 的大气富集和其他温室气体（例如 CH_4、N_2O）正在增加全球温度，随之而来的是对生态系统[18]及生物群，尤其是植物物种[19,20]的影响。全球变暖正在推动物种范围向极地和温带纬度的更高海拔方向发展[21]。气温升高和全球变暖可能会减少全球粮食收成[22]，并导致海平面上升、沿海地区被淹没、害虫和病原体传播等[23]。气候变化的原因及其对人群健康的影响见图 1-11。

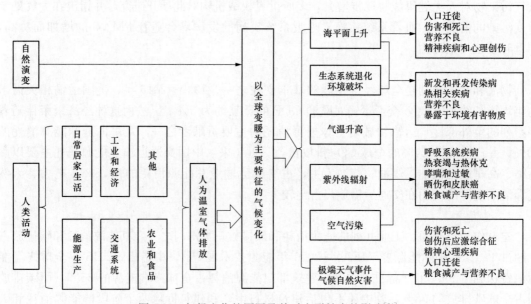

图 1-11　气候变化的原因及其对人群健康的影响[24]

第二节 全球气候变化及温室效应

全球气候变化是指在全球范围内，气候平均状态发生统计学意义上的巨大改变或者持续较长一段时间的气候变动。发生气候变化的原因可能是自然的内部进程、外部强迫或人为持续对大气成分和土地利用的改变。联合国政府间气候变化专门委员会（IPCC）在第五次报告中指出，人类活动造成的温室气体浓度增大很可能是造成全球气候变暖的重要原因。自工业化以来，受经济和人口增长的推动，人为温室气体排放持续增加，导致大气中 CO_2、甲烷（CH_4）、一氧化二氮（N_2O）等气体的浓度达到了过去 80 万年中前所未有的水平[25]，对全球气候、生态、物种等方面均造成了不利影响。

一、气候变化现象

1. 气候

气候包括气温、降水、光照，属于包含关系。IPCC 第五次报告指出，与 1986—2005 年相比，预计 2016—2035 年全球平均地表温度将升高 0.3～0.7℃，2081—2100 年将升高 0.3～4.8℃。增温幅度会随着温室气体排放量的变化而变化，温室气体排放量越多，增温幅度将越大。自 1950 年以来，极端天气和气候事件也在逐渐发生变化，主要表现在低温极端事件的减少、高温极端事件的增加、极端海平面上升（如风暴潮）以及部分区域的强降水事件的增加。2000—2022 年全球发生的破纪录极端气象事件及其影响见表 1-2。

表 1-2　　　　　2000—2022 年全球发生的破纪录性极端气象事件及其影响[26]

年份	地　区	极端气象事件	影响及损失
2000	英格兰和威尔士	1766 年以来最潮湿的秋天	损失 13 亿欧元
2002	中欧	德国 1901 年以来最高日降雨量	布拉格和德累斯顿的洪水造成损失 150 亿美元
2003	欧洲	至少 500 年来最热的夏天	逾 7 万人死亡
2004	南大西洋	1970 年以来南方的第一次飓风	造成 3 人死亡，4.25 亿美元损失
2005	北大西洋	自 1970 年以来，热带风暴、飓风和五级飓风数量创下纪录	美国最严重的自然灾害，造成 1836 人死亡
2007	中东	1970 年以来中东最强的热带气旋	阿曼史上最严重的自然灾害
	英格兰和威尔士	自 1766 有记录以来 5～7 月最潮湿	大洪水造成 30 亿美元的损失
	南欧	1891 年希腊有记录以来最热的夏天	爆发了毁灭性的野火
2009	澳大利亚东南部	热浪打破了许多气象台站的温度纪录	有记录以来最严重的山火，造成 173 人死亡 13 500 所房屋被毁
2010	俄罗斯西部	1500 年以来最热的夏天	莫斯科周边 500 场山火导致粮食减产 30%
	巴基斯坦	创造新的降雨纪录	巴基斯坦史上最严重的洪水造成近 3000 人死亡和 2000 万人受灾
	澳大利亚东部	自 1900 年以来 12 月的最高降雨量	造成 23 人死亡，25.5 亿美元损失
2011	美国南部	自 1950 年以来龙卷风最活跃的 4 月	龙卷风造成 116 人死亡
	美国东北部	自 1880 年以来最潮湿的 1～10 月	飓风袭击导致严重的山洪暴发

续表

年份	地区	极端气象事件	影响及损失
2011	得克萨斯州	自 1880 年以来最热和干旱的 7 月	野火烧毁了 300 万英亩农田
	欧洲	自 1880 年法国有记录以来最热的春天 1901 年以来荷兰和挪威最潮湿的夏天	法国谷物收成下降 12%
	日本	破 72h 内降雨量纪录	造成 73 人死亡，20 人失踪
	韩国	自 1908 年以来最潮湿的夏天	首尔发生洪水造成 49 人死亡，77 人失踪，12.5 万人受灾
2012	中国	自 1951 年以来最强暴雨	北京市经济损失近百亿元，造成 77 人遇难
	美国	自 1895 年有记录以来最热的一年	6 月下半月持续一个多星期的高温天气造成至少 74 人死亡
2015	南美洲	南美洲中部遭遇数十年来最强降雨	巴拉圭、阿根廷、乌拉圭和巴西四国的许多城镇被洪水侵袭，沦为泽国，17 万人被迫从家乡撤离
2018	日本	近几十年来最炎热的夏天	高温热浪造成 80 人死亡
2019	南澳大利亚	破了 1939 年 1 月创下的最高气温纪录	—
2020	澳大利亚	爆发史上最强大火	200 多天的大火导致超 10 亿只动物葬身火海
	南极	破南极大陆观测到的最高温度纪录	—
2021	美国	得克萨斯州暴雪天气	导致 440 万人断电，造成多人死亡
2022	英国	伦敦希斯罗机场破最高气温纪录	—
	中国	破 1961 年有完整气象观测记录以来区域性高温事件综合强度记录	—

2. 生态

气候变暖会对全球生态系统造成巨大的影响，尤其是海洋生态系统。海洋生态系统被认为是氧气的最大生产者和 CO_2 的最大吸收者，气候变暖会使海洋中的碳酸氢盐缓冲带遭到破坏，导致海洋酸化，从而严重影响海洋生态系统和沿海生物多样性[27]。同时，气候变暖还会导致中高纬度地区的植被枯萎和减产、山区植物向顶峰迁移、冻土退化等现象的产生。

全球变暖将导致北极冰川进一步融化从而使得海平面持续上涨。IPCC 预测，按照目前的全球变暖趋势，到 2100 年，全球冰川体积将减小 15%～85%，全球海平面将上升 0.26～0.82m。研究表明[28]，海平面的上升会引发一系列的连锁反应，包括陆地淹没、极端海平面事件（如天文潮汐和风暴潮、洪水的爆发、水土流失、盐渍化等[29]）发生频率增加。如果全球变暖继续以这种方式持续下去，到 21 世纪末，海洋生态系统的很大一部分可能会遭到破坏或枯竭，这将使海洋生态系统变成生态沙漠，不再具有生产力[30]。

气候变暖、降水减少加剧了土壤的干旱化，这使得植被盖度降低，土壤结构变得更加松散，加速了土地的荒漠化。另外，由于气候变暖，大范围气候持续干旱，各种淡水资源（冰川、湖泊、河流等）受到严重影响，导致冰川退缩、河流水量减少或断流、湖泊萎缩或干涸，地下水位下降。大面积的植被因缺水而死亡，失去了保护地表土壤功能，加速了河道及其两侧沙化土地的扩展及沙漠边缘沙丘的活动，使荒漠化面积不断扩大。随着气候变暖，沙漠地区土壤中的氮元素将会以气体的形式大量流失，从而导致生长在沙漠里的植物也越来越少。

3. 物种

全球气候变暖极大地阻碍了海洋浮游植物、渔业资源及海洋藻类的生长，还导致一些对温度敏感的鱼类面临灭绝的风险。除此之外，局部地区干旱化趋势明显，导致植物生产量降低，能供养的动物数量锐减，很容易造成物种的灭绝，而在脆弱的生态系统中个别物种的灭绝又极易导致连锁性的物种灭绝事件发生。

按照现在的全球变暖趋势，至2100年将有六分之一的物种面临灭绝风险[31,32]。到21世纪末，热带太平洋的温度将上升3℃以上，这将威胁到50%～80%的海洋物种，特别是浮游生物[33]，从而严重影响海洋生物多样性。预测未来50年内，浮游生物和鱼类的数量将减少到目前水平的50%～90%，到2100年底，全球变暖导致的海洋酸化可能会使得92%的海洋礁鱼面临灭绝的危险[34]。

气候变暖所导致的高温热浪、光化学污染是影响人体健康的重要因素。世界卫生组织指出，每年因气候变暖而死亡的人数超过10万人。除此之外，气候变暖导致的臭氧空洞使白种人的皮肤患癌病率增加了约3%。因气候变暖而助长病原性媒介疾病的传播也是危害人体健康的重要因素之一。

随着气候变暖，冻土或者冰层融化很可能释放出存活了数百万年甚至数亿年的远古病原体。会对疟疾、丝虫病、血吸虫病、登革热、黄热病、裂谷热、脑炎等虫媒疾病的传播起到推波助澜的作用，使一些虫媒疾病死灰复燃。

二、温室效应

地球与太空之间主要是通过辐射过程交换能量并且保持辐射平衡。对于地球大气，其能量存在和交换形式不仅有辐射能，还有水发生相变（降水、蒸发）伴随热量交换、冷暖空气流动的能量传递以及空气与下垫面间的热量交换。要想保证地球温度处于相对稳定状态，首先要保持地球及其表面的大气环境处于热平衡状态，即大气、地面、地气系统的能量应保持在一定水平上的平衡状态。图1-12所示为地球热平衡示意。

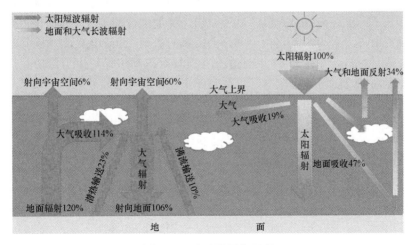

图 1-12　地球热平衡示意

随着人口增加、工业技术进步，人类活动极大地改变了土地利用模式。特别是工业革命后，大面积森林被砍伐、大片草地消失退化，化石燃料使用量以惊人速度增长，CO_2、CH_4、N_2O、氢氟碳化物（$HFCs$）、全氟烃（$PFCs$）和六氟化硫（SF_6）等温室气体排放量也随之增加。这使得大气中温室气体浓度剧增，地球吸收的热量大于其向外辐射到太空的热量，地球环境热平衡受到破坏，从而导致气候逐渐变暖。

第三节　碳中和技术由来

一、应对气候变化措施

自 19 世纪中叶伴随工业化开始，全球温度总体呈现出变暖和温度上升加速的趋势。世界气象组织（WMO）的数据显示，全球平均气温比工业化开始普及之前高了近 1℃。按照这个趋势，到 2100 年全球气温将比工业化前水平高 3～5℃。联合国政府间气候变化专门委员会（IPCC）在第六次评估报告中指出，如果不采取干预措施，将导致海平面上升、极端天气增多、生物灭绝等灾难性后果。面对气候变化，各国主要以能源为核心领域减少温室气体排放，并以技术创新为重点实现低碳发展。各国将低碳发展的重点均放在改造传统高碳产业，强化低碳技术创新上，并达成了一系列与非 CO_2 温室气体减排、自然和生态系统和减塑相关的承诺和公约，主要包括以下几点：

（1）承诺停止砍伐森林。2021 年 11 月，114 个国家共同签署了《关于森林和土地利用的格拉斯哥领导人宣言》，承诺到 2030 年停止砍伐森林，扭转土地退化状况。中国、俄罗斯、巴西、哥伦比亚、印度尼西亚和刚果民主共和国都签署了该宣言，这些国家陆域森林覆盖面积超过全球 85%，并且将提供 192 亿美元的公共和私人资金的支持。

（2）开发清洁技术。2021 年 11 月，超过 35 个国家的领导人支持并签署了新的《格拉斯哥突破议程》，该议程将促使各国和企业共同努力，在十年内大幅加快清洁技术的开发和部署，并推动其成本的降低。

（3）减少甲烷排放。已有近 90 个国家加入了"全球甲烷承诺"（Global Methane Pledge），承诺到 2030 年使甲烷排放水平比 2020 年的水平低 30%。中国也在格拉斯哥大会期间与美国共同发布了《中美关于在 21 世纪 20 年代强化气候行动的格拉斯哥联合宣言》，其中就提出已认识到甲烷排放对升温的显著影响，将加大行动控制和减少甲烷排放。

（4）塑料污染防治。2022 年 3 月，175 个国家的代表在联合国环境大会第五届会议续会上通过了终结塑料污染，并在 2024 年前达成一项具有国际法律约束力的协议。这个决议将塑料的整个生命周期的防治考虑在内，包括生产、设计和处置。联合国环境署也宣布，将与价值链上任何有意愿的政府和企业合作，摆脱单一用途塑料的生产使用。

（5）加强温室气体管控。2016 年 10 月，197 个缔约方达成的《〈蒙特利尔议定书〉基加利修正案》（简称《基加利修正案》），就减排导致全球变暖的强效温室气体氢氟碳化物（HFCs）达成一致。根据《基加利修正案》要求，中国 2024 年将氢氟碳化物的生产和消费冻结在基线水平，2029 年在基线水平上削减 10%，到 2045 年削减 80%。中国决定接受《基加利修正案》，承诺加强非 CO_2 温室气体管控，相当于进一步提升应对气候变化的行动力度。

全球温室气体（GHGs）是气候变化的主要驱动因素，预计到 2050 年温室气体排放量将增加 50%，如果温室气体排放量继续以目前的速度上升，会使碳循环脱离其动态平衡，导致气候系统发生不可逆转的变化，因此，必须通过各种社会经济和技术干预措施，共同努力减少碳排放和增加碳固存。

（6）提高能源利用效率。在保证经济持续发展的基础上实现 CO_2 减排目标，其中一个有效的措施是提高能源利用效率，提高能源利用效率是减少能源消耗强度、缓解能源供求结构矛盾的重要手段。在以煤为主的中国能源结构中，实现减排关键的步骤是控制燃煤 CO_2 的排放。中国和国际先进水平相比，单位 GDP 能源强度、主要耗能产品单位能耗、主要耗能设备能源利用效率等均有不同程度的差距，中国在节能和提高能源效率方面潜力很大。

（7）发展可再生能源。化石能源是有限的，而地球上的可再生能源不仅资源丰富，并且无污染，在不久的将来会取代化石能源成为能源消费结构中的主体。在可再生能源中，发展利用太阳能、风能和海洋能，被认为是实现碳中和最有效的手段。核能和氢能具有低资源消耗和低污染风险优势，发展核能和氢能被确定为确保国家能源安全和实现碳中和目标的战略途径，除此之外，生物能源也是重组能源供应和消费结构的关键。

（8）森林碳汇。森林是陆地生态系统中最大的碳库，在降低大气中温室气体浓度、减缓全球气候变暖中具有十分重要的作用。森林植物通过光合作用将大气中的 CO_2 吸收并固定在植被与土壤当中，从而减少大气中 CO_2 的浓度。1997 年通过的《京都议定书》承认森林碳汇对减缓气候变暖的贡献，并要求加强森林可持续经营和植被恢复及保护，允许发达国家通过向发展中国家提供资金和技术，开展造林、再造林碳汇项目，将项目产生的碳汇额度用于抵消其国内的减排指标。

（9）发展 CCUS 技术。CO_2 减排除了生态的自我吸收、源头控制，另外最重要的便是 CO_2 捕集、利用和储存（CCUS），这是一项可实现大规模 CO_2 减排的前沿技术，该技术包括三个不同的过程：从排放源中分离 CO_2，CO_2 的转化、利用和运输，以及与大气长期隔离的地下储存。国际能源署（IEA）预测，仅通过提高能源利用效率和调整能源结构无法完成减排任务，还必须捕集和储存 19% 的 CO_2 排放，以将全球温升控制在 2℃ 以内。

二、应对气候变化政策

（一）国际政策

气候变化的影响是全球性的，绝非一时、一地、一国的问题，需要国际社会的共同行动。1988 年成立的联合国政府间气候变化专门委员会（IPCC），目前已经发布了 6 次评估报告，对与气候变化有关的科学、技术、经济、社会等方面的资料和成果进行了评估，为人类应对气候变化做出了卓越的贡献。在 IPCC 成立后多个国家一起制定了一系列应对气候变化的国际政策，最为重要的有三个。

（1）《联合国气候变化框架公约》。1992 年 6 月，在巴西里约热内卢举行的联合国环境与发展大会上，150 多个国家和地区组织共同签署了《联合国气候变化框架公约》（UNFC-CC），并于 1994 年 3 月 21 日起开始生效，公约明确对缔约方承诺的义务做出了规定，其中在第 4.1 条款中明确规定了发达国家与发展中国家应对全球气候保护承担"共同但有区别的责任"的原则。为落实《联合国气候变化框架公约》的相关内容，从 1995 年起，联合国每年召开一次公约缔约方大会（COP），共同商讨气候变化问题。

（2）《京都议定书》。1997 年 12 月 11 日，在《联合国气候变化框架公约》缔约方第三次会议（COP3）上，各缔约方代表签署了《京都议定书》，使《联合国气候变化框架公约》的实施又向前迈进了重要的一步。《京都议定书》是国际社会在防止全球气候变暖的国际合作方面取得的一份具有里程碑意义的国际法文件，主要在两个方面为全球共同应对气候变化的挑战做出了贡献：一是对其附件一中所列缔约方（主要发达国家）的温室气体排放做出了具有法律约束力的定量限制；二是确定了帮助缔约方减轻其承担减排与控排义务费用的 3 个灵活机制。

（3）《巴黎协定》。2015 年 12 月 12 日，在第 21 届联合国气候变化大会（巴黎气候大会）上通过了《巴黎协定》，于 2016 年 4 月 22 日在美国纽约联合国大厦签署并于同年 11 月 4 日起正式实施。这是由全世界 178 个缔约方共同签署的气候变化协定，该协定是对 2020 年后全球应对气候变化的行动做出的统一安排。《巴黎协定》的长期目标是将全球平均气温较前工业化时期上升幅度控制在 2℃ 以内，并努力将温度上升幅度限制在 1.5℃ 以内[35]。

（二）各国政策

尽管应对气候变化的国际机制在某些特定领域制约了主权国家的行为，限制了主权国家的权利，但在国际无政府状态的背景下，各主权国家才是目前世界政治中最重要的行为体，国家的政策行为极大地影响了国际气候治理机制的运行与效用，因此主权国家在国际气候治理机制的创建中起着决定性作用。

1. 欧盟政策

在气候变化政策的目标制定上，欧盟一直以争当该领域的"领军者"为己任，不仅为每个成员国制定减排责任和能源政策细化目标，更是给自身制定宏远目标，为其他国家做出"示范与引领"。随着气候变化影响的日益突出，适应气候变化被提上欧洲气候政策议程。由于科学发展的推动，从 2005 年开始，欧盟各成员国开始制定和采取全面的国家适应政策，以进一步鼓励、促进和协调国家间的适应行动。随着《欧洲适应气候变化绿皮书：欧盟行动选择》与《适应气候变化白皮书：面向一个欧洲的行动框架》的相继发布，欧盟委员会意识到了在欧盟境内实施全面的适应战略的重要性。欧盟应对气候变化的措施可分为五个阶段[36,37]，见表 1-3。

表 1-3　　　　　　　　　　分阶段推进的欧盟气候变化适应举措概览

阶段划分	标志性战略	主 要 内 容
第一阶段 （2005—2008 年）	《欧洲适应气候变化绿皮书：欧盟行动选择》	尽早在欧盟开展行动，包括将适应纳入欧盟法律和资助计划的制定和执行过程中；将适应纳入欧盟的外部行动中，特别是加强与发展中国家合作；通过集成气候研究扩大知识基础，从而减少不确定性；欧洲社会、经济和公共部门共同准备协调、全面的适应战略
第二阶段 （2009—2012 年）	《适应气候变化白皮书：面向一个欧洲的行动框架》	建立欧盟应对气候变化的影响与后果的知识库；将适应纳入欧盟的关键政策领域；实施综合性的政策工具确保有效适应；加强适应领域的国际合作
第三阶段 （2013—2020 年）	《欧盟适应气候变化战略》	促进欧盟各成员国的行动；更好的知情决策；不受气候变化影响的欧盟行动
第四阶段 （2020—2030 年）	《2020 年至 2030 年气候和能源政策框架》	达成 2030 年前温室气体减排 40%、可再生能源消费占比 27%、能源效率提升 27% 等目标
第五阶段 （2030—2050 年）	《欧洲绿色协议》	借助具有现代性、资源高效和竞争性的经济，将欧盟转变为一个公平、繁荣的社会，使其在 2050 年温室气体达到净零排放，实现经济增长与资源利用脱钩

2. 美国政策

美国是联邦制国家，联邦政府和州政府都有自己的政策，这些政策间并没有绝对的统一，导致美国在气候变化立法方面进展缓慢。

1978 年，加州的民主党议员提出《国家气候计划法案》，这是最早出台的有关气候变化的法案。1990 年出台的全球变化研究法（USGCRP）得到国会立法保证，并要求通过国家科技委员会（NSTC）成立地球与环境科学委员会（CEES），这是目前最重要的气候变化研究立法。1992 年能源法案中也涉及温室气体减排的政策，这是目前最主要的减排法律依据。其间政府也积极参与《京都议定书》的制定，1997 年克林顿政府签署了《京都协议书》。

2000 年后，立法活动趋缓，同时由于政府换届，美国的态度发生变化，2001 年总统布什退出《京都议定书》，提出了新的气候变化研究动议（CCRI），意在研究气候变化的不确定性和鉴别优先领域，同时提出的还有国家气候变化技术动议（NCCTI），由此成立气候变化技术计划（CCTP）办公室，希望通过技术创新实现减排目标。2002 年出台政策性文件《晴朗天空与全球变化行动》，承诺 2012 年减排 18％，成为美国新的气候变化政策纲领。此后，USGCRP 与 CCRI 一起归由新成立的气候变化科学计划 CCTP 领导，温室气体主动报告计划等多个减排措施也已根据 2002 年政策进行了升级，目前多数减排计划都归 CCTP 领导。

2008 年后，奥巴马政府开始积极进行全球环境保护的工作，特别是在气候变化领域，与小布什政府时期相比，奥巴马政府从三个方面改善了美国原有的气候与环境保护政策。一是重视能源独立；二是致力于推进《联合国气候变化框架公约》谈判，做出并落实国家减排和气候资金承诺；三是重视气候治理多边合作。在执政期间颁布了《经济复苏和再投资法》《总统气候变化行动计划》《美国清洁能源和安全法案》等关于应对气候变化的法律。

2020 年，拜登开始执政，展现出了截然不同的气候外交政策偏好。拜登政府应对气候危机的行政命令强调致力于应对气候变化、创造就业机会、建设基础设施和实现环境正义，确保美国在 2050 年之前实现 100％的清洁能源经济和净零排放，从而引领世界应对气候变化，并率先发挥榜样的力量。2021 年，美国决定重新加入《巴黎协定》[38]。

3. 中国政策

多年来，中国国家立法机关和相关机构围绕气候变化应对，目前已形成了一套比较完整的保护环境、节约资源和能源的法律制度体系，中国气候变化应对相关法律主要有以下几部：

（1）《宪法》中的有关法律规范。中国《宪法》并没有明确提到"气候变化问题"或"温室气体的排放控制"，但保护和改善环境，防治污染和其他公害将对温室气体的排放控制产生直接或间接的积极作用，而植树造林也是减少温室气体排放的重要措施。

（2）《环境保护法》中的有关法律规范。《环境保护法》第二条关于"环境"的定义中指出："本法所称环境，是指影响人类生存和发展的各种天然的和经过人工改造的自然因素的总体，包括大气、水、海洋、土地、矿藏、森林、草原、湿地、野生生物、自然遗迹、人文遗迹、自然保护区、风景名胜区、城市和乡村等"。大气环境是气候环境的一部分，因此，《环境保护法》在其"环境"的定义中实质上已包含气候环境。

（3）环境保护和大气污染防治法律中关于控制温室气体排放的法律规范。《中华人民共和国固体废物污染环境防治法》的若干法律规范涉及控制温室气体的排放。2000 年 4 月修订的《大气污染防治法》把洁净能源技术和洁净能源的开发利用作为大气污染控制战略的发展方向。2002 年 6 月颁布的《中华人民共和国清洁生产促进法》标志着中国污染治理模式产生了重大变化。该法的部分法律规定为促进洁净能源技术开发和洁净能源的利用，乃至实现温室气体的排放控制，奠定了法律基础。

（4）《中国应对气候变化国家方案》。2007 年 5 月国务院颁布了《中国应对气候变化国家方案》，该方案是中国第一份应对气候变化的政策性文件，它明确了中国应对气候变化的具体目标、基本原则、重点领域及政策措施。

（5）2010 年以后中国应对气候变化制定的法律。2010 年颁布了《中国清洁发展机制基金管理办法》，2011 年颁布了《清洁发展机制项目运行管理暂行办法》，2012 年颁布了《温室气体自愿减排交易管理暂行办法》，2015 年颁布了《节能低碳产品认证管理办法》，2020 年颁布了《碳排放权交易管理办法（试行）》。应对气候变化的专项行政法规《碳排放权交易管理暂行条例》生态环境部正在推动其尽快出台，中国应对气候变化制定的法律正在不断完善。

（6）中国加入的国际条约中关于气候变化应对的法律规范。中国已经加入了《气候变化框架公约》《京都议定书》《巴黎协定》，这些条约中的一些法律规范对各缔约国在温室气体的排放控制方面提出了诸多的法律要求[39]。

4. 各国政策实施面临的困难

2020 年以来，新冠疫情对世界经济产生了巨大冲击。与此同时，后疫情时期世界经济恢复带动的能源过度需求，能源转型中可再生能源发展的滞后，以及部分国家和地区碳中和实施过程中的过度政治化和竞赛式的目标设定与过激手段，叠加俄乌冲突引发的对俄罗斯经济制裁、能源禁运和欧洲国家的天然气断供，导致了全球性能源危机，破坏性地摧毁了原有的世界能源供应链，正在改变世界能源地缘政治格局。此外，哥本哈根会议的无约束力协议、坎昆会议的悄然落幕一再给全球气候机制的谈判进程造成了很大的挫折，气候变化领域的全球治理似乎面临着失败的危险。《巴黎协定》由全世界 178 个国家共同签署，仍有不少国家和地区没有参与。《巴黎协定》考虑了不同国家的国情，遵循公平、共同但有区别的责任和各自能力原则，强调《联合国气候变化框架公约》缔约方的国家自主贡献和自愿努力。虽然在气候治理方面有了突破，且气候治理的议题与解决方案也得到了国际社会的广泛认同与支持，但能否顺利地进行并达到预期目标还不确定。特别是特朗普签署"能源独立"行政令之后，世界政治、经济、环境等局势更加令人困扰和担忧并造成了持续的影响，这使得全球气候治理机制的激励与约束功能更加脆弱，很多国家应对气候变化的力度不够大，效果不明显，分歧依然存在；气候变化的成本可能是巨大的，因此气候变化成本的责任往往在世界各国、地方各级政府部门、排放企业、非营利组织和社区之间相互推脱。这严重阻碍了政策制定和有效实施，应对气候变化及气候谈判依然是难题[40]。

三、碳中和技术的提出

当今社会，经济发展与环境保护之间的矛盾日益凸显，针对严峻的生态发展形势，中国提出了"双碳"目的，旨在协调环境与经济之间的发展关系，有效促进高能耗产业的转型升级，实现绿色可持续的低碳目标。

1. 必要性与紧迫性

（1）减缓化石能源安全风险。当前，在中国一次能源消费中虽然油气占比较低，但其消费总量大、进口比例高。资源禀赋上贫油、少气使中国油气消费高度依赖进口，油气消费对外依赖度分别超过 70% 和 40%。随着中国经济和能源结构不断优化，未来一段时期内对石油特别是天然气的需求仍然强劲，油气消费将显著提升。大力发展新能源和电动汽车，提高风电光伏在能源系统中比例，降低化石能源和燃油车消费水平，能加速推动能源系统低碳转型，从而减缓中短期油气供应安全风险。

（2）促进能源产业链重构。在国际碳排放统计排名的20个国家中，一些发达国家已完成碳达峰目标，中国作为发展中国家，能源产业结构处于转型的关键时期，传统煤炭、天然气、石油等化石能源整体消费量占据能源消费市场总比例80%以上，非化石类新能源占比不足20%。在实行"双碳"目标的过程中，着力提升能源产业中清洁能源整体消费比重，从能源供给端与需求端双侧促进能源产业链重构，全面贯彻中国能源经济的低碳发展目标。

（3）推动产业技术升级。中国经济社会向绿色、低碳、有韧性、可持续方向迈进的大趋势下，为应对气候变化相关的新一代信息技术、生物技术、新能源、新材料、高端装备、新能源汽车、绿色环保及航空航天、海洋装备等战略性新兴产业，以及互联网、大数据、人工智能、第五代移动通信（5G）等面临着急迫的净零排放转型需求。而其关键便在于规模应用的先进减排和适应技术的瓶颈突破，依靠科技创新优势，通过研发和推广低碳零碳负碳储能、高效率太阳能电池、可再生能源制氢、可控核聚变、零碳工业流程等前沿技术，建立绿色评估交易体系和科技创新服务平台，攻坚"卡脖子"关键问题，提升中国相关产业和技术的国际竞争力，尽早在国际低碳技术大潮中抢占身位，赢得先机。

（4）提升国家竞争力与国际话语权。在碳中和以及智能时代软硬件结合的背景之下，AI、大数据、云计算、物联网、数字孪生、安全技术、区块链等前几代人无法想象的呈指数级发展的科技创新，都将加速应用在节能环保、清洁生产、清洁能源、生态农业、绿色基础设施、物流运输等领域，成为国家低碳发展核心的驱动力量。抓住新一轮低碳科技革命的历史机遇，能够极大提升国家核心竞争力和国际话语权。未来几十年，碳中和会成为社会变革的重要抓手，将加快推动产业结构升级和经济高质量发展，其高度已远远超过碳中和目标本身，甚至关乎国家的永续发展和中华民族伟大复兴，事关社会主义现代化强国的建设以及人类命运共同体的构建。

（5）催生绿色就业新岗位。就业是最大的民生工程。碳中和目标在实现的过程中，会催生一大批环境友好型、技术倾向型绿色就业岗位，推动经济社会的可持续发展的同时并促进劳动力市场的优化。使得劳动力需求与供给进行重新匹配。在行业重组过程中，一方面，传统高耗能产业劳动力需求减少或转移；另一方面，诸如水电、风电、太阳能、生物质能等可再生能源、清洁能源得到大力发展，增加劳动力的需求，也将提供大量新的就业机会，产生一系列新增就业，为低碳经济发展提供有力的、持续的动力。

近两年来，国际形势快速变化，部分国家和地区重启煤电，导致碳排放量有所反弹。全球变暖负面影响日益呈现，加快低碳转型的必要性、紧迫性的压力增加。对中国而言，碳中和目标是行动的底线，是必须实现的任务。中国低碳能源发展速度仍然过低，要实现能源安全和低碳转型双重目标，就要推进低碳高效能源消费转型和大幅度提高低碳能源占比，而且确保经济和低碳能源供应能力都加速发展。

2. 当前面临的困难

（1）排放总量大。中国经济体量大、发展速度快、用能需求高，能源结构以煤为主，使得中国碳排放总量和强度"双高"。2020年中国煤炭消费比重达到57%，碳排放总量占全球比重超过25%，人均碳排放量超过世界平均水平40%。

（2）减排时间紧。当前中国经济正处于爬坡过坎迈向高质量发展的关键时期，产业链由中低端向中高端攀升，能源消费尚未达到峰值，能源和产业结构对高碳发展模式具有较强惯性和路径依赖，要在 10 年内实现碳达峰，再用 30 年左右时间实现碳中和，对现有科技储备、政策措施都是极大考验。

（3）制约因素多。碳减排既是气候环境问题又是发展问题，涉及能源、经济、社会、环境方方面面，需统筹考虑能源安全、经济增长、社会民生、成本投入等诸多因素，这对中国能源转型和经济高质量发展提出了更高要求。

（4）技术路线难以实现。现有的诸多减排技术，由于运行成本相对高昂，目前尚不具备市场开发和推广应用条件。例如整体煤气化联合循环发电系统（IGCC）发电技术，虽然全球已建了几十座相关电站，但其技术尚未成熟，且设计建设要花大量额外成本。配套更好的碳捕集技术（CCS）会受到诸多条件限制，如封存地域面积与封存后重新释放回大气等问题，使得采用 CCS 技术的 IGCC 电厂的净输出功率和能源利用效率都会降低 8%～15%，致使成本大幅提高，利润显著下降。

《巴黎协定》规定发达国家有向发展中国家，特别是受气候变化影响较大的小岛国家转移低碳技术的义务，但这项规定却面临着很大的困难。因这些技术是发达国家多年来花费大量的人力、财力、物力和大量的时间才获得的研究成果，其面临着投资回报问题。且因巨大的市场需求和获利空间，它们很难愿意抵御市场诱惑而放弃这部分丰厚的利益[40]。

（5）成本昂贵。目前碳减排技术普遍推广应用成本较高。仅经合组织国家新建具备气候变化适应能力的基础设施和建筑所需额外成本每年可达 150 亿～1500 亿美元（占其 GDP 总量的 0.05%～0.5%），而在发展中国家，低碳投资的递增成本每年至少需要 200 亿～300 亿美元。且若要全球实现发电排放的脱硫脱硝，则每年花费将高达 900 亿～1000 亿美元。此外，由于使用新的低碳节能减排技术需要大量的固定资本投资，而在当前疫情严重、世界经济低迷、就业不振的局势下，现有低碳技术的推广与应用存在现实困难，进而难以执行[41]。

（6）需要民众积极参与。中国作为世界最大的发展中国家和最大的能源消费国，正在坚定不移地推动能源转型。中国加大了清洁能源的开发力度，可再生能源进入发展高比例、大规模发展阶段。同时，也需要民众参与到"双碳"目标中来，坚持绿色低碳的生活方式，哪怕是做到随手关灯、节约用水、调节空调这些小事，也是可贵的贡献。

参 考 文 献

[1] 梁玲，孙静，岳脉健，等. 全球能源消费结构近十年数据对比分析 [J]. 世界石油工业，2020，27（03）：41-47.

[2] 李洪言，张景谦，陈健斌，等. 2021 年全球能源转型面临挑战——基于《bp 世界能源统计年鉴（2022）》[J]. 天然气与石油，1-14.

[3] 腾瑜强. 中国工业大气污染物排放与经济增长脱钩效应及影响因素研究 [D]. 济南：山东大学，2021.

[4] XU B, LIN B. Assessing CO_2 emissions in China's iron and steel industry: A dynamic vector autoregression model [J]. Applied Energy, 2016, 161: 375-386.

[5] FUJIMORI S, MATSUOKA Y. Development of method for estimation of world industrial energy consumption and itsapplication [J]. Energy Economics, 2011, 33（3）: 461-473.

[6] YUAN J, LU Y, WANG C, et al. Ecology of industrial pollution in China [J]. Ecosystem Health and

Sustainability，2020，6（1）：1779010.

［7］ XIE J，LI F. Overview of the current situation on brownfield remediation and redevelopment in China ［R］. Washington，D. C.：World Bank，2010.

［8］ CANAN G C，ROCIO D L T，ADRIAN S H. Optimizing energy consumption in transportation：Literature review，insights，and research opportunities ［J］. Energies，2020，13（5）：1115.

［9］ CHEN G，WU X，GUO J. Global overview for energy use of the world economy：Household-consumption-based accounting based on the world input-output database（wiod）［J］. Energy Economics，2019，81：835-847.

［10］ 韦鑫美. 交通节能减排补贴中的政企博弈研究 ［D］. 北京：北京交通大学，2020.

［11］ IEA R. Energy technology perspectives 2020 ［J］. Special Report on Carbon Capture，Utilisation and Storage，2020.

［12］ MA M，MA X，CAI W，et al. Low carbon roadmap of residential building sector in China：Historical mitigation and prospective peak ［J］. Applied Energy，2020，273（1）：115247.

［13］ RÖCK M，SAADE M R M，BALOUKTSI M，et al. Embodied GHG emissions of buildings-The hidden challenge for effective climate change mitigation ［J］. Applied Energy，2020，258：114107.

［14］ JING R，XIE M N，WANG F X，et al. Fair P2P energy trading between residential and commercial multienergy systems enabling integrated demand-side management ［J］. Applied Energy，2020，262：114551.

［15］ GUILLÉN-LAMBEA S，RODRÍGUEZ-SORIA B，MARÍN J M. Comfort settings and energy demand for residential nZEB in warm climates ［J］. Applied Energy，2017，202：471-486.

［16］ MA M，YAN R，DU Y，et al. A methodology to assess China's building energy savings at the national level：An ipat-lmdi model approach ［J］. Journal of Cleaner Production，2017，143：784-793.

［17］ 施庆伟. 中国建筑部门碳排放达峰模拟与减排责任分担研究 ［D］. 重庆：重庆大学，2021.

［18］ COLE D R，MONGER H C. Influence of atmospheric CO_2 on the decline of C_4 plants during the last deglaciation ［J］. Nature，1994，368（6471）：533-536.

［19］ PARMESAN C. Ecological and evolutionary responses to recent climate change ［J］. Annual review of ecology，evolution，and systematics，2006：637-669.

［20］ MCKENNEY D W，PEDLAR J H，LAWRENCE K，et al. Potential impacts of climate change on the distribution of north american trees ［J］. BioScience，2007，57（11）：939-948.

［21］ COLWELL R K，BREHM G，CARDELÚS C L，et al. Global warming，elevational range shifts，and lowland biotic attrition in the wet tropics ［J］. Science，2008，322（5899）：258-261.

［22］ HOLDEN C. Higher temperatures seen reducing global harvests ［J］. Science，2009，323（5911）：193-193.

［23］ LAL R. Sequestering atmospheric carbon dioxide ［J］. Critical Reviews in Plant Sciences，2009，28（3）：90-96.

［24］ 高景宏. 中国温室气体减排健康共益的评估研究 ［D］. 北京：中国疾病预防控制中心，2017.

［25］ MEYER L A. Climate change 2014：synthesis report ［J］. Contribution of Working Groups Ⅱ and Ⅲ to the Fifth Assessment Report of the Intergovernmental Panel on Climate Change，2014，27：408-420.

［26］ COUMOU D，RAHMSTORF S. A decade of weather extremes ［J］. Nature Climate Change，2012，2（7）：491-496.

［27］ FRIEDER C A. Evaluating low oxygen and ph variation and its effects on invertebrate early life stages on upwelling margins ［M］. University of California，San Diego，2013.

［28］ BOEST-PETERSEN A，MICHALAK P，JOKAR A J. Impact assessment analysis of sea level rise in denmark：A case study of falster island，guldborgsund［J］. Sustainability，2021，13（13）：7503.

［29］ BINDOFF N L，CHEUNG W W L，KAIRO J G，et al. IPCC special report on the ocean and cryosphere in a changing climate［J］. Intergovernmental Panel on Climate Change，2019：477-587.

［30］ MANDAL S，ISLAM M S，BISWAS M H A. A mathematical model applied to investigate the potential impact of global warming on marine ecosystems［J］. Applied Mathematical Modelling，2022，101：19-37.

［31］ LUTERBACHER J，DIETRICH D，XOPLAKI E. European seasonal and annual temperature variability，trends，and extremes since 1500［J］. Science，2004，303（5663）：1499-1503.

［32］ URBAN M C. Accelerating extinction risk from climate change［J］. Science，2015，348（6234）：571-573.

［33］ ASCH R G，CHEUNG W W L，REYGONDEAU G. Future marine ecosystem drivers，biodiversity，and fisheries maximum catch potential in pacific island countries and territories under climate change［J］. Marine Policy，2018，88：285-294.

［34］ RAZA A，RAZZAQ A，MEHMOOD S S，et al. Impact of climate change on crops adaptation and strategies to tackle its outcome：A review［J］. Plants（Basel），2019，8（2）：34-62.

［35］ 冷红，李姝媛. 应对气候变化健康风险的适应性规划国际经验与启示［J］. 国际城市规划，2021，36（5）：23-30.

［36］ CIFUENTES-FAURA J. European union policies and their role in combating climate change over the years［J］. Air Quality，Atmosphere & Health，2022，15（8）：1333-1340.

［37］ 董一凡，孙成昊. 美欧气候变化政策差异与合作前景［J］. 中国国际问题研究，2021，（4）：103-119.

［38］ 于宏源，张潇然，汪万发. 拜登政府的全球气候变化领导政策与中国应对［J］. 国际展望，2021，13（2）：27-44.

［39］ 常纪文，田丹宇. 应对气候变化法的立法探究［J］. 中国环境管理，2021，13（02）：16-19.

［40］ KEHLER S，BIRCHALL S J. Social vulnerability and climate change adaptation：The critical importance of moving beyond technocratic policy approaches［J］. Environmental Science & Policy，2021，124（3）：471-477.

［41］ 李文俊. 当前全球气候治理所面临的困境与前景展望［J］. 国际观察，2017，（4）：117-128.

第二章 碳理论基础

碳循环是全球最重要的物质循环之一，由碳元素组成的各种各样的物质存在于地球各个角落。碳的存在形式有碳单质和碳化合物。碳化合物可分为气体化合物、固体化合物及有机物，代表性的碳化合物分别为二氧化碳（CO_2）、碳酸钙（$CaCO_3$）、叶绿素、甲烷（CH_4）等。碳的各种单质和化合物通过自然封存或人为封存的方式，存在于自然界与人类社会中。

生态系统是由生物及非生物环境共同构成的统一的动态综合体，通过其内部各组分之间以及与其周围环境间的物质能量交换，发挥着重要的生态功能，是全球碳循环的核心部分，并有多种途径来固定和封存 CO_2。CO_2 封存是深度减排的关键内容，人为碳储存分为地质封存与海洋封存两种。碳在自然界中主要以 CO_2 和有机碳的形式传递。在生物体中有机碳和 CO_2 并存，在无机界主要是以 CO_2 的形式循环。碳循环是指碳元素在地球系统不同圈层中迁移、转化所构成的循环。碳循环为地球物种提供了生存所必须的条件，在自然环境物质循环中具有十分重要的地位。了解碳元素的存在形式与储存，碳循环的机制，是解决温室效应等诸多气候环境问题的前提，其重要性不言而喻。

第一节 碳的存在形式

碳在大气、生物圈、水圈和岩石圈中无处不在。它是生命有机体的关键成分，也是大气中微量气体的组成部分，在海洋中以氧化离子的形式溶解，在岩石圈中普遍存在。在岩石中，碳要么以还原态形式存在（如石墨、金刚石），要么以氧化态形式存在（如碳酸盐），或以分子或离子的形式存在于地热流体和硅酸盐熔体中。碳既可以单质形式存在（如金刚石、石墨等），也可以化合物形式存在（主要为钙、镁以及其他电正性元素的碳酸盐）。

一、碳单质

碳元素位于元素周期表中的第二周期ⅣA族，位于非金属性最强的卤族元素和金属性最强的碱金属之间。碳原子以其独特的杂化方式，构筑了丰富多彩的碳单质世界。纯净的碳单质主要有三种，分别是金刚石、石墨和 C_{60}。现在已知的碳的同位素共有 15 种。除此之外，碳单质还包括碳纳米管、石墨炔、石墨烯和 T-碳。

（一）金刚石

金刚石是一种由碳元素组成的矿物，是石墨的同素异形体。它是无色正八面体晶体，成分为纯碳。金刚石是由碳原子以晶格结构连接在一起而形成的，每个碳原子与其相邻的四个原子之间有共价键，形成一个四面体结构。在金刚石中，将四面体单元连接成三维结构的最常见方式是立方体形式。金刚石的另一种结构是六边形纤锌矿晶格。金刚石的立方体形式在自然界中最常见的形式是八面体或十二面体[1]。金刚石的分子结构使其具有极高的硬度，被公认为是自然界中最硬的材料。此外，金刚石还具有较高的耐磨性和导热性。

根据金刚石在红外线、可见光和紫外线中的吸收情况，可将其分为Ⅰ型和Ⅱ型。大多数金刚石是Ⅰ型金刚石，并且为性能优良的绝缘体。同时也存在Ⅰ和Ⅱ混合型金刚石。Ⅱ型金刚石在 $220nm\sim2.5\mu m$ 和大于 $6\mu m$ 范围内是透明的，Ⅰ型钻石在 $330nm\sim2.5\mu m$ 和大于 $10\mu m$ 范围内是透明的。无色（白色）金刚石是最稀有和最有价值的宝石之一。金刚石最常见的颜色有黄色和棕色，其他颜色包括橙色、粉色、淡紫色、绿色、蓝色、红色和黑色，这取决于光谱中可见区域的吸收带[1]。

（二）石墨

石墨是碳的一种同素异形体，为灰黑色、不透明固体，化学性质稳定。它是原子晶体、金属晶体和分子晶体之间的一种过渡型晶体，鉴于其特殊的成键方式，现在普遍认为石墨是一种混合晶体。目前为止，中国是石墨的主要生产国，占全球石墨产量的近 80%，紧随其后的是巴西、加拿大、印度、朝鲜和欧洲国家。

目前用于商业用途的石墨有三种类型：

（1）脉状/块状石墨。脉状/块状石墨是液体沉积的，通常是纯粹的完美结晶。它产于高级变质岩或岩浆岩的矿脉中，最著名的矿床在斯里兰卡。

（2）片状石墨。片状石墨在世界范围内的高级变质岩（如大理岩、片岩、片麻岩）中普遍存在，通常以大于 $100\mu m$ 的晶体形式存在，浸染在碳含量为 5%～40% 的块状岩石中。

（3）非晶/微晶石墨。非晶/微晶石墨也存在于变质岩中，其碳体积含量为 15%～80%（质量百分含量）。这种石墨由小石墨颗粒组成，一般尺寸在 $1\mu m$ 以下。非晶/微晶石墨用于商业用途时需要提纯，正常情况下提纯包括在水泥浆中磨铣，并通过浮选将石墨从矿物基质中分离出来，提纯后可能会进行酸处理，或高温加热处理[2]。

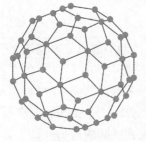

图 2-1　C_{60} 的结构[3]

（三）C_{60}

C_{60} 是由 12 个互不相连的五边形和 20 个六边形镶嵌而成的球形 32 面体，结构如图 2-1 所示，C_{60} 分子通常被称为巴克球。组成五边形的键全部为单键，经测定其键长为 0.144 7nm，共有 60 个单键，具有很强的三阶非线性电子亲和性与还原性。五边形相邻的两个六边形共边的 C—C 键为双键，共有 30 个双键。C_{60} 的 60 个碳原子是完全等价的，C_{60} 分子在固体中处于一种热力学无序态，并且是各向异性的。

C_{60} 外观呈深黄色，随厚度不同颜色可呈棕色到黑色，密度为 $(1.65\pm0.1)g/cm^3$，不导电，熔点大于 500℃。C_{60} 是含有大 π 键的非极性分子，易溶于苯、甲苯等含有大 π 键的芳香性溶剂中。C_{60} 具有吸电子性，易与供电子的有机物结合，生成电荷转移型材料，光的吸收增大会得到更多的电子、空穴载流子，电导率因而增大。因此，C_{60} 可用于光敏器件、静电复印等方面。此外，C_{60} 是一种半导体，可用作晶体管和计算机芯片。C_{60} 还可应用于超导材料中，从而拥有更广泛的应用，例如高级电动机、无阻抗损耗的输电线、存储电能的超导器件、磁浮列车等[4]。

（四）碳纳米管

碳纳米管由碳原子 sp^2 和 sp^3 混合杂化而成，分子结构如图 2-2 所示。碳纳米管可以看作是一块被卷成一根管子的石墨片。与金刚石不同的是，一个三维金刚石立方晶体结构是由四个相邻的碳原子组成一个四面体，石墨是由一个二维碳原子组成的六边形阵列。在这种情况下，每个碳原子有三个最近的邻居。将石墨片轧制成圆柱体就形成了碳纳米管。碳纳米管的性质取决于原子的排列、纳米管的直径和长度，以及纳米管的形态或纳米结构。其管壁有单层和多层之分，即单壁碳纳米管和双壁碳纳米管[5]。碳纳米管和单壁碳纳米管最早分别被发现于 1976 年[6]和 1993 年[7]。日本电子公司 NEC 在 1991 年的《nature》期刊中展示了通过电子显微镜观察到的石墨碳螺旋微管[8]，此结构标志着一个新研究领域的诞生。

图 2-2　碳纳米管的分子结构[3]

　　碳纳米管具有优良的机械、物理、化学性能，研究者们提出了大量的方法来大规模生产碳纳米管，对其进行修饰，并将其集成应用于器件、材料科学、催化和能源研究等领域。

　　碳纳米管作为一种性能优良的催化剂载体，广泛应用于多种工业反应中，以提高反应的选择性和转化率，节约资源，降低能源消耗。使用碳纳米管代替活性炭或其他载体的优点在于催化剂在碳纳米管上的高度分散性和固锚性，阻碍了金属颗粒在高温下的烧结。在光催化中使用碳纳米管作为载体是基于其良好的导电性，可以有效地分离电子和空穴。碳纳米管在催化方面的一个较为创新的用途是可以在均相和非均相反应中取代过渡金属（氧化物），并取代贵金属，主要用作氧化还原反应的电催化剂，这一应用在燃料电池中有较大前景[9]。

　　碳纳米管的另一个重要应用领域是在能源储存和转换设备中的应用，例如有机发光二极管、锂离子电池、超级电容器和燃料电池等。在能量存储方面，碳纳米管可用作电极添加剂，以提高电池的速率性能。此外，碳纳米管在复合材料中也有应用，例如作为橡胶或聚合物的添加剂，以增强或改善其机械性能[9]。

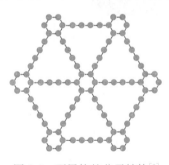

图 2-3　石墨炔的分子结构[3]

（五）石墨炔

　　2010 年，中国科学院化学研究所李玉良团队成功合成了一种全新的碳的同素异形体——石墨炔。石墨炔呈现出独特的二维排列方式，拥有丰富的晶格结构和能带结构，如图 2-3 所示。石墨炔是由 sp 和 sp^2 两种杂化形式的碳原子组成的二维层状结构，是一种新的碳的同素异形体，石墨炔中 sp 和 sp^2 杂化碳原子排列规律的不同决定了其不同的结构特征。

　　石墨炔是第一种同时具有电子二维快速转移通道和离子三维快速转移通道的碳材料。二维富电子的全碳特性赋予石墨炔相当高的导电性和可调谐的电子性质，而平面内的空腔赋予了它对电化学活性金属离子的内在选择性和可接近性。此外，它在温和条件下易于制备，很好地弥补了传统 sp^2 杂化碳材料（碳纳米管、石墨烯和石墨）在高效合成和加工方面的缺点，具有潜在的电化学应用价值[10]。石墨炔在催化、燃料电池、锂离子电池、电容器等方面具有优良的性能。例如，石墨炔可以涂覆在阳极材料或集电器表面，作为人工的固体电解质界面层，抑制阳极与液体电解质的连续反应。在特殊设计的帮助下，由铜纳米线芯和石墨炔涂层组成复合材料可显著提高容量，拥有卓越的速率性能[11]。

（六）石墨烯

石墨烯是一种碳原子采取 sp² 杂化、只有一个碳原子层的二维结构的碳单质，是按蜂窝

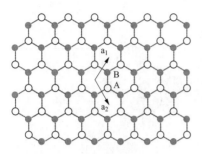

图 2-4　石墨烯的晶体结构[12]

状六边形排列的平面晶体，如图 2-4 所示。石墨烯比金刚石强度更大，透光率高达 97.7%，是世界上最薄最坚硬的纳米材料。它的载流子表现出巨大的固有流动性，有效质量为零，在室温下可以移动微米而不散射。石墨烯可以维持比铜高 6 个数量级的电流密度，具有高热导率和高硬度，不透气性好，并能调和脆性和延展性等相互矛盾的特性[13]。石墨烯会带来资源、环境、化工、材料、能源、传感、交通机械、光电信息、健康智能、航空航天等领域的变化。此外，工业化生产则将促进化工、机械、制造、自控等行业的技术提升。添加石墨烯可以产生多功能复合材料，用来制造高性能电池、电容器等。

石墨烯在国内发展迅速，清华大学采用激光刻划技术制备了蜂窝多孔石墨烯，如图 2-5 所示。轻量化、柔性的蜂窝多孔石墨烯具有良好的电磁屏蔽性能和力学性能，并且成本低、易于批量生产，在电磁屏蔽和可穿戴电子产品中具有广阔的应用前景。

图 2-5　蜂窝多孔石墨烯材料[14]

（七）T-碳

T-碳可以简单地用碳四面体的 C_4 单元替换立方金刚石中的每个碳原子而得到，如图 2-6 所示，T-碳的名字也由此而来。T-碳的空间基团与立方金刚石相同，有两个四面体（共八个碳原子）。

形成三维 T-碳的碳原子的几何构型在热力学上是稳定的。T-碳的巨大热能表明其具有作为热电材料进行能量回收和转换的强大潜力。此外，由于 T-碳本身是一种蓬松的碳材料，与其他形式的碳材料相比，其原子间有较大的间距，这可能使它在储氢领域（根据 T-碳吸附的最大氢分子

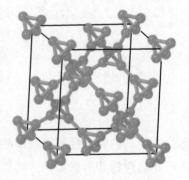

图 2-6　T-碳的立方晶体结构[15]

数，可以估算储氢值）、锂电池和其他可充电储能器件的电极材料领域具有潜在的用途[16]。

未来 T-碳的研究将主要集中在以下几个方面：如何促进 T-碳在能源领域的应用；如何寻找新的 T-碳基超导体；如何利用 T-碳已有的研究成果来启发其他经典碳结构的研究，或

者反过来启发其他经典碳结构的研究[3]。

二、碳化合物

（一）气体化合物

（1）二氧化碳。二氧化碳是一种碳氧化合物，化学式为 CO_2，分子量为 44，常温常压下是一种无色、具有微弱的刺激性气味和酸味的气体。CO_2 是所有含碳燃料的燃烧产物，也是动物代谢的产物，还是人类活动排放的温室气体之一。大气中含有少量的 CO_2，占大气总体积的 $0.03\% \sim 0.04\%$，这也是导致气候变化的主要因素[17]。全球的 CO_2 排放部分来自工业过程和交通运输中的化石燃料燃烧。同时，由于石油和天然气的持续使用，人类活动产生的 CO_2 排放量可能会进一步增加。

（2）一氧化碳。一氧化碳化学式为 CO，分子量为 28，通常状况下是无色、无臭、无味的气体。物理性质上，CO 的熔点为 $-205\,^{\circ}\mathrm{C}$，沸点为 $-191.5\,^{\circ}\mathrm{C}$，难溶于水（$20\,^{\circ}\mathrm{C}$ 时在水中的溶解度为 $0.002\,838\mathrm{g}$），不易液化和固化。在工业化学中，CO 是碳化学的基础，是许多重要化学产品的关键原料，如图 2-7 所示。

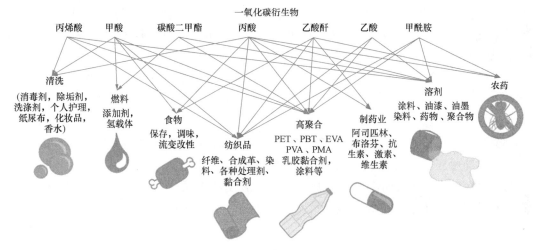

图 2-7　一氧化碳的衍生物及其应用[18]

（二）固体化合物

（1）碳酸钙。碳酸钙是一种无机化合物，化学式为 $CaCO_3$，俗称灰石、石灰石、石粉等，是地球上常见物质之一。$CaCO_3$ 为白色微细结晶粉末，无味、无臭，有无定形和结晶两种形态。

（2）碳酸钠。碳酸钠又名苏打或碱灰，化学式为 Na_2CO_3，分子量为 106。Na_2CO_3 常温下为白色无气味的粉末或颗粒，有吸水性。Na_2CO_3 是重要的化工原料之一，广泛应用于轻工日化、建材、化学工业、食品工业、冶金、纺织、石油、国防、医药等领域。

（3）碳酸氢钠。碳酸氢钠分子式为 $NaHCO_3$，是一种无机盐，白色结晶性粉末，无臭，味碱，不溶于乙醇、易溶于水，在水中溶解度为 $7.8\mathrm{g}(18\,^{\circ}\mathrm{C})$。常温下性质稳定，受热易分解，在 $50\,^{\circ}\mathrm{C}$ 以上迅速分解。$NaHCO_3$ 在工业上的用途十分广泛，包括作为制药工业的原料，作为疏松剂辅助生产饼干、面包等；用于生产酸碱灭火机和泡沫灭火机，以及生产橡胶和海绵等。

（三）有机物

有机物是生命存在的物质基础，所有的生命体都含有机化合物，如脂肪、氨基酸、蛋白质、叶绿素、酶、激素等。生物体内的新陈代谢和生物的遗传现象，都涉及有机化合物的转变。此外，许多与人类生活密切相关的物质，如石油、天然气、棉花、染料、化纤、塑料、有机玻璃、天然和合成药物等，均与有机化合物有着紧密联系。常见并具代表性的有机物为甲烷和叶绿素。

（1）甲烷。甲烷分子式为 CH_4，分子量为 16。CH_4 是最简单的有机物，也是含碳量最小（含氢量最大）的烃。CH_4 不仅是天然气、垃圾填埋气体的主要成分，也是炼油和化学加工的副产品。它作为一种清洁的化石能源或一种原材料，具有巨大的潜在价值[19]。目前对 CH_4 的应用主要是利用 CH_4 生成化学品和燃料，其主要步骤为甲醇生产、甲醇转化为烯烃和汽油、产品回收分离[20]。

CH_4 是仅次于 CO 的最大的羟基自由基（OH）汇，因此对全球对流层的氧化能力起着重要的决定作用。CH_4 排放来自湿地、农业（如稻田、动物和废物）、人为排放（如化石燃料的生产和消费）、生物质和生物燃料的燃烧，少量排放来自地质渗漏等[21]。此外，由于海洋和地表气温变暖，一些科学家认为海底甲烷水合物的不稳定和北极永久冻土融化可能导致 CH_4 的大量释放[22]。

（2）叶绿素。叶绿素是植物进行光合作用的主要色素，是一类含脂的色素家族，位于类囊体膜。叶绿素吸收大部分的红光和紫光但反射绿光，因而呈现绿色，在光合作用的光吸收中起核心作用。叶绿素分子是由两部分组成的：核心部分是一个卟啉环，其功能是光吸收；另一部分是一个很长的脂肪烃侧链，称为叶绿醇，叶绿素用这种侧链插入到类囊体膜。叶绿素分子通过卟啉环中单键和双键的改变来吸收可见光。

目前，植物光合碳代谢途径主要有 3 条：磷酸戊糖还原（C_3 途径）、二羧酸还原（C_4 途径）和镇静代谢还原（CAM 途径）[23]。

第二节　碳的储存形式

一、自然封存

生态系统是由生物及非生物环境共同构成的统一的动态综合体，通过其内部各组分之间以及与其周围环境间的物质能量交换，发挥着重要的生态功能，是全球碳循环的核心部分，有多种途径来固定和封存 CO_2。

（一）生态系统固碳的概念

生态系统固碳主要指陆地和海洋生态系统在光合作用的过程中自然捕获大气中 CO_2 的过程。碳的自然封存（碳汇）是指植物吸收大气中的 CO_2 并将其固定在植被或土壤中，从而减小该气体在大气中的浓度。生态系统固碳的方式不一，可通过光合作用将碳、CO_2 固定在植被中，或通过将残留于土壤中的植被的凋零物和根系分泌物运至水体或海洋中进行固碳。

生态系统固碳的依托环境为森林、土壤等，其碳储量是生态系统长期碳储存的结果，是生态系统现存的植被生物有机量、凋落物有机碳和土壤有机碳储量的总和。森林生态系统的碳大多储存在树干、树枝和树叶中，通常称为生物量。而对海洋生态系统和湿地生态系统而言，固碳不仅源于水生植物和藻类光合作用所固定转化的 CO_2，还源于河水输入有机质的沉积。

森林、海洋或其他自然环境有能力将碳从树叶等短期不稳定的碳库转移到周转缓慢的长期碳库，如固定生物量或土壤中难以降解的有机物。碳封存的能力取决于生态系统作为碳汇或碳源所花费的时间平衡，这是根据生态系统从大气中吸收 CO_2 的能力来定义的。一个生态系统可以在某一年成为碳汇，在另一年成为碳源，但必须在很长一段时间内成为碳汇，才能吸收更多的碳[24]。

（二）生态系统固碳的分类

1. 陆地生态系统固碳

地球上的生命有很多种形式，但所有的生命形式都有一个共同的元素——碳。碳是生物的基本组成部分，通过捕获辐射，它还发挥着重要作用——维持地球大气层的温度以适宜生命生存。像所有物质一样，碳既不能被创造也不能被毁灭，而是通过物理和生物的复杂结合，在生态系统和环境之间不断交换。近几十年来，这些交换导致了陆地表面碳积累的增加。

$2007 \sim 2017$ 年，陆地碳汇从大气中去除了约 32.6% 的人为化石燃料和工业排放，占总排放的 28.5%（考虑土地利用变化的影响）[25]，这些生物碳汇大大减少了 CO_2 在大气中的积累，从而减缓了温度变化的速度。

热带森林约占地球陆地初级生产力的三分之一，占地球陆地植被碳储量的一半[26]。陆地生态系统的大部分碳汇发生在森林中[27]，在 20 世纪 90 年代和 21 世纪初，结构完整的热带森林约吸收了全球陆地碳汇的一半，减少了约 15% 的人为 CO_2 排放[27,28]，可以通过减缓 CO_2 在大气中的积累速度来减缓人为气候变化。

森林将大量的碳封存在木质生物量和土壤中，所有的固碳行为都是森林在自然条件下通过自身的生长来完成的，即使实施了人为的经营措施，也只是通过促进森林的生长来完成增汇的功能。森林往往比大多数其他生物群落具有更大的碳汇能力，因为树木将碳储存在木本组织中，而木本组织能够保护树木免受分解和呼吸释放的影响，而非木本植物将更多的生产力分配给叶片和细根，它们的循环速度更快。

但森林生态系统容易受到外界因素干扰（如火、有害昆虫、病害等），导致其固碳功能不太稳定。同时，不同的森林管理策略会影响森林生态系统的碳汇，将林地转变为农地、商业性采伐，及非商业产品如薪炭材的采伐，都会减少森林生态系统的碳储存量，而造林、施肥、森林保护等管理对策则能增加生态系统的碳储量。目前的数据表明，世界森林中存在很强的碳汇，如图 2-8 所示。

此外，城市植被是城市生态系统碳循环中的重要环节，可以影响大气中的 CO_2 含量。城市的工业、交通发展迅速，工厂中的化石燃料在使用过程中放出大量 CO_2，同时汽车排放的尾气中也含有大量 CO_2。城市中的植被因生长过程中的光合作用而固定 CO_2，可以抵消部分化石燃料使用过程中产生的 CO_2，进而调节气温、改善城市的气候环境、缓解城市热岛效应。

城市中乔木的碳储量是整个城市植被碳储量的主要部分，其中大树（胸径大于 73cm）

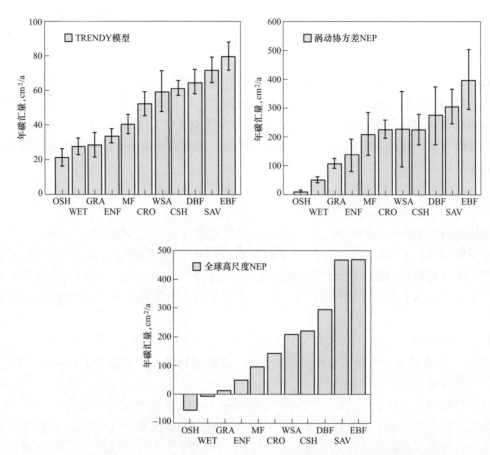

图 2-8　采用不同测量方式测得世界森林的年碳汇量（年净生态系统生产量）[24]

CRO—农田；CSH—封闭灌丛带；DBF—落叶阔叶林；EBF—常绿阔叶林；ENF—常绿针叶林；
GRA—草地；MF—混交林；OSH—开放灌丛带；SAV—草原；WET—湿地；WSA—木本草原

对碳储量的贡献是小树（胸径小于 4cm）的 1000 倍甚至更多[29]。自然生态系统中植被的凋落部分和被啃食部分的碳一般会在 3 年甚至更短的时间中基本释放，与之不同的是，城区绿色垃圾（包括凋落物和修剪物）会被运到垃圾填埋场深埋，或者做成合成板材或纸张。填埋的绿色垃圾中有 30%～50% 的碳会被长期固存，而制成的家具中的碳被固存更长的时间。因此，城市中的凋落物和修剪物比自然生态系统中的凋落物对碳汇的贡献更大。

目前，陆地碳汇的主要驱动因素可分为以下几种：

（1）直接气候效应，例如降水、温度和辐射状况的变化，包括干旱、热浪和水汽压亏缺上升引起的水力压力的影响等。

（2）大气成分效应，例如 CO_2 施肥、养分沉积等。

（3）土地利用变化的影响，例如森林砍伐、植树造林、农业实践等。

（4）自然干扰的影响，例如飓风和大风、野火、害虫和病原体的变化率。

2. 海洋生态系统固碳

海洋是人类活动产生 CO_2 的主要碳汇区之一，海洋通过海水与大气中 CO_2 自然发生化学反应而储存碳。海洋固碳的过程主要依赖海洋碳泵的作用，通过碳泵实现碳在海洋中的垂直迁移、水平迁移及形态转换，从而调节全球气候。海洋碳泵主要包括溶解度泵、生物泵和微型生物泵 3 种类型。

溶解度泵得名于大气中的 CO_2 是可溶性的，是物理化学过程，通过水流涡动、CO_2 气体扩散和热通量等一系列物理反应实现海洋中的碳转移过程。大量的 CO_2 融入海洋，在海洋-大气界面之间进行交换，形成溶解度泵的基础。低纬度海洋中的 CO_2 通过海浪被转移到高纬度海洋，高纬度海水具有更高的密度，从而使 CO_2 沉入深海，该过程不断重复。

生物泵是通过海洋生物或海洋生物活动将碳从海洋表层传递到深海海底的过程，其依赖于颗粒有机碳沉降的海洋碳扣押方式。融入海洋的 CO_2 通过海洋生物圈的初级生产力完成从海洋表面到深海海底的过程。浮游植物是海洋的初级生产者，其固定碳和氮的总量比全世界陆地植物的固定总量还要多。浮游植物光合作用生产有机碳的总量约为高等植物的 7 倍。

实际上，由生物泵产生的颗粒有机碳向深海的输出十分有限，大部分颗粒有机碳在沉降过程中会发生降解，到达海底并封藏的量非常少。真正将有机碳转变为惰性有机碳并实现长期封藏的是微型生物泵。微型生物泵的主要工作原理是利用微型生物修饰和转化溶解态颗粒有机碳的能力，经过一系列物理化学作用使其丧失化学活性，从而长期被固定和储存在海洋中。只有通过颗粒有机碳沉降到深海或经由微型生物转化形成惰性溶解有机碳进入慢速循环，才能实现储碳。

（三）生态系统固碳的途径

1. 生物固碳

植物光合作用是地球上最大规模固定和利用 CO_2 的方式，每年约 1000 亿 t 的碳被固定转化为有机物。生物固定 CO_2 的途径有多种（见表 2-1），主要包括 Calvin-Benson 循环、还原乙酰 CoA 途径、3-羟基丙酸、还原三羧酸循环。

表 2-1　　　　　　　　　　生物固碳的途径

固碳途径	代谢	物种
还原戊糖磷酸循环（Calvin-Benson 循环）	有氧光合作用	植物、藻类、蓝细菌
	无氧光合作用	变形菌
	硫化物氧化	变形菌
	硝化作用	变形菌
	Fe 氧化	变形菌
	Mn 氧化	变形菌
	H_2 氧化	革兰阳性菌、变形菌
还原乙酰 CoA 途径	硫酸盐还原	革兰阳性菌、变形菌、古生球菌属
	产甲烷作用	产甲烷菌
	乙酸形成	变形菌
	同型产乙酸菌	革兰阳性菌
还原三羧酸循环	无氧光合作用	绿硫细菌
	硫酸盐还原	变形菌

续表

固碳途径	代谢	物　种
还原三羧酸循环	S°S 氧化	硫化叶菌木
	S° 还原	硫化叶菌木、热变形菌目
	氧还原	产水产氢杆菌属
3-羟基丙酸	无氧光合作用	绿屈挠菌科
	S°S 氧化	硫化叶菌木
	S° 还原	硫化叶菌木

Calvin-Benson 循环是生物中最普遍的 CO_2 固定途径，由 Melvin Calvin 等人利用[14]C 同位素标记实验发现，并获得 1961 年诺贝尔化学奖。Calvin-Benson 循环可分为核酮糖-1，5-二磷酸的羧化、磷酸甘油酸的还原和核酮糖-1，5-二磷酸的再生三个阶段。光合作用还原 CO_2 主要发生在暗反应阶段的 Calvin-Benson 循环过程。

2. 土壤固碳

土壤有机碳库是陆地生态系统中的重要碳库，在全球碳循环过程中起着极其重要的作用。土壤有机质包括植物和动物体残渣、土壤生物的细胞和组织、由土壤生物合成的物质。土壤有机质中的碳含量即为土壤有机碳。分解合成的各种有机质是土壤的重要组成部分，尽管它只占土壤总量中的很小一部分，但对土壤形成、保持土壤肥力和缓冲性、调节环境气候及农林业可持续发展等方面都有着极其重要的作用。

土壤的含碳量是大气碳含量的 2～3 倍，土壤中的碳会因为耕作等原因而以温室气体（GHG）等形式释放到大气中去，但通过合理的管理措施能够减少碳的排放。土壤是一个活跃且对气候变化存在灵敏反馈的碳库。据估算，土地使用过程中造成的碳排放占全球人为 GHG 排放量的 25%左右，其中，农业生产造成的 GHG 排放占 10%～14%，土地植被变化造成的 GHG 排放占 12%～17%[30,31]。近几十年来的研究表明，通过改善土地利用方式和管理模式可以减少土壤温室的气体排放，增加土壤碳储存[30,31]。有研究指出，土壤固碳的潜力为 7×10^8 t（碳当量）/a[32]。

微生物在土壤生态系统碳循环过程中发挥着关键作用。微生物分解土壤碳将其转化成 CO_2 是土壤碳向外释放的主要原因，并且随着气候变暖气温上升，将引起微生物活动加快，使得土壤碳向外释放的过程愈演愈烈，进而加速土壤碳的排放。研究表明，在这一过程中，寒区土壤中的碳释放得最快[33]，并且微生物降解土壤碳的效率主要取决于温度及底物的结构，随着温度的升高，部分难降解底物也会被降解[34]。而在对加拿大泥炭、寒区冻土、土壤有机质及北极冻土的研究中发现，土壤中碳元素的稳定性随着温度升高而降低，升温会增加土壤碳排放[35]。

土壤中的微生物是土壤有机质的分解者，对于碳储存具有不利的作用。长期以来，增加植被对土壤的有机质输入如采用退耕、恢复湿地等措施或者抑制微生物对有机质的分解速率如采用减耕、免耕等措施是增加土壤碳汇的主要策略。

目前，对土壤中微生物和有机碳的研究正不断深入。通过对土壤中含碳大分子的特征分析发现，微生物的分解产物将通过与矿物质的强化学键合最终成为稳定的土壤有机质的主要前体[36]。对土壤有机碳的研究也从以前的单一研究土壤腐殖质，到后来的土壤颗粒态碳和轻组、重组有机碳，再发展到土壤有机碳的动态研究，土壤有机碳的运动过程和分解与转化。

二、人为碳封存

CO_2 封存是深度减排的关键内容，分为海洋封存与地质封存两种。

海洋封存是指把 CO_2 注入海水中，利用海水的压力和海水中的生物化学作用进行封存的过程[37]。目前研究中的 CO_2 海洋封存方式分为两种，一种是稀释溶解法：将 CO_2 注入 1000m 以上的海洋中，等待其自然溶解；另一种为深海隔离法：将 CO_2 注入 3000m 以上的深海中，由于 CO_2 的密度大于海水，会在海底形成固态的 CO_2 水化物或液态的 CO_2 湖[38]。CO_2 海洋封存对海洋生物和海底生态系统产生的慢性影响与危害的可能性还有待考察，因此，CO_2 的海洋封存现在仍缺少实践经验。

地质封存分为矿化封存和物理封存两种思路。CO_2 的矿化封存指 CO_2 与某些碱性矿物反应使 CO_2 形成碳酸盐矿石，矿化进入地层，一般分为自然矿化封存与工业利用矿化封存。自然矿化封存是缓慢的自发过程，目前矿石碳化方法研究重点是加快其反应速度，工业利用矿化封存能够封存的 CO_2 量较少且封存时间短暂，对减缓气候变化的贡献不大。考虑到矿化封存的稳定性和高成本，大规模应用前景不明朗。CO_2 物理封存是指将捕获的 CO_2 压缩至超临界状态后注入地层，目前，适合 CO_2 封存的地质体主要有：没有利用价值的深部咸水层、枯竭的油气田或天然气田、不可开采的深层煤层等深部地质体，物理封存的潜在优势是可以在未来重新开采利用封存的 CO_2，但存在长期封存的安全性问题[39]。

不同埋存方式的封存潜力、技术难度和社会经济成本存在很大差异。深部咸水层较其他封存方法更具综合效益，适合大规模应用。

第三节　碳的转换与传递

碳在自然界中主要以 CO_2 和有机碳的形式传递。在生物体中有机碳和 CO_2 并存，在无机界主要是以 CO_2 的形式循环。

一、自然界中碳及其化合物之间的转化

自然界中，碳及其化合物进行剧烈转化，如图 2-9 所示。在地质时间尺度上，CO_2 的循环基本上由两个过程驱动：通过火山弧的 CO_2 排放，洋中脊排气和变质作用，以及大陆硅

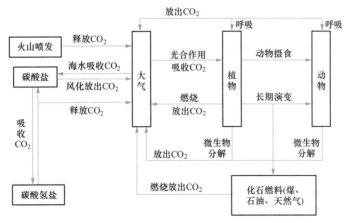

图 2-9　自然界中碳及其化合物之间的转化图解

酸盐风化的消耗和沉积物中有机碳的储存作用[40]。化学风化通过吸收大气 CO_2 并将其储存在风化产物（短期储存）中或形成海洋沉积物（长期储存）而影响碳循环。

固体地球内部（地壳、地幔和地核）是一个巨大的碳库，地壳与地幔含碳量为 $10^{21}\sim$ $10^{23}\,mol$，是地球表层流体态碳的 $10^3\sim10^4$ 倍[41]，而地球内部每年以 CO_2 等形式向大气圈释放的碳通量可达 $10^9\sim10^{10}\,t$。火山活动能够持续地向大气圈释放巨量的 CO_2 气体，是地球深部碳向地表输送的有效途径。大规模的火山喷发作用能够贯穿地球的不同圈层，促进地球各圈层之间的物质交换[42]，并将大量含 CO_2 的火山气体输送入大气圈，导致全球范围的气候和环境变化。

数十亿年来，火山喷发控制了大气中碳的浓度，火山活动是碳元素从地幔进入到大气层的主要方式。地幔中的碳元素大部分是以碳酸盐的形式存在，但也有大量的 CO_2 封存在地幔深处，溶解于液态岩石中。同时，火山喷发初期会引起全球降温，促进陆地和海洋对大气 CO_2 的吸收；随着陆地植被和土壤对大气 CO_2 的吸收，大气 CO_2 浓度持续降低造成大气 CO_2 浓度低于海洋表层 CO_2 的分压，引起海洋净排气。

海洋是一个巨大的缓冲体系，具有潜在的缓冲大气 CO_2 的能力。在海洋的表面混合层中，由于生物的光合作用，CO_2 不断被转化成有机碳和生物碳酸盐。在混合层以下，这些碳部分以碎屑的形式沿水柱下沉，在海洋较深处发生分解和溶解，导致氧的消耗，释放出营养盐和再生 CO_2[43]。

此外，河流流域之间的相互作用也会造成碳转移。水-岩-土-气-生相互作用的碳酸盐风化效应，最终可形成有机碳并长期稳定。河流中的碳主要分为四类：溶解无机碳、颗粒无机碳、溶解的有机碳和颗粒有机碳。其中，消耗无机碳的碳酸盐矿物风化的典型反应如下：

$$Ca_xMg_{1-x}CO_3+CO_2+H_2O \longrightarrow xCa^{2+}+(1-x)Mg^{2+}+2HCO_3^- \tag{2-1}$$

植物光合作用是地球上最大的化学反应过程，是陆地生态系统吸收固定物质、分配转化和碳水循环的基础环节，是植物生长和代谢活动的生理基础，也是植物生长过程中碳素化合物积累的主要途径。植物光合作用指的是将光能转化为化学能和有机物，同时向大气中释放氧气的过程。光合作用发生于植物的叶绿体中，包括原初反应、电子传递和光合磷酸化、碳同化三个反应过程，原初反应、电子传递和光合磷酸化过程需要光，所以统称为光反应。光合作用为整个地球提供了燃料、食物、饲料和纤维的基础，是全球生态系统的关键核心组成部分。

二、生产与生活中碳及其化合物间的转化

碳在地壳中的含量不高，但其化合物数量众多，且分布极广。碳及碳的化合物在人类生产生活中应用广泛，碳及其化合物之间的转化也有着重要意义。

（1）高炉炼铁。高炉炼铁是指应用焦炭、含铁矿石和熔剂在高炉内连续生产液态生铁的方法。在此过程中，碳与碳化合物发生转化：

$$yCO+Fe_xO_y \xrightarrow{\text{高温}} xFe+yCO_2 \tag{2-2}$$

$$C+O_2 \xrightarrow{\text{点燃}} CO_2 \tag{2-3}$$

$$C+CO_2 \xrightarrow{\text{高温}} 2CO \tag{2-4}$$

（2）溶洞形成。溶洞的形成是石灰岩地区地下水长期溶蚀的结果，石灰岩里不溶性的碳酸钙 $CaCO_3$ 受 H_2O 和 CO_2 的作用能转化为微溶性的 $CaHCO_3$。灰岩中的钙被水溶解带走，经过几十万、上百万年甚至上千万年的沉积钙化，石灰岩地表就会形成溶沟，地下就会形成溶洞。该过程中，碳以不同形式存在、转化：

$$CaCO_3 + CO_2 + H_2O \xrightarrow{\text{点燃}} Ca(HCO_3)_2 \tag{2-5}$$

$$Ca(HCO_3)_2 \xrightarrow{\triangle} CaCO_3 \downarrow + CO_2 \uparrow + H_2O \tag{2-6}$$

（3）化石燃料燃烧。随着城镇化的不断深入，巨大的能源消耗不可避免地将会使生产与生活中 CO_2 排放量逐年增长。在工业生产中，由于化石燃料需要较长时间的积累才能形成，其碳元素也相较于其他普通燃料的含量要高很多，所以化石燃料在进行燃烧时，会比其他普通燃料释放出更多的二氧化碳。例如天然气在燃烧过程中，生成 CO_2 和 H_2O：

$$CH_4 + 2O_2 \xrightarrow{\text{点燃}} CO_2 + H_2O \tag{2-7}$$

三、有机物之间的碳转移

有机物种类繁多，可分为烃和烃的衍生物两大类。根据有机物分子的碳架结构，还可分成开链化合物、碳环化合物和杂环化合物三类。根据有机物分子中所含官能团的不同，又分为烷、烯、炔、芳香烃和卤代烃、醇、酚、醚、醛、酮、羧酸、酯等。如图 2-10 所示，有机物之间可以通过各种化学反应互相转化，常见的有机物转化可通过多种方式进行。

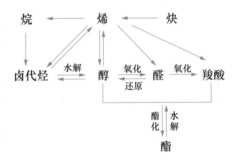

图 2-10　常见有机物之间的转化

1. CH₄ 发酵

农业生产中，碳会通过 CH_4 发酵转移。有机质，如农作物的秸秆、青草、树叶等，在一定温度、湿度、酸碱度和密封的条件下，经细菌的发酵分解作用，即可产生 CH_4：

$$(C_6H_{10}O_5)_n + nH_2O \xrightarrow{\text{细菌作用}} 3nCO_2 \uparrow + 3nCH_4 \uparrow + 热量 \tag{2-8}$$

甲烷发酵的生物化学过程，主要有三个方面：

（1）酸和醇分解

$$CH_3COOH \longrightarrow CH_4 + CO_2 \tag{2-9}$$

$$4CH_3OH \longrightarrow 3CH_4 + CO_2 + 2H_2O \tag{2-10}$$

（2）醇分解并还原 CO_2

$$2CH_3CH_2OH + CO_2 \longrightarrow 2CH_3COOH + CH_4 \tag{2-11}$$

$$2C_3H_7CH_2OH + CO_2 \longrightarrow 2C_3H_7COOH + CH_4 \tag{2-12}$$

（3）氢还原 CO_2

$$CO_2 + 4H_2 \longrightarrow CH_4 + 2H_2O \tag{2-13}$$

2. 生物体内的化学反应

生物体需要一个不断自我更新的过程，这些过程的完成离不开生物体内形式多样的化学反应。在生物体内进行的化学反应又称为生化反应，主要发生在内环境中，体内生化反应都由酶催化，酶和反应物溶于水中，才能发生反应，水为体内物质提供载体和介质。

生物体内的新陈代谢包括合成代谢（同化作用）与分解代谢（异化作用）。例如，糖元（C—H—O—）、脂肪 $[C_3H_5(OOCR)_3]$ 和蛋白质各自通过不同的途径分解成葡萄糖（$C_6H_{12}O_6$）、脂肪酸和氨基酸［$R—CH(NH_2)—COOH$］，再氧化生成乙酰辅酶 A，进入三羧酸循环，最后生成 CO_2，从而完成碳传递过程。

　　四、碳裂变与聚变

　　核裂变与核聚变都来源于爱因斯坦的质能方程，核裂变是一个大质量原子核分裂成几个原子核的变化（如铀、钍等质量非常大的元素），核聚变是小质量的原子核相互聚合，从而形成质量更大原子核的变化（主要指氕、氘）。核裂变可以产生巨大能量（核能），方式有自发裂变和诱发裂变，在电力能源（如核电站）、武器（如原子弹）等领域多有应用。相对于裂变反应，聚变过程中会产生巨大的能量，但是聚变也更加难以控制，产生聚变反应的条件十分苛刻，必须在极高的温度和压力下才能发生。太阳发光发热的能量来源便是核聚变，人类利用核聚变反应制造出了氢弹，由核裂变引发。与聚变相比，裂变的优点在于获得的能量巨大，产生废物少。核裂变与核聚变能源的开发应用也是许多国家研究发展的重点。

　　对于碳元素，若能发生裂变或聚变，在减碳、固碳的同时也能获得巨大的能量，但碳元素的原子核质量较小，并不能发生裂变反应，但是碳元素可以发生聚变反应即碳聚变。碳聚变可分为两类。

　　第一类

$$C+C \longrightarrow Ne+He+4.617Mev \tag{2-14}$$
$$\longrightarrow Na+H+2.241Mev$$
$$\longrightarrow Mg+n-2.599Mev$$

　　第二类

$$C+C \longrightarrow Mg+\gamma \rightarrow O+He \tag{2-15}$$

　　尽管碳元素存在聚变，但是其聚变条件极为苛刻，目前只有在质量较重的恒星耗尽内部较轻元素后，并且需要温度约 $6 \times 10^8 K$ 以及密度约 $2 \times 10^8 kg/m^3$ 才会发生，聚变产物为氧、镁、氖三种元素。由于碳聚变反应难以发生，并且难以控制，碳聚变目前难以利用。碳达峰和碳中和目标的实现主要在于碳的转移和储存。

第四节　全球碳循环

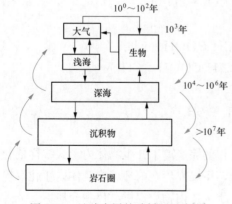

图 2-11　地球表层的碳循环尺度[44]

碳循环是指碳元素在地球系统不同圈层中迁移、转化所构成的循环。碳循环为地球物种提供了生存所必须的条件，在自然环境物质循环中具有十分重要的地位。了解碳循环的机制，是解决温室效应等诸多气候环境问题的前提，重要性不可言喻。碳循环在生物圈、大气圈、水圈及岩石圈中进行，在地球系统的不同圈层中，碳含量的容量相差悬殊，并且各个圈层之间的碳循环时间尺度也各不相同，如图 2-11 所示。碳循环与水循环、氮循环、养分循环、生物多样性等都有密切联系。人类社会活动、地壳板块运动、天文轨道及生物圈的各种过程都是影响碳循环的重要因素[45]。

一、生物圈碳循环

生物圈是地球上最大的生态系统，是一个生命物质与非生命物质自我调节的系统。它的形成是生物界与水圈、大气圈与岩石圈长期相互作用的结果。生物圈的生态系统按类型可分为陆地生态系统和水域生态系统，陆地生态系统又可分为森林生态系统、草地生态系统、土壤生态系统、城市生态系统、农田生态系统等。水域生态系统主要是指陆地水域和海洋水域形成的生态系统。

陆地生态系统碳循环（见图 2-12）是驱动生态系统变化的关键过程，是许多抗击气候变化组织与研究机构的研究热点，也是认识大气圈与生物圈相互作用等问题的关键。陆地碳循环是在不同时间和空间尺度上运行的多种不同过程的表现。此碳循环最易受人类活动的影响，同样人类活动也更容易调控该碳循环过程。构成陆地生态系统碳循环过程主要包括自然碳转化（如植物光合作用、凋落物分解等）、人类活动碳转化（如化石燃料燃烧、土地使用等）及风化、侵蚀和搬运等。自然碳转化过程是指植物通过光合作用将大气中的 CO_2 固定在植物体内，这部分固定的有机碳称为初级生产力，储存在植物体内的有机碳部分会通过自养呼吸、异养呼吸即死亡有机体与土壤微生物分解等途径向大气释放 CO_2。其中，净初级生产力＝初级生产力－自养呼吸，净系统生产力＝净初级生产力－土壤微生物分解。将净系统生产力去除人类活动和自然灾害流失的碳，称为净生物群落生产力。

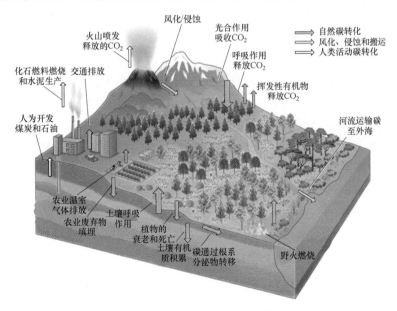

图 2-12　陆地生态系统碳循环示意

（一）森林生态系统碳循环

森林生态系统碳循环是指森林植被通过光合作用，把空气中的 CO_2 合成有机物质，又经过微生物的分解和植株呼吸而放出 CO_2 的一种碳循环过程[46]。森林生态系统是陆地最复杂的生态系统，在碳循环中有重要作用，全球大约二分之一的陆地初级生产力由森林产生[47]，它是陆地生态系统中最大的碳库。森林受人类活动影响较多，小幅度碳汇波动便能引起大气圈中 CO_2 的浓度变化，由于森林生态系统碳循环的复杂性，其碳循环不易被准确评估。主要研究模型有生物地理静态模型、区域生态系统碳循环模型、生物地化动力学模型等。森林生态系统碳循环见图 2-13。

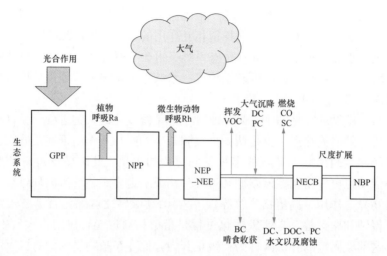

图 2-13　森林生态系统碳循环[48]

GPP—总初级生产力（gross primary productivity）；NPP—净初级生产力（net primary productivity）；
NEP—净生态系统生产力（net ecosystem productivity）；NEE—净生态系统碳交换量（net ecosystem exchange）；
NBP—净生物群区生产力（net biome productivity）；NECB—净生态系统碳收支（net ecosystem carbon budget）

（二）草地生态系统碳循环

草地生态系统是全球分布最广、植被最丰富的生态系统之一，草地土壤拥有大量有机物是陆地生态系统的重要组成部分，占比相较于森林生态系统较少，但是覆盖了非冰陆地面积的 40%。草地生态系统可以有效改善土地和生态系统的健康、复原力、生物多样性及水循环，在减缓和适应气候变化及碳循环过程中占有非常重要的地位[49]，对于高纬度冻原和高海拔高寒草地生态系统对气候变化的反应相较于森林生态系统极其敏感[50]。草地生态系统碳循环极易受到干旱的影响，与森林生态系统碳循环不同，其碳外部循环过程主要在植被—土壤—大气循环完成，内部碳循环过程主要在植被—凋零物—土壤—植物中进行循环。草地生态系统碳循环见图 2-14。

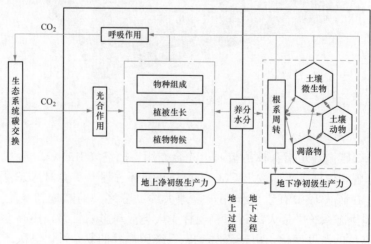

图 2-14　草地生态系统碳循环[51]

（三）土壤碳循环

土壤为地表植物、土壤内部动物、微生物提供了生长环境，是陆地上最大的有机碳缓冲区[52]，碳库储量是大气碳库的 3 倍，约为陆地植被碳库的 5 倍。土壤呼吸是土壤碳排放的主要途径，土壤呼吸包括微生物呼吸、根呼吸和动物呼吸，以及土壤中发生的非生物学过程。大气 CO_2 浓度、土壤温度、降水量、植被等许多影响因子都会影响土壤碳循环过程。植物利用太阳光能及其他形式的化学能，吸收大气中的 CO_2，将其转化为储存能量的有机化合物，人类及其他高等动物从植物中获取物质和能量，并将死亡组织和废物返回土壤。微生物分解这些物质，释放其中的养分后，将一部分碳转变为稳定的土壤腐殖质，另一部分以 CO_2 形式释放进入大气，再次供植物吸收。

（四）城市生态系统碳循环

城市生态系统与农田生态系统均为人造生态系统，城市是人类活动、能源应用以及化石燃料燃烧的主要区域，全球大约 75% 的二氧化碳排放源自城市地区。尽管城市面积较小，约占地表面积的 2%，但城市的能源、资源及碳排放吸收并不能自给自足，城市区域的影响范围较大，在全球范围内，城市化是环境变化和碳循环改变的主要组成部分。

城市地区的碳循环主要发生在建筑物、城市植被、土壤及大气中，城市的碳循环可分为垂直通量及水平通量。城市地区碳的垂直通量有自然和人为的成因，自然起源或植被的通量包括生态系统的光合作用和呼吸作用。人类活动产生的垂直通量来自化石燃料的燃烧、废物的分解和人类的呼吸。碳的水平通量主要是由人类活动驱动的。这些通量包括食物和纤维从农田和森林转移到城市系统，以及垃圾从城市蔓延地区流入通常位于城市足迹的垃圾填埋场。城市碳循环示意如图 2-15 所示。

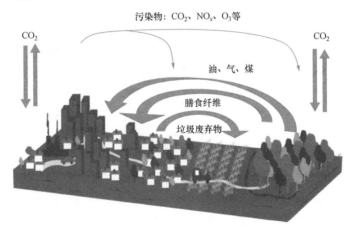

图 2-15　城市碳循环示意

（五）农田生态系统碳循环

农田生态系统是重要的碳源及碳汇，其碳循环过程与草地生态系统碳循环过程类似，但是由于农田生态系统是人造生态系统，主要受人类活动控制，其循环过程如图 2-16 所示。总体上可以分为对碳的固定、储存和释放三个部分，人工进行播种、施肥，增加了植物碳库及土壤碳库中的碳储量，而后植物通过光合作用和呼吸作用与大气交换碳元素，土壤通过呼吸作用进行碳循环，在整个陆地生态系统中，农田生态系统是最活跃的碳库。

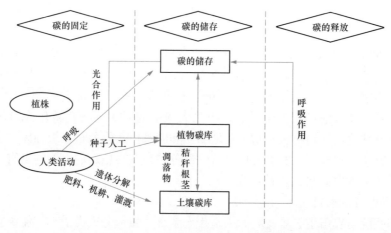

图 2-16　农田生态系统碳循环过程

在农田生态系统中，农作物吸收大气中的 CO_2，在其生长周期中，以凋落物、有机质释放等方式回到农田的土壤碳库。同时，农田生态系统的碳库也会与外部碳库形成碳输出，部分随着人畜粪便等形式返回系统。

农田生态系统碳循环模型根据其空间尺度可以分为 4 类：斑块尺度、灌区尺度、流域尺度和全球尺度[53]。每个尺度存在不同的模型，优缺点也各不相同。斑块尺度范围最小，是研究某一植株或某一斑块周围环境的碳循环。灌区尺度是对同一灌区作物量的估算，流域与全球范围则是较大范围，在全球气候变化的研究中影响较大。

二、水圈碳循环

（一）海洋碳循环

海洋在全球碳循环中有极其重要的地位，现代海洋光合作用约占全球的 50%，自工业革命以来海洋吸收了约 25% 的人为 CO_2 排放量[54]。碳在海洋中的存在形式可分为以下几种，溶解无机碳（占主要部分，约 97%）、溶解有机碳、颗粒有机碳、碳酸盐等[55]。

海洋碳循环示意如图 2-17 所示。海洋中碳在非生物碳和生物碳之间的转换以及相互作用十分复杂，溶解度泵、生物泵及碳酸盐泵是描述碳在海洋中循环的三种机制，另外中国学者还提出了微生物泵机制。溶解度泵是指将 CO_2 从海洋表面运送到内部的物理和化学过程，不涉及生物过程，CO_2 可以溶于海水并与海水反应生产溶解无机碳，溶解无机碳的平衡又会影响 CO_2 的溶解度。生物泵是指颗粒有机物由海洋表层转向深层的过程，具体是海洋浮游生物等通过光合作用吸收大气中的 CO_2，经食物链传递有机碳，并产生沉降。生物泵主要由生物完成，借助沉降作用将碳"泵"入深海[56]。碳酸盐泵的作用机理是海洋生物的钙化作用，海洋表层的钙化生物体表会沉积碳酸钙（通过碳酸盐），钙化生物死亡后壳体沉积，碳酸盐沉积的同时海水也会释放 CO_2。微生物泵与生物泵的不同点在于不依赖沉降过程，而是依赖微生物的生态过程。海洋中的惰性溶解有机碳可以在海洋中长期储存，是溶解有机碳的一种，其重要来源就是海洋微生物，微生物泵维持着巨大碳库[57]。

（二）河流湖泊碳循环

河流湖泊碳循环是全球碳循环的重要组成部分，河流湖泊属于内陆水，是碳元素的汇集地之一。河流湖泊碳循环过程如图 2-18 所示。河流湖泊碳元素的构成与海洋基本相同，但

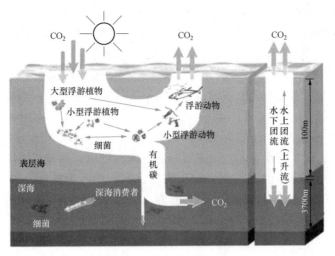

图 2-17　海洋碳循环示意

是在碳源输入方面有较多的陆源输入，如人类生活排放、土壤有机物、陆生植物载体等，对
于海洋碳库来讲也是重要的碳源。虽然河流与湖泊面积较小，但是对于区域碳循环有重要
作用。

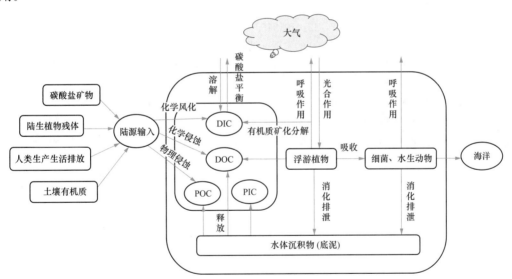

图 2-18　河流湖泊碳循环过程[58]

DOC—溶解有机碳；POC—颗粒有机碳；DIC—溶解无机碳；PIC—颗粒无机碳

三、大气圈碳循环与岩石圈碳循环

（一）大气圈碳循环

大气碳库是四个碳库中最小的碳库，大气碳库中碳的存在形式主要有 CO_2、CH_4 等。
大气碳库与陆地碳库海洋碳库等均会相互影响，自工业革命以来由于化石燃料燃烧、土地利
用变化等原因，碳循环已失去平衡[59]。CO_2 是全球碳循环的主要物质，近年来大气中的
CO_2 浓度迅速上升，从大气中去除额外排放的 CO_2 需要很长时间。随之而来的问题便是严

重的温室效应和进一步全球变暖，大气中CO_2气体浓度的变化会对陆地碳循环及海洋碳循环的过程造成直接影响。大气中CO_2浓度会影响植物的光合作用，加速大多数植物的生长，进而影响陆地碳循环。大气中CO_2浓度增高会使海洋酸化、海水温度升高，从而导致海洋吸收CO_2的能力增强或减弱。生物圈与大气圈之间的碳循环模拟，水圈与大气圈之间的碳循环模型构建一直以来都是人们关注的重点，研究大气圈与生物圈、水圈的耦合作用，为控制气候变化提供依据。

（二）岩石圈碳循环

岩石圈是地球上最大的碳库之一，主要起储存碳的作用，而大气圈、水圈、生物圈主要起交换碳的作用。岩石圈中的碳主要是以碳酸盐、沉积物等形式存在。岩石圈碳库活动缓慢，其碳循环时间尺度大，周转时间在百万年左右。

参 考 文 献

[1] FIELD J. The mechanical and strength properties of diamond [J]. Reports on Progress in Physics，2012，75（12）：126505.

[2] BEYSSAC O, RUMBLE D. Graphitic carbon：A ubiquitous, diverse, and useful geomaterial [J]. Elements, 2014, 10 (6)：415-420.

[3] YI X W, ZHANG Z, LIAO Z W, et al. T-carbon：Experiments, properties, potential applications and derivatives [J]. Nano Today, 2022, 42：101346.

[4] 谢广宇，吕晗，陈雪，等．富勒烯 C60 的发现、结构、性质与应用 [J]．炭素，2021，（03）：34-42.

[5] THOSTENSON E T, REN Z, CHOU T W. Advances in the science and technology of carbon nanotubes and their composites：A review [J]. Composites Science and Technology, 2001, 61 (13)：1899-1912.

[6] OBERLIN A, ENDO M, KOYAMA T. Filamentous growth of carbon through benzene decomposition [J]. Journal of Crystal Growth, 1976, 32 (3)：335-349.

[7] IIJIMA S, ICHIHASHI T. Single-shell carbon nanotubes of 1-nm diameter [J]. Nature, 1993, 364 (6430)：603-605.

[8] IIJIMA S. Helical microtubules of graphitic carbon [J]. Nature, 1991, 354 (6348)：56-58.

[9] SU D S. 20 years of carbon nanotubes [Z]. Chem Sus Chem, 2011, 4 (7)：811-813.

[10] DU Y, ZHOU W, GAO J, et al. Fundament and application of graphdiyne in electrochemical energy [J]. Accounts of Chemical Research, 2020, 53 (2)：459-469.

[11] SHANG H, ZUO Z, LI L, et al. Ultrathin graphdiyne nanosheets grown in situ on copper nanowires and their performance as lithiumion battery anodes [J]. Angewandte Chemie International Edition, 2018, 57 (3)：774-778.

[12] ZHU Y, MURALI S, CAI W, et al. Graphene and graphene oxide：Synthesis, properties, and applications [J]. Advanced Materials, 2010, 22 (35)：3906-3924.

[13] GEIM A K. Graphene：Status and prospects [J]. Science, 2009, 324 (5934)：1530-1534.

[14] XU J, LI R, JI S, et al. Multifunctional graphene microstructures inspired by honeycomb for ultrahigh performance electromagnetic interference shielding and wearable applications [J]. ACS Nano, 2021, 15 (5)：8907-8918.

[15] SHENG X L, YAN Q B, YE F, et al. T-carbon：A novel carbon allotrope [J]. Physical Review Letters, 2011, 106 (15)：155703.

[16] QIN G, HAO K R, YAN Q B, et al. Exploring t-carbon for energy applications [J]. Nanoscale,

2019, 11 (13): 5798-5806.

[17] ZHANG Z, PAN S Y, LI H, et al. Recent advances in carbon dioxide utilization [J]. Renewable and Sustainable Energy Reviews, 2020, 125: 109799.

[18] ELVERS B. Ullmann's encyclopedia of industrial chemistry [M]. Hoboken, NJ: Verlag Chemie, 1991.

[19] ALVAREZ-GALVAN M, MOTA N, OJEDA M, et al. Direct methane conversion routes to chemicals and fuels [J]. Catalysis Today, 2011, 171 (1): 15-23.

[20] REN T, PATEL M K, BLOK K. Steam cracking and methane to olefins: Energy use, CO_2 emissions and production costs [J]. Energy, 2008, 33 (5): 817-833.

[21] FENG L, PALMER P I, ZHU S, et al. Tropical methane emissions explain large fraction of recent changes in global atmospheric methane growth rate [J]. Nature Communications, 2022, 13 (1): 1378.

[22] MING T, LI W, YUAN Q, et al. Perspectives on removal of atmospheric methane [J]. Advances in Applied Energy, 2022 (5): 100085.

[23] XU X, GU X, WANG Z, et al. Progress, challenges and solutions of research on photosynthetic carbon sequestration efficiency of microalgae [J]. Renewable and Sustainable Energy Reviews, 2019, 110: 65-82.

[24] KEENAN T F, WILLIAMS C A. The terrestrial carbon sink [J]. Annual Review of Environment and Resources, 2018, 43: 219-243.

[25] LE QUÉRÉ C, ANDREW R M, FRIEDLINGSTEIN P, et al. Global carbon budget 2017 [J]. Earth System Science Data, 2018, 10 (1): 405-448.

[26] LEWIS S L, EDWARDS D P, GALBRAITH D. Increasing human dominance of tropical forests [J]. Science, 2015, 349 (6250): 827-832.

[27] PAN Y, BIRDSEY R A, FANG J, et al. A large and persistent carbon sink in the world's forests [J]. Science, 2011, 333 (6045): 988-993.

[28] SITCH S, FRIEDLINGSTEIN P, GRUBER N, et al. Recent trends and drivers of regional sources and sinks of carbon dioxide [J]. Biogeosciences, 2015, 12 (3): 653-679.

[29] NOWAK D J, CRANE D E. Carbon storage and sequestration by urban trees in the USA [J]. Environmental Pollution, 2002, 116 (3): 381-389.

[30] PAUSTIAN K, LEHMANN J, OGLE S, et al. Climate-smart soils [J]. Nature, 2016, 532 (7597): 49-57.

[31] TUBIELLO F N, SALVATORE M, FERRARA A F, et al. The contribution of agriculture, forestry and other land use activities to global warming, 1990-2012 [J]. Global Change Biology, 2015, 21 (7): 2655-2660.

[32] SMITH P. Soil carbon sequestration and biochar as negative emission technologies [J]. Global Change Biology, 2016, 22 (3): 1315-1324.

[33] KARHU K, AUFFRET M D, DUNGAIT J A, et al. Temperature sensitivity of soil respiration rates enhanced by microbial community response [J]. Nature, 2014, 513 (7516): 81-84.

[34] FREY S D, LEE J, MELILLO J M, et al. The temperature response of soil microbial efficiency and its feedback to climate [J]. Nature Climate Change, 2013, 3 (4): 395-398.

[35] NATALI S M, SCHUUR E A, MAURITZ M, et al. Permafrost thaw and soil moisture driving CO_2 and CH_4 release from upland tundra [J]. Journal of Geophysical Research: Biogeosciences, 2015, 120 (3): 525-537.

［36］ COTRUFO M F，WALLENSTEIN M D，BOOT C M，et al. The Microbial Efficiency-Matrix Stabili-zation （MEMS） framework integrates plant litter decomposition with soil organic matter stabilization： do labile plant inputs form stable soil organic matter？ ［J］. Global Change Biology，2013，19 （4）： 988-995.

［37］ METZ B，DAVIDSON O，CONINCK H D，et al. Ipcc special report on carbon dioxide capture and storage ［J］. Economics & Politics of Climate Change，2005.

［38］ 苏豪，查永进，王眉山，等 . Ccs 与 ccus 碳减排优劣势分析 ［J］. 环境工程，2015，33 （S1）：1044- 1047+1053.

［39］ 金涌，朱兵，胡山鹰，等 . Ccs，ccus，ccrs，cmc 系统集成 ［J］. 中国工程科学，2010，12 （008）： 49-55.

［40］ BELLASSEN V，LUYSSAERT S. Carbon sequestration：Managing forests in uncertain times ［J］. Nature， 2014，506 （7487）：153-155.

［41］ LEE C T A，LACKEY J S. Global continental arc flare-ups and their relation to long-term greenhouse conditions ［J］. Elements，2015，11 （2）：125-130.

［42］ SCHMINCKE H U. Volcanism ［M］. Germany：Springer Science & Business Media，2004.

［43］ 张远辉，王伟强，陈立奇 . 海洋二氧化碳的研究进展 ［J］. 地球科学进展，2000，15 （5）：559-564.

［44］ 汪品先 . 大洋碳循环的地质演变 ［J］. 自然科学进展，2006，（11）：1361-1370.

［45］ 梅西 . 人类活动对碳循环的影响 ［J］. 海洋地质动态，2008，（01）：15-18+24.

［46］ 中国农业百科全书总编辑委员会，畜牧业卷编辑委员会，中国农业百科全书编辑部 . 中国农业百科全 书　农业气象卷 ［M］. 北京：农业出版社，1996.

［47］ BEER C，REICHSTEIN M，TOMELLERI E，et al. Terrestrial gross carbon dioxide uptake：Global distribution and covariation with climate ［J］. Science，2010，329 （5993）：834-838.

［48］ 王兴昌，王传宽 . 森林生态系统碳循环的基本概念和野外测定方法评述 ［J］. 生态学报，2015， 35 （13）：4241-4256.

［49］ LEI T，PANG Z，WANG X，et al. Drought and carbon cycling of grassland ecosystems under global change：A review ［J］. Water，2016，8 （10）：460.

［50］ XUE K，YUAN M，ZHOU J，et al. Tundra soil carbon is vulnerable to rapid microbial decomposition under climate warming ［J］. Nature Climate Change，2016，6 （6）：595-600.

［51］ 李博文，王奇，吕汪汪，等 . 增温增水对草地生态系统碳循环关键过程的影响 ［J］. 生态学报，2021， 41 （04）：1668-1679.

［52］ DON A，RÖDENBECK C，GLEIXNER G. Unexpected control of soil carbon turnover by soil carbon concentration ［J］. Environmental Chemistry Letters，2013，11 （4）：407-413.

［53］ 张赛，王龙昌 . 全球变化背景下农田生态系统碳循环研究 ［J］. 农机化研究，2013，35 （1）：4-6.

［54］ ZHANG C，DANG H，AZAM F，et al. Evolving paradigms in biological carbon cycling in the ocean ［J］. National Science Review，2018，5 （4）：481-499.

［55］ 鲍颖 . 全球碳循环过程的数值模拟与分析 ［D］. 青岛：中国海洋大学，2011.

［56］ CHISHOLM S W. Stirring times in the southern ocean ［J］. Nature，2000，407 （6805）：685-687.

［57］ JIAO N Z. Carbon fixation and sequestration in the ocean，with special reference to the microbial carbon pump ［J］. Scientia Sinica Terrae，2012，42：1473-1486.

［58］ 段巍岩，黄昌 . 河流湖泊碳循环研究进展 ［J］. 中国环境科学，2021，41 （08）：3792-3807.

［59］ HARDE H. Scrutinizing the carbon cycle and CO_2 residence time in the atmosphere ［J］. Global and Planetary Change，2017，152：19-26.

第三章 碳 排 放 核 算

第一节 碳排放与气候变化

一、全球碳排放状况

温室气体（greenhouse gases，GHG）是指大气环境中能够吸收地面的长波辐射并重新发射辐射的气体。当太阳辐射穿透大气层到达地面时，加热后的地面会发射红外线并释放热量，但由于温室气体的存在使得地面释放的热量被大气吸收，进而以大气逆辐射的形式返回地面，从而产生温室效应。《京都议定书》中规定，需对6种温室气体予以控制，分别为二氧化碳（CO_2）、甲烷（CH_4）、氧化亚氮（N_2O）、氢氟碳化合物（HFCs）、全氟碳化合物（PFCs）、六氟化硫（SF_6）。

全球变暖潜能值（global warming potential，GWP）用于评价每种温室气体影响地球辐射的能力与气候变化的相对能力，以CO_2为基准，对标各种温室气体产生相等温室效应的CO_2的质量。其中，常用的度量指标包含GWP-20、GWP-100及GWP-500，分别对应单位质量的温室气体在20、100、500年内对大气温室效应的贡献程度。这一指标不仅能够用作权重计算各温室气体的CO_2当量值（carbon dioxide equivalent，CO_2eq）以统一量纲，又能够表征温室气体所带来的环境影响，故得到广泛使用。联合国政府间气候变化专门委员会（IPCC）第六次评估报告第一工作组最新发布的全球变暖潜能值见表3-1[1]。从表3-1中可以看出，CO_2的全球变暖潜能值最低，SF_6的全球变暖潜能值最高，排放单位质量的SF_6在20～500年内所产生的温室效应为CO_2的18 300～34 100倍。

表3-1 全球变暖潜能值 GWP

温室气体名称	化学式	GWP-20	GWP-100	GWP-500
二氧化碳	CO_2	1	1	1
甲烷	CH_4	81.2	27.9	7.95
氧化亚氮	N_2O	273	273	130
三氟甲烷	CHF_3	12 400	14 600	10 500
四氟化碳	CF_4	5300	7380	10 600
六氟化硫	SF_6	18 300	25 200	34 100

注 因氢氟碳化合物和全氟碳化合物的种类较多，此处仅分别列举三氟甲烷（CHF_3）和四氟化碳（CF_4）。

既然单位质量的碳排放造成的温室效应相对较弱，六氟化硫等其他温室气体潜在的影响更为强烈，为何当今全球应对气候变化的措施中更注重CO_2的减排，而不是其他温室气体的排放呢？这是因为实际引起的温室效应的程度不仅与全球变暖潜能值（即强度）有关，还与温室气体的实际排放量有关。尽管单位质量的碳排放潜在的影响相对较弱，但实际排放量已经远远超过强度的效应，单位质量的SF_6等其他温室气体排放潜在的影响较强，但实际排放量却非常有限。如图3-1所示，1990—2019年，燃烧化石能源与工业生产排放的CO_2贡献占全球人为温室气体排放当量的59%～65%，是最主要的排放来源。此外，土地利用变化等产生的碳排放贡献比例为 $10\%\sim13\%$，碳排放累计占全部温室气体排放当量的比重超过 72%。其中，CH_4 排放占全球人为温室气体排放当量的 $18\%\sim21\%$，氧化亚氮与氟化物占比不超过 8%。因此，CO_2 成为全球应对气候变化的重点减排对象。此外，进一步观察图 3-1 可以发现，自 1990 年以来，全球温室气体排放呈现快速上升的趋势，从 1990 年的 380 亿 t CO_2 当量迅速增加至 590 亿 t CO_2 当量，全部温室气体排放量总体增加了 154%。除 1997 年左右受到亚洲金融危机冲击有所回落外，其余年份基本呈现逐年增长的态势。这表明随着时间的推移，人类活动排放的 CO_2 等温室气体量日益增加，全球减排行动迫在眉睫。

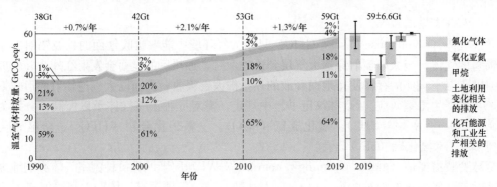

图 3-1　1990—2019 年全球温室气体排放量[2]

作为气候变化的主要驱动因素，CO_2 的排放备受关注。如图 3-2 (a) 所示，自 1850 年工业革命以来，人类活动排放了大量的 CO_2，从 1850 年的 30 亿 t 迅速增至 2019 年的 430 亿 t，增速超过 1300%。其中，煤炭、石油和天然气三种化石能源的燃烧是最主要的驱动因素，到 2019 年，近 80% 的碳排放来自化石能源的燃烧。图 3-2 (b) 显示了 1850—2019 年碳排放的历史演变与实现《巴黎协定》温控目标的全球碳预算。从图中可以发现，2010—2019 年，全球年均碳排放量为 410 亿 t；1850—1989 年，全球年均碳排放量为 350 亿 t，年均碳排放量有较大幅度的增长。截至 2019 年底，为实现《巴黎协定》中提到的 1.5℃ 或 2℃ 的温控目标，全球剩余碳预算仅为 4000 亿 t 和 12 000 亿 t。

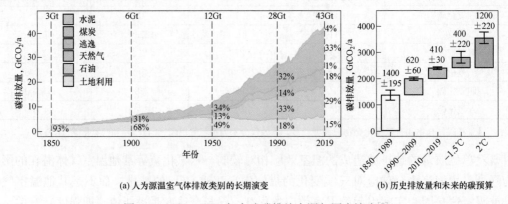

(a) 人为源温室气体排放类别的长期演变　　　　(b) 历史排放量和未来的碳预算

图 3-2　1850—2019 年全球碳排放来源与历史演变[2]

如图 3-3 所示，从国家层面来看，2020 年碳排放量排名前十的国家依次为中国、美国、印度、俄罗斯、日本、伊朗、德国、韩国、沙特阿拉伯和印度尼西亚，累计占比超过全球排放总量的 68%。其中，中国作为世界上最大的碳排放国，2020 年碳排放量为 11 680 百万 t，约占全球排放总量的 1/3，是第二大排放经济体美国排放量的 2.58 倍，这与基础设施的建设和经济发展结构密切相关。此外，除排放前五的国家数值相差较大呈现明显的梯度态势外，其余五个国家的排放量相对接近，分布在 568 百万～690 百万 t 的区间。

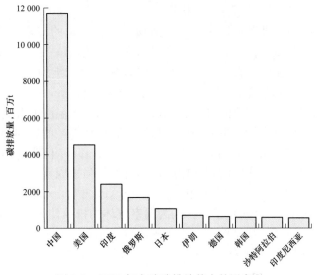

图 3-3　2020 年全球碳排放前十的国家[3]

以中国为例分析各部门的排放结构可以发现，2000—2015 年，能源生产供应行业（如电力的生产供应业、燃气的生产供应业、石油与天然气开采业、石油炼焦核燃料加工行业等）排放的 CO_2 最多，约占全国排放总量的 44%。紧随其后的是重工业（如金属冶炼加工压延业、非金属矿物制品业等），排放量约占全国排放总量的 36%。如图 3-4 所示，其余行业排放占比相对有限，因此能源行业和重工业是碳排放需重点管控的源头部门。

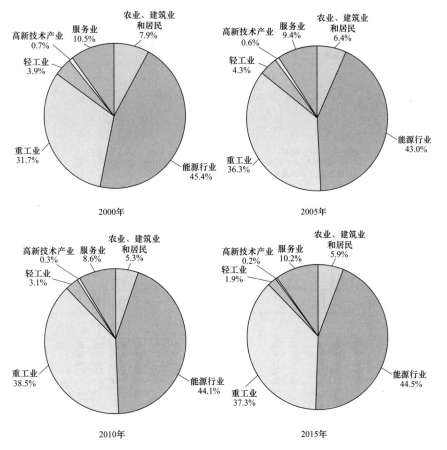

图 3-4　2000—2015 年中国分行业碳排放[1]

二、全球气候变化概况

自工业革命以来，人类活动排放了大量的温室气体，特别是 CO_2，加剧了全球变暖现象。如图 3-5 所示，IPCC 第六次评估周期第一工作组发布的《气候变化 2021：物理科学基础》指出[1]，自 20 世纪 80 年代以来，近十年均为有记录以来全球平均地表温度最高的十年，特别是在 2011—2020 年，全球温度较 1850—1900 年高 1.09℃（0.95～1.20℃）。通过归因模型模拟反演可以发现，上述平均地表温度的升高受自然外强迫因素（如太阳辐射变化和火山喷发导致平流层硫化与气溶胶增加等）的影响相对有限，很大程度归因于人类活动的作用与冲击。如图 3-6 所示，自 1850—1990 年到 2010—2019 年，地球内部变率（如大气、海洋及陆地之间的相互作用）和自然外强迫因素几乎不对温度造成影响，贡献作用区间分别为（−0.2℃，0.2℃）和（−0.1℃，0.1℃）。人类活动导致温度升高的最佳估计值为 1.07℃（0.8～1.3℃）：人为温室气体的排放使得全球温度提升 1.5℃（1.0～2.0℃），其他人类活动（如排放二氧化硫等改变气溶等）使得全球温度下降 0～0.8℃。其中，CO_2 的升温作用最为明显，其次为 CH_4、挥发有机物、CO 等。

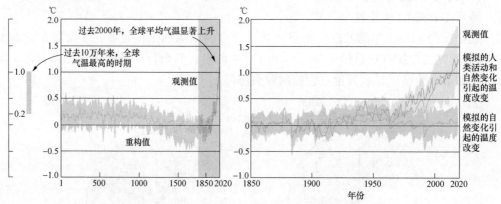

图 3-5　全球平均气温历史演变与归因分析[1]

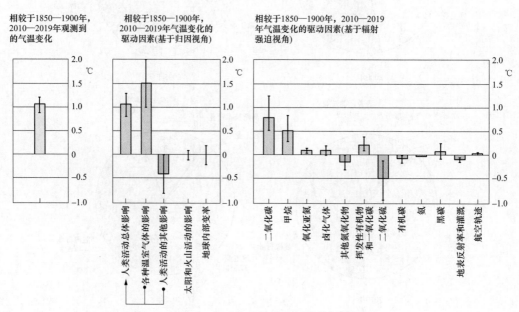

图 3-6　全球变暖的驱动因素分析[1]

全球变暖的同时会改变气候系统，引起气候变化，破坏生态系统的原有平衡。世界气象组织（WMO）发布的《2019 年全球气候状况声明》指出，气候变暖显著提高了海洋热含量，不仅使海平面持续上升，破坏沿海生态系统，还加速了海洋的分层、酸化与脱氧过程，导致海洋种群灭绝、珊瑚褪色、传染病行为变化以及栖息地重新分布[5,6]。作为景观的泥炭地受冷冻条件的保护，储存着丰富的碳，但随着气候变暖，多年冻土融化的过程中，有机物质逐渐分解将释放大量的 CO_2 与 CH_4 等温室气体，进而极有可能加速全球气候变暖的进程。若保持现有的人类活动，预计到 2100 年，适宜的气候条件逐渐消失，将可能导致泥炭释放 37 亿～395 亿 t 碳，相当于欧洲森林总碳存储量的 2 倍[7]。此外，温暖且干燥的大气环境显著提高了野火发生的频率和风险，2019 年下半年，受极干燥高温的条件和强西风的作用，澳大利亚新南威尔士州东北部地区与昆士兰南部地区的火情迅速向南蔓延，使得昆士兰州、新南威尔士州、南澳大利亚州 12 月累计森林火灾危险指数为有记录以来所有月份的最高值。

与此同时，人类的生存与发展也受到了巨大的冲击与挑战。例如，气候变化不仅会导致昆虫代谢和种群活动增强，使得农作物粮食产量有所降低，还加剧了对农作物的侵蚀，对全球粮食系统的稳定与可持续性造成重大威胁。Wang[8]等基于 1970 年以来中国各省份病虫害发生率的调研数据，通过贝叶斯层次模型证实了气候变化使得病虫害发生率以年均 3% 的增幅提高，夜间升温的响应程度更为显著。在许多物种生存条件发生改变的情况下，伊蚊等疾病传播者的适宜栖息地逐渐扩大，这将加速病原体的生长与传染病的传播，甚至威胁人类的健康安全[9]。此外，气候变化还大幅提高了极端天气事件发生的可能性，尤其是近年来全球极端天气事件频发，河南郑州的暴雨、美国罕见的龙卷风及西部干旱、"尤妮斯"风暴、马达加斯加洪涝等，给人类的生存和发展带来严峻挑战。种种迹象表明，全球气候变化的治理迫在眉睫。若各国不采取行动实现《巴黎协定》中提到的 1.5℃ 或 2℃ 的温控目标，那么因气候变化带来的经济损失将高达 150 万亿～792 万亿美元，远超减排成本[10]。

综上所述，人类活动排放大量 CO_2 等温室气体，加剧了全球变暖，改变了气候系统，导致全球气候变化，破坏生态系统原有的平衡，并给人类的生存与发展带来严峻挑战。因此，各国需齐心协力，积极应对全球气候变化，减少 CO_2 等温室气体的排放。

第二节　碳排放核算概念/内涵与研究进展

碳排放是关于全球温室气体排放的一个总称或简称，碳排放核算是指对人为活动产生的不同种类的温室气体排放量进行测算，将其乘以全球变暖潜能值并统一折算为 tCO_2（二氧化碳当量）的过程。

碳排放核算概念提出的背景是当前全球变暖引起的气候与环境变化已经成为制约人类社会可持续发展的重要风险之一，2018 年联合国政府间气候变化专门委员会（IPCC）发文指出，只有将全球升温控制在 1.5℃ 范围内，才能避免因气候变化带来的大量损失和风险[11]。要实现上述目标，应对温室气体的排放进行控制和限制。

碳排放核算从根源上解析环境影响贡献环节，是衡量碳排放现状、制定低碳发展战略和低碳发展目标的前提与基础[13]。目前碳排放源分为国家、省市、企业或组织和产品 4 个层面，不同层面的碳排放进行核算时参考不同的标准、指南。产品层面的温室气体核算也被称为碳足迹计算。碳足迹属于当前生态经济学和可持续发展领域的热点与前沿课题的 7 个典型足迹指标之一[14]，是指特定产品在其整个生命周期中产生的温室气体的总排放量，包括其在制造、销售、使用和处置等全部过程的直接排放和间接排放[15]。

一、国际碳排放核算的研究进展

20 世纪 90 年代以来，联合国政府间气候变化专门委员会（IPCC）、世界资源研究所（WRI）、世界可持续发展工商理事会（WBCSD）、国际标准化组织（ISO）、英国标准协会（BSI）等众多国际机构围绕国家、省市、企业/组织及产品各层面的碳排放核算陆续发布了一系列指南、标准等，相关文件汇总见表 3-2。

表 3-2　　　　　　　　　　　主要的温室气体核算相关标准、指南

文件名称	发布时间	发布组织	适用范围
《IPCC 国家温室气体清单指南》	1995	联合国政府间气候变化专门委员会（IPCC）	国家层面
《IPCC 1996 年国家温室气体清单指南修订本》	1996		
《2006 年 IPCC 国家温室气体清单指南》	2006		
《IPCC 2006 年国家温室气体清单指南 2019 修订版》	2019		
《城市温室气体核算国际标准》	2014	世界资源研究所（WRI）、C40 城市气候领袖群（C40）和国际地方环境行动理事会（ICLEI）	省市层面
《温室气体核算体系：企业核算与报告标准（修订版）》	2012	世界资源研究所（WRI）和世界可持续发展工商理事会（WBCSD）	企业（组织）层面
《温室气体核算体系：企业价值链（范围三）核算与报告标准》	2013		
《温室气体　第 1 部分：组织层次上对温室气体排放和清除的量化与报告的规范及指南》	2018	国际标准化组织（ISO）	
《温室气体　第 2 部分：项目层次上对温室气体减排或清除增加的量化、监测和报告的规范及指南》	2019		
《温室气体核算体系：产品寿命周期核算与报告标准》	2011	世界资源研究所（WRI）、世界可持续发展工商理事会（WBCSD）	产品层面
《ISO14067：2018 温室气体-产品碳足迹-量化要求及指南》	2018	国际标准化组织（ISO）	
《PAS 2050：2008 商品和服务在生命周期内的温室气体排放评价规范》	2008	英国标准协会（BSI）	

英国、美国等发达国家在碳排放核算上积累了相对丰富的经验，主要特点如下：

（1）建立了公开透明、准确庞大的数据搜集体系。目前，英国已经建立了国家、省市、企业或组织和产品层面的碳排放核算体系。不仅建立了常态化的数据搜集体系，还建立了与气候变化相关的排放源监测网络，保证清单编制工作所需的基础数据完整、透明。美国目前也已经形成包含国家、州、城市、企业和产品各层面的较为成熟的核算体系。美国具有地面

基站、飞机、卫星等一体化的大气观测体系，为温室气体核算提供高频、准确的基础数据。

（2）核算方法比较先进。将国际核算指南进一步发展，提出部分领域的独特核算标准。例如，英国在城市层面进行温室气体核算时，在遵循《城市温室气体核算国际标准》的基础上提出了《城市温室气体排放评估规范（PAS2070）》，在对产品层面进行碳足迹计算时，提出了《PAS 2070：城市温室气体排放评估规范》。

（3）核算结果准确度高。不仅有准确、庞大的数据收集体系，还制定了各个层面温室气体核算的标准，并且还通过立法来保证温室气体核算的质量。例如，英国的《公司法》规定相关企业具有温室气体披露的义务，对企业碳排放数据进行监管和约束。美国的《温室气体强制报告规则》也从法律层面对温室气体的监测、报告、核算等各个环节进行了规定。

二、中国碳排放核算的研究进展

中国于 2003 年成立新一届国家气候变化对策协调小组，负责组织协调参与全球气候变化谈判和政府间气候变化专门委员会工作。图 3-7 所示为中国碳排放核算的发展进程。中国分别于 2004、2012、2017 年向联合国提交了 1994、2005、2012 年的国家温室气体清单[15]。中国温室气体排放源包括能源活动、工业生产过程、农业活动、土地利用、土地利用变化与林业、废弃物处置领域[15]。

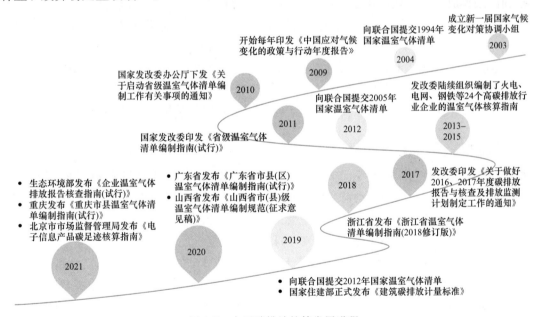

图 3-7　中国碳排放核算发展进程

2010 年 9 月，国家发展改革委办公厅下发了《关于启动省级温室气体清单编制工作有关事项的通知》，要求各地组织做好 2005 年温室气体清单编制工作。2011 年 5 月，为进一步加强省级清单编制的科学性、规范性和可操作性，国家发展改革委印发了《省级温室气体清单编制指南（试行）》，省级温室气体排放源与国家温室气体清单保持一致。

关于市县（区）层面的温室气体核算中国尚未出台统一的相关指南，但有部分省市已经陆续开展了省内市县（区）级的温室气体排放清单编制工作。编制方式主要有统一招标（如江苏、新疆等）和要求各市县（区）自行开展（如陕西、湖北等）两种，目前各市县（区）层面的核算基本处于初步探索阶段。

推动建立企业温室气体排放核算是中国发展碳交易市场的重要基础工作之一[15]。从2013年到2015年，国家发展改革委组织编制了火电、电网、钢铁等24个高碳排放行业企业的温室气体核算指南。2017年，进一步印发了《国家发展改革委办公厅关于做好2016、2017年度碳排放报告与核查及排放监测计划制定工作的通知》，计划制定有关工作的范围涵盖石化、化工、建材、钢铁、有色、造纸、电力、航空等重点排放行业，在2013年至2017年任一年温室气体排放量达2.6万 t 二氧化碳当量（综合能源消费量约1万 t 标准煤）及以上的企业或者其他经济组织。2021年3月，生态环境部发布了《企业温室气体排放报告核查指南（试行）》，进一步规范了全国重点排放企业温室气体排放报告的核查原则、依据、程序和要点等内容。总的来说，中国目前针对重点排放企业碳核算已经初步建立了监测、报告与核查体系。

中国尚未统一出台针对企业产品层面的碳核算指南，仅在少数领域发布了产品碳排放核算标准或指南。例如，住房和城乡建设部于2019年发布的《建筑碳排放计算标准》（GB/T 51366—2019），北京市市场监督管理局于2021年发布的《电子信息产品碳足迹核算指南》（DB11/T 1860—2021）等。目前中国主要还是根据国际标准，基于生命周期方法对产品层面的碳排放进行核算，并且很多企业尚缺乏产品碳足迹核算意识。

总的来说，中国碳排放核算总体处于起步探索阶段，基础统计数据缺乏，核算方法较为落后，客观上制约了中国碳减排工作的开展。应加快建设基础数据库并提高数据质量，更新碳核算方法，尽快与国际接轨，同时也要加强对核算标准与核查机制的建设保障，增强核算质量。

第三节　碳排放核算边界与范围

一、城市碳排放核算边界的界定方法

联合国政府间气候变化专门委员会（IPCC）于2022年2月发布第六次评估报告（AR6），进一步证实了人类活动对全球气候不可逆转的损害，并再次强调减缓全球气候变化行动的紧急性和必要性。作为碳排放的主要空间载体和低碳政策的主要决策单元，城市将通过制定的气候目标并采取相应行动来应对全球气候变化。

城市人口占世界总人口的50%，但其土地面积仅占3%左右，这意味着有大量排放产生于城市边界之外[16]。由于各组织对城市边界的界定标准和测度方法具有一定差异[17]，关于城市碳排放核算的方法仍存在相当程度的争议。目前，有大量研究机构推出城市碳排放清单编制指南，试图将城市层面的碳排放核算方法进行统一[18,19]。城市碳排放的边界界定方法分为如下几种。

1. 直接排放和间接排放

直接排放（direct emission）是指来源于城市辖区内全部的碳排放，包括城市内部活动所消费的化石燃料、工业生产过程以及市内固体废弃物产生的排放。

间接排放（indirect emission）是指由城市内部活动引起，但来源于城市辖区外的排放，如城市辖区外煤炭、风电、水电厂等一次能源生产设施以及火电厂等电力设施产生的排放。这两种排放根据排放源所处的地理位置进行划分，为国家以下（省、市、企业）碳排放核算规则所通用。

2. 范围 1 排放、范围 2 排放与范围 3 排放

如表 3-3 所示，范围 1～3 产生的排放遵循世界资源研究所（World Resources Institute，WRI）编制的《温室气体议定书》[20]（Greenhouse Gas Protocol）中的准则，并在《城市温室气体核算国际标准》[21]（Global Protocol for Community-Scale Greenhouse Gas Emission Inventories，GPC）中进行更新。

表 3-3　　　　　　　　　　　　　城市碳排放范围的界定

参考文件名称	范围 1	范围 2	范围 3
温室气体议定书	城市拥有或控制的直接温室气体排放	消耗购入电力产生的间接温室气体排放	所有其他的间接排放。范围 3 排放是城市内活动的结果，但其来源不受城市拥有或控制
城市温室气体核算国际标准	来源为城市边界内的温室气体排放	由于在城市边界内使用电网供电、供热/冷、蒸汽产生的温室气体排放	由于城市边界内的活动产生、但在城市边界之外发生的所有其他温室气体排放

在进行城市温室气体核算时，根据《城市温室气体核算国际标准》，核算边界将通过地理边界进行确定。边界可以是某个城市、某个区县、多个行政区的结合，也可以是某个大城市圈或其他地界。温室气体排放源包括固定能源活动、交通、废弃物、工业生产过程、产品使用和农业、林业和土地利用及由于城市活动产生在城市地理边界外的其他排放[16]。根据温室气体排放产生地的不同可将其核算范围分为三类。

范围 1（SCOPE1）：发生在城市边界内的自有或受控源的直接温室气体排放。包括仅发生在地理边界内的燃料燃烧、边界内交通、工业生产过程和产品使用、农业、林业和其他土地利用、边界内废弃物和污水处理产生的温室气体排放。

范围 2（SCOPE2）：在城市碳排放核算中，在城市边界内消耗的外购电网电力、区域供暖/冷等二次能源产生的间接温室气体排放。

范围 3（SCOPE3）：指发生在企业价值链中（不包括在范围 2 中），城市边界内的活动产生但发生在城市边界外的其他所有间接温室气体排放。包括城镇从辖区外购物品在生产、运输、使用环节产生的温室气体排放，以及边界外废弃物和污水处理、电网电力的输配调试产生的温室气体排放。

目前，按照两种国际标准进行范围 1～3 分类的方法已广泛被城市层面的排放清单所接受，但是由于城市间接排放所涉及的部门较为繁杂，不同组织对核算标准的制定（主要是范围 3 所涉及的排放）存在较大差别，徐丽笑等人[22]因此对目前国际性的城市碳排放核算指南进行了对比，对比结果见表 3-4。

表 3-4　　　　　　　　　间接排放核算在不同城市清单指南中的比较

所属范围	活动排放	GRIP (2010)	BEI (2014)	IEAP (2009)	ISC (2015)	GPC (2014)	中国城市温室气体编制指南 (2013)
范围 2	外调电力	√	√	√	√	√	√
	供热和制冷	√	√	√	√	√	√
范围 3	电力输配损失	√	×	√	√	√	×
	跨界固体废弃物处理	√	○	√	√	√	×

所属范围	活动排放	GRIP (2010)	BEI (2014)	IEAP (2009)	ISC (2015)	GPC (2014)	中国城市温室气体编制指南 (2013)
范围3	跨界废水处理	√	○	√	√	√	×
	跨界水运和航空	×	×	○	√	√	○
	购入的食品	×	×	×	○	○	×
	购入的建筑物原料	×	×	×	○	○	×
	购入的水	×	×	×	○	○	×
	上游发电厂的隐含排放	×	×	○	○	○	×
	燃料提取	×	×	○	○	○	×
	其他购入产品的隐含排放	×	×	×	×	○	×

注 √—必须列入；○—选择列入；×—未列入。

GRIP 为《温室气体区域清单协议》(Greenhouse Gas Regional Inventory Protocol)；BEI 为《欧洲委员会市长基准排放清单公约》(European Commission Covenant of Mayors Baseline Emission Inventory)；IEAP 为《国际地方政府温室气体排放分析协议》(International Local Government GHG Emissions Analysis Protocol)；ISC 为《城市温室气体排放报告国际标准》(International Standard for Reporting Greenhouse Gas Emissions for Cities)；GPC 为《城市温室气体核算国际标准》[21](Global Protocol for Community-Scale Greenhouse Gas Emission Inventories，GPC)。

3. 内部排放、核心外部排放与非核心外部排放

Kennedy (2011) 等[23]认为在进行城市排放核算的过程中不仅需要考虑排放的核算边界，还需要对城市的排放政策进行考察。基于此，该学者针对上述范围 1～3 的排放边界提出了相对应的城市碳排放范围边界，即内部排放 (internal emissions)、外部排放 (core external emissions) 与非核心外部排放 (non-core emissions)，并通过定义四种系统边界，提出了一个判别城市内部活动范围归属的标准：①地理边界，区分"内部"排放与"外部"排放；②时间边界，跟踪排放的起点和平均周期；③行动边界，确定一个城市应该负责的碳排放活动的边界；④生命周期边界，确定任何活动所需资本货物的生产和处置程度的生命周期边界，如图 3-8 所示。一个城市内部活动应归属于何种排放边界，取决于该活动相对于四种系统边界的位置。

4. 内部过程排放、上游过程排放与下游过程排放

不同于 Kennedy(2011) 等人[23]提出的排放划分标准，Wright(2011) 等人[24]认为城市排放源与范围可以从生命周期的角度进行界定。例如，轮渡运输和航空等跨界排放，既可视为直接排放（范围 1），也可视为间接排放（范围 3）。因此，他们站在生产（源头）到消费（最终用户）过程的基础上，将排放源从生命周期的角度进一步分类，提出了内部过程排放、上游过程排放与下游过程排放的概念，以避免部分活动边界的混淆，如图 3-9 所示。三种排放划分标准的定义如下：

内部过程排放 (city processes)，是指消费端所有产品在城市边界内的直接排放，包括

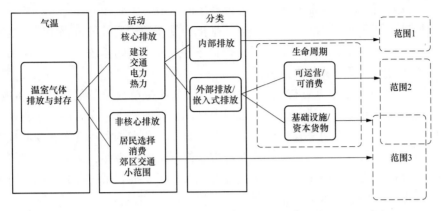

图 3-8　内部排放、核心外部排放与非核心外部排放划分示意[23]

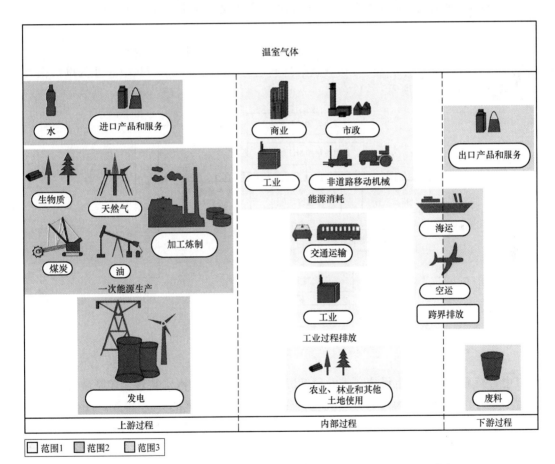

图 3-9　内部过程排放、上游过程排放与下游过程排放范围示意[24]

工厂和商业活动能源消费，工业生产和运输过程，以及农业、林业及土地利用过程产生的排放。

　　上游过程排放（upstream processes），是指发生在城市边界内的产品生产、加工和运输等上游供应链环节产生的排放，包括煤炭、石油、天然气等一次能源生产过程和电力产生过程，以及水资源利用、进口商品和服务等过程产生的排放。

下游过程排放（downstream processes），是指产品在消费后处置过程中产生的排放，包括废弃物处理、轮渡和航空运输、出口商品和服务等过程产生的排放。

二、企业碳排放核算边界的界定方法

2013 年，通过借鉴全球重点排放企业关于温室气体排放核算的研究成果和报告经验，国家发展和改革委员会及相关研究机构针对国内具体行业的特点，先后出台了首批企业温室气体排放核算方法与报告指南并开始试行，要求企业核算和报告在运营上有控制权的所有生产场所和设施产生的温室气体排放。首批报告指南包括发电、水泥、化工、陶瓷等十个重点温室气体排放行业，随后于 2014 年和 2015 年再次出台第二批和第三批共十四个行业企业温室气体排放核算方法与报告指南，涵盖石油、煤炭、电子和机械设备制造等排放行业企业。2022 年，生态环境部发布《关于加强企业温室气体排放报告管理相关重点工作的通知》，要求加强对发电行业重点排放单位以及石化、化工等其他行业重点排放单位的温室气体核算工作。

通过相关排放指南指导，企业主要从事编制质量控制计划、编制排放报告、第三核查企业排放报告并出具核查报告、确定排放量数据并进行整改等流程。以发电企业为例，主要碳排放核算流程如图 3-10 所示。

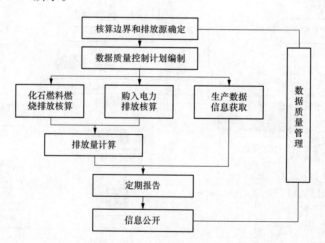

图 3-10　发电企业碳排放核算流程

其中，核算边界为发电设施，主要包括燃烧机组、电气和汽水装置、控制装置及脱硫脱硝装置的集合。排放源分为两部分，既包括化石燃料燃烧产生的 CO_2 排放，还包括净购入电力产生的二氧化碳排放。其中，化石燃料燃烧产生的排放一般指发电锅炉、燃气轮机等主要发电装置所消耗煤炭等化石燃料产生的排放，不包括移动源等办公设施消耗化石燃料产生的排放。对于掺烧化石燃料的生物质发电机组产生的 CO_2 排放，仅统计化石燃料燃烧所产生的排放。排放量常用的计算公式为

$$E_{燃烧} = \sum_{i=1}^{n} (AD_i \times EF_i) \tag{3-1}$$

式中：$E_{燃烧}$ 为化石燃料燃烧产生的排放量，$t\ CO_2$；AD_i 为第 i 种燃料的活动数据，GJ；EF_i 为第 i 种燃料的二氧化碳排放因子，$t\ CO_2/GJ$。

基于碳排放量计算公式及图 3-11 所示的关键参数，发电企业可以精确地完成碳排放核算工作，要求做到逻辑无误、有据可查、源头一致；要求月度收集、月度上报、计算过程数据无误；要求监测计划执行到位、数据质量管理到位。

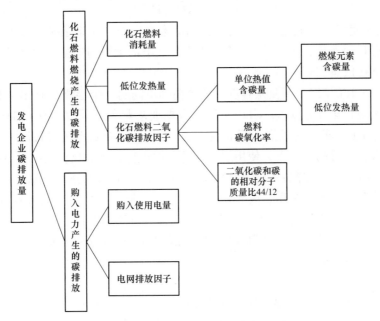

图 3-11　发电企业关键参数数据识别

第四节　碳排放核算方法与内容

碳排放核算是评估地区和部门碳排放水平、划分碳排放责任的基础，因此需要建立方法明确、标准统一的碳排放核算方法。根据所用方法形式，碳排放核算方法可以分为基于测量和基于计算的两种方法。其中，目前在国际上并没有通用的碳排放检测体系，基于测量的核算方法仍局限于小范围应用[25]。现有研究和报告广泛使用基于计算的方法来评估碳排放量。另外，根据核算视角，碳排放核算方法可以分为生产侧碳排放核算与消费侧碳排放核算。其中，生产侧碳排放核算对地区边界范围内由于生产活动所造成的直接温室气体排放进行核算，消费侧碳排放核算对个人、组织消费引起的直接或间接的温室气体排放进行核算[26]。下面分别介绍基于计算的生产侧和消费侧碳排放核算方法。

一、生产侧碳排放核算方法

联合国政府间气候变化专门委员会（Intergovernmental Panel on Climate Change，IPCC）建立了基于计算的碳排放核算方法体系，即通过化石能源消费量和碳含量等参数来估算国家和区域的碳排放量。IPCC 的碳排放核算方法属于生产侧碳排放核算，目前使用最广泛的是《2006 年 IPCC 国家温室气体清单指南》，最新的版本为《2006 年 IPCC 国家温室气体清单指南 2019 修订版》。

IPCC 使用排放因子法按照温室气体的种类来进行碳排放核算。纳入核算范围的温室气体包括二氧化碳（CO_2）、甲烷（CH_4）、氧化亚氮（N_2O）、氢氟烃（HFCs）等，这些不同的温室气体对全球变暖的影响不同，即具有不同的全球变暖潜值（GWP）。利用这些温室气体的 GWP 数值可以将不同的温室气体转变为二氧化碳当量。1996 年，IPCC 出版首份国家温室气体清单指南，提出了一种最常用的碳核算方法，即排放因子法，基本公式为

$$GHG = AD \cdot EF \tag{3-2}$$

式中：GHG 为温室气体排放量；AD 为人类活动数量，指的是造成碳排放的生产或消费活动，包括化石燃料消费量、买入的电力等；EF 为人类活动量对应的碳排放系数，即单位人类活动造成的碳排放量。

在此基础上，IPCC 提出了复杂程度、核算精确不同的 3 个层级（Tiers）的排放因子核算方法。具体来说，第 1 层方法（Tier 1）对数据要求最低，核算方法最简单；第 2 层方法（Tier 2）对数据要求相对较高；第 3 层方法（Tier 3）对数据要求最高，核算方法也最复杂。在保证数据质量的情况下，使用层级高的方法进行碳排放核算的结果更为准确。

在《2006 年 IPCC 国家温室气体清单指南》中，碳排放来源分为能源、工业过程和产品使用、农业林业和其他土地利用、废弃物四大部门，不同来源的碳排放核算方法存在差异。以能源部门碳排放核算为例，3 个层级方法的具体计算方法如下：

（1）第 1 层方法。第 1 层方法基于燃料燃烧数量和燃料的平均排放因子（缺省排放因子）进行核算。计算公式如下：

$$E_{GHG,\,fuel} = C_{fuel} \cdot F_{GHG,\,fuel} \tag{3-3}$$

其中，$E_{GHG,fuel}$ 为分燃料种类的温室气体排放量；C_{fuel} 为燃料消费量；$F_{GHG,fuel}$ 为分燃料种类的 GHG 缺省排放因子，《2006 年 IPCC 国家温室气体清单指南》给出了不同燃料的缺省排放因子以供参考使用。最后，将不同燃料产生的温室气体加总得到总的碳排放量。

然而，不同温室气体的平均排放因子可能会带来不同程度的误差。具体来说，CO_2 排放因子主要取决于燃料的碳含量，燃料中的碳原子大部分都转换为 CO_2 后排放到大气中，但包括燃烧效率等燃烧条件对 CO_2 排放量的影响较小，所以使用第 1 层方法来计算 CO_2 排放时误差相对较小。然而，甲烷（CH_4）、氧化亚氮（N_2O）等温室气体的排放受燃烧条件影响比较大，不同的燃烧设备、燃烧环境对其排放因子影响较大，因此使用平均排放因子来估算 CO_2 之外的其他温室气体时会产生较大误差。

（2）第 2 层方法。第 2 层方法在第 1 层方法的基础上改进，将式（3-3）中的缺省排放因子替换为特定国家和地区的排放因子。通过考虑不同国家和地区在不同时期的燃料含碳量、氧化率、残余物中的碳含量等信息，得到更加准确的排放因子，从而提升核算结果的准确性。

（3）第 3 层方法。第 3 层方法基于更详细的数据进一步提升碳排放核算的准确性。计算公式如下：

$$E_{GHG,\,fuel} = C_{fuel} \cdot F_{GHG,\,fuel} \tag{3-4}$$

其中，$E_{GHG,fuel}$ 为特定燃烧技术下分燃料种类的温室气体排放量；C_{fuel} 为分燃烧技术的燃料消费量；$F_{GHG,fuel}$ 为特定燃烧技术下分燃料种类的 GHG 排放因子。最后，将不同燃料产生的温室气体加总得到总的碳排放量。

注意，第 3 层方法对数据要求较高，因此可能引入新的不确定性。因为燃烧技术对 CO_2 排放的影响较小，所以在只对 CO_2 排放进行核算时通常不使用这种方法。

以上介绍的方法适用于能源部门中固定源的温室气体核算，此外能源部门还包含移动源

排放、逸散排放、碳捕集碳封存排放，其核算思路基本一致，此处不再赘述。

二、消费侧碳排放核算方法

消费侧碳排放核算方法考虑了区域间的供应链关联关系对碳排放的影响，将产品在生产、运输、销售等过程中发生所有温室气体排放都分配给产品的最终消费者[27]。因此，消费侧碳排放核算包括进口中隐含来自外部地区的碳排放，同时剔除了出口隐含的本地的碳排放。基于消费侧碳排放核算制定的气候政策可以提高成本效益，减轻区域间碳泄漏等问题，促进区域间环境正义。常用的消费侧碳排放核算方法包括投入产出分析法、生命周期评估法、混合方法三种。

（一）投入产出分析

环境扩展的投入产出分析法（input-output analysis，IOA）是计算消费侧碳排放最广泛使用的方法之一。投入产出分析框架由里昂惕夫（Wassily Leontief）在 1936 年提出[28]，他因此获得了 1973 年诺贝尔经济学奖。投入产出模型刻画了经济部门之间的投入产出关系，主要由投入产出表和根据投入产出表的平衡关系构建的等式组两块内容构成。里昂惕夫积极推动将投入产出模型应用于环境问题分析，通过结合投入产出模型和环境排放数据（包括温室气体和污染物排放等），他在 1970 年提出环境扩展的投入产出分析方法[29]。

根据投入产出表中展示的地区数量，投入产出模型分为单区域投入产出模型（SRIO）和多区域投入产出模型（MRIO）。表 3-5 为一个简化的单区域投入产出表。

表 3-5　　　　　　　　　　　　单区域投入产出表实例　　　　　　　　　　　　元

投入 / 产出		中间需求				最终需求				总产出
		1 农业	2 工业	3 其他	合计	消费	投资	净出口	合计	
中间投入	1 农业	200	200	0	400	450	100	50	600	1000
	2 工业	200	800	300	1300	500	250	−50	700	2000
	3 其他	0	200	100	300	400	300	0	700	1000
	合计	400	1200	400	2000	1350	650	0	2000	4000
最初投入	固定资产折旧	50	100	50	200					
	劳务报酬	400	350	300	1050					
	税收	50	150	100	300					
	利润	100	200	150	450					
	合计	600	800	600	2000					
总投入		1000	2000	1000	4000					

投入产出表包括三个象限：第Ⅰ象限为中间流动矩阵，由中间投入和中间需求交叉部分构成，从水平方向看，这部分描述了各部门产出用作中间投入品的产出数量，反映了经济部门间的联系；第Ⅱ象限为最终需求矩阵，由中间投入和最终需求交叉部分构成，从水平方向看反映了各部门用于满足不同最终需求的产出数量；第Ⅲ象限为最初投入矩阵，由最初投入和中间需求交叉部分构成，反映了各部门产生的增加值数量及增加值的分配。

表 3-5 中，投入产出表中的每个部门存在行平衡关系，即中间需求＋最终需求＝总产出；同样也存在列平衡关系，即中间投入＋最初投入＝总投入。在投入产出表中，部门的总投入等于总产出。

现有研究多使用环境扩展的多区域投入产出模型（EE-MRIO）来计算消费侧碳排放，这一方法可以追踪区域和国际贸易中隐含的碳排放，进而可以得到地区消费侧碳排放的来源[30]。在多区域投入产出表中，不同区域通过区域间贸易联系起来。在包括 m 个地区，每个地区 n 个部门的投入产出表中，存在以下平衡关系：

$$x_i^h = \sum_{k=1}^{m} \sum_{j=1}^{n} x_{ij}^{hk} + \sum_{k=1}^{m} y_i^{hk} \, (i,j=1,2,\cdots,n) \tag{3-5}$$

式中：x_i^h 为 h 地区 i 部门的总产出；x_{ij}^{hk} 为 h 地区 i 部门向 k 地区 j 部门投入的产品；y_i^{hk} 为 h 地区 i 部门为 k 地区提供的最终产品。

定义直接消耗系数为

$$a_{ij}^{hk} = \frac{x_{ij}^{hk}}{x_j^k} \tag{3-6}$$

代入式（3-6），式（3-5）可以表示如下：

$$X = AX + Y \tag{3-7}$$

其中

$$X = \begin{bmatrix} x^1 \\ x^2 \\ \vdots \\ x^m \end{bmatrix}, A = \begin{bmatrix} A^{11} & A^{12} & \cdots & A^{1m} \\ A^{21} & A^{22} & \cdots & A^{2m} \\ \vdots & \vdots & \ddots & \vdots \\ A^{m1} & A^{m2} & \cdots & A^{mm} \end{bmatrix}, Y = \begin{bmatrix} y^1 \\ y^2 \\ \vdots \\ y^m \end{bmatrix}$$

式中：x^i 为 i 地区总产出列向量；A^{ij} 为地区 i 向地区 j 提供中间产品的直接消耗系数矩阵；y^i 为 i 地区的最终需求列向量。

变换式（3-7）可得到投入产出的基本方程（里昂惕夫模型）：

$$X = (I - A)^{-1} Y \tag{3-8}$$

其中，I 为单位矩阵；$(I-A)^{-1}$ 为里昂惕夫逆矩阵（Leontief Inverse Matrix）。式（3-8）描述了最终需求和总产出之间的关系。

计算消费侧 CO_2 排放时需要使用各部门的碳排放强度数据，即单位产出造成的 CO_2 排放量。各部门碳排放强度构成行向量 K，结合里昂惕夫模型，可以得到消费侧 CO_2 排放量：

$$C = K (I - A)^{-1} \hat{Y} \tag{3-9}$$

其中，C 为消费侧碳排放行向量，其每一个元素表示用于最终需求的商品和服务中隐含的 CO_2 排放量（或碳足迹）；$\hat{Y}$ 为最终需求列向量的对角化处理；$K(I-A)^{-1}$ 为由各地区各部门产品和服务的隐含碳排放强度构成的行向量。

此外，在多区域投入产出模型中，地区的消费侧碳排放 E_C 与生产侧碳排放 E_P 存在以下关系：

$$E_C = E_P + E_{IMP} - E_{EXP} \tag{3-10}$$

式中：E_{IMP} 为进口中的隐含国外碳排放；E_{EXP} 为出口中的隐含国内碳排放。

基于多区域的环境扩展投入产出方法，Feng 等人[30]追踪了 2007 年中国各省进出口中隐含的 CO_2 排放，并计算了消费侧 CO_2 排放。研究结果表明，中国化石燃料燃烧造成的 CO_2 排放中有 57% 是由于外部区域的最终需求造成的。中国省际碳排放净流动整体上从欠发达的中西部地区向东部发达地区流动，北京天津地区、中部沿海地区和南部沿海地区是省际贸易中碳排放的净流入地区，其中北京天津地区消费侧排放中 75% 以上发生在其他地区，中部和南部沿海地区约 50% 的消费排放发生在其他地区。中部、北部、西北、西南地区为碳排放净流出地区。中国的经济比较依赖基础设施投资，而基础设施建设需要投入大量的碳排放密集产品，例如水泥和钢铁，因此基础设施建设造成大量碳排放。在 2007 年中国消费侧 CO_2 排放中，资本形成贡献了总排放的 37%。中国作为出口大国，有相当一部分碳排放是为了满足国外消费而产生的。2007 年，中国所有省份在国际贸易中都是碳排放净流出地区，山东、江苏、广东、浙江、上海、福建等沿海省市的生产侧排放中用于出口的比例为 35%～51%，而这一份额在内陆省份（如安徽、湖南、湖北、云南、新疆）大多低于 25%。在各省消费侧碳排放中，人口规模、经济规模大的省份普遍有较大的消费侧碳排放总量，例如山东（540Mt）、江苏（394Mt）、广东（392Mt）、浙江（385Mt）等省份，而人口规模小、经济欠发达省份的消费侧碳排放较少，例如海南（22Mt）、青海（29Mt）、宁夏（47Mt）、甘肃（86Mt）等。经济发达省份如上海、北京、天津的人均消费侧碳排放量高达 10.8～12.8t，而经济发展水平较低的省份如广西、云南、贵州的人均消费侧碳排放量仅有 2.4～2.6t。

（二）生命周期评估法

生命周期评估法（life cycle assessment，LCA）是评估整个产品生命周期内（即从原材料采购、生产和使用阶段到废物管理）的环境影响和资源使用的工具。注意，这里的 LCA 方法特指基于过程的 LCA（即 PLCA）。LCA 是一项综合性评估方法，它包含产品在自然环境、人类健康和资源使用所有方面的影响。因此，可以使用 LCA 来核算产品在整个生命周期内造成的碳排放。

国际标准化组织（ISO）在 1997 年发布《环境管理-生命周期评价-原则与框架》，规范了 LCA 的原理及技术框架，是目前国际 LCA 领域通用的研究步骤，主要包括目标与范围确定、清单分析、影响评价和结果解释，如图 3-12 所示。

下面以塑料制品为例，计算生产 1t 塑料制品造成的碳排放。这里以全球变暖潜能值（global warming potential，GWP）来计算不同温室气体的碳排放当量。

1. 目标和范围定义

研究对象为日用塑料制品，功能单位与基准流定义为生产 1t 日用塑料制品。研究系统边界为从"摇篮到大门"，即从资源开采到产品出门。采用 eFootprint 软件系统建立塑料生命周期模型，如图 3-13 所示。

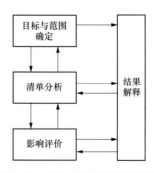

图 3-12　ISO 生命周期评价框架　　　　　图 3-13　LCA 模型

2. 清单数据收集

这部分即收集生产过程的消耗和排放，同时外地购买的原材料运输信息也应进行收集，见表 3-6 和表 3-7。LCA 研究最好使用原始数据（实验测量、实地调研等）进行计算，当原始数据不可得或不可用时，也可以通过文献调研、模型模拟或采用数据库中的数据等进行计算。

表 3-6　　　　　　　　　　　　　　　　过程清单数据

类型	清单名称	数量	单位	上游数据来源
产品	日用塑料产品	1	t	—
消耗	PS 聚苯乙烯	0.3	t	CLCD-China-ECER 0.8.1
消耗	柴油	0.5	kg	CLCD-China-ECER 0.8.1
消耗	汽油	1.0	kg	CLCD-China-ECER 0.8.1
消耗	PET	0.004	kg	ELCD 3.0.0
消耗	自来水	3	t	CLCD-China-ECER 0.8.1
消耗	碳酸钙	0.1	t	CLCD-China-ECER 0.8.1
消耗	PP 聚丙烯	0.5	t	ELCD 3.0.0
消耗	电力	900	kWh	CLCD-China-ECER 0.8.1
消耗	PLA 聚乳酸	0.02	t	Ecoinvent-Public 2.2.0

表 3-7　　　　　　　　　　　　　　　　过程运输信息

物料名称	毛重	运输距离	运输类型
PS 聚苯乙烯	0.3t	1500km	货船运输
PP 聚丙烯	0.5t	8000km	货船运输
PLA 聚乳酸	0.02t	10 000km	货船运输

3. 环境影响评价

在 eFootprint 上建模计算得到塑料-日用塑料制品的 GWP 计算结果见表 3-8。

表 3-8　　　　　　　　　　　　　　日用塑料制品 LCA 结果

环境影响类型指标	影响类型指标单位	LCA 结果
GWP	$kgCO_2eq$	3.414E+003

4. 结果解释

（1）清单数据灵敏度分析。清单数据灵敏度是指清单数据单位变化率引起的相应指标变化率。通过分析清单数据对各指标的灵敏度，并配合改进潜力评估，从而辨识最有效的改进点。表 3-9 中展示了 GWP（$kgCO_2eq$）灵敏度>0.5% 的清单数据。

表 3-9　　　　　　　　　　　　　日用塑料制品 LCA 累积贡献结果

清单名称	所属过程	清单数据类型	GWP($kgCO_2eq$)
塑料	PS 聚苯乙烯	背景数据	42.5%
塑料	PP 聚丙烯	背景数据	28.4%
塑料	电力	背景数据	25.8%
塑料	PLA 聚乳酸	背景数据	1.34%
塑料	PP 聚丙烯	背景数据	1.22%

由表 3-9 可知，PS 聚苯乙烯和 PP 聚丙烯的 GWP 值灵敏度位于第一和第二，分别为 42.5％和 28.4％，其次是电力、PLA 聚乳酸及 PP 聚丙烯运输的背景 AP，分别为 25.8％、1.34％和 1.22％。应从对生命周期影响大的进行改进，企业应开展绿色供应链管理，完善绿色供应链体系，进一步减少温室气体的排放。

（2）数据质量评估。报告采用 CLCD 质量评估方法，在 eF 系统上完成对模型清单数据的不确定度评估。本报告研究类型为企业 LCA（采用实际生产数据），得到数据质量评估结果。通过数据质量评估计算可以得出各清单对 GWP 指标不确定度的贡献率，如图 3-14 所示。

LCA结果不确定度的贡献分析

过程名称	清单名称	清单数据类型	GWP
塑料	PP聚丙烯: polypropylene granulate (PP)	背景数据	33.68
塑料	PS聚苯乙烯: 普通聚苯乙烯	背景数据	16.29
塑料	电力: 华东电网电力	背景数据	7.25
塑料	PLA聚乳酸: polylactide, granulate, at plant	背景数据	0.04

图 3-14　GWP 指标不确定度贡献率

由图 3-14 可知，对 GWP 不确定度贡献率最大的是 PP 聚丙烯的背景数据，其次是 PS 聚苯乙烯和电力消耗的背景数据。据此进一步分析重点数据不确定度的来源。

根据图 3-15 所示，PP 聚丙烯不确定度主要来源于时间和地理代表性的差异，为提高计算结果的准确性，应尽可能建立 PP 聚丙烯生产实景过程，避免使用数据库中的数据。

背景数据匹配度评估

评估项	实景数据目标代表性	背景数据实际代表性	不确定度
*主要数据来源	代表企业及供应链实际数据	代表行业平均数据	5.00%
*时间	2019	2012	15.00%
*地理	阿拉伯联合酋长国 ∨	欧洲	15.00%
*种类规格	消耗清单:pp...	消耗与原料的种... ∨	0%

	GWP	PED	ADP	WU	AP	EP	RI	ODP	POFP
背景基础不确定度	0%	0%	0%	0%	0%	0%	0%	0%	0%
背景合成不确定度	21.79%	21.79%	21.79%	21.79%	21.79%	21.79%	21.79%	21.79%	21.79%

图 3-15　PP 聚丙烯的不确定度评估

（三）混合方法

上述投入产出分析法和生命周期评估方法各有其优点和不足。投入产出分析法是一种自上而下的技术，使用部门间货币交易矩阵来描述各经济部门之间复杂的依赖关系，一个经济体内所有生产过程，经济部门都直接或间接地相互联系[31]。然而，投入产出分析有其自身的问题。具体来说，投入产出表中的行业或商品分类高度聚合，一般的投入产出表有几十到几百个经济部门，无法详细展示经济系统成千上万的产品，因此投入产出分析方法不足以进行详细的 LCA 研究，尤其是考察某一具体产品的生命周期影响时。

LCA 是一种自下而上的方法，通常使用详细的生命周期清单（LCI）来计算生产特定功能单位（如 1kWh 电力）所需的要素投入和环境影响，因此 LCA 比投入产出分析更加具体和详细。然而，由于所研究的产品系统的某些部分通常被忽略或从分析中截断，LCI 的编制需要耗费大量的人力、物力、时间，并且存在系统截断误差[32]。

综合使用 LCA 和 IOA 的分析方法称为混合方法（hybrid method），"混合"有两方面的含义：物理单位和货币单位的混合使用，部门数据和过程数据的混合使用。混合方法是一种折中方案，可以在一定程度上弥补 LCA 的截断问题和 IOA 的部门聚合问题[33]。因此，一些研究认为混合方法是一种比 IOA 和 LCA 更先进的方法，自 20 世纪 70 年代后，能源研究领域已经开始使用混合分析方法。

Wei 等人[34]使用混合方法量化了中国电力传输基础设施造成的排放，这里以该研究为例，介绍混合方法的使用。

首先，使用环境扩展投入产出模型来计算不同部门产品的隐含碳排放强度：

$$E = e(I - A)^{-1} \tag{3-11}$$

式中：E 为各部门的隐含碳排放强度；e 为各部门的直接碳排放强度。

然后，构建电力传输设施建设的详细投入品清单。将投入品清单根据投入产出表中的部门分类划分到不同的部门中，对应不同的隐含碳排放强度。

$$EM = \sum_i C_i \cdot e_i \tag{3-12}$$

式中：EM 为输电基础设施中的隐含碳排放总量；C_i 为 i 部门投入品的数量；e_i 为对应的隐含碳排放强度。

第五节　碳排放影响因素分解分析方法

一个地区或部门碳排放受多种因素的共同影响，例如一个地区的生产侧排放与当地的经济规模、产业结构、能源结构、能源效率等相关。为了制定减少碳排放的政策，需要明确影响碳排放变化的主要因素。因素分解分析方法本质上是将感兴趣的聚合指标的变化分配到几个预设的因素中。这些预设的因素推动了聚合指标的变化，因而称为驱动因素。

指数分解分析（IDA）和结构分解分析（SDA）是驱动因素分解分析研究中广泛使用的方法，用于量化与能源消费、环境排放等相关的经济、技术因素的贡献，为评估和制定能源和气候政策提供参考[35]。IDA 的优势在于数据和方法相对简单，可以用于分解任何聚合指标，但是不能用于考察不同经济部门的相互依赖关系。SDA 一般与投入产出方法结合，可以区分中间需求和最终需求结构变化对碳排放变动的影响。

一、指数分解分析（IDA）

指数分解分析（index decomposition analysis）的概念由 Ang 和 Zhang 在 2000 年正式提出[36]，此前相关研究使用 decomposition analysis 或 factorization analysis 的表述。IDA 方法主要包括算术平均迪氏指数方法（arithmetic mean Divisia index，AMDI）和对数平均迪氏指数方法（logarithmic mean Divisia index，LMDI）。在 2010～2014 年发表的 254 篇 IDA 研究中，有三分之二采用了 LMDI 分解方法，而且使用 LMDI 的论文的比例持续上升，从 2010 年的 50% 上升到 2014 年的 76%。因此，这里仅对 LMDI 方法进行详细介绍。

LMDI 方法包括 LMDI-Ⅰ 和 LMDI-Ⅱ 两种方法，它们之间的区别在于所用的权重公式不同。根据指标变化可以把 LMDI 划分为加法分解和乘法分解。此外，根据指标类型又可以将其分为数量指标分解和强度指标分解两种。因此，LMDI 可以细分为 8 类。

不同方法之间差异较小，这里以 Zhang 等人[37]的研究为例，仅展示数量指标的 LMDI-I 乘法分解方法。该研究关注的是北京发电碳排放的不同影响因素的贡献。

$$PEE = \sum_{k=1}^{m} ef_k \cdot fm_k = \sum_{k=1}^{m} PEE_k$$

$$= \sum_{k=1}^{m} \frac{PEE_k}{EN} \cdot \frac{EN}{TG} \cdot \frac{TG}{G} \cdot \frac{G}{EC} \cdot EC \tag{3-13}$$

$$= \sum_{k=1}^{m} FS \cdot ER \cdot ES \cdot GP \cdot EC$$

式中：PEE 为地区发电碳排放总量；m 为该地区使用发电燃料的品种数；ef_k 为第 k 种燃料的碳排放因子；fm_k 为第 k 种燃料的消费量；EN 为转换为标准煤的发电总燃料消费量；TG 为地区火力发电量；G 为地区总发电量；EC 为地区用电量。

式（3-13）的五个驱动因素介绍见表 3-10。

表 3-10 驱动因素介绍

驱动因素	计算方法	含义
FS	$FS = \frac{PEE_k}{EN} = \frac{ef_k \cdot fm_k}{EN}$	燃料结构
ER	$ER = \frac{EN}{TG}$	能源效率
ES	$ES = \frac{TG}{G}$	电力结构
GP	$GP = \frac{G}{EC}$	电力自给率
EC	EC	电力消费量

从时期 t 到 T，PEE 的变化可以分解为五个驱动因素的贡献：

$$\Delta PEE = PEE_T - PEE_t \tag{3-14}$$
$$= \Delta E_{FS} + \Delta E_{ER} + \Delta E_{ES} + \Delta E_{GP} + \Delta E_{EC}$$

式中：ΔE_{FS}、ΔE_{ER}、ΔE_{ES}、ΔE_{GP}、ΔE_{EC} 分别为五个驱动因素对发电碳排放变动的贡献。

$$\Delta E_{FS} = \sum_{k=1}^{m} L(PEE_k^T, PEE_k^t) \cdot \ln\left(\frac{FS_k^T}{FS_k^t}\right) \tag{3-15}$$

$$\Delta E_{ER} = \sum_{k=1}^{m} L(PEE_k^T, PEE_k^t) \cdot \ln\left(\frac{ER_k^T}{ER_k^t}\right) \tag{3-16}$$

$$\Delta E_{ES} = \sum_{k=1}^{m} L(PEE_k^T, PEE_k^t) \cdot \ln\left(\frac{ES_k^T}{ES_k^t}\right) \tag{3-17}$$

$$\Delta E_{GP} = \sum_{k=1}^{m} L(PEE_k^T, PEE_k^t) \cdot \ln\left(\frac{GP_k^T}{GP_k^t}\right) \tag{3-18}$$

$$\Delta E_{EC} = \sum_{k=1}^{m} L(PEE_k^T, PEE_k^t) \cdot \ln\left(\frac{EC_k^T}{EC_k^t}\right) \tag{3-19}$$

其中，当 $x \neq y$ 时，$L(x,\ y) = \dfrac{x-y}{\ln x - \ln y}$；当 $x = y$ 时，$L(x,\ y) = x$。

　　LMDI 计算结果如图 3-16 所示。结果表明从 2007 年到 2015 年，北京的电力消费量持续增长是北京发电碳排放增长的主要因素，而供电自给率下降、燃料结构改善、能源利用效率的提升是北京发电碳排放降低的主要原因。

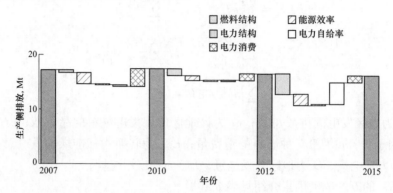

图 3-16　北京发电碳排放变动的 LMDI 计算结果

二、结构分解分析（SDA）

　　SDA 方法的使用最早可以追溯到 20 世纪 70 年代，1991 年 Rose 和 Chen[38]将 SDA 方法正式定义为"通过投入产出表中参数的比较静态变化来分析经济变化"的方法。很多研究结合投入产出分析方法与 SDA 来分析社会经济因素对资源消费、环境排放变化的影响。

　　与 LMDI 类似，SDA 的分解可以分为加法分解和乘法分解，两种分解方式思路一致，在这里仅介绍 SDA 的加法分解。首先设带分解的聚合变量为

$$Y_t = X_t \cdot Y_t \cdot Z_t \cdot H_t \tag{3-20}$$

其中，下标 t 表示时期。

　　从时期 0 到 1，变量 Y 的变动可以分解如下：

$$
\begin{aligned}
\Delta Y &= Y_1 - Y_0 \\
&= X_1 \cdot Y_1 \cdot Z_1 \cdot H_1 - X_0 \cdot Y_0 \cdot Z_0 \cdot H_0 \\
&= (X_1 \cdot Y_1 \cdot Z_1 \cdot H_1 - X_0 \cdot Y_1 \cdot Z_1 \cdot H_1) \\
&\quad + (X_0 \cdot Y_1 \cdot Z_1 \cdot H_1 - X_0 \cdot Y_0 \cdot Z_0 \cdot H_0) \\
&= \Delta X \cdot Y_1 \cdot Z_1 \cdot H_1 + (X_0 \cdot Y_1 \cdot Z_1 \cdot H_1 - X_0 \cdot Y_0 \cdot Z_1 \cdot H_1) \\
&\quad + (X_0 \cdot Y_0 \cdot Z_1 \cdot H_1 - X_0 \cdot Y_0 \cdot Z_0 \cdot H_0) \\
&= \Delta X \cdot Y_1 \cdot Z_1 \cdot H_1 + X_0 \cdot \Delta Y \cdot Z_1 \cdot H_1 \\
&\quad + (X_0 \cdot Y_0 \cdot Z_1 \cdot H_1 - X_0 \cdot Y_0 \cdot Z_0 \cdot H_1) \\
&\quad + (X_0 \cdot Y_0 \cdot Z_0 \cdot H_1 - X_0 \cdot Y_0 \cdot Z_0 \cdot H_0) \\
&= \Delta X \cdot Y_1 \cdot Z_1 \cdot H_1 + X_0 \cdot \Delta Y \cdot Z_1 \cdot H_1 \\
&\quad + X_0 \cdot Y_0 \cdot \Delta Z \cdot H_1 + X_0 \cdot Y_0 \cdot Z_0 \cdot \Delta H
\end{aligned}
\tag{3-21}
$$

其中，$\Delta X \cdot Y_1 \cdot Z_1 \cdot H_1$ 为变量 X 对 ΔY 的贡献值，其他变量含义类似。值得注意的是，ΔY 的分解方式不唯一。改变式（3-21）中四个分量的顺序可以得到不同的分解方式，具体来说，当包括 n 个分量时一共有 $n!$ 种分解方式。因此，ΔY 有 24 种分解方式：

$$\Delta Y = \Delta X \cdot Y_1 \cdot Z_1 \cdot H_1 + X_0 \cdot \Delta Y \cdot Z_1 \cdot H_1 + X_0 \cdot Y_0 \cdot \Delta Z \cdot H_1 + X_0 \cdot Y_0 \cdot Z_0 \cdot \Delta H \quad XYZH$$

$$\Delta Y = \Delta X \cdot Y_1 \cdot H_1 \cdot Z_1 + X_0 \cdot \Delta Y \cdot H_1 \cdot Z_1 + X_0 \cdot Y_0 \cdot \Delta H \cdot Z_1 + X_0 \cdot Y_0 \cdot H_0 \cdot \Delta Z \quad XYHZ$$

$$\Delta Y = \Delta X \cdot Z_1 \cdot Y_1 \cdot H_1 + X_0 \cdot \Delta Z \cdot Y_1 \cdot H_1 + X_0 \cdot Z_0 \cdot \Delta Y \cdot H_1 + X_0 \cdot Z_0 \cdot Y_0 \cdot \Delta H \quad XZYH$$

$$\Delta Y = \Delta X \cdot Z_1 \cdot H_1 \cdot Y_1 + X_0 \cdot \Delta Z \cdot H_1 \cdot Y_1 + X_0 \cdot Z_0 \cdot \Delta H \cdot Y_1 + X_0 \cdot Z_0 \cdot H_0 \cdot \Delta Y \quad XZHY$$

$$\Delta Y = \Delta X \cdot H_1 \cdot Z_1 \cdot Y_1 + X_0 \cdot \Delta H \cdot Z_1 \cdot Y_1 + X_0 \cdot H_0 \cdot \Delta Z \cdot Y_1 + X_0 \cdot H_0 \cdot Z_0 \cdot \Delta Y \quad XHZY$$

$$\Delta Y = \Delta X \cdot H_1 \cdot Y_1 \cdot Z_1 + X_0 \cdot \Delta H \cdot Y_1 \cdot Z_1 + X_0 \cdot H_0 \cdot \Delta Y \cdot Z_1 + X_0 \cdot H_0 \cdot Y_0 \cdot \Delta Z \quad XHYZ$$

$$\Delta Y = \Delta Y \cdot X_1 \cdot Z_1 \cdot H_1 + Y_0 \cdot \Delta X \cdot Z_1 \cdot H_1 + Y_0 \cdot X_0 \cdot \Delta Z \cdot H_1 + Y_0 \cdot X_0 \cdot Z_0 \cdot \Delta H \quad YXZH$$

$$\Delta Y = \Delta Y \cdot X_1 \cdot H_1 \cdot Z_1 + Y_0 \cdot \Delta X \cdot H_1 \cdot Z_1 + Y_0 \cdot X_0 \cdot \Delta H \cdot Z_1 + Y_0 \cdot X_0 \cdot H_0 \cdot \Delta Z \quad YXHZ$$

$$\Delta Y = \Delta Y \cdot Z_1 \cdot X_1 \cdot H_1 + Y_0 \cdot \Delta Z \cdot X_1 \cdot H_1 + Y_0 \cdot Z_0 \cdot \Delta X \cdot H_1 + Y_0 \cdot Z_0 \cdot X_0 \cdot \Delta H \quad YZXH$$

$$\Delta Y = \Delta Y \cdot Z_1 \cdot H_1 \cdot X_1 + Y_0 \cdot \Delta Z \cdot H_1 \cdot X_1 + Y_0 \cdot Z_0 \cdot \Delta H \cdot X_1 + Y_0 \cdot Z_0 \cdot H_0 \cdot \Delta X \quad YZHX$$

$$\Delta Y = \Delta Y \cdot H_1 \cdot X_1 \cdot Z_1 + Y_0 \cdot \Delta H \cdot X_1 \cdot Z_1 + Y_0 \cdot H_0 \cdot \Delta X \cdot Z_1 + Y_0 \cdot H_0 \cdot X_0 \cdot \Delta Z \quad YHXZ$$

$$\Delta Y = \Delta Y \cdot H_1 \cdot Z_1 \cdot X_1 + Y_0 \cdot \Delta H \cdot Z_1 \cdot X_1 + Y_0 \cdot H_0 \cdot \Delta Z \cdot X_1 + Y_0 \cdot H_0 \cdot Z_0 \cdot \Delta X \quad YHZX$$

$$\Delta Y = \Delta Z \cdot X_1 \cdot Y_1 \cdot H_1 + Z_0 \cdot \Delta X \cdot Y_1 \cdot H_1 + Z_0 \cdot X_0 \cdot \Delta Y \cdot H_1 + Z_0 \cdot X_0 \cdot Y_0 \cdot \Delta H \quad ZXYH$$

$$\Delta Y = \Delta Z \cdot X_1 \cdot H_1 \cdot Y_1 + Z_0 \cdot \Delta X \cdot H_1 \cdot Y_1 + Z_0 \cdot X_0 \cdot \Delta H \cdot Y_1 + Z_0 \cdot X_0 \cdot H_0 \cdot \Delta Y \quad ZXHY$$

$$\Delta Y = \Delta Z \cdot Y_1 \cdot X_1 \cdot H_1 + Z_0 \cdot \Delta Y \cdot X_1 \cdot H_1 + Z_0 \cdot Y_0 \cdot \Delta X \cdot H_1 + Z_0 \cdot Y_0 \cdot X_0 \cdot \Delta H \quad ZYXH$$

$$\Delta Y = \Delta Z \cdot Y_1 \cdot H_1 \cdot X_1 + Z_0 \cdot \Delta Y \cdot H_1 \cdot X_1 + Z_0 \cdot Y_0 \cdot \Delta H \cdot X_1 + Z_0 \cdot Y_0 \cdot H_0 \cdot \Delta X \quad ZYHX$$

$$\Delta Y = \Delta Z \cdot H_1 \cdot X_1 \cdot Y_1 + Z_0 \cdot \Delta H \cdot X_1 \cdot Y_1 + Z_0 \cdot H_0 \cdot \Delta X \cdot Y_1 + Z_0 \cdot H_0 \cdot X_0 \cdot \Delta Y \quad ZHXY$$

$$\Delta Y = \Delta Z \cdot H_1 \cdot Y_1 \cdot X_1 + Z_0 \cdot \Delta H \cdot Y_1 \cdot X_1 + Z_0 \cdot H_0 \cdot \Delta Y \cdot X_1 + Z_0 \cdot H_0 \cdot Y_0 \cdot \Delta X \quad ZHYX$$

$$\Delta Y = \Delta H \cdot X_1 \cdot Y_1 \cdot Z_1 + H_0 \cdot \Delta X \cdot Y_1 \cdot Z_1 + H_0 \cdot X_0 \cdot \Delta Y \cdot Z_1 + H_0 \cdot X_0 \cdot Y_0 \cdot \Delta Z \quad HXYZ$$

$$\Delta Y = \Delta H \cdot X_1 \cdot Z_1 \cdot Y_1 + H_0 \cdot \Delta X \cdot Z_1 \cdot Y_1 + H_0 \cdot X_0 \cdot \Delta Z \cdot Y_1 + H_0 \cdot X_0 \cdot Z_0 \cdot \Delta Y \quad HXZY$$

$$\Delta Y = \Delta H \cdot Y_1 \cdot X_1 \cdot Z_1 + H_0 \cdot \Delta Y \cdot X_1 \cdot Z_1 + H_0 \cdot Y_0 \cdot \Delta X \cdot Z_1 + H_0 \cdot Y_0 \cdot X_0 \cdot \Delta Z \quad HYXZ$$

$$\Delta Y = \Delta H \cdot Y_1 \cdot Z_1 \cdot X_1 + H_0 \cdot \Delta Y \cdot Z_1 \cdot X_1 + H_0 \cdot Y_0 \cdot \Delta Z \cdot X_1 + H_0 \cdot Y_0 \cdot Z_0 \cdot \Delta X \quad HYZX$$

$$\Delta Y = \Delta H \cdot Z_1 \cdot X_1 \cdot Y_1 + H_0 \cdot \Delta Z \cdot X_1 \cdot Y_1 + H_0 \cdot Z_0 \cdot \Delta X \cdot Y_1 + H_0 \cdot Z_0 \cdot X_0 \cdot \Delta Y \quad HZXY$$

$$\Delta Y = \Delta H \cdot Z_1 \cdot Y_1 \cdot X_1 + H_0 \cdot \Delta Z \cdot Y_1 \cdot X_1 + H_0 \cdot Z_0 \cdot \Delta Y \cdot X_1 + H_0 \cdot Z_0 \cdot Y_0 \cdot \Delta X \quad HZYX$$

$$(3\text{-}22)$$

　　不同的分解方式，四个分量的贡献不同，造成分解结果的不一致。目前有两种方式来解决这一问题：第一种方法是极分解法，即将排序完全相反的两种分解方式（如 XYZH 和 HZYX）求均值，得到每个驱动因素的贡献；第二种是均值分解法，即将上述 24 种分解方式得到的每个驱动因素的贡献求平均值。在所包含的驱动因素非常多（n 非常大）时，采用极分解方法计算量较小。

　　这里以 Cai 等人[39]对崇明岛消费侧碳排放的 SDA 分析为例，展示这一方法的具体使用：

$$EE = e \cdot L \cdot F_S \cdot F_V \tag{3-23}$$

式中：EE 为消费侧碳排放；e 为直接碳排放系数行向量；L 为里昂惕夫逆矩阵；F_S 和 F_V 分别为需求结构和需求量。

$$\Delta EE = \Delta e \cdot l \cdot F_S \cdot F_V + e \cdot \Delta l \cdot F_S \cdot F_V + e \cdot l \cdot \Delta F_S \cdot F_V + e \cdot l \cdot F_S \cdot \Delta F_V$$

$$(3\text{-}24)$$

　　研究中使用均值分解法来进行计算，具体计算结果展示在图 3-17 中。

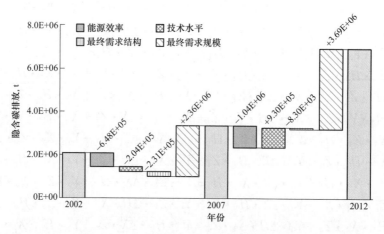

图 3-17 崇明消费侧碳排放 SDA 分解结果

第六节 碳 减 排 机 制

一、市场化减排手段的作用原理

本章首先基于经济学原理对比分析当前主要的市场化减排手段——碳税和碳交易机制的作用原理，分析为何当前中国选取的是碳交易机制，重点阐述碳交易机制的基本内容及历史演变。此外，简要概述另一灵活减排机制——清洁发展机制。

为应对全球气候变化，各国积极探索减排的优化路径。目前，国际社会存在三种主要的减排手段，分别为命令控制型、经济激励型和劝说鼓励型。相较于命令控制型的政府环境规制政策，经济激励型的市场化减排机制有助于充分发挥市场的调节作用，提高减排主体的积极主动性，降低全社会的整体减排成本。该机制的作用原理是，通过将企业的负外部性内部化，促使企业自发调整生产经营决策，在尽可能减少私人成本的同时削弱对外部环境的影响程度，最终实现减排的政策目的[40]。

依照福利经济学家庇古的观点，环境污染外部性的根源在于私人成本和社会外部成本不一致，企业会基于自身利益最大化的原则尽可能降低私人成本，但私人成本的最优并不会使得社会成本最优，甚至会导致社会外部成本的增加。例如，工业在燃烧化石能源的过程中会排放大量的 CO_2，但由于没有政策的外在约束，碳排放本身并不会被视为生产成本，企业只需基于本身的边际收益及市场运作状况做出生产经营的决策即可，并不会为碳排放引起的全球气候变化等负外部性买单。因此，在这种情形下，企业生产的私人成本远小于其产生的社会成本，从而导致温室气体的大量排放或者环境污染的结果。然而，如果政府通过价格的调节机制，货币化企业碳排放对外部社会造成的不利影响，并将其作为企业附加的生产成本，那么企业家会主动将这部分额外的环境生产成本纳入生产经营决策中，基于自身利益最大化的原则重新调整运营计划。因此，在价格机制干预的条件下，企业的私人成本与外部成本相等，企业主动调整生产经营决策降低私人成本，并同时满足社会外部成本最优，最终实现帕累托最优。与此同时，在市场机制的调节作用下，生产端的环境成本将基于价格链传递到下游的商品价格中，相关商品价格上升的信号会引导消费者购买相对绿色环保的商品，从而实现生产者与消费者的协同减排，进一步地提高减排政策的成本有效性。

其中，经济激励型的减排机制主要有两种：碳税（carbon tax）和碳排放权交易机制（carbon emission trading system，ETS）[41]。具体而言，碳税类似于经济学中所讲的庇古税，属于价格政策，即政府部门设定税率，企业应该向政府部门缴纳的碳税金额等于税率乘总排放量[42]，但税率的设定相对主观，通过综合考虑碳排放负外部性、碳减排目标与企业边际减排成本等因素人为设定，且具有滞后性，难以自由灵活地反映市场的运作状况，可能会引起资源的浪费和福利的损失。相比之下，碳交易机制是一种数量型政策，碳排放权的交易价格（以下简称碳价）完全由市场运作产生[42]，故更为市场化，福利损失相对较少。其背后的经济学原理起源于科斯定理：产权界定明晰的条件下，市场化机制可以使得资源配置最有效[43]。基于上述原理，通过设定碳排放总量的约束条件并提前为每个企业分配固定的碳排放额度，企业就可以通过权衡碳价、自身的减排成本与商品的边际收益选择最优的减排策略，在碳交易市场中购买或卖出碳排放权，从而实现自身减排成本最小化，最终达到资源最有效的配置。

尽管碳税的行政管理成本更低，与其他气候政策协调的灵活性更强，并可能存在潜在的双重红利[44]，但通过分析碳税和碳交易机制的作用机理可以发现，碳排放权交易机制的经济学原理非常突出，利于最大限度地促进资源的优化配置，提高减排成本的有效性，并且欧盟等地区的碳市场已经为我国相关政策的出台提供了借鉴经验。虽然碳税能够通过征税的方式促使企业的负外部性内部化，但无法预测评估全社会减排总量。碳交易机制则通过控制排放总量的方式更好地履行碳达峰碳中和等气候承诺。此外，征收排放税的政治接受度低[45]，而碳交易机制下存在部分免费配额的协调润滑作用。因此，中国目前选择的是碳排放权交易机制进行市场化的减排[42]。

二、碳交易机制的基本内容及历史演变

通过上述的作用原理可以发现，碳排放权交易机制是人为引入的市场化机制，在所构建的碳交易市场中，政府首先基于减排目标设定碳排放总额，并将其分配到具体的企业手中，碳市场在运作过程中发出的碳价格信号将促使减排成本相对较低的行业企业做出减排决策并出售节余的碳排放权，减排成本相对较高的行业企业通过购买碳排放权抵消其排放、完成减排任务，最终使得碳市场覆盖范围内的所有企业整体以更低的减排成本完成目标减排量。此时，碳价等于全社会综合的减排成本。那么，应该采用何种方式分配碳配额，哪些行业应该被纳入碳交易市场中，以及监管与惩罚的机制有哪些，这是政策制定者需要考虑的问题，也是碳排放权交易机制的重要内容。

目前，碳配额存在两种基本的分配方法，即有偿拍卖与免费分配[46]。有偿拍卖指的是政府拍卖碳排放权，企业有偿购买，无须事先商定每家企业获得的免费排放额度，拍卖的价格与各企业实际获得的碳排放权额度由市场运作自发形成。正是由于完全的市场化，有偿拍卖具有以下优点：①提供可靠的价格信号，反映政策制定的松紧程度是否合适；②提高政府的税收收入，政府可以通过设定合理的税收返还机制降低减排的经济损失；③因不涉及免费配额分配标准的问题，一定程度避免免费配额带来的激励扭曲，配额配置效率高。然而，由于碳交易市场运行初期缺乏免费配额的缓冲，完全拍卖将会大幅提高企业的生产成本并可能导致企业破产，甚至冲击整个国民经济市场的运行。

因此，免费分配为目前主要的分配方式，即政府基于某种标准将碳排放额度免费分配给企业。依据分配标准的不同,免费分配可分为历史法与基准线法(或祖父法与标杆法),历史法又分为历史总量法与历史强度法。具体而言,历史总量法通常选取企业以往 3～5 年的碳排放量计算该企业的年均历史排放量,以年均历史排放量为权重分配碳排放额度,排放量高的企业往往获得更多免费的配额,能够更侧重于企业的实际需求予以补偿,并且对数据要求低,方法简单,但违反"污染者付费"的原则,并会加大新企业的市场准入难度。历史强度法以企业的产品产量、历史碳排放强度与减排系数等指标为权重分配配额,并要求企业年度碳排放强度有所下降。相比于历史总量法,历史强度法进一步将排放落脚到企业的产量与排放强度,使免费配额基于企业产量变化而调整,有助于督促企业自身的节能减排。然而,该方式会打击原本努力降低碳强度企业的积极性,从而出现"鞭打快牛"的现象,依旧不利于减排的公平性。基准线法指的是,综合考虑行业技术水平、减排潜力与控排目标等因素,设定行业的碳排放强度基准值,该行业的每家企业免费获得的碳配额等于碳排放强度基准值乘以产品产量。在基准线法的设定标准下,减排技术高的企业甚至能够获得超过本身需求的碳配额,故可以在碳交易市场中出售多余的碳排放权获利,提高企业的减排动力,而减排技术相对落后的企业也会被倒逼推动绿色技术创新。然而,基准线法的缺点在于设定行业基准线的过程中,对基础数据的要求相对较为严格,可适用性相比历史强度值有所下降。因此,针对产品种类繁多、生产过程复杂、历史数据基础相对薄弱的行业企业,通常采用历史强度法;针对前期基础数据相对完善的行业企业,大多采用基准线法。

尽管从理论上讲,碳交易市场覆盖的行业类型越丰富,涉及的企业数量越多,全社会的减排成本就会越低,并且可以提高碳市场交易的流动性,有助于避免不同行业企业间的碳泄漏问题。例如,如果只有十家企业参与碳市场的交易,全社会的减排成本即碳价将等于这十家企业中最低的减排成本,由于其余企业没有受到碳交易市场的约束,可以自由排放 CO_2,那么被覆盖的这十家企业往往会与其他企业达成合作,将高排放的生产环节转移至其他企业的生产经营活动中。尽管十家企业的碳排放有所降低,但其他企业由于承受高排放的生产环节将会增加碳排放,导致不同企业间的碳泄漏现象,从而使全社会的减排效果有所减弱。相反地,当逐步扩大碳交易的覆盖行业企业时,全社会的减排成本等于所有覆盖行业企业最低的减排成本,该成本将小于等于原先的减排成本,使社会经济损失程度有所缓解,政策实施的成本有效性较为突出。此外,由于覆盖的行业企业种类和数量有所提高,高排放的生产环节转移空间相对有限,可有效避免不同行业企业间的碳泄漏问题,有效提高全社会的碳减排总量。然而,由于受到前期数据基础、企业承受能力、监管成本等因素的影响,碳交易市场覆盖的行业类型并不是越多越好,需综合考虑。例如,在规定碳排放配额总量和分配比例的过程中,需要提前调研每家企业的碳排放量、产品产量、生产工艺等信息,基于翔实的数据基础做出决策,并且需要考虑企业的承受能力和现金流情况,以防过于严苛的减排政策导致企业的破产。此外,如果同一行业下各企业的排放点源相对分散,政府在审查企业每年的履约情况的监管成本也较多。因此,当今全球正在运行的碳交易市场覆盖行业类别相对有限,且以排放量高且排放相对集中的能源和能源密集型行业为主。

碳排放的量化与数据质量保证的过程称为 MRV,包括监测(monitoring)、报告(reporting)和核查(verification)三个过程。具体而言,监测是指对排放数据连续性的或周期性的调研与评估;报告是指向有关部门或机构提交排放数据及相关文件;核查是指相关机构基于约定的核查准则系统、独立地评价企业的排放履约情况并形成文件的过程。监测过程提供基础的数据来源，经过处理整合计算后形成相关的报告，并通过第三方独立机构进一步核实结果，确认数据的准确性。通过构建科学完善的 MRV 体系，提供真实准确并完整的排放数据，企业更加明晰自身的排放现状与所获碳排放额度，有助于制定合理配额方案以提高履约能力，政府等监管部门也能更加清楚地了解各企业实际的履约情况，对未能按时履约的企业征收惩罚金额或减少其未来的碳配额分配数量，促进碳排放权交易机制平稳有效运行。

综上所述，政策制定者在推进碳交易市场工作的过程中需因地制宜地考虑碳配额的分配方式、覆盖范围及其相对应的监测核查机制。

1997 年 12 月，日本京都召开《联合国气候变化框架公约》第 3 次缔约方大会，众多参会缔约方签署人类历史上首部限制各国温室气体排放的国际法案——《京都议定书》，旨在将大气中的温室气体含量稳定在一个适当的水平，进而防止剧烈的气候改变对人类造成伤害。为促进各国完成温室气体的减排目标，议定书提出三种减排机制，碳排放权交易机制就是其中之一。从此，碳排放权交易机制公开亮相，逐渐被各国政府关注并实施。

依据《欧盟温室气体排放交易指令》（2003/87/EC 号指令），2005 年 1 月 1 日起正式实施欧盟碳交易机制（EU-ETS），这标志着全球首个碳市场的成立。在试运行的第一阶段（2005～2007 年）中，主要采用免费配额的方式（95%），各企业只进行碳排放权的交易，涉及能源及部分能源密集型行业，随后免费配额的比例不断下降，覆盖范围不断扩大，逐渐将氮氧化物和全氟碳化物等其他温室气体纳入碳交易体系中。2008 年，《气候变化应对法（排放交易）2008 年修正案》正式确定新西兰碳交易市场的基本法律框架，标志着除欧洲外首个国家性碳市场的成立，且覆盖行业范围广，从电力、工业生产部门、交通运输到林业等产业，纳入控排的门槛较低。2009 年，美国正式实施区域碳污染减排计划（RGGI），该计划是美国首次强制性的，是基于市场手段减少温室气体排放的区域性行动，由康涅狄格州、特拉华州、缅因州等多个州联合组成，且覆盖火电行业。随后，日本东京市和琦玉县、瑞士、美国加利福尼亚州、哈萨克斯坦、中国、韩国、墨西哥、英国和德国等国家或地区相继开展了碳交易市场工作。国际碳行动伙伴组织（ICAP）年度报告显示，截至 2021 年底，全球共有 24 个碳市场已经启动，美国交通和气候倡议（TCI）、哥伦比亚、越南、印度尼西亚等国家或地区计划实施碳排放交易体系，土耳其、巴基斯坦、巴西等国家或地区正在考虑碳交易市场体系构建的工作事宜。随着美国俄勒冈州区域性碳排放交易市场的成立，2022 年初，碳排放权交易机制共覆盖全球 17% 的温室气体排放量，运行的地区涵盖全球 55% 的生产总值和三分之一左右的人口数量，是各地政府履行碳中和目标的关键路径[47]。

作为市场减排机制，碳排放权交易能够在实现控排目标的基础上有效降低整体的减排成本，切实促进绿色技术创新和产业结构优化升级，因此，我国积极推进碳排放权交易机制的建设，作为实现碳达峰、碳中和目标的重要政策工具。

2011 年 10 月，国家发展改革委下发《关于开展碳排放权交易试点工作的通知》，批准在北京、天津、上海、重庆、湖北、广东和深圳开展碳排放权交易试点工作，2013～2014 年，上述试点碳市场陆续启动，随后四川和福建的碳排放交易市场于 2016 年 12 月依次开展。2014 年 12 月，国家发展改革委颁布《碳排放权交易管理暂行办法》，首次从国家层面明确全国统一碳排放交易市场的基本框架。2015 年 9 月，国务院印发《生态文明体制改革总体方案》，提出在深化碳交易试点的基础上逐步推进全国碳排放权交易市场的建设，研究制定全国碳市场总量设定与配额分配方案，完善碳交易注册登记系统，建立全国碳排放权交易市场的监管体系。2016 年 1 月发布的《国家发展改革委办公厅关于切实做好全国碳排放权交易市场启动重点工作的通知》，表明计划于 2017 年启动的全国碳排放权交易市场拟涵盖石化、化工、建材、钢铁、有色、造纸、电力和航空等重点排放行业；同年 8 月，中国人民银行等七部委联合印发《关于构建绿色金融体系的指导意见》，强调促进建立全国统一的碳排放权交易市场和有国际影响力的碳定价中心，有序发展碳金融产品和衍生工具，探索研究碳排放权期货交易。2017 年 12 月，国家发展改革委印发《全国碳排放权交易市场建设方案（发电行业）》，标志全国统一碳市场的正式启动，但由于数据的可获得性等原因，全国碳市场运行之初仅纳入发电行业，并明确基础建设期、模拟运行期和深化完善期的总体部署。2020 年 12 月，生态环境部审议通过《碳排放权交易管理办法（试行）》和《2019—2020 年全国碳排放权交易配额总量设定与分配实施方案（发电行业)》，进一步完善碳排放权交易机制。2021 年 7 月 16 日，碳市场正式上线交易，截至 2021 年 12 月 31 日，全国统一碳交易市场的第一个履约如期完成，纳入发电行业重点排放单位 2162 家，年覆盖温室气体排放量约 45 亿 t 二氧化碳，碳排放配额累计成交量 1.79 亿 t，累计成交额 76.61 亿 t，成交均价 42.85 元/t。

三、清洁发展机制概述

清洁发展机制（clean development mechanism，CDM），是 1997 年《京都议定书》引入的除碳排放权交易外的另一个灵活履约减排的机制，旨在帮助具有约束性减排目标的工业化国家以更具成本效益的方式减少全球温室气体的排放，是推动国际减排合作的一次重要尝试。其核心内容如下：允许发达国家通过资金技术转移等方式资助发展中国家实施温室气体的减排项目，由此获得所投资项目产生的部分或全部核证减排当量（CER），作为其履行减排义务和承诺的组成部分。相对于发达国家，发展中国家平均能源利用效率和生产工艺相对较为落后，边际减排成本相对较低，减排潜力相对较大，故该项目的实施会带来良好的成本收益，使全球整体减排成本有所下降。此外，发展中国家可以借助清洁发展机制项目获得来自发达国家额外的资金支持和先进的生产技术，提高当地的经济发展水平，缓解贫困和受教育水平低等社会问题，推动全球的可持续发展。

为了保障清洁发展机制的良好运行，促进项目核证的客观公平，提高全球温室气体减排的有效性，联合国清洁发展机制执行理事会（以下简称理事会）针对清洁发展机制项目的开发和实施制定严格的申请、认证和核查流程。为进一步推进清洁发展机制项目在中国有序开展，2011 年国家发展改革委等部门联合印发《清洁发展机制项目运行管理办法》（修订），其申请和实施流程具体包括：

（1）附件所列中央企业直接向国家发展改革委提出清洁发展机制合作项目的申请，其余项目实施机构向项目所在地省级发展改革委提出清洁发展机制项目申请。有关部门和地方政府可以组织企业提出清洁发展机制项目申请。国家发展发改委可根据实际需要适时对附件所列中央企业名单进行调整。

（2）项目实施机构向国家发展改革委或项目所在地省级发展改革委提出清洁发展机制项目申请时必须提交以下材料：①清洁发展机制项目申请表；②企业资质状况证明文件复印件；③工程项目可行性研究报告批复（或核准文件，或备案证明）复印件；④环境影响评价报告（或登记表）批复复印件；⑤项目设计文件；⑥工程项目概况和筹资情况说明；⑦国家发展改革委认为有必要提供的其他材料。

（3）如果项目在申报时尚未确定国外买方，项目实施机构在填报项目申请表时必须注明该清洁发展机制合作项目为单边项目。获国家批准后，项目产生的减排量将转入中国国家账户，经国家发展改革委批准后方可将这些减排量从中国国家账户中转出。

（4）国家发展改革委在接到附件所列中央企业申请后，对申请材料不齐全或不符合法定形式的申请，应当场或在五日内一次告知申请人需要补正的全部内容。

（5）项目所在地省级发展改革委在受理除附件所列中央企业外的项目实施机构申请后二十个工作日内，将全部项目申请材料及初审意见报送国家发展改革委，且不得以任何理由对项目实施机构的申请作出否定决定。对申请材料不齐全或不符合法定形式的申请，项目所在地省级发展改革委应当场或在五日内一次告知申请人需要补正的全部内容。

（6）国家发展改革委在受理本办法附件所列中央企业提交的项目申请，或项目所在地省级发展改革委转报的项目申请后，组织专家对申请项目进行评审，评审时间不超过三十日。项目经专家评审后，由国家发展改革委提交项目审核理事会审核。

（7）项目审核理事会召开会议对国家发展改革委提交的项目进行审核，提出审核意见。项目审核理事会审核的内容主要包括：①项目参与方的参与资格；②本办法第十五条规定提交的相关批复；③方法学应用；④温室气体减排量计算；⑤可转让温室气体减排量的价格；⑥减排量购买资金的额外性；⑦技术转让情况；⑧预计减排量的转让期限；⑨监测计划；⑩预计促进可持续发展的效果。

（8）国家发展改革委根据项目审核理事会的意见，会同科学技术部和外交部作出是否出具批准函的决定。对项目审核理事会审核同意批准的项目，从项目受理之日起二十个工作日内（不含专家评审的时间）办理批准手续；对项目审核理事会审核同意批准，但需要修改完善的项目，在接到项目实施机构提交的修改完善材料后会同科学技术部和外交部办理批准手续；对项目审核理事会审核不同意批准的项目，不予办理批准手续。

（9）项目经国家发展改革委批准后，由经营实体提交清洁发展机制执行理事会申请注册。

（10）国家发展改革委负责对清洁发展机制项目的实施进行监督。项目实施机构在清洁发展机制项目成功注册后十个工作日内向国家发展改革委报告注册状况，在项目每次减排量签发和转让后十个工作日内向国家发展改革委报告签发和转让有关情况。

（11）工程建设项目的审批程序和审批权限，按国家有关规定办理。

在清洁发展机制的基础上，我国建立自愿减排机制，创建自愿减排量交易平台。2012年，国家发展改革委相继印发《温室气体自愿减排交易管理暂行办法》和《温室气体自愿减排项目审定与核证指南》，为自愿减排机制奠定政策规范基础。2015年，国家发展改革委上线自愿减排交易信息平台，用于公示已经审定、注册和签发的自愿减排项目，经签发的自愿减排项目带来的温室气体减排量，称为国家核证自愿减排量（China certified emission reduction，CCER）。与国际推行的清洁发展机制类似，在我国建立的自愿减排机制下，企业可以通过投资中国境内的可再生能源、林业碳汇、CH_4利用等项目，推动国内温室气体的减排。若该企业为碳排放权交易市场的覆盖企业，所投资项目经过核查后的实际减排量可用于抵消该企业的部分碳排放，从而提高企业的履约能力。

参 考 文 献

[1] LEE J Y, MAROTZKE J, BALA G, et al. Climate change 2021: The physical science basis [R]. Cambridge: Cambridge University Press, 2021: 1-195.

[2] SHUKLA P R, SKEA J, SLADE R, et al. Climate change 2022: Mitigation of climate change [R]. Cambridge: Cambridge University Press, 2022: 1-2258.

[3] CRIPPA M, SOLAZZO E, HUANG G, et al. High resolution temporal profiles in the Emissions Database for Global Atmospheric Research [J]. Scientific Data, 2020, 7 (1): 121.

[4] SHAN Y, GUAN D, ZHENG H, et al. China CO_2 emission accounts 1997-2015 [J]. Scientific Data, 2018, 5 (1): 170201.

[5] GATTUSO J-P, MAGNAN A, BILLÉ R, et al. Contrasting futures for ocean and society from different anthropogenic CO_2 emissions scenarios [J]. Science, 2015, 349 (6243): aac4722.

[6] GARCÍA M J, HALPERN B S, SCHOEMAN D S, et al. Climate velocity and the future global redistribution of marine biodiversity [J]. Nature Climate Change, 2016, 6 (1): 83-88.

[7] FEWSTER R E, MORRIS P J, IVANOVIC R F, et al. Imminent loss of climate space for permafrost peatlands in Europe and Western Siberia [J]. Nature Climate Change, 2022, 12 (4): 373-379.

[8] WANG C, WANG X, JIN Z, et al. Occurrence of crop pests and diseases has largely increased in China since 1970 [J]. Nature Food, 2022, 3 (1): 57-65.

[9] IWAMURA T, GUZMAN-HOLST A, MURRAY K A. Accelerating invasion potential of disease vector Aedes aegypti under climate change [J]. Nature Communications, 2020, 11 (1): 2130.

[10] WEI Y M, HAN R, WANG C, et al. Self-preservation strategy for approaching global warming targets in the post-Paris Agreement era [J]. Nature Communications, 2020, 11 (1): 1624.

[11] JAMALUDIN N F, AB MUIS Z, HASHIM H. An integrated carbon footprint accounting and sustainability index for palm oil mills [J]. Journal of Cleaner Production, 2019, 225: 496-509.

[12] WEI L, LIU Z. Spatial heterogeneity of demographic structure effects on urban carbon emissions [J]. Environmental Impact Assessment Review, 2022, 95: 106790.

[13] WANG Y, GUO C H, CHEN X J, et al. Carbon peak and carbon neutrality in China: Goals, implementation path and prospects [J]. China Geology, 2021, 4 (4): 720-746.

[14] LIU P, LIU L, XU X, et al. Carbon footprint and carbon emission intensity of grassland wind farms in Inner Mongolia [J]. Journal of Cleaner Production, 2021, 313: 127878.

[15] LOMBARDI M, LAIOLA E, TRICASE C, et al. Assessing the urban carbon footprint: An overview [J]. Environmental Impact Assessment Review, 2017, 66: 43-52.

[16] GRIMM N B, FAETH S H, GOLUBIEWSKI N E, et al. Global change and the ecology of cities [J]. Science, 2008, 319 (5864): 756-760.

[17] CHEN G, SHAN Y, HU Y, et al. Review on City-Level Carbon Accounting [J]. Environmental Science & Technology, 2019, 53 (10): 5545-5558.

[18] CARNEY S, SHACKLEY S. The greenhouse gas regional inventory project (GRIP): designing and employing a regional greenhouse gas measurement tool for stakeholder use [J]. Energy Policy, 2009, 37 (11): 4293-4302.

[19] SHAN Y, GUAN D, LIU J, et al. Methodology and applications of city level CO_2 emission accounts in China [J]. Journal of Cleaner Production, 2017, 161: 1215-1225.

[20] ADEYEYE D, OLUSOLA A, ORIMOLOYE I R, et al. Carbon footprint assessment and mitigation

scenarios：A benchmark model for GHG indicator in a Nigerian University [J]. Environment, Development and Sustainability. 2023, 25：1361-1382.

[21] FONG W K, SOTOS M, SCHULTZ S, et al. Global protocol for community-scale greenhouse gas emission inventories [M]. DesLibris, 2015.

[22] 徐丽笑, 王亚菲. 我国城市碳排放核算：国际统计标准测度与方法构建 [J]. 统计研究, 2022, 39 (07)：12-30.

[23] KENNEDY S, SGOURIDIS S. Rigorous classification and carbon accounting principles for low and Zero Carbon Cities [J]. Energy Policy, 2011, 39 (9)：5259-5268.

[24] WRIGHT L A, COELLO J, KEMP S, et al. Carbon footprinting for climate change management in cities [J]. Carbon Management, 2011, 2 (1)：49-60.

[25] 刘竹, 关大博, 魏伟. 中国二氧化碳排放数据核算 [J]. 中国科学：地球科学, 2018, 48 (7)：878-887.

[26] MI Z, ZHANG Y, GUAN D, et al. Consumption-based emission accounting for Chinese cities [J]. Appl Energy, 2016, 184：1073-1081.

[27] WIEDMANN T. A review of recent multi-region input-output models used for consumption-based emission and resource accounting [J]. Ecological Economics, 2009, 69 (2)：211-222.

[28] LEONTIEF W W. Quantitative input and output relations in the economic systems of the United States [J]. The Review of Economics and Statistics, 1936, 18 (3)：105-125.

[29] LEONTIEF W. Environmental repercussions and the economic structure：An input-output approach：A reply [J]. The Review of Economics and Statistics, 1970, 52 (3)：262-271.

[30] FENG K, DAVIS S J, SUN L, et al. Outsourcing CO_2 within China [J]. Proc Natl Acad Sci, 2013, 110 (28)：11654-11659.

[31] SUH S, LENZEN M, TRELOAR G J, et al. System boundary selection in life-cycle inventories using hybrid approaches [J]. Environ Sci Technol, 2004, 38 (3)：657-664.

[32] MATTILA T J, PAKARINEN S, SOKKA L. Quantifying the total environmental impacts of an industrial symbiosis [J]. Environ Sci Technol, 2010, 44 (11)：4309-4314.

[33] YANG Y, HEIJUNGS R, BRANDÃO M. Hybrid life cycle assessment (LCA) does not necessarily yield more accurate results than process-based LCA [J]. J Clean Prod, 2017, 150：237-242.

[34] WEI W, LI J, CHEN B, et al. Embodied greenhouse gas emissions from building China's large-scale power transmission infrastructure [J]. Nature Sustainability, 2021, 4 (8)：739-747.

[35] WANG H, ANG B W, SU B. Assessing drivers of economy-wide energy use and emissions：IDA versus SDA [J]. Energy Policy, 2017, 107：585-599.

[36] ANG B W, ZHANG F Q. A survey of index decomposition analysis in energy and environmental studies [J]. Energy Build, 2000, 25 (12)：1149-1176.

[37] ZHANG P, CAI W, YAO M, et al. Urban carbon emissions associated with electricity consumption in Beijing and the driving factors [J]. Appl Energy, 2020, 275：115425.

[38] ROSE A, CHEN C Y. Sources of change in energy use in the U. S. economy, 1972-1982：A structural decomposition analysis [J]. Resources and Energy, 1991, 13 (1)：1-21.

[39] CAI W, SONG X, ZHANG P, et al. Carbon emissions and driving forces of an island economy：A case study of Chongming Island, China [J]. J Clean Prod, 2020, 254：120028.

[40] 翁智雄. 中国实现碳中和远景目标的市场化减排机制研究 [J]. 环境保护, 2021, 49 (Z1)：66-69.

[41] 陈向阳. 碳排放权交易和碳税的作用机制、比较与制度选择 [J]. 福建论坛（人文社会科学版）, 2022, (01)：75-86.

［42］张希良，张达，余润心．中国特色全国碳市场设计理论与实践［J］．管理世界，2021，37（08）：80-95.

［43］COASE R H. The problem of social cost［J］. The Journal of Law & Economics，1960，3：1-44.

［44］GOULDER L H，SCHEIN A R. Carbon Taxes vs. Cap and Trade：A Critical Review［J］. Climate Change Economics，2013，04（03）：1350010.

［45］GOULDER L，MORGENSTERN R，MUNNINGS C，et al. China's National Carbon Dioxide Emission Trading System：An Introduction［J］. Economics of Energy & Environmental Policy，2017，6（2）：1-18.

［46］付强，郑长德．碳排放权初始分配方式及我国的选择［J］．西南民族大学学报（人文社会科学版），2013，34（10）：152-157.

［47］ICAP. Emissions Trading Worldwide：Status Report 2022［R］. 2022.

第四章　能源领域碳中和技术

以化石能源为主的能源消费结构（化石能源占比约 85%[1]）是中国碳排放增长最主要的因素之一。在碳达峰、碳中和目标下绿色低碳发展战略研讨会上提出，能源电力低碳转型是碳达峰、碳中和目标实现的关键环节。

为使我国在 2060 年前实现碳中和，能源系统需要更早布局，其中电力系统甚至要在2045 年以前实现零碳。推动碳减排，就必须推动以化石能源为主的能源结构转型。通过大力发展低碳能源来替代传统化石能源，已成为能源企业业务转型的必由之路。在加快推进我国能源结构向清洁、低碳转型的背景下，一批清洁能源技术（如核能技术、氢能技术、生物质能技术等），储能技术（如热化学储能技术、相变储能技术等），碳捕集利用与封存技术，能源数字化和智能化技术等具有颠覆性的关键技术将成为当前和未来能源领域技术研发和攻关的重点。

第一节　煤炭清洁高效利用技术

煤炭是古代植物埋藏在地下经历了复杂的生物化学和物理化学变化逐渐形成的固体可燃性矿物，其作为能源对人类的发展做出了巨大的贡献，但煤炭在开发与利用过程中也产生了一系列污染问题，并危及生态和环境。煤炭利用过程产生的污染物包括 CO_x、SO_x、NO_x、颗粒物（PM）和重金属等，这些污染物积聚在空气和水中，并导致浸出、挥发、熔化、分解、氧化、水化和其他化学反应，从而对环境和人类健康造成严重影响，因此实现对煤清洁高效的利用十分必要。洁净煤技术旨在最大限度地发挥煤作为能源的潜能利用，同时实现最少的污染物释放，达到煤的高效、清洁利用的目的[2]。

煤的利用路线如图 4-1 所示。传统意义上的洁净煤技术主要是指煤炭的净化技术及一些加工转换技术，即煤炭的洗选、配煤、型煤及粉煤灰的综合利用技术。洁净煤技术是旨在减少污染和提高燃烧效率的煤炭加工、燃烧、转换和污染控制新技术的总称，是当前世界各国解决环境问题的主要技术之一，也是国际竞争的一个重要领域。根据我国国情，洁净煤技术包括选煤、型煤、水煤浆、超临界火力发电、先进的燃烧器、流化床燃烧、煤气化联合循环发电、烟道气净化、煤炭气化、煤炭液化、燃料电池等。煤洁净技术分为直接烧煤洁净技术和煤转化为洁净燃料技术两类[3]。

一、直接烧煤洁净技术

（一）燃烧前处理技术

燃烧前的净化加工技术，主要包括洗选、型煤加工和水煤浆技术。

选煤是采用机械或物理化学处理方法，去除原煤中的有害杂质，改善原煤质量，使其满足某种特殊的用途，从而实现煤炭清洁高效利用的过程。原煤洗选采用筛分、物理选煤、化学选煤、细菌脱硫等方法，可以除去或减少灰分、矸石、硫等杂质[4]。

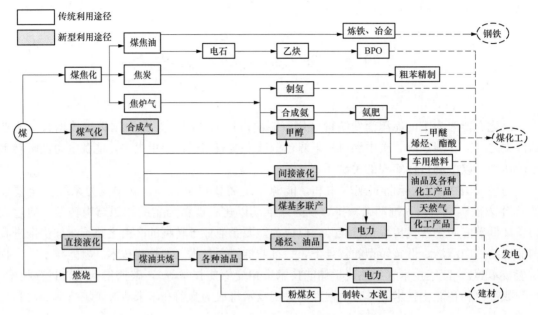

图 4-1　煤炭利用路线[3]

型煤技术是用粉煤或低品位煤制成具有一定理化特性和形状的煤制品,可分为民用型煤和工业型煤。民用型煤是我国主要的民用燃料,工业型煤用于燃烧设备、煤气化等[5]。

水煤浆是 20 世纪 70 年代石油危机中发展起来的一种新型、高效和清洁的煤基流体燃料,它是由约 70% 的煤粉、30% 的水和少量化学添加剂组成的混合体,约 2t 普通水煤浆可代替 1t 重油。水煤浆具有良好的流动性和稳定性,可以像油一样实现全密封储运和高效率的雾化燃烧[6]。

(二)燃烧过程中的处理技术

燃烧中的净化燃烧技术,主要包括先进燃烧器技术和流化床燃烧技术。

先进燃烧器是通过采用或改进电站锅炉、工业锅炉和炉窑的设计及燃烧方式,减少污染物排放,提高效率,是煤燃烧中净化技术的重要课题。

流化床燃烧是把煤和脱硫剂(如石灰石)加入燃烧室的床层中,从炉底鼓风使床层悬浮进行的流化燃烧。流态化可提高燃烧效率,同时加石灰石固硫可以减少二氧化硫(SO_2)排放。按气固流动状态可分为鼓泡流化床和循环流化床;按燃烧室运行压力可分为常压流化床燃烧和加压流化床燃烧。与煤粉燃烧相比,流化床燃烧 NO_x 可减少 50% 以上;当钙硫比为 2 时,其鼓泡流化床脱硫率为 80%,循环流化床脱硫率超过 90%,NO_x 排放浓度小于 $200mg/m^3$,则后续无须烟气脱硫装置[5]。

(三)燃烧后净化处理技术

煤燃烧过程中会排放大量污染物,其中主要成分为 NO_x 和 SO_x,因此脱硫和脱氮十分重要。煤燃烧后的净化处理技术,主要是消烟除尘和脱硫脱氮技术,其中重点为烟气脱硫技术[7]。

烟气脱硫有干法脱硫、半干法脱硫、湿法脱硫技术等。干法脱硫包括炉内注钙脱硫技术、活性焦脱硫技术、循环流化床技术等。半干法脱硫包括喷雾干燥法、粉粒喷砂床法、循环流化床法等。湿法脱硫包括石灰石-石膏法、双碱法、氧化镁法、氧化锌法、海水脱硫法、氨法、离子液体脱硫法、赤泥浆脱硫法等[8]。

烟气脱硝技术按反应物形式分为湿法脱硝和干法脱硝。燃烧后脱硝是减少 NO_x 排放的最有效方法，因此燃烧后脱硝在工业中应用最广泛。湿法脱硝技术包括酸吸收法、碱液吸收法、氧化吸收法、活化法等。干式脱硝技术包括选择性催化还原（SCR）、非选择性催化还原（SCNR）和 SCR-SNCR 混合脱硝[9]。

二、煤转化为洁净燃料技术

（一）煤气化

煤气化（gasification of coal）是指在特定的设备内，在一定温度及压力下使煤中有机质与气化剂发生一系列化学反应，将固体煤转化为含有 CO、H_2、CH_4 等可燃气体和二氧化碳、氮气等非可燃气体的合成气（syngas）的过程。对气体产品进行进一步加工，可制得其他气体、液体燃烧料或化工产品。煤的气化过程如图 4-2 所示，经过气化，煤的潜热将尽可能多地变为煤气的潜热[10]。

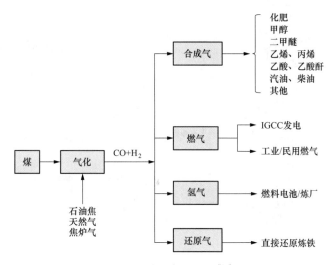

图 4-2　煤的气化过程[10]

根据气化炉的类型（见图 4-3），煤气化可分为固定床气化、流化床气化和气流床气化[3]。

图 4-3　主要煤气化技术[3]

1. 固定床气化

固定床气化技术也称移动床气化技术，是世界上最早开发和应用的气化技术。固定床气化技术的局限性是对床层均匀性和煤的透气性要求较高,入炉煤要有一定的粒(块)度(6~50mm)和均匀性。煤的机械强度、热稳定性、黏结性、结渣性等指标都与透气性有关。因此,固定床气化炉对入炉原料有很多限制[11]。

固定床一般以块煤或焦煤为原料,煤由气化炉顶部加入,自上而下经过干燥层、干馏层、还原层和氧化层,最后形成灰渣排出炉外。气化剂自下而上经灰渣层预热后进入氧化层和还原层。床上方的燃料由顶部进入不断补充。当煤颗粒向下移动时,通过蒸汽/氧气混合物的反电流流动,被预热、干燥、脱挥、气化和燃烧。同时,作为含矿物物质的无机物质(被有机基质包围的无机颗粒)可以通过形成床灰或经历灰烬聚结形成黏性灰烬而被释放[12]。

固定床煤气炉的运行方式类似于高炉(见图 4-4),块煤从顶部输送,氧气(以及热量)从底部供应。固体停留时间很长,煤矿物被干燥去除(如 Sasol-Lurgi 天然气厂)或作为矿渣(如英国天然气-Lurgi 技术)[13]。

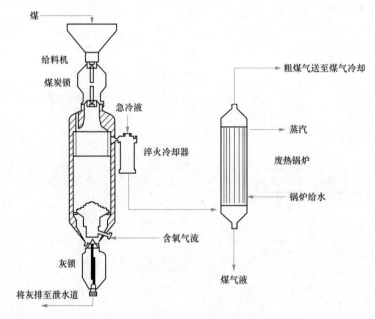

图 4-4 Sasol-Lurgi 干底固定床气化技术[13]

2. 流化床气化

在流化床气化技术中气化剂由炉底部吹入,使细粒煤(粒度小于 6mm)在炉内呈并流反应与逆流反应。煤粒(粉煤)和气化剂在炉底锥形部分呈并流运动,在炉上筒体部分呈并流和逆流运动。并逆流气化对入炉煤的活性要求高,同时炉温低和停留时间短会带来炭转化率低、飞灰含量高、残碳高、灰渣分离困难、操作弹性小等问题。具有代表性的炉型为常压Winkler 炉、加压 HTW 炉、山西煤炭化学研究所灰熔聚技术炉型等[12]。

按床内运行状态分可分为鼓泡流化床和循环流化床[14]。

鼓泡流化床结构如图 4-5 所示,通过床面气流的初始升速度为 1~3m/s,燃料有一清晰的起浮面,厚度一般为 70~110cm,气体携带的固体颗粒经旋风分离后再循环回床内。鼓泡流化床由于颗粒群和流体的返混以及速度分布的不均匀,会造成部分流体短路,从而使床内存在大量气泡。因此，炭颗粒在流化床稀相段的转化率低，设备利用率低。

循环流化床原理如下：对垂直气、固流动系统，当表观气速由湍动流态化进一步提高时，颗粒夹带速率逐渐增大，床层界面趋于弥散。当达到一定气速时，颗粒夹带速率达到气体饱和携带能力，在没有颗粒补入的情况下，床层颗粒将被快速吹空。为维持系统稳定运行，必须以相同的带出速率向床中补入颗粒。若补入速率太小，床层将由湍动流态化向稀相气力输送直接过渡；若补入速率足够高，并能够将带出颗粒回收回床层底部，则可在高气速下形成一种不同于传统密相流化床的密相状态，即快速流态化。以这种形式运转的流化床称为循环流化床。典型的循环流化床结构如图 4-6 所示，主要由上升管（即反应器）、气固分离器、回料立管和返料机构等几大部分组成。吹入炉内的空气流携带颗粒物充满整个燃烧空间而无确定的床面，高温的燃烧气体携带着颗粒物升到炉顶进入旋风器。粒子被旋转的气流分离沉降至炉底入口，再循环进入主燃烧室[14]。

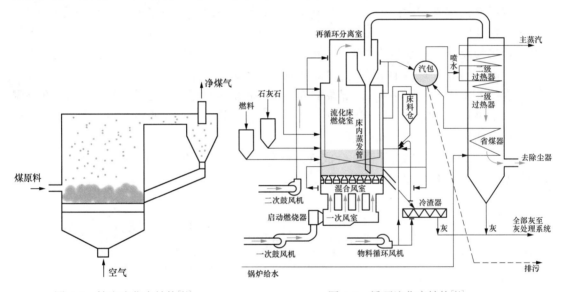

图 4-5　鼓泡流化床结构[11]　　　　图 4-6　循环流化床结构[11]

3. 气流床气化

气流床技术工业化起步最晚，但因其易于满足高压连续进料、采用纯氧气化、反应温度高、处理负荷大、煤种适应性广、契合现代煤化工发展、对煤气化技术单系列、大型化等方面的需求，气流床气化技术在近 40 年得到了快速发展。从原料路线看，国外气流床气化技术主要有以水煤浆为原料的 Texaco（AP）气化技术和 E-Gas 气化技术、以粉煤为原料的 Shell 气化技术、GSP 气化技术和科林气化技术。其中，GSP 气化技术和科林气化技术均为原民主德国燃料研究所（DBI）开发的煤气化技术[15]。

气流床气化具有较大的煤种与粒度适应性和更优良的技术性能，是煤基大容量、高效洁净的燃气与合成气制备的首选技术。它在 1300～1700℃的气化温度下液态排渣，使气化过程由约 900℃的化学反应控制和 1100℃的化学反应与传递共同控制（900～1100℃为固定床和流化床的通常温度范围）跃升为传递控制。此时，煤的化学活性已退居次要地位；粉煤或煤浆进料对原料煤已不再有大粒度要求；比粒度 6mm 左右的粒煤的比表面积增加了近 2 个数量级，对提高热质传递速率和消除内扩散极为有利[16]。

（二）煤炭液化

煤液化，是把固体状态的煤炭通过化学加工，使其转化为液体产品（液态烃类燃料，如汽油、柴油等产品或化工原料）的技术，现在经常称为煤制液体或 CTL。该技术主要通过两条路线实现：一条是煤的直接加氢，通常称为直接煤液化或 DCL；另一条是将煤结构分解成最小的构粒块，CO 和 H_2 通过气化，然后发生 CO 和 H_2 合成液体产品，通常称为间接煤液化或 ICL。这两种途径都需要在高温、高压、催化剂的条件下进行反应。

煤炭液化不仅可以生产汽油、柴油、LPG（液化石油气）和喷气燃料，还可以提取 BTX（苯、甲苯、二甲苯），也可以生产制造乙烯的原料。煤炭液化可以加工高硫煤，硫是煤直接液化的助催化剂，煤中硫在液化过程中可以转化成硫化氢（H_2S），再经分解可以得到元素硫产品[17,18]。

1. 煤炭直接液化

直接煤液化（DCL）由 Friedrich Bergius 于 1913 年引入，是指将煤粉碎到一定粒度后，与供氢溶剂及催化剂等在一定温度（430～470℃）和压力（10～30MPa）下直接作用使煤加氢裂解转化为液体油品的工艺过程。最早的液化工艺中没有使用氢气和催化剂，而是先将煤在高温、高压的溶剂中进行溶解，产生高沸点的液体。

煤直接液化技术主要包括：①煤浆配制、输送和预热过程的煤浆制备单元；②煤在高温高压条件下进行加氢反应生成液体产物的反应单元；③将反应生成的残渣、液化油和气态产物分离的分离单元；④稳定加氢提质单元[19]。

DCL 技术包括用煤制造原油、合成汽油和柴油，是一种类似于石油衍生的碳氢燃料产品的技术。其工艺流程如图 4-7 所示。

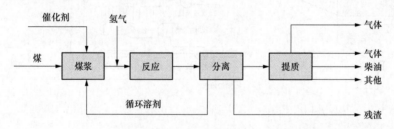

图 4-7　煤炭直接液化工艺流程[20]

基于 Bergius 工艺和 Pott-Bioche 溶剂溶解工艺，许多国家已经开发了各种各样的新 DCL 工艺，如 SRC-Ⅰ 和 SRC-Ⅱ（溶剂精炼煤）工艺等[21]。

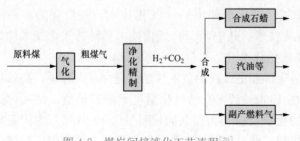

图 4-8　煤炭间接液化工艺流程[20]

2. 煤炭间接液化

间接煤液化技术（ICL）由 Franz Fischer 和 Hans Trophsch 引入，其工艺流程如图 4-8 所示，先将煤全部气化成合成气（CO 和 H_2），然后以煤基合成气为原料，在一定温度和压力下，将其催化合成为烃类燃料油及化工原料和产品的工艺。ICL 技术可生产费托（F-T）液体、甲醇（CH_3OH/MeOH）和二甲醚[24]。

图 4-9 所示为基于 ICL 技术的煤液化工艺。该技术中添加水是为了增加煤中的 H_2 百分数。此外，通过将煤转化为合成气来进行气化过程，合成气的主要成分是 H_2 和 CO。如图 4-9 所示，煤的部分氧化产生的热量用于驱动气化反应。在气化过程之后，合成气随后直接被水骤冷，或者通过冷却器冷却并清除污染物。在初始冷却后安装一个水煤气变换反应器，以调节合成气中 H_2 和 CO 的比例。此外，除硫是限制 SO_2 排放和保护催化剂的重要步骤。将硫限制在废气占比百万分之一水平的方法是将其吸收在有机流体中，并使胺与气体中的硫反应。Selexol 或 Rectisol 溶剂可用于吸收 CO_2 和 H_2。清洁的合成气离开脱硫装置，然后进入合成装置。在反应器中，H_2 和 CO 在 260℃ 的温度下转化为燃料油产品，然后进入纯化单元，即闪蒸罐或蒸馏，以获得所需的最终产品[22]。

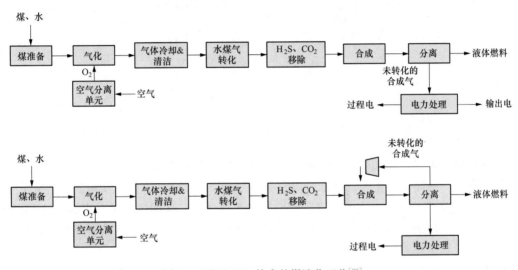

图 4-9 基于 ICL 技术的煤液化工艺[22]

3. 煤气化联合循环发电技术

燃煤发电技术主要由传统的煤炭直燃和新型煤气化发电技术组成。关于煤炭的直接燃烧，亚临界压力、超临界压力、超超临界压力和循环流化床（CFB）发电技术在今天已得到广泛使用。煤气化发电技术主要涉及 IGCC 技术，这是一种发电效率高、环保性能优异的先进发电技术[23]。

集成气化联合循环（integrated gasification combined cycle，IGCC），即整体煤气化联合循环发电系统，是将煤气化技术和高效的联合循环相结合的先进动力系统。它由煤的气化与净化部分和燃气-蒸汽联合循环发电部分组成。

与直接燃烧燃料相比，IGCC 的主要目的是利用固体或液相碳氢燃料以更清洁、更有效的方式通过气化产生合成气（有效成分主要为 CO、H_2），随后该合成气经除尘、水洗、脱硫等净化处理后，到燃气轮机做功产生电能。碳氢燃料通常包括煤、生物质、炼油厂底部残余物（如石油焦、沥青、除黏焦油等）和城市废物。实现清洁能源生产的方法是首先将固体/液体燃料转化为气体，以便在燃烧之前去除主要的微粒、硫、汞和其他微量元素来清洁这些燃料。清洁后的气体称为合成气，主要由 CO 和 H_2 组成，被送到常规的联合循环中发电。图 4-10 所示为一个由三个主要部分组成的简化 IGCC 工艺图，包含煤气化、气体净化和发电过程。IGCC 的最终目标是实现比常规煤粉发电厂（PC）更低的电费（COE），并替代排放量相当的天然气燃烧联合循环系统[24]。

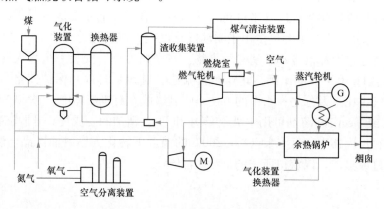

图 4-10　IGCC 系统简化图[24]

第二节　煤炭的富氧燃烧技术

一、富氧燃烧技术

富氧燃烧技术（Oxy-fuel combustion），是以高于空气氧气含量（20.947%）的含氧气体进行燃烧的一种高效强化燃烧技术。研究始于 20 世纪 80 年代，最早实施该项研究的是美国 Argonne 国家实验室。该实验室进行了三个工业性试验，证明该技术具有提高火焰温度、降低燃点温度、加快燃烧速度、促进燃烧完全、减少燃烧后烟气量的排放、降低过量空气系数和提高热量利用率等优点[25]。

碳中和是人类最关注的问题之一，燃煤发电机组的深度 CO_2 减排是碳中和研究领域的前沿。燃煤富氧燃料锅炉示意如图 4-11 所示。氧气从空气中分离出来，然后与锅炉排出的循环气流混合后输送至炉膛参与燃料的燃烧。当水蒸气从烟气中冷凝出来后，产生的是高纯度的超临界压力 CO_2 流[26]。

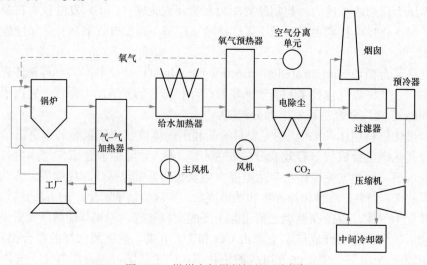

图 4-11　燃煤富氧燃料锅炉示意[26]

二、富氧燃烧技术研究现状

（一）国外现状

目前，富氧燃烧技术在美国、日本、加拿大、澳大利亚、英国、西班牙、法国、荷兰等国家都得到重视和发展。主要的研究机构和公司包括美国的 EERC、ANL、B&W、Air Product 和 Alstom 美国分公司，日本的 IHI 和 HITACHI，加拿大的 CANMET，荷兰的 IFRF，澳大利亚的 BHP、Newcastle 大学和 CS Energy，西班牙的 CIUDEN，法国的 Alstom，英国的 Doosan Babcock，瑞典的 Vattenfall 电力等。

2005 年以来，富氧燃烧的工业示范取得了突出的进展。2008 年，瑞典瀑布电力公司在德国黑泵建成了世界上第 1 套全流程的 30MW_{th} 富氧燃烧试验装置；2009 年，法国道达尔 Lacq 30MW_{th} 天然气富氧燃烧示范系统投入运行；2011 年，澳大利亚 CS Energy 公司在 Calide 建成了目前世界上第一套也是容量最大的 30MW_e 富氧燃烧发电示范电厂，西班 CIUDEN 技术研发中心建成了一套 20MW_{th} 的富氧燃烧煤粉锅炉和世界上第一套 30MW_{th} 富氧流化床试验装置。

（二）国内现状

国内东南大学、华北电力大学、华中科技大学、浙江大学等早在 20 世纪 90 年代中期就已开始对富氧燃烧的燃烧特性、污染物排放和脱除机制等关键技术领域开展了大量的基础研究工作。中国富氧燃烧技术研发路线如图 4-12 所示。

图 4-12　中国富氧燃烧技术研发路线[27]

35MW_{th} 富氧燃烧工业示范项目是富氧燃烧 CO_2 规模捕获技术走向商业化运营过程（0.3MW_{th}→3MW_{th}→35MW_{th}→200MW_e→600MW_e）中的关键一环。项目由华中科技大学牵头在湖北省应城市建设，总投资超过 1 亿元，项目实现烟气中 CO_2 浓度高于 80％、CO_2 捕获率高于 90％的 CO_2 富集和捕获目标，见图 4-13。应城 35MW_{th} 富氧燃烧工业示范基地，是继德国黑泵（30MW PC）、澳大利亚 Callide（30MW PC 改造）和西班牙 CIUDEN（20MW PC 和 30MWCFB）后的第四套，也是目前亚洲唯一的燃煤富氧燃烧工业示范装置，是继澳大利亚 Callide 电厂后第二套可工业放大的富氧燃烧发电工业示范装置。其特点如下：按空气-富氧燃烧兼容方案设计，因此可用于存量机组改造；兼具有干烟气和湿烟气循环能力，可适用于高硫煤；配备了三塔空分系统，并实现了 82.7% 的烟气 CO_2 高浓度富集，综合能耗低。35MW 工业示范被国际能源署纳入全球富氧燃烧研发路线图，被国际碳捕集封存研究院（GCCSI）誉为里程碑进展。该试验基地的建成和调试成功，标志着我国在富氧燃烧的关键装备研发、系统集成和调试运行等方面的整体水平已达到国际领先水平。

1 锅炉　　　　　7 送风机
2 电除尘　　　　8 引风机　　　　12 粗粉分离器
3 烟气换热器　　9 增压风机　　　13 细粉分离器
4 脱硫塔　　　　10 深冷空分　　　14 煤粉仓
5 烟冷器　　　　11 磨煤机　　　　15 布袋除尘器
6 烟囱

图 4-13　华中科技大学 35MWth富氧燃烧示范项目

三、流化床富氧燃烧

目前，富氧燃烧的大多数研究都与煤粉燃烧有关。流化床燃烧技术（FB）具有燃料适应性广、燃烧温度低、有害气体排放少、负荷调节范围大等一系列的优点，是可用于富氧燃烧的最有潜力的燃烧技术。与煤粉富氧燃烧室相比，火焰 FB 燃烧室的一个关键优势是能够通过最小化再循环烟气流量来减少给定煤输入的烟气流量，同时保持炉膛温度。固体材料的回收可将炉膛温度控制在最佳操作水平，以提高燃烧效率，并且不会产生任何潜在的结块风险。此外，流化床富氧燃烧可以使用多种燃料，例如煤、石油焦、生物质和一系列替代燃料。流化床富氧燃烧还能降低氮氧化物排放和具有更好的脱硫能力。将 FB 锅炉从空气燃烧改造为富氧燃烧更容易，不需要新的燃烧器[28]。

（一）循环流化床富氧燃烧技术

在促进碳达峰、碳中和的背景下，CFB 富氧燃烧技术是实现二氧化碳捕集与封存的重要途径。因为该技术的 CO_2 烟气纯度可达 95%，有利于 CO_2 捕获和存储。但是，该技术存在两个高能耗单元，空气分离单元（ASU）和 CO_2 压缩净化单元（CPU）使富氧燃烧技术的发电效率降低 10%～12%[29]。但根据循环流化床锅炉多次物料循环的特点，将富氧燃烧技术和循环流化床相整合是一种更具竞争力的燃烧技术，该技术将是未来洁净煤发电技术的新方向。

富氧循环流化床如图 4-14 所示。燃料和床材料以高流化速度在燃烧室和旋风分离器之间循环，床材料可以确保热量在反应回路周围均匀分布，并提供燃烧所需的热量[28]。

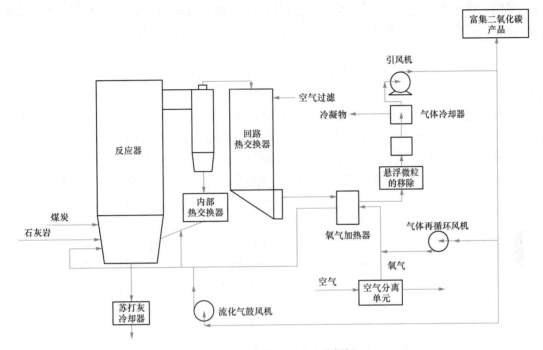

图 4-14　富氧循环流化床[28]

循环流化床锅炉富氧燃烧具有以下特点[30]：

（1）节约成本，有利于污染物的回收利用。在一个典型的装置中，排放控制设备一般包括静电除尘器、湿式脱硫塔、催化脱硝系统和除汞设备。富氧燃烧最大的优势是 CO_2 减排，其排放控制成本主要取决于废气流量。而且富氧燃烧技术本身就有捕捉 CO_2 的能力，能使烟气中的 CO_2 浓度达到 90％以上，因此富氧燃烧技术可以大大节省成本。

（2）降低过剩空气系数，节约能源。采用富氧燃烧后可以减少二次燃烧风量，大幅减少烟气排放，从而减少余热损失，提高锅炉热效率。

（3）提高生产率，降低成本。燃料在富氧的条件下可以降低点火温度，氧气进入区域后，由于氧气浓度大，表面温度高，燃烧速率会大大提高，从而增加火焰强度，获得良好的热传导，并且辐射能力高于普通燃烧产物的燃烧，大大增强了炉内传热，从而提高了生产率并降低了制造和运行成本。

（4）通过烟气再循环，增加石灰石和 SO_2 暴露的机会，提高脱硫效率和钙利用率。

（5）无热力型氮氧化物生成，可实现低氮氧化物排放。

（6）回燃通过固体颗粒燃烧，可以提高固体颗粒在炉内的停留时间，降低富氧燃烧对燃料燃烧时间的延长的影响。

（7）富氧燃烧技术，既适用于新锅炉，又适用于旧锅炉的改造，易于实施，燃烧稳定。

（二）鼓泡流化床富氧燃烧技术

鼓泡流化床（bubbling fluidized bed）是气速较低时的聚式流化气-固流化床。一些鼓泡流化床装置具有燃料和氧化剂分布设计，使床内发生高度的内部循环，而 CFB 装置使用更高的速度来诱导固体洗脱。BFB 装置通常以 $1\sim3m/s$ 的较低流化速度运行，而 CFB 装置的工作速度为 $3\sim10m/s$。鼓泡床的典型工作温度范围为 $700\sim900℃$。床温由燃烧特性控制。虽然在相对较低的燃烧温度下运行，但从床材料到燃料颗粒的高辐射和对流热传递提供了足够的能量来蒸发水分，点燃燃料，加热灰烬并氧化剩余的燃料，且不会显著改变床的温度[28]。

第三节　燃煤电站的碳捕集、利用与封存系统

面对"富煤、贫油、少气"的能源结构现状，我国能源行业技术转型一方面需要大力发展可再生能源，逐步使可再生能源转变为我国的主要能源；另一方面需要加快煤电退出及大规模部署碳捕集装置。煤电装机容量需要逐步减少，甚至让部分机组提前退役，但考虑到国家能源安全、社会用电量需求的增长、电网调峰需求、供暖、能源转型成本、煤电机组搁浅成本、煤电企业及上游企业人员就业等经济和社会问题，煤电在未来相当长一段时间内仍将保持一定比例。燃煤电站是 CO_2 排放量最多、排放地点最集中的场所之一，也是比较适宜大规模集中控制碳排放的场所。针对煤电机组碳捕集、利用与封存（carbon capture, utilization and storage，CCUS）系统的加装，CCUS 可以使其成为一种低碳的发电技术。此外，若将生物质与煤掺烧进行发电，CCUS 甚至可以实现 CO_2 负排放。因此，CCUS 技术的研发乃至大规模应用是我国实现碳中和承诺的重要保障。

一、CCUS 流程

CCUS 涉及能源、钢铁、化肥、水泥、交通、化工、地质勘探、环保等众多 CO_2 排放行业。CCUS 整个过程可以分为碳捕集、运输、利用与封存四个环节[31]，见表 4-1。

表 4-1　　　　　　　　　　　　　　CCUS 具体流程[31]

技术环节		主　要　过　程
捕集		将 CO_2 从工业生产、能源利用过程中或从大气中分离出来，主要分为燃烧前捕集、燃烧后捕集、富氧燃烧和化学链捕集
运输		将捕集的 CO_2 运送到利用地或封存地的过程，包括陆地或海底管道、船舶、铁路和公路等输送方式
利用	地质利用	将 CO_2 注入地下，生产或强化能源、资源开采的过程，该过程主要用于提高石油、地热、地层深部咸水、铀矿等资源的采收率
	化工利用	以化学转化为主要手段，将 CO_2 转化成目标产物，实现二氧化碳资源化利用的过程
	生物利用	以生物转化为主要手段，将 CO_2 用于生物质合成
封存		通过工程技术手段将捕集的二氧化碳储存于地质构造中，实现与大气长期隔绝的过程，主要划分为陆上咸水层封存、海底咸水层封存、枯竭油气田封存等

1. 捕集

捕集是指将 CO_2 从工业生产、能源利用过程或大气中分离出来的过程。适合捕集的排放源包括发电厂、钢铁厂、水泥厂、冶炼厂、化肥厂、合成燃料厂、基于化石原料的制氢工厂等，其中，化石燃料发电厂是 CO_2 捕集最主要的来源。

2. 运输

运输是指将捕集的 CO_2 通过管道、船舶、铁路、公路等输送方式运送到利用地或封存地的过程，是捕集环节与封存、利用环节之间的必要连接桥梁。

3. 利用

利用是指通过 CO_2 的物理、化学或生物作用，在减少 CO_2 排放的同时实现能源增产增效、矿产资源增采、化学品转化合成、消费品生产利用等，是附带经济效益的减排途径。根据领域的不同，可分为地质利用、化工利用和生物利用三大类。

4. 封存

封存是指通过工程技术手段将捕集的 CO_2 注入深部地质储层，实现与大气长期隔绝的过程，其实施过程不产生附带经济效益。按照封存位置不同，可分为陆地封存和海洋封存；按照地质封存体的不同，可以分为咸水层封存、枯竭油气田封存等。

二、当前 CCUS 技术的发展

从捕集环节看，目前燃烧后捕集技术最为成熟，可用于大部分火电厂的脱碳改造，如国华锦界电厂正在建设的 15 万 t/年 CO_2 捕集与封存示范项目是目前我国规模最大的燃煤电厂燃烧后碳捕集与封存示范项目。

从运输环节看，罐车运输和船舶运输技术均已达到商业应用阶段，主要应用于规模 10 万 t/年以下的二氧化碳输送，例如吉林油田和齐鲁石化等企业均已采用陆地管道输送二氧化碳。

从利用环节看，CO_2 化工合成、生物转化和驱油等利用技术取得了较大进展，其中重整制备合成气、合成有机碳酸酯等化工利用技术已完成了示范研究；转化为食品和饲料的生物利用技术已实现大规模商业化；CO_2 强化石油开采技术已应用于多个驱油示范项目。

从封存环节看，我国已完成全国 CO_2 地质封存潜力评估，开展了 10 万 t/年的陆上咸水层封存示范项目，如国家能源集团鄂尔多斯煤制油分公司实施的 10 万 t/年 CO_2 咸水层封存已于 2015 年完成。

三、CCUS 技术的展望

目前，CCUS 技术在中国仍处于示范阶段，高昂的成本是限制其商业化的主要原因。因此，为了实现我国承诺的"双碳"目标，应加大对 CCUS 技术的研发力度，从而降低技术成本、提高其经济可行性，为该技术的大规模应用做好准备。

第四节　新能源利用技术

化石燃料是满足人类能源需求的主要能量来源，但化石燃料在使用过程中也带来了严重的生态和环境问题。随着地球上的化石燃料的逐渐枯竭，清洁低碳的新能源开发也迫在眉睫。

新能源又称为非常规能源，是指传统能源之外的各种能源形式，如太阳能、核能、风能、地热能、氢能、生物质能等。相对传统能源而言，新能源一般具有以下特征：①尚未大规模开发利用，有的甚至还处于初期开发阶段；②资源赋存条件和物化特征与常规能源有明显区别；③开发利用技术复杂，成本较高；④清洁环保，可实现 CO_2 等污染物零排放或低排放；⑤资源量大、分布广泛，且大多具有能量密度低的缺点[32]，对新能源的开发利用，打破了以石油、煤炭等化石燃料为主体的传统能源观念，开创了能源利用的新时代。其中，太阳能技术和核能技术是新能源技术的主要标志。

一、太阳能

太阳能（solar energy）是由太阳内部氢原子发生氢氦聚变释放出巨大核能而产生的来自太阳辐射的一种可再生能源。太阳能是可再生能源中最丰富的能源，太阳以3.8×10^{23} kW的速度发射，其中约1.8×10^{14} kW被地球截获。太阳能以各种形式到达地球，如热和光[33]。

太阳能具有以下优点[34]：

（1）无限。太阳能起源于太阳，它是地球上无限免费能源的主要来源之一。从理论上讲，太阳能有能力满足世界的能源需求。

（2）环保。太阳能是将来自太阳的能量收集与储存起来，并用以发电。这种方法是不可再生技术的可再生替代品，太阳能的使用大大降低了碳排放的负面影响。

（3）易于使用和获得。太阳能主要使用太阳能电池板收集，太阳能电池板通过使用光伏技术发电，其安装可以在任何地方完成。

（4）用途广泛。太阳能直接或间接地用于许多应用，这些应用不仅限于工业目的，还适用于日常使用，例如农业和工业产品的干燥、太阳能冰箱、热水器、太阳能烹饪等。

虽然太阳能产业发展迅速，可以满足世界的能源需求，但它也存在一些缺点：①太阳能仅在白天可用；②太阳能电池板效率低；③光伏发电需要的空间较大；④初始成本高。

目前，人们对太阳能的开发和利用主要依赖太阳表面所不断发生的核聚变反应，被辐射出的能量首先会被地球大气层吸收，然后再作用到地球表面各个角落。当然，也有一部分能量会被大气反射出去，最终作用到地表的能量仅有47%[35]。太阳辐射分为直射和漫射，一般直射太阳能会被人们直接利用。下面介绍目前太阳能的主要利用方式。

（一）光-电转换（水上光伏技术）

有效运用光伏效应，使太阳的辐射转变为电能，太阳光照到半导体上，会将太阳光能转变为电能，形成电流[36]。

最近新兴的水上光伏技术是指把太阳能光伏电站建设到水面上，建成渔光一体、水光一体的应用模式，是当前引领光伏行业发展的新思路。根据项目地水深等情况，建设形式分为两种[37]：一般水深小于3m时，采用水上桩基架高式光伏，如图4-15所示；水深3m以上时，采用水上漂浮式安装系统，如图4-16所示。国内水上光伏电站以打桩架高式为主，但随着水上漂浮式技术的不断成熟，新材料、新技术、新工艺不断涌现，建设成本不断降低，近年来水上漂浮式光伏发电项目成为光伏发电领域的新热点，其装机容量呈现快速增长的趋势。相对于传统陆上光伏技术，水上（海上）光伏技术具有减少土地资源占用，对生态环境影响小，发电效率高、成本低等优势。

图 4-15 水上桩基架高式光伏[37]　　图 4-16 水上漂浮式光伏[37]

水上光伏技术优势明显，但也仍需解决一系列问题。

（1）初期投资成本较高。相对于地面电站，桩基架高式光伏电站投资成本每瓦高出 4%左右，水上漂浮式光伏电站投资成本高出 12%左右。

（2）运维难度大，成本高。水上光伏系统的运行维护主要依赖人工巡检，而划船巡检难度大、效率低、人员安全风险大，运用智能化运维从而快速精准处理故障的水平有待提高。

（二）光-热转换

太阳能光热利用的基本原理是将太阳能收集起来，通过与物质的相互作用转换成热能加以利用。目前使用最多的太阳能收集装置，主要有平板型集热器、真空管集热器、陶瓷太阳能集热器和聚焦集热器四种。通常根据所能达到的温度和用途的不同，而把太阳能光热利用分为低温利用、中温利用和高温利用。目前，低温利用主要有太阳能热水器、太阳能干燥器、太阳能蒸馏器、太阳能采暖、太阳能温室、太阳能空调制冷系统等，中温利用主要有太阳灶、太阳能热发电聚光集热装置等，高温利用主要有高温太阳炉等[38]。

（三）光-热-电转换（太阳能热发电技术）

太阳能热发电技术是指在集热器作用下，太阳辐射能被收集起来转换成高温热能，然后被转换成机械能和电能为人们所用。能量转换过程主要包括将太阳辐射能转换为热能、热能转换为风能、风能再转换为电能。

太阳能热气流发电技术使用的主要部件有集热棚、烟囱、蓄热层、导流锥和涡轮。空气通过集热棚进入系统，通过吸收太阳辐射能，使棚内空气温度升高，密度降低，从而与外界环境间形成压力差，烟囱在此过程中起负压作用，进一步引导棚内空气形成浮升气流，从而驱动位于烟囱底部的涡轮发电机发电。

太阳能热发电技术的最大缺点就是系统效率较低，开发难点在于保证光辐射吸收率，以及实现高效热能传输。因此，可以考虑将太阳能热气流发电系统与其他能源利用技术相结合，扩展其形式或与其他应用需求相结合。

（四）光-化学转换

光化学电池是利用光照射半导体和电解液界面，发生化学反应，在电解液内形成电流，并使水电离直接产生 H_2 的过程。

目前，对于前两种太阳能利用方式已经有大量的研究，只有光-化学转换目前尚处于研究开发阶段。我国太阳能产业规模已位居世界第一，是全球太阳能热水器生产量和使用量最大的国家，也是重要的太阳能光伏开发利用国，太阳能的开发利用技术在我国前景一片光明。

二、核能

核能是通过核反应从原子核释放的能量，符合阿尔伯特·爱因斯坦的质能方程。核能可通过三种核反应释放：①核裂变，较重的原子核分裂释放能量；②核聚变，较轻的原子核聚合在一起释放结核能；③核衰变，原子核自发衰变过程中释放能量。

（一）核裂变反应堆

当前我国主要采用核裂变技术进行发电，核裂变反应堆内部是通过用中子轰击铀或其他人造重原子核破裂来释放能量，但现用反应堆所采用的冷却剂液有很强的腐蚀性，泄漏率极高。

（二）核聚变反应堆

核聚变是两个轻原子向一个重原子转变，并释放能量的过程。在重原子需求量足够大的情况下，所释放出的能量也是巨大的。理想状态下，其经过核聚变后所释放出的能量足够人类使用几百亿年。为进一步增强核资源利用率，我国开始大力开发受控制核聚变反应堆。

实现核聚变的条件是极其苛刻的，目前人类实现的第一代可控核聚变的燃料还只限于氘与氚[39]。氘在自然界中的含量是极其丰富的，海水里的氘占 0.015%，地球上有海水 $1.39×10^9 km^3$，所以氘的总储量为 $2×10^{16} t$。核聚变反应的另外一种元素氚，在自然界中实际上是不存在，但它可以在普通反应堆中通过用中子照射锂而得到或在将来的热核反应堆中生产出来。目前地球上的锂储量足以保障人类对聚变能源的利用。

三、风能

风能是空气流动所产生的动能。风能在广义上也是太阳能的一部分。据理论计算，太阳辐射到地球的热能中约有 2% 被转变成风能，全球大气中总的风能约为 10^{24} MW，其中蕴藏的可被开发利用的风能约有 $3.5×10^9$ MW，这比世界上可利用的水能大 10 倍。

风能的利用主要是通过风能作为动力和风力发电两种方式，其中又以风力发电为主。随着近年来技术的发展，风能系统的应用潜力越发凸显。尽管风力涡轮机具有一些不利的环境影响，例如噪声，但与化石燃料相比，它仍然更加环保。在风能、太阳能和生物质能等已知能源中，用于发电的风能具有巨大的应用潜力。在所有现有的可再生能源中，风能可以成为最有效的发电能源之一。借助风能发电是满足能源需求的最可行的解决方案之一。但由于风的不稳定性，对风电进行无功补偿是风电系统应用的重要手段之一[40]。

随着风力发电事业的快速发展，可开发的陆地风能资源越来越少。而海上风场因风力资源稳定性强，湍流强度小，风能强劲，可减少土地资源的占用，噪声污染小等优势受到多国关注（见图 4-17）。

海上风力发电系统的结构组成与陆地相似（见图 4-18），包括风能捕获、能量转换、能量传输和控制系统等部分。但海上风场还要克服强风载荷、腐蚀和波浪冲击等特殊环境的影响，因此不能直接采用陆地风电技术。在风机设计装配、系统冷却、风场基础建设、并网、系统监测维护等方面，海上风场的技术难度更高，面临挑战更大[41]。

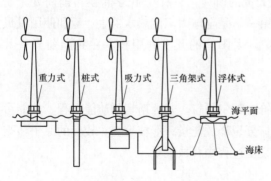

图 4-17 风场的基本结构[41]

图 4-18 海上风力发电实景[41]

海上风力发电技术是未来风能发展的热点，目前欧洲的海上风电发展领先全球，全球风电设备制造商也纷纷发挥各自优势争相占领海上风电市场。海上风场呈现大型化，并且有向深海海域发展的趋势。随着科技的发展和人类的不断探索，海上风电技术将不断发展和完善，风能利用将在一些关键技术上得到更大的突破，形成更有针对性的设计理论和建设经验，从而更好地开发风能并造福人类。

四、地热能

地热能是一种来自地壳内部的天然热能，以稳定的热力形式存在，是一种可靠的可再生能源，更是一种清洁低碳的能源。开发地热能对缓解我国能源资源压力、实现非化石能源目标、推进能源生产和消费革命、促进生态文明建设具有重要的现实意义和长远的战略意义。

地热资源按储存形式可分为水热型、地压型、干热岩型和岩浆型四大类。地热能开发包括地热发电技术和地热直接利用技术。典型的地热发电技术包括水蒸气朗肯循环、闪蒸循环、有机朗肯循环、卡琳娜循环和全流发电系统。其中，有机朗肯循环和卡琳娜循环并非直接利用地热流体进行发电，而是采用中间介质进行发电，又称为双循环发电系统[42]。

五、氢能

氢能被认为是人类最理想、最长远的能源，是通过燃烧或者是燃料电池来获得能量。氢能是人类能够从自然界获取的储量最丰富且高效的能源，具有无可比拟的潜在开发价值。

H_2 作为替代燃料是合乎逻辑且适当的选择。H_2 可以就地生产，减少各国对外部能源供应商的依赖。此外，H_2 可以从各种物质中提取出来，如水、油、气、生物燃料、污水污泥等。地球上丰富的水资源保证了生产 H_2 的可持续性。

（一）氢能的优缺点

H_2 的主要优点有以下几点[43]：

（1）生产方便。H_2 可以由碳氢化合物制造，也可由非碳氢化合物制造，例如水，其中水可以作为唯一的原料进行生产。

（2）利用灵活。H_2 可以用作化学燃料和许多工业过程中的化学原料，例如用于金属矿石的精炼，重油和焦油的升级，还可应用于运输、住宅和商业等领域。

（3）存储可靠。H_2 可以以各种形式大量储存。

（4）运输安全。有许多方法可以运输 H_2（例如公路、铁路、轮船）。此外，H_2 还可以使用传统的管道技术进行长距离运输，其损耗低于使用高压电线的电力运输。

（5）环境无害。H_2 利用涉及氧化，唯一直接的主要氢氧化产物是水。当 H_2 在空气中燃烧时，会释放出少量的氮氧化物，但这些氮氧化物可以通过发动机设计来控制排放量。

（6）回收便捷。H_2 作为能量载体是可回收的，因为 H_2 氧化成水，水可以被分离以产生氢气。

（7）协同作用。氢能系统通常包含许多协同作用。通过使用 H_2 作为能量载体，也可以满足系统的其他需求。

氢还具有以下不良特性：

（1）氢储存的能量储存密度小于相同质量和体积汽油的能量储存密度。在质量相等的基础上，使用液态氢存储可以获得最高的氢能存储密度，其能量存储密度约为存储的 80%。在体积相等的基础上，使用一种金属氢化物存储获得最高的氢能存储密度，其能量密度约为汽油存储的 35%。

（2）由于 H_2 具有低密度和小分子尺寸的特点，它可能从安全壳中泄漏。

（3）H_2 会导致一些材料问题。例如，在 H_2 存在的条件下，一些合金往往会脆化。

（4）作为能源载体，氢气的生产成本可能很高，特别是与目前化石燃料的成本相比。

（二）常用氢技术

常用的一些氢技术包括电解质制氢法、使用燃料电池进行氢气再电气化、氢的储存和转换技术等。

1. 电解质制氢法

在电解液溶液中放置两个电极，连接到电源以形成电流。当电极之间施加足够高的电压时，水分解在阴极上产生氢，在阳极上产生氧。加入电解质可提高水的电导率，从而持续形成电流。酸和固体聚合物电解质常用于水电解，并使用不同的离子作为载体：H^+、OH^-、O^{2-} 等。不同载流离子在电极上的水电解反应可能不同，但整体反应总是相同的[44]：

$$2H_2O + 电 + 热 \longrightarrow 2H_2 + O_2 \qquad (4\text{-}1)$$

2. 氢气再电气化

氢气再电气化指的是用氢气发电。氢气可以通过氢气内燃机或涡轮机燃烧发电。然而，由于氢的体积能量密度相对较低，氢内燃机的效率低于汽油内燃机，其热力学效率为 $20\% \sim 25\%$。此外，在燃烧氢时，即使没有释放 CO_2，也会释放氮氧化物，污染环境。与使用内燃机相比，使用燃料电池才能最大限度地提高氢的潜力，因为燃料电池可将氢的化学能直接转化为电能，使其效率达到 $60\% \sim 80\%$，所以燃料电池发电是未来氢能利用的主流技术。根据工作温度和电解质的不同，燃料电池分为中低温条件下工作的质子交换膜燃料电池（proton exchange membrane fuel cell，PEMFC）、碱性燃料电池（alkaline fuel cell，AFC）和磷酸燃料电池（phosphoric acid fuel cell，PAFC），此外还有在高温工况下工作的熔融碳酸盐燃料电池（molten carbonate fuel cell，MCFC）和固体氧化物燃料电池（solid oxide fuel cell，SOFC）。

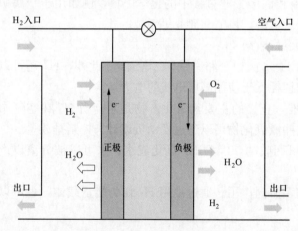

图 4-19 燃料电池工作原理[44]

燃料电池工作原理如图 4-19 所示。氢气在燃料电池阳极上发生电离，并释放电子和 H^+，氢离子通过电解质到达阴极板，电子通过外部电路到达阴极板后，与氧气和氢离子重新结合为水[44]。

$$2H_2 + O_2 \longrightarrow 2H_2O + 电 + 热 \qquad (4\text{-}2)$$

3. 氢的储存和转换技术

储氢技术的发展是氢动力能源系统的一个基本前提。图 4-20 所示为氢的主要储存方式。传统的储氢技术将氢气储存为压缩气体和低温气体或液体，而对于大规模的应用，地下储存更可取。近年来，固态储氢方式发展迅速，是最安全的储氢方式之一。

在氢动力能源系统中，转换器将氢的生产和利用连接起来。例如，应用直流/直流转换器将外部输送电压降至电解器的电源电压水平，并以高电压增益调平燃料电池的直流电压。此外，当电解器和燃料电池连接到电网时，将采用直流/交流整流器和逆变器进行转换[44]。

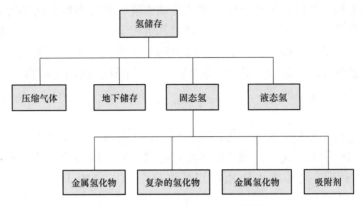

图 4-20　氢的主要储存方式[44]

六、生物质能

生物质能是指蕴藏在生物质中的能量，即通过以生物为载体将太阳能以化学能的形式储存在有机物中的能量，它直接或间接地来源于植物的光合作用，是一种唯一可再生的碳源。生物质一直是人类的主要能源，目前估计占世界能源供应的 $10\%\sim14\%$[45]。

生物质能是人类使用的第一种燃料，在 18 世纪中叶之前一直是全球能源的支柱。近年来，生物质能被认为是一种碳中性的能源，重新燃起了人们对生物质能的兴趣。目前，人类对生物质能源的利用方式主要有直接燃烧法、生化转化法、液化技术、气化技术、生物碳技术。在中国，生物质能源的利用方式主要包括直接燃烧法、热化学转化法和生物转化法[46]。

（一）直接燃烧法

直接燃烧通常是在蒸汽循环作用下将生物质能转化为热能和电能，为烹饪、取暖、工业生产和发电提供热量和蒸汽。小规模的生物质转化利用率较低，其热转化损失为 $30\%\sim90\%$。但是，通过使用转化效率更高的燃烧炉，可以提高利用率。直接燃烧是最早被采用的一种生物质利用方式，可以最快速度地实现各种生物质资源的大规模、无害化、资源化利用，具有良好的经济性和开发潜力[47]。

（二）热化学转化法

生物质热化学转换技术包括直接燃烧、气化、热裂解和液化技术，除了能够直接提供热能外，还能以连续的工艺和工厂化的生产方式，将低品位的生物质转化为高品位的易储存、易运输、能量密度高且具有商业价值的固态、液态和气态燃料，以及热能、电能等能源产品。

（1）气化。气化是生物质转化的最新技术之一。它是指在一定的热力学条件下，将组成生物质的碳氢化合物转化为含 CO 和 H_2 等可燃气体的过程。这些产物既可供生产、生活直接燃用，也可用来发电，进行热电联产，从而实现生物质的高效清洁利用。生物质气化发电技术的基本原理是把生物质转化为可燃气，再利用可燃气推动燃气发电设备进行发电。

（2）热解。在隔绝空气条件下加热生物质，或者在少量空气存在的条件下部分燃烧产生碳氢化合物、生物油和残碳的混合物的过程称为热解。

（3）液化。生物质的热解液化是在缺氧条件下将生物质迅速加热到 $500\sim600℃$，使之转换成液化产物（油）的一种工艺。

（4）超临界压力萃取。超临界压力流体（SCF）具有气液两重性的特点，它既有与气体相当的高渗透能力和低黏度，又兼有与液体相近的密度和对许多物质优良的溶解能力。超临界压力萃取法不仅能直接处理潮湿物料而无须对其进行干燥，而且能在较低温度下保持较高的萃取效率；超临界萃取法能减少样品的准备时间，加快提取速度，改善萃取效果，并且对固体和半固体样品的提取率不亚于常规萃取法。可作为 SCF 的物质很多，如二氧化碳、六氟化硫、乙烷、甲醇、氨、水等。

（三）生物转化法

生物转化法包括发酵和厌氧性消化，其中发酵是生物质间接液化的一种。生物质间接液化是指通过微生物作用或是化学合成法生成液体燃料，如乙醇的发酵等。厌氧消化是指利用微生物在缺氧条件下消化易腐生物质，使其彻底分解，产生 H_2 和 CH_4 等高能清洁燃料（即沼气）的过程。

虽然生物质能源是全球应用范围最广泛的能源之一，但是至今其利用的关键技术问题尚未得到合理解决，例如生物质能源的技术开发缺乏长期系统的整体规划以及稳定持续的政策支持等。

七、新能源利用技术的展望

新能源是国家工业发展基础的重要组成部分，对新能源的开发和利用不仅是一个国家综合的实力的体现，也是一个国家科学技术水平实力的标志。在未来能源更加紧缺的情况下，新能源也必将成为影响国际政策的重要因素。摆在人们面前的挑战很多也很复杂，但同样伴随着历史的机遇。新能源技术创新不应该简单地局限于某一单层次主体去研究，而是应该从多层次角度分析新能源技术创新，这样才有助于中国能源战略的实施，继而保证中国能源结构的调整和可持续发展。

第五节　新型高效低碳清洁发电系统

一、水上漂浮式光伏发电系统

水上漂浮式光伏发电系统最大的特点是可以安装在海洋、湖泊（包括咸水湖）、河流（包括季节性旱涝河流）、水库、鱼塘、灌溉池、蓄水池甚至废水处理池等处。此外，市场上常用的光伏组件（如晶体硅组件）的功率输出随着温度的升高而降低，而水能够冷却太阳能电池，在抑制组件表面温度上升方面有着积极意义，使水上漂浮式光伏组件的温度明显低于地面或屋顶光伏组件，从而输出更高的功率。同时，水上漂浮式光伏发电系统还可以减少水面蒸发量，遮挡住照射到水面的部分阳光，减少藻类的光合作用，抑制藻类繁殖，保护水资源。

浮动太阳能项目安装的最大挑战是系统设计，项目必须适当地设计以保持漂浮并能够承受力。在浮动太阳能发电厂的安装过程中，需要解决以下问题[48]：

（1）太阳能模块被水包围，系统性能可能会因高含水量而受到影响。

（2）浮动结构的强度可能因腐蚀和不利的环境条件而受到影响。

（3）浮动系统应该能够处理环境因素，例如水质、水深变化、温度变化、水流变化、水分蒸发、含氧量、鱼类活动、藻类生长和其他活生物活动等因素。

（4）由于洪水、旋风、海浪和大风的存在，漂浮的漂浮式光伏发电系统可能会遇到快速或不稳定的运动。浮动光伏系统需要能够承受这些自然力。

（5）初始安装成本和维护成本较高。

（6）太阳能电池板的发电成本比其他基于化石燃料的技术在最初几年的成本高出约10倍。

（7）漂浮的太阳能发电厂需要方向控制系泊系统，以有效地保持相同的方位角（方向）和水面上的位置。因为太阳能组件的方向变化会降低输出功率。

（8）由于风、波浪和外力，应力和振动问题在浮动太阳能发电厂中更为常见。振动可能导致模块中形成微裂纹，从而减少发电量，并会产生耐用性问题。

水上漂浮式光伏发电系统的主要组成部分包括光伏组件、特殊电缆逆变器及箱式变压器等电气设备、浮筒和锚固系统[49]。

二、混合核能可再生能源系统

根据地理因素、经济因素、期望的产出形式等因素，不同的可再生能源可以耦合形成一个混合核可再生能源系统。

（一）混合核能太阳能发电系统

如图 4-21 所示，使用核反应堆加热压缩工作流体，并在反应堆装置和空气加压装置的涡轮旋转压缩机中膨胀。热交换器用于从工作流体中提取低品位的热量，并将热量转移到位于空气压缩装置下游侧的防潮设备上。此外，在工作流体进入压缩机之前，中间冷却器的热交换器对工作流体起冷却作用，从而降低压缩机的功率需求。再生热交换器从涡轮机排出的工作流体中提取低品位的热量，在工作流体重新进入反应器之前对其进行预热[50]。

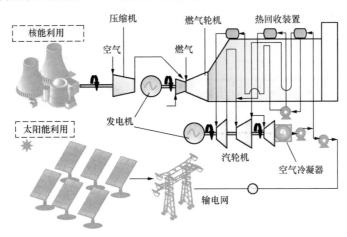

图 4-21　混合核能-太阳能发电系统[50]

（二）混合核能-地热能发电系统

混合核能-地热能发电系统是由发电厂、泵站和核电站组成的地热系统，其结构如图 4-22 所示。泵站将储液罐中的液体通入注入井，通过二次钻孔或开采井吸入基岩或热干岩区。当液体被注入基岩时，基岩温度就会下降。这是由于热量传递到了流体上，核反应堆对温降进行补偿，核反应堆的核心位于热干岩带的钻孔内[50]。

（三）混合能源系统的优点

（1）减少温室气体排放，缓解全球变暖现象。

（2）提高可再生能源的竞争力，加速绿色清洁能源替代传统化石能源的进程。

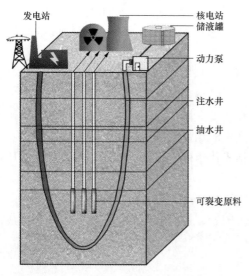

图 4-22　混合核能-地热能发电系统[50]

（3）通过改造电网基础设施，提供电网规模的能源存储和调度，使间歇性可再生能源可以具有较高的电网渗透性。

（4）通过智能控制和热管理技术实现先进技术的集成，提高能源转换效率。

（5）除了对其他电网进行补充服务外，而且供电可靠，经济价值高。

（6）混合动力能源系统能够生产生物燃料、合成燃料或氢气，可以减少运输部门对化石燃料的依赖。

（7）和受公众支持的可再生能源相结合，可以克服公众对开发核能的不安心理。

三、风-光互补发电系统

风-光互补发电系统是由风力发电和光伏发电组合构成的发电系统。随着这两种发电技术的日渐完善，风-光互补发电技术具有十分广阔的发展前景，并已受到了许多国家的关注与重视。

该系统主要由风力发电机组、太阳能光伏电池组、控制器、蓄电池、逆变器、直流负载等部分组成。可以划分成四大环节，即发电部分、储能部分、控制部分及逆变部分[51]。风-光互补发电系统结构图如图 4-23 所示[51]。

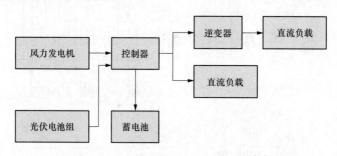

图 4-23　风-光互补发电系统结构图[51]

（1）发电部分。发电部分包括风力发电机和光伏电池组。风力发电部分是先利用风力机将风能转换成机械能，再通过风力发电机将机械能转换成电能；光伏发电部分是利用太阳能电池板的光伏效应，将光能转换成电能。在风-光互补发电系统中，风能和太阳能可以独立发电也可以混合共同发电，具体发电形式的采用主要取决于当地的自然资源条件和发电的综合成本。

（2）储能部分。为了保证系统供电的可靠性，应该在系统中设置储能环节，把风力发电系统或太阳能发电系统发出的电能储存起来，以备供电不足时使用。在系统中蓄电池除了能将电能转化成化学能储存起来，使用时再将化学能转化为电能释放出来外，还起到能量调节和平衡负载的作用。

（3）控制部分。控制部分主要是根据风力大小、光照强度及负载变化情况，不断地对蓄电池的工作状态进行切换和调节，是整个系统中最重要的核心部件。使用中需要控制蓄电池不被过充或过放，保护蓄电池的使用寿命，同时也需要保证整个系统工作的连续性和稳定性。

（4）逆变部分。逆变器是将直流电转换为交流电的装置，也是系统的核心部件之一。逆变器还具有自动稳压的功能，可有效地改善风-光互补发电系统的供电质量。

相较于单一的风力发电或太阳能光伏发电，风-光互补发电系统能有效地耦合这两种新能源，弥补风力发电和太阳能光伏独立发电系统各自在资源上的缺陷，既实现了供电的稳定性和可靠性，又降低了发电成本。目前，风-光互补发电技术的研究仍在不断深入，随着其技术的日益完善与成熟，风-光互补发电有望成为未来最具潜力和最有开发利用价值的发电模式。

四、沼气发电系统

沼气发电是生物质能发电技术中的形式之一，是一种清洁低碳的发电技术。高效地利用沼气资源可以有效地减少污染，使资源得到综合利用。

在厌氧条件下，有机物质经过微生物的发酵作用会生成一种混合气体，即沼气。沼气是多种气体的混合物，其特性与天然气相似，一般含 CH_4 50%～70%，其余为 CO_2 和少量 N_2、H_2 和 H_2S 等。沼气无色、无味、无毒，密度比空气小，难溶于水，易燃，是性能较好的燃料，也是可再生能源。

无氧环境下污水、污泥中的厌氧菌菌群的作用，使有机物经液化和气化而分解产生沼气。燃烧沼气，利用沼气燃烧产生的热能直接或间接地转化为机械能并带动发电机而发电。沼气可以被多种动力设备使用，如内燃机、燃气轮机、锅炉等。典型沼气内燃机发电系统如图 4-24 所示。

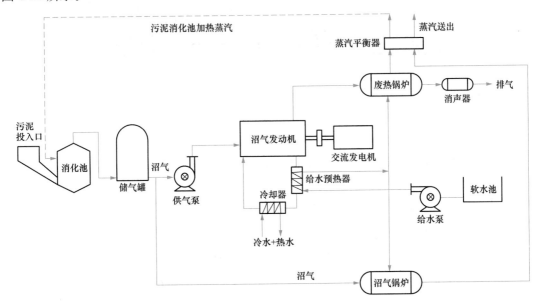

图 4-24　典型沼气内燃机发电系统[52]

注意，沼气中含有的 H_2S 和水分会形成弱酸液，对管道及发动机的金属部件造成腐蚀，特别是对铜质及铝质部件的腐蚀更为严重。因此，应对输气管道中的易腐蚀部件进行防护处理。另外，沼气中的 H_2S 燃烧会产 SO_2，SO_2 的腐蚀性更强，因此燃烧室和排气管均应采取防腐措施。

沼气发电是实现沼气综合利用的有效方法，如果能实现热电联产，经济效益将更为显著，从沼气生产潜力、发电设备水平、市场需求及国家政策导向来看，我国沼气发电有很大的发展空间。

五、太阳能热气流发电系统

近年来，随着太阳能利用率的增加，人们对发展太阳能热气流发电技术（SCPP）产生了浓厚兴趣。

（一）工作原理

太阳能热气流发电的基本原理如图 4-25 所示，其主要组成部件有集热棚、涡轮机、烟囱和蓄热层。集热棚用金属支架支撑，在其上铺盖玻璃、薄膜等透明或半透明材料，形成一个巨大的太阳能收集器。在集热棚下铺设土壤、砂、石等材料，形成蓄热层，克服太阳辐射周期性和间断性的弱点，实现系统发电的连续性和稳定性。

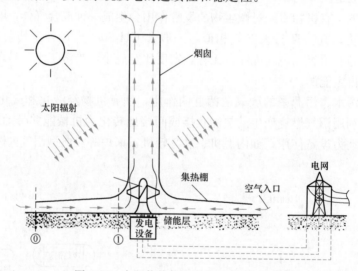

图 4-25　太阳能热气流发电的基本原理[53]

白天，太阳辐射能通过集热棚的透明材料进入系统，加热蓄热层表面。当蓄热介质吸热时，其温度升高并将能量蓄积起来，与此同时蓄热层表面也向上表面的集热棚内空气传递热量。空气吸收热量，温度升高，密度降低，小于外界环境相同高度处的空气密度，从而形成压力差。集热棚中央的烟囱起负压管的作用，加大了系统内外的压力差，形成强烈的上升流动。当系统内部空气以较大的速度进入烟囱中时，强烈的上升气流推动安装在烟囱底部的轴流式涡轮机，将空气流的动能和势能转换为机械能。若将涡轮机与发电机组相连，可将太阳能转换成电能[53]。

（二）系统优点

（1）技术简单。太阳能烟囱发电厂的设计很简单，只有集热棚、涡轮机、烟囱和蓄热层四个基本部件，因此维护和维修成本较低，并且这种简单而坚固的结构确保了系统的平稳运行[54]。

（2）寿命长。建筑的主要部件烟囱，可以由钢筋混凝土制成，使用寿命长。

（3）操作和维护问题较少。除安全问题外，与其他工厂相比，没有任何功能问题。因为收集器创造了一个温度控制的环境，集热棚下面的区域可以用于温室用途。

（4）没有冷却要求。SCPP 系统与其他传统发电系统相比不需要冷却机制。对于太阳辐射充足的区域这是一个潜在的优势，因为太阳能辐射充足的区域一般都缺水，为这样的干旱区域供水已经成为大问题。

（5）高效地储能和发电。高烟囱结构所提供的自然压差使得即使没有太阳也能发电。直接的和漫射的太阳辐射均能被集热棚吸收用来进行能量转换；（半）透明集热棚下的地面蓄热层是存储辐射能的一种自然手段。

（6）材料低廉且容易获得。太阳能热气流发电系统的主要建筑材料是混凝土、钢、玻璃和其他透明材料，在任何地区都很容易获得。

（7）清洁低碳。

（8）该技术为分布式发电，安全性高，电损耗低。

（三）系统缺点

（1）安装面积大，建造难度大。SCPP 的效率主要由收集器的面积大小和塔的高度决定。Mullett 通过建立模型预测表明，系统总效率与太阳能热气流发电系统的规模密切相关，规模越大，系统总效率越大。这意味着为了增加收集器的面积，需要巨大的装置尺寸。

（2）初投资高。SCPP 需要大量的初始投资，单位能源生产成本为 0.62 美元/kWh。

（3）受太阳辐射强度影响较大。SCPP 安装在太阳辐射能小的地区时效率较低。SCPP 的关键设计参数为集热器面积、高度、直径、坡度、烟囱高度、汽轮机压降等，这些参数的设置对系统的性能起着重要的作用。

（四）前景及展望

在未来的研究中，需要对 SCPP 系统进行更进一步的优化设计。靠近集热棚入口的部分，可以用薄膜光伏电池代替，如隔热太阳能玻璃（HISG）或耐热光伏玻璃。这样，将传统的集热棚部分重新设计为二次电源，提高了系统的整体效率。关于 SCPP 的另一个问题是，由于集热器材料的热阻特性较差，因此来自集热棚区域的热损失显著。为了能够保护集热棚下面的温室效应，并最大限度地利用系统空气的热能，密封玻璃可以考虑采用气凝胶玻璃，特别是小型发电厂。在这种情况下，即使在低太阳辐射条件下，也能得到较好的速度和功率输出数据。

第六节　能源领域的政策措施

一、欧盟

欧盟一直致力于引领世界低碳能源技术的发展，其绿色技术产业领先全球，也是主要先进能源技术输出地区之一。欧盟从 2018 年提出全人类的清洁星球：建立繁荣、现代、有竞争力且气候中和的欧盟经济体的长期战略愿景，到 2019 年发布《欧洲绿色协议》，再到 2020 年提出《欧洲气候法》，不断地修正碳中和政策，旨在到 2050 年实现温室气体净零排放的目标。

二、英国

2021 年 4 月，英国宣布最新气候目标：2035 年，将英国的 CO_2 排放量在 1990 年基础上减少 78%，比原计划提前了近 15 年。此举将确保其对气候变化的贡献，并与《巴黎协定》的温度目标保持一致，将全球变暖限制在2℃以下，并朝着1.5℃努力。在2021年8月，英国发布了《国家氢能战略》。

三、德国

2020年6月，德国发布了《国家氢能战略》。该战略推出38项具体措施。2021年，德国围绕氢能推出了一系列举措，政府资助总额超过87亿欧元。2021年1月，德国启动了全国燃料排放交易体系，以减少供暖和运输部门。2021年5月，德国宣布将实现碳中和的时间从2050年提前到2045年。

四、美国

2020年11月，美国能源部发布最新版《氢能计划发展规划》。2021年1月，美国宣布重新加入《巴黎气候协定》。2021年3月，美国政府宣布了雄心勃勃的风电目标：到2030年海上风电装机容量将达到30GW，相当于在2020年的水平上增加1000倍，大致达到2020年全球总装机容量（约34.4GW）。2021年6月，美国能源部宣布为68个项目提供超过3000万美元的联邦资金和超过3500万美金的私营部门资金，这些项目将加速清洁能源、先进制造技术、建筑节能、新一代材料等有前途的能源技术的商业化。

五、日本

2020年10月，日本宣布到2050年温室气体净零排放的计划。2020年12月，日本发布《2050碳中和绿色增长战略》，提出到2050年实现碳中和的目标，构建"零碳社会"。预计到2050年，该战略将每年为日本创造近2万亿美元的经济增长。该战略针对14个产业提出了具体的发展目标和重点发展任务，主要包括海上风电、氨燃料、氢能、核能、汽车和蓄电池、半导体和通信、船舶、交通物流和建筑、食品、农林和水产、航空、碳循环、下一代住宅、商业建筑和太阳能、资源循环、生活方式等。2021年6月，日本更新了《2050碳中和绿色增长战略》。

六、韩国

2020年10月，韩国正式宣布到2050年实现碳中和。2020年12月，韩国政府公布了《2050碳中和推进战略》。2021年3月，韩国环境部发布了"2021年碳中和实施计划"并发布了《碳中和技术创新推进战略》。2021年8月，韩国通过了《碳中和与绿色增长法》并将2050年碳中和目标及其实行机制纳入法律。

七、俄罗斯

在全球应对气候变化、推动能源结构转型的背景下，俄罗斯能源战略也发生了相应的变化。俄罗斯能源转型依靠政策推动和技术进步，重点推动分布式能源、数字化、低成本能源储存、可再生能源、氢能等技术的发展。其中氢能有望成为俄罗斯的下一个重大出口选择。2020年6月，俄罗斯通过《2035年能源战略》。2020年7月，俄罗斯能源部出台《氢能行业发展规划》。2020年10月，俄罗斯通过《2020—2024年俄罗斯氢能发展路线图》。2021年1月，俄罗斯成立了新一代核技术开发联盟，旨在开发闭式核燃料循环技术和快堆，并用于先进能源技术的新材料研发和核电站创新项目的推进。

2020年10月，俄罗斯公布了《2024年前俄罗斯氢能发展行动计划》。2021年7月，俄罗斯了成立氢能工作组，旨在应对其欧洲和亚洲主要能源出口市场的能源转型需求。2021年8月，俄罗斯通过了《氢能源的发展构想》。2021年10月，俄罗斯表示将努力在2060年前实现碳中和。

参 考 文 献

［1］ ZHAO J，MENG X. Discussion on the energy structure and strategy in China ［J］. Coal Economic Research，2005，6：11-13.

［2］ MUNAWER M E. Human health and environmental impacts of coal combustion and post-combustion wastes ［J］. Journal of Sustainable Mining，2018，17（2）：87-96.

［3］ 韩雅文，刘固望，蒋立，等. 煤炭清洁利用技术进展与评价综述 ［J］. 中国矿业，2017，26（7）：81-87＋100.

［4］ 石焕，程宏志，刘万超. 我国选煤技术现状及发展趋势 ［J］. 煤炭科学技术，2016，（6）：169-174.

［5］ 岑可法，池涌. 洁净煤技术的研究和进展 ［J］. 动力工程，1997，17（5）：16-21＋93.

［6］ 李安. 水煤浆技术发展现状及其新进展 ［J］. 煤炭科学技术，2007，（5）：97-100.

［7］ CHENG G，ZHANG C. Desulfurization and denitrification technologies of coal-firedfluegas ［J］. Polish Journal of Environmental Studies，2018，27（2）：481-489.

［8］ LI X，HAN J，LIU Y，et al. Summary of research progress on industrial flue gas desulfurization technology ［J］. Separation and Purification Technology，2022，281：119849

［9］ YANG W. Summary of flue gas denitration technology for coal-fired power plants ［C］//Proceedings of the IOP conference series：Earth and Environmental Science，IOP Publishing，2019.

［10］ 王辅臣，于广锁，龚欣，等. 大型煤气化技术的研究与发展 ［J］. 化工进展，2009，28（2）：173-180.

［11］ KRISHNAMOORTHY V，PISUPATI S. A critical review of mineral matter related issues during gasification of coal in fixed，fluidized，and entrained flow gasifiers ［J］. Energies，2015，8（9）：10430-10463.

［12］ OSBORNE，D. The coal handbook：Towards cleaner production：volume 2：Coal utilisation ［M］. Cambridge：Woodhead Publishing，2013.

［13］ 赵锦波，王玉庆. 煤气化技术的现状及发展趋势 ［J］. 石油化工，2014，43（2）：125-131.

［14］ 屈利娟. 流化床煤气化技术的研究进展 ［J］. 煤炭转化，2007，30（2）：81-85.

［15］ 王辅臣. 煤气化技术在中国：回顾与展望 ［J］. 洁净煤技术，2021，27（1）：1-33.

［16］ 于广锁，牛苗任，王亦飞，等. 气流床煤气化的技术现状和发展趋势 ［J］. 现代化工，2004，24（5）：23-26.

［17］ 吴春来，金嘉璐. 煤炭直接液化技术及其产业化前景 ［J］. 中国煤炭，2002，28（11）：35-37.

［18］ LIU Z，SHI S，LI Y. Coal liquefaction technologies—development in China and challenges in chemical reaction engineering ［J］. Chemical Engineering Science，2010，65（1）：12-17.

［19］ 常丽萍. 煤液化技术研究现状及其发展趋势 ［J］. 现代化工，2005，25（10）：17-20.

［20］ 杜铭华，舒歌平. 我国煤炭液化技术产业化前景展望 ［J］. 现代化工，2002，22（9）：1-5.

［21］ SHUI H，CAI Z，XU C. Recent advances in direct coal liquefaction ［J］. Energies，2010，3（2）：155-170.

［22］ PUSPITASARI M，MAHRENI M. A review of coal liquefaction using direct coal liquefaction（DCL）and indirect coal liquefaction（ICL）techniques ［C］//Proceeding of LPPM UPN "Veteran" Yogyakarta Conference Series 2020-Engineering and Science Series，2020，1（1）：152-159.

［23］ CHANG S，ZHUO J，MENG S，et al. Clean coal technologies in China：Current status and future perspectives ［J］. Engineering，2016，2（4）：447-459.

［24］ WANG T，STIEGEL G J. Integrated gasification combined cycle（igcc）technologies ［M］. Sawston：

Woodhead Publishing，2016.

[25] 段翠久. 煤的循环流化床富氧燃烧及排放特性研究 [D]. 北京：中国科学院研究生院（工程热物理研究所），2012.

[26] BUHRE B J P，ELLIOTT L K，SHENG C D，et al. Oxy-fuel combustion technology for coal-fired power generation [J]. Progress in Energy and Combustion Science，2005，31（4）：283-307.

[27] 郑楚光，赵永椿，郭欣. 中国富氧燃烧技术研发进展 [J]. 中国电机工程学报，2014，34（23）：3856-3864.

[28] MATHEKGA H I，OBOIRIEN B O，North B C. A review of Oxy-fuel combustion in fluidized bed reactors [J]. International Journal of Energy Research，2016，40（7）：878-902.

[29] KONG R，LI W，WANG H，et al. Optimization of Oxy-fuel circulating fluidized bed combustion system with high oxygen concentration [J]. Energy Reports，2022，8：83-90.

[30] LI H. Circulating fluidized bed boiler oxygen-enriched combustion technology application research [C]// IOP Conference Series：Earth and Environmental Science. IOP Publishing，2018，170（4）：042078.

[31] 李志清，顾磊. 我国 CCUS 发展现状研究及国际经验借鉴 [J]. 金融纵横，2021，519（10）：49-56.

[32] 闫强，陈毓川，王安建，等. 我国新能源发展障碍与应对：全球现状评述 [J]. 地球学报，2010，（5）：759-767.

[33] KANNAN N，VAKEESAN D. Solar energy for future world：A review [J]. Renewable and Sustainable Energy Reviews，2016，62：1092-1105.

[34] GUANGUL F M，CHALA G T. Solar energy as renewable energy source：Swot analysis [C]//Proceedings of the 2019 4th MEC international conference on big data and smart city (ICBDSC)，F，2019，IEEE.

[35] 王润兰. 新能源技术的发展及应用探讨 [J]. 中国设备工程，2022，（02）：264-265.

[36] 丁乾. 新能源光伏发电技术应用的思考 [J]. 智能城市，2021，7（24）：76-77.

[37] 王方毓. 水上太阳能光伏电站的技术特点及应用 [J]. 工程技术研究，2017，（10）：76-77.

[38] 拓延安. 太阳能光热利用主要技术及应用评述 [J]. 城市建设理论研究：电子版，2015，000（022）：12088-12090.

[39] 孔宪文，姜军，朱松. 核裂变与核聚变发电综述 [J]. 东北电力技术，2002，（05）：29-34+40.

[40] JHA D. A comprehensive review on wind energy systems for electric power generation：Current situation and improved technologies to realize future development [J]. International Journal of Renewable Energy Research (IJRER)，2017，7（4）：1786-1805.

[41] 林鹤云，郭玉敬，孙蓓蓓，等. 海上风电的若干关键技术综述 [J]. 东南大学学报：自然科学版，2011，41（4）：882-888.

[42] 李健，武江元，杨震，等. 地热发电技术及其关键影响因素综述 [J]. 热力发电，2022，51（03）：1-8.

[43] ROSEN M A，KOOHI-FAYEGH S. The prospects for hydrogen as an energy carrier：An overview of hydrogen energy and hydrogen energy systems [J]. Energy，Ecology and Environment，2016，1（1）：10-29.

[44] YUE M，LAMBERT H，PAHON E，et al. Hydrogen energy systems：A critical review of technologies，applications，trends and challenges [J]. Renewable and Sustainable Energy Reviews，2021，146：111180.

[45] MCKENDRY P. Energy production from biomass（part 1）：Overview of biomass [J]. Bioresour Technol，2002，83（1）：37-46.

[46] 席静，王静，梁斌. 生物质能源的研究综述 [J]. 山东化工，2019，48（02）：52-53.

[47] 王丰华，陈庆辉. 生物质能利用技术研究进展 [J]. 化学工业与工程技术，2009，30（3）：32-35.

[48] SAHU A，YADAV N，SUDHAKAR K. Floating photovoltaic power plant：A review [J]. Renewable & Sustainable Energy Reviews，2016，66：815-824.

[49] 王泫宇，王佩明，李艳红，等. 水上漂浮式光伏发电系统 [J]. 华电技术，2017，39（3）：74-76.

[50] SUMAN S. Hybrid nuclear-renewable energy systems：A review [J]. Journal of Cleaner Production，2018，181：166-177.

[51] 江明颖，鲁宝春，姜丕杰. 风光互补发电系统研究综述 [J]. 电气传动自动化，2013，35（6）：60-61.

[52] 张斌，王丽娜. 沼气发电系统综述 [J]. 科技视界，2014，000（006）：272-273.

[53] 明廷臻，刘伟，许国良，等. 太阳能热气流发电技术的研究进展 [J]. 华东电力，2007，35（11）：58-63.

[54] CUCE E，CUCE P M，CARLUCCI S，et al. Solar chimney power plants：A review of the concepts，designs and performances [J]. Sustainability，2022，14（3）：1450.

第五章 建筑领域碳中和技术

第一节 建筑碳中和概述

2020年9月22日，中国提出在2030年前实现碳达峰，并努力争取于2060年前实现碳中和的宏伟目标。碳达峰、碳中和这两个目标充分展现了中国主动承担全球环境责任、全面推动绿色低碳转型的大国担当，同时彰显了深度参与和积极推进全球气候治理的决心和勇气。

一、碳中和的意义

联合国政府间气候变化专门委员会（IPCC）发布的《全球升温1.5℃特别报告》中指出，实现1.5℃温控目标有望避免气候变化给人类社会和自然生态系统造成不可逆转的负面影响，而这需要各国共同努力在2030年实现全球净人为CO_2排放量比2010年减少约45%的目标，在2050年左右达到净零。

目前已有大量国家做出碳中和承诺。截至2020年10月，碳中和承诺国达到127个，这些国家的温室气体排放总量已占全球排放量的50%，经济总量在全球的占比超过40%，并且全球十大煤电国家中的5个已做出相应承诺（见表5-1），这些国家的煤电发电量在全球的占比超过60%。作为碳排放大国和煤电大国，中国的碳中和承诺无疑为提升碳中和行动的影响力，提振全球气候行动信心做出了重要贡献。

表5-1 　　　　　　　　　　全球十大煤电国家的碳中和承诺情况[1]

国家	煤电发电量全球占比	碳中和承诺	目标年
中国	50.20%	是	2060
印度	11.00%	—	—
美国	3.10%	—	—
日本	2.50%	是	2050
韩国	2.20%	是	2050
南非	1.90%	是	2050
德国	1.80%	是	2050
俄罗斯	1.80%	—	—
印度尼西亚	1.80%	—	—
澳大利亚	1.60%	—	—

二、建筑碳中和方向

建筑部门是能源消费的三大领域（工业、交通、建筑）之一，也是造成直接和间接碳排放的主要责任领域之一。中国建筑部门实现碳中和意味着建筑部门相关活动导致的CO_2排放量和同样影响气候变化的其他温室气体的排放量都为零。建筑部门的碳排放可以分为三类：运行直接碳排放、运行间接碳排放、隐含碳排放。建筑碳排放核算范围如图5-1所示[2]。

（1）直接碳排放。直接碳排放包括通过直接燃烧的方式使用燃煤、燃油和燃气等化石能源所排放的 CO_2，如建筑的锅炉、煤炉、燃烧灶具和燃气热水器。

（2）间接碳排放。间接碳排放是指外界输入建筑的电力和热力带来的碳排放，其中热力部分包括热电联产及区域锅炉供给建筑热量时产生的碳排放。

（3）隐含碳排放。隐含碳排放包括建筑材料和构件在开采、制造和运输全过程中的碳排放，建筑施工、装修、改造中的碳排放，以及初期土地利用和最后建筑拆除过程中的碳排放。

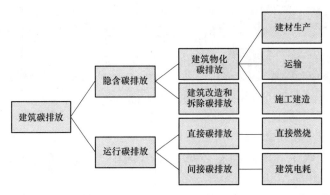

图 5-1　建筑碳排放核算范围

碳排放寿命周期与建筑寿命相关。GB 50352—2019《民用建筑设计统一标准》规定，普通建筑和构筑物的设计使用寿命应为 50 年，而我国大多数建筑平均寿命只有 30 年。建筑寿命缩短使隐含碳排放占比非常大。建筑寿命延长，尽管运行能源需求会不断提高，但技术进步和能源结构的转型会平衡掉这些需求，甚至使碳排放降低。表 5-2 列举了不同用能分类下城市建筑碳排放强度。

表 5-2　　　　　　　　　　　　不同用能分类下城市建筑碳排放强度

排放强度	城镇住宅（除北方供暖）	城镇住宅（北方供暖）	公共建筑（除北方供暖）	公共建筑（北方供暖）
年运行碳排放强度（kg/m²）	17.4	54.7	49.7	87
隐含碳排放强度（kg/m²）	640	640	640	640
年化隐含碳排放强度[kg/(m²·a)]	21.3/12.8	21.3/12.8	21.3/12.8	21.3/12.8
30 年寿命周期年化碳排放强度[kg/(m²·a)]	38.7	76	71	108.3
50 年寿命周期年化碳排放强度[kg/(m²·a)]	30.2	67.4	62.6	99.8
30 年寿命递增周期年化碳排放强度[kg/(m²·a)]	41.7	84.7	79	73.4
50 年寿命递增周期年化碳排放强度[kg/(m²·a)]	35.2	83.4	76.8	125

三、建筑碳中和技术

城市建筑碳中和的五项基本措施[2]，包括超低能耗建筑降低碳负荷，建筑电气化提高能效，现场可再生能源利用，为高渗透率可变可再生能源提供弹性，空气中碳捕集和碳利用，见图 5-2。

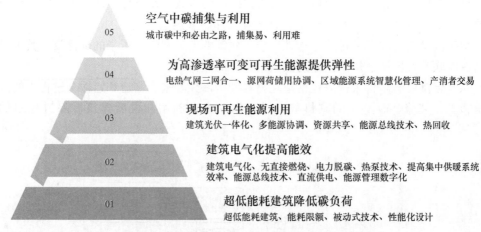

图 5-2　实现城市建筑运行碳中和的五项措施金字塔

1. 超低能耗建筑降低碳负荷

这一措施是实现碳中和的基础和必要条件，是图 5-2 中的金字塔底座，具体措施包括（但不限于）以下几项：

（1）实现超低能耗建筑必须扩展到城区范围总体考量。从利用被动式技术、利用可再生能源和负荷平准化等方面来说，都需要在城区范围内协调、协同和资源共享。

（2）性能化能耗限额设计。负荷反推和能源系统优化，建筑光伏一体化（BIPV）设计，城区被动技术环境分析（日照、太阳能可利用性、风环境和污染物扩散）。

（3）低隐含碳负荷设计。结合 BIM 选择低碳材料，对材料减量化处理，采用装配式技术，设计长寿命建筑。

2. 建筑电气化提高能效

建筑电气化是建筑碳中和的主要路径。具体措施包括（但不限于）以下几项：

（1）供暖电气化。即用热泵取代直接燃烧设备供暖（煤改电，乃至气改电）。中国北方已经开始煤改电行动，南方则更早用热泵供暖。

（2）电力脱碳。关键是不能再新建燃煤电厂，以避免形成碳排放的“锁定效应”。通过可再生能源的规模化利用（城市或国家级）、可再生电力与核电和部分化石燃料发电结合，构建以可再生能源及储能为主体的多元体系，使得今后的低碳电力系统兼具可靠性和弹性。

（3）直流供电。对建筑业来说，通过直流供电驱动家用电器的方式（光伏发出直流电）可以提高供电效率最高达 20%。

（4）热泵效率的提高。空气源热泵在严寒、寒冷地区（室外气温低于 -5℃）运行时，其性能系数会降到 2.0 以下。此时空气源热泵供暖的间接碳排放将会超过天然气锅炉供暖的直接碳排放。因此，需要关注空气源热泵在极端低温下的性能，而不仅仅是额定工况下的性能。

（5）能源总线系统。能源总线在欧洲被称为第 5 代区域供热供冷系统。它的特点是只有一根冷管和一根热管，通过集成各种低品位热源，可以为分布式安装的水源热泵提供热源和热汇。非常适合中国南方地区部分时间、部分空间的供暖（供冷）方式。

（6）建筑能源管理智慧化。碳中和时代的建筑能源系统将是一个多源、多载体、多主体及利益多元的复杂系统，建筑用能更关系到人的健康、舒适和效率。因此，它的管理系统需要融合大数据和人工智能技术。

3. 现场可再生能源

现场可再生能源[3]有可再生能源发电（包括太阳能光伏、小型风力、生物质发电）、供暖与供冷（包括太阳能、地热能、生物质能）。在建筑层面能利用的有光伏、氢燃料电池和生物质燃料锅炉；在城区范围内有条件时可以利用一部分风电，此外还可以规模化利用光伏、地热和低品位热源（包括余热和废热）。具体措施包括（但不限于）以下几项：

（1）建筑光伏一体化（BIPV）。指的是将光伏电池集成于建筑立面系统中，取代原有的建筑构件，使之成为建筑能源系统的组成部分。随着分布式发电技术日渐普及，BIPV 立面可以通过就地发电，在一定程度上满足建筑运行能耗需求，从而提高建筑的节能潜力。

（2）可再生能源资源的共享与集成应用。在城区层面，通过能源总线，共享低品位热源和可再生能源（如地热能、太阳热能）。也可以通过智能微电网，共享现场可再生电力能源。

4. 为高渗透率可变可再生能源提供弹性

过去的电网，通过需求侧管理，终端用户是被动提供弹性，而今后则是用户主动和被动相结合。

在城区综合能源系统中，电网、热网、燃气网，加能源总线网络互相配合（3＋1 网络），可以快速适应城区负荷变动。另外，季节性蓄能在综合能源系统中也是非常重要的环节。例如国内作为冷热源的地埋管、地下水、废弃矿井储水等，实际都是季节性蓄能设施。季节性蓄能还有一种方式，是利用夏季强烈的日照发出的光伏电力电解水制 H_2，H_2 与 CO_2 混合，通过甲烷化反应，生成 CH_4。此种人工甲烷的热值约为天然气的 90%，因此可以经纯化后注入现有的天然气管道，也可以储存在储气罐中。冬季可以用于热电联产，补充可再生能源发电的不足，并作为供暖热源，从而实现可再生电力的季节性储能。冬季热电联产燃烧释放的 CO_2 是先前捕集的 CO_2，并没有增碳，所以可以认为是碳中和的。

综合能源系统还必须通过城区综合能源规划作出建筑运行碳预算、集成各种低碳能源资源、统筹各种能源转换过程、平衡供应与需求、协调热电气网和能源总线、整合碳源与碳汇、优化系统配置。综合能源规划应该成为城区控制性详规的一部分进入规划体系。

5. 空气中碳捕集、利用和封存（CCUS）

CCUS 是指从燃烧烟气和大气中去除 CO_2 的方法和技术，并将捕获的 CO_2 回收利用，余下的 CO_2 被安全和永久地储存。IEA 指出，CCUS 是唯一能直接减少关键部门 CO_2 的排放及消除 CO_2 以平衡无法避免的碳排放的技术，这是实现"净"零目标的关键。具体措施包括（但不限于）以下几项：

（1）二氧化碳驱油。指将 CO_2 注入油田，从而提高原油采收率的一项技术，也是目前唯一能同时实现规模化碳利用、碳封存和碳减排的关键技术。

（2）二氧化碳加氢制甲醇（CH_3OH）。本质是将能量存储在燃料甲醇中，使能量便于储存、运输和利用。对于甲醇燃烧产生的 CO_2，可以通过直接空气碳捕集和生物质碳捕集进行回收；另外，还可以在运输工具上安装碳捕集装置，将甲醇燃烧后的 CO_2 直接捕集，再与 H_2、可再生能源重新生产甲醇，实现燃料中碳元素的闭环。

（3）二氧化碳地面资源化矿化利用。主要包括与钢渣、磷石膏、钾长石等物质反应，生成碳酸盐类矿物。钢渣生产为钢铁企业带来的难处理固体废渣，富含 CaO，能够与 CO_2 反应生成碳酸钙；产品碳酸钙可代替部分石灰石用于水泥生产。

（4）二氧化碳养殖微藻。通过高效地利用光能、CO_2 和 H_2O 进行光合作用，合成储存能量的碳水化合物，通过进一步生化反应，合成蛋白质、油脂等多种营养物质。

（5）二氧化碳气肥。温室大棚内经常处于封闭状态，导致棚内的 CO_2 得不到及时的补充，无法满足作物生长发育过程中对 CO_2 的需求。因此，适时地补充大棚内的 CO_2 能够提升作物生长效率。

第二节　建筑碳中和材料

一、低碳水泥材料

（一）低碳水泥技术的意义

水泥是国民经济重要的基础原材料，中国水泥总产能占世界总产能的 54%。2020 年，全国累计水泥产量 23.77 亿 t，《中国建筑材料工业碳排放报告》[4]指出，中国建筑材料工业 CO_2 排放量为 14.8 亿 t，水泥工业 CO_2 排放量为 12.3 亿 t。水泥生产过程碳排放的主要影响因素如图 5-3 所示。

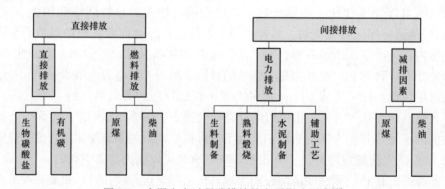

图 5-3　水泥生产过程碳排放的主要影响因素[5]

水泥的碳排放在中国建筑材料工业总碳排放中占有很大比例，2020 年高达 83%。由于水泥生产的规模较大及其生产过程能耗较高，水泥工业被认为是 CO_2 排放的主要来源之一，属于难减行业，每生产一吨水泥熟料可释放高达 0.885 3t 的 CO_2。全球水泥产量分布见表 5-3，中国占全球水泥产量的一半以上。因此，为实现碳达峰、碳中和目标，控制水泥生产过程中的碳排放尤为重要。

表 5-3　　　　　　　　　　2020 年全球水泥产量各国占比[6]

国家	水泥产量占比（%）	国家	水泥产量占比（%）
中国	53.84	俄罗斯	1.4
印度	7.83	巴西	1.36
越南	2.33	韩国	1.35
美国	2.18	日本	1.32
埃及	1.86	沙特阿拉伯	1.31
印度尼西亚	1.81	土耳其	1.25
伊朗	1.47	其他	20.46

（二）水泥行业低碳技术

2018 年 4 月 6 日，国际能源署（IEA）发布题为《技术路线图：水泥行业的低碳转型》的报告，该报告提出，提高能源效率、使用碳密集程度较低的燃料、降低水泥中熟料含量、实施碳捕集等新兴创新技术，可以实现水泥产量增长与直接碳排放量脱钩，从而使水泥行业的碳排放到 2050 年减排 24％。在压缩产量的基础上进行低碳技术创新及应用是全球水泥行业低碳发展的必然趋势。水泥行业低碳技术的主要路径如图 5-4 所示。

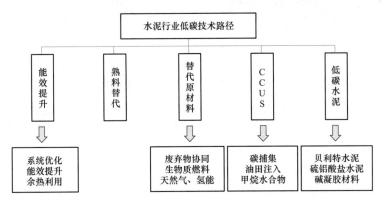

图 5-4　水泥行业低碳技术路径

（三）能效提升技术

烧成系统是水泥生产的"心脏"，创新发展低能耗烧成系统。该系统的技术创新往往能使水泥工业的节能减排技术水平发生质的飞跃。

近年来，新型干法水泥窑生产工艺系统不断优化且应用高效节能技术，提升了水泥工业能效水平。1990 年熟料烧成热耗全球加权平均值为 3605kJ/kg 熟料，2006 年为 3382kJ/kg 熟料，16 年来烧成热耗降低了 223kJ/kg 熟料（约 6％）。目前水泥窑生产规模已达 14 000t/d，预计 2030～2050 年熟料烧成热耗会有小幅下降，约减排 5％[7]。

对于中国水泥工业来说，余热发电技术应用最为广泛，80％的水泥窑均采用该技术，装机容量 4950MW，每年回收电量 350 亿 kWh，相当于节省标煤 1050 万 t，CO_2 减排 2625 万 t[8]。余热发电不但抵消了水泥工业 CO_2 间接排放总量的三分之一，而且回收电量和光电、水电、风电时均没有 CO_2 排放。

（四）熟料替代技术

熟料替代技术是目前公认的水泥行业减排最直接、最有效的方法。熟料和水泥碳排放所占比例如图 5-5 所示，水泥生产中熟料产生的碳排放约占 96％，是碳减排的重点[5]。

国际能源署（IEA）和水泥工业可持续发展委员会（CSI）制定的《2050 世界水泥工业可持续发展技术路线图》[9]，提出了水泥发展最重要的方向，由生产普通波特兰水泥转向生产混合水泥，用混合材替代部分熟料，其重点是研究采用具有水硬性或胶凝性潜质的各种工业废料、生产混合水泥。吴中伟院士[10]曾提出我国水泥工业发展的目标：用 50％的混合材替代熟料，既能满足建设与改善混凝土耐久性的需要，又能降低 CO_2 的排放。多组分与用混合材替代部分熟料、减少熟料用量是水泥混凝土工业发展趋势，也是实现水泥工业低碳绿色发展和提高建筑物寿命的根本途径。

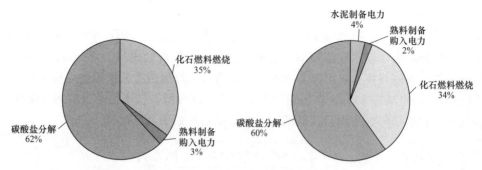

图 5-5　熟料碳排放（左）、水泥碳排放（右）占比示意

我国水泥企业基本采用新型干法水泥生产技术，整体处于国际先进水平。水泥是由水泥熟料掺加矿渣、粉煤灰、石灰石等混合材与少量石膏混合粉磨制成。分析单位水泥碳排放强度及其构成、水泥工业碳减排潜力的重点在于熟料的生产与使用，即减少熟料生产碳排放和水泥中熟料用量是发展低碳水泥的最关键技术。

（五）原燃料或材料替代技术

选用高热值、低碳排的材料是替代燃料可行之策，目前水泥工业用于燃料替代的材料超过 100 种，如轮胎、废油及溶剂、固体回收燃料、城市生活垃圾等[11]。《中国水泥生产企业温室气体排放核算方法与报告指南（试行）》[12]中对几种替代燃料给出了热值的参考量，常规替代燃料如废矿物油、废旧轮胎等废弃物，可实现 15%～25% 的 CO_2 减排量。2019 年，我国水泥行业耗煤量达 $2.95×10^8$ t，而当前我国每年废旧轮胎的产生量为 $2×10^7$ t，废矿物油的产量为 $0.76×10^7$ t，市政污泥的产量为 $0.84×10^7$ t，合计仅为 $3.6×10^7$ t，依靠可燃废弃物替代燃煤的比例有限。因此，替代可燃废弃物种类和来源是制约我国水泥行业替代燃料技术应用的关键[13]。

我国水泥工业的燃料替代技术尚属初期，水泥窑协同处置和替代化石能源利用有待加大力度，目前替代燃料比例不足 2%，未来减排潜力较大。

（六）碳捕获、利用与封存技术

碳捕集利用技术（carbon capture, utilization and storage，CCUS）是水泥行业实现碳中和的关键技术。未来至 2050 年，水泥行业约 50% 的 CO_2 减排依赖碳捕集利用技术。碳捕集利用技术种类较多，目前典型的碳捕集技术包括燃烧后捕集技术、富氧燃烧技术、间接换热技术、钙循环技术等。其中，富氧燃烧技术在燃烧过程中能够实现烟气 CO_2 的自富集，不论是直接封存利用，还是进一步捕集提纯，其投资、运行成本是四种技术中最经济的。但富氧燃烧技术投资高、碳捕集利用成本高。

油田注入是 CO_2 直接利用最大规模的途径，可提高采油效率，并对 CO_2 进行地质封存。CO_2 经过捕获和压缩处理后经管道输送到特定地点长期封存，不能直接排放到大气中。目前，化学封存、矿物碳化封存、地质封存、海洋封存和生态封存等是 CO_2 主要的封存方式[7]。

此外，较大规模的 CO_2 利用方法还有利用驱气原理进行甲烷水合物的开采，也可考虑在海上建设发电厂平台，以开采的海底甲烷为燃料，将电能输往陆上。燃烧产生的 CO_2 注入海底的甲烷水合物矿层，在 20 个大气压、0℃ 左右条件下可形成稳定的二氧化碳水合物存于海底，而分解的甲烷水合物可收集并用于发电，这种方法发展潜力较大[14]。

（七）低碳水泥新产品

我国最具代表性的产品包括 20 世纪七八十年代开发应用的硫铝酸盐水泥、"九五"和"十五"期间开发并广泛应用于水电行业的高贝利特水泥，以及后续研发的贝利特硫铝酸盐水泥等。尽管这些产品目前产量不大，但随着市场的不断开拓，其节能减排潜力会不断提高[7]。

另外，近年来国内外出现了对碱激发胶凝材料的研究与报道，称其为碱胶凝材料，该材料的主要原料是工业排放的废渣、尾矿、黏土类物料和含碱物质等。碱的作用是激发原料，使之具有胶凝性，并且形成含碱水化物，由于大部分原料中都含有一定量的钙，因此无须掺入含钙物质也可以形成胶凝性。碱胶凝材料采用粉磨、混合等工艺制造，不需要高温煅烧，因此具有节约资源、CO_2 减排的优点，但这种胶凝材料还不能大量代替具有工业标准的硅酸盐水泥[15]。

（1）复合胶凝材料。辅助胶凝材料在水泥或混凝土生产过程中作为混合材料或矿物掺和料替代部分硅酸盐水泥或水泥熟料制备复合胶凝材料是目前最为常见的一种应用形式，可有效降低水泥基材料在生产过程的能耗和碳排放。世界范围内，常用的辅助胶凝材料有粉煤灰、矿渣粉、天然火山灰、硅灰、石灰石粉、偏高岭土、煅烧黏土等。世界各国已有大量关于硅酸盐水泥或水泥熟料与一种甚至多种混合材进行复配组成复合胶凝材料（复合水泥）的研究。通常来说，这些复合胶凝材料早期力学性能较差，但中后期力学性能能够达到甚至超过硅酸盐水泥的力学性能并具有较低的水化放热，同时在抗硫酸盐及氯离子侵蚀、碱骨料反应等方面与硅酸盐水泥相比往往具有更好的耐久性能[16]。

（2）化学激发胶凝材料。为了提高辅助胶凝材料的利用率，采用化学激发手段制备新型低碳胶凝材料是建筑材料领域研究的重点和热点。根据化学激发剂溶液的碱性强弱把激发剂划分为强碱性激发剂、中碱性激发剂、弱碱性激发剂及中性激发剂。目前研究最多的是采用强碱性激发剂制备的化学激发胶凝材料，即通常所说的碱激发胶凝材料[17]。

（3）低温煅烧水泥。低温煅烧水泥主要是指熟料煅烧温度低于 1450℃ 的水泥，主要包括硫铝酸盐水泥、高贝利特水泥以及二者进行结合后的高贝利特硫铝酸盐水泥。这些水泥的煅烧温度一般在 1300℃ 附近，较传统硅酸盐水泥其能耗和碳排放相对较低[18]。对于硫铝酸盐水泥，最早是由我国建材研究总院成功研究制备，其主要矿物组成与硅酸盐水泥区别较大，矿物以硫铝酸钙为主，同时含有部分硅酸二钙和石膏。对于高贝利特水泥，其矿物组成中硅酸二钙含量相对较高（≥50%），而硅酸三钙含量相对较低。由于硫铝酸钙和硅酸二钙的烧成温度要低于硅酸三钙的烧成温度，因此可降低水泥生产的能耗和碳排放值。

（4）镁质胶凝材料。采用轻烧 MgO 作为原材料制备的镁质胶凝材料也是一种低碳胶凝材料，这主要是因为轻烧 MgO 的煅烧温度约为 800℃，远低于水泥熟料，因此能耗和碳排放较低。目前采用轻烧 MgO 作为原材料的镁质胶凝材料主要包括氯氧镁水泥和硫氧镁水泥[19]。这两种镁质胶凝材料主要区别在于激发剂是采用氯化镁还是硫酸镁溶液。根据目前的研究，氯氧镁水泥和硫氧镁水泥均具有较好的力学性能，但耐水性与硅酸盐水泥相比相对较差，影响了两种水泥的工程应用[20]。

（5）碳化胶凝材料。碳化胶凝材料是指富含钙、镁等碱金属氧化物、氢氧化物及硅酸盐矿物的熟料（如 $\gamma\text{-}C_2S$）或工业废弃物（如钢渣粉）经粉磨后，通过与 CO_2 气体发生反应并能将其他物料胶结为整体且具有一定机械强度的物质。碳化制品是指将碳化胶凝材料、骨料和水拌和均匀后通过压制成型或浇筑成型，并与一定浓度的CO_2反应，快速形成以碳酸钙为主的胶凝材料。从热力学上来讲，钙、镁等碱金属氧化物、氢氧化物以及硅酸盐矿物与CO_2能自发反应，生成相应的碳酸盐并释放大量的热量：

$$CaO \cdot SiO_2 + HCO_3^- + H_2O \longrightarrow CaCO_3 + H_4SiO_4 + OH^- (\Delta G = -147.75 kJ/mol)$$
$$(5-1)$$

$$CaO \cdot SiO_2 + HCO_3^- + H_2O \longrightarrow CaCO_3 + H_4SiO_4 + OH^- (\Delta G = -35.14 kJ/mol)$$
$$(5-2)$$

式（5-1）和式（5-2）所示的这种反应通常称为碳化反应（carbonation）。碳化制品的强度发展机制为气-固碳化反应，因此对制备环境具有优异的耐受度，同时主要反应产物碳酸钙与自然界中的一些天然材料类似，在深海、深地和极地等高湿高压、高温极寒等极端环境下能稳定构筑与长久服役。

碳化胶凝材料的起源可以追溯到20世纪70年代。R. L. Berger等人首先发现碳化可以促进硅酸钙矿物的水化反应，继而又发现即使水化活性极低的硅酸钙矿物（如CS、γ-C_2S等）也具有较高碳化活性，对其进行碳化处理，发现可以在极短的时间内获得较高的强度。这一系列研究说明水泥中几乎所有的碱性硅酸钙矿物均具有碳化活性，为建筑材料的发展打开了新的大门。由于全球工业化加速，CO_2排放量急剧增加，温室效应导致的气候异常已经迫使人们不得不正视碳排放问题，各种低碳减排的工艺方式开始被论证，自此对于硅酸钙等矿物的加速碳酸化基础和应用研究开始逐渐成为研究热点。

从目前的资料报道来看，硅酸钙碳酸化胶结材料仍然停留在研发和小范围试验的阶段，报道较多的是由美国的Solidia公司开发的硅酸钙碳酸化胶结材料Solidia Cement™。Solidia Cement以CS和C_3S_2矿物为主要成分，熟料烧成温度可以低至1200℃，其产品目前仅限于预制混凝土制品，商业试用已经在小规模地进行中。日本学者从土木建筑行业实现CO_2排放负增长的观点出发，研发了新型环保混凝土CO_2-SUICOM。主要的组成材料为γ-C_2S和粉煤灰，粉煤灰的用量根据具体使用情况有所增减。其中，γ-C_2S的合成采用氢氧化钠工业副产品$Ca(OH)_2$与硅石反应，可得到几乎不含杂质的γ-C_2S，同时大幅降低整个生产过程的CO_2的排放。CO_2-SUICOM采用在煤炭发电厂的工业尾气室的环境中碳酸化的养护方式，其中养护室的CO_2浓度为15%～20%，和一般混凝土相比，虽然大幅降低了水泥用量，但通过γ-C_2S的碳酸化反应，其强度可达到甚至超过一般混凝土。

中国在碳化胶凝的研究上起步较晚，仍处于科研院所的实验室研发以及小规模的低品质碳化制品的应用阶段。国内的武汉理工大学、大连理工大学、湖南大学、河南理工大学、盐城工学院等高校先后开展了包括单相硅酸钙矿物的碳化、混凝土制品的碳化增强后处理、钢渣等固体废弃物的碳化资源化处置及碳化胶凝材料的设计与性能增强等研究。大连理工大学的常钧和河南理工大学的管学茂等人通过碳化反应对钢渣、赤泥等工业废弃物进行处置并制备了钢渣砖等碳化制品。武汉理工大学的王发洲等人对硅酸钙矿物的碳化反应机理与性能提升机制开展了系统研究，提出了γ-C_2S的碳化反应机理概念模型，并采用离子掺杂、有机物改性、微生物晶核诱导调控等手段进一步提升了碳化制品的力学性能，基于此提出Engineered LimeStone（ELS）的人工岩石工程材料的概念，首次制备出抗压强度高达150MPa的超高强碳化制品。

（八）存在的问题及不足

尽管各国学者已经采用了多种方法和途径来降低水泥工业的能耗和碳排放，并设计和制备了多种新型低碳胶凝材料，但是目前的研究仍存在着一些问题和不足。对于复合胶凝材料，目前的研究存在着这样的问题，即对于大量低活性的工业固体废弃物，例如低钙粉煤灰，其掺量在复合胶凝材料中的材料仍然相对有限。这是因为提高低活性工业固体废弃物的掺量会导致硅酸盐水泥或水泥熟料的掺量下降，进而导致复合胶凝材料力学性能严重降低。同时，复合胶凝材料中过低的硅酸盐水泥掺量导致硬化浆体中氢氧化钙含量减少，无法保证工业固体废弃物的火山灰活性被充分利用。即使是对于活性相对较好的矿渣粉，其掺量一般不超过70%，过高的矿渣粉掺量仍会导致复合胶凝材料力学性能严重降低并影响抗碳化性能。目前来看，复合胶凝材料中的硅酸盐水泥或水泥熟料含量一般在50%左右，几乎不能低于30%。因此，复合胶凝材料存在着工业固体废弃物掺量限制问题。对于化学激发胶凝材料中采用强碱性激发剂制备的碱激发胶凝材料，不仅存在收缩值较大、凝结硬化过快及泛碱等问题，还存在着与常规外加剂不相容等诸多问题。有文献指出，碱激发胶凝材料的碳排放量与复合胶凝材料相比并无明显优势，考虑到生态环境等因素，其负面影响还要大于复合胶凝材料。此外，碱性激发剂的运输和存储也存在较多安全隐患，且激发剂的经济成本要远远高于硅酸盐水泥。对于低温煅烧水泥，其煅烧温度仍难以低于1300℃，因此对能耗和碳排放的减少潜力相对有限。而对于镁水泥，其原材料中的轻烧 MgO 目前主要来自于菱镁矿，而我国仅东北辽宁地区等少数地区具有丰富的菱镁矿资源，因此原材料受地域因素来源影响较大，且经济成本也无明显优势。对于γ型硅酸二钙碳化胶凝材料，目前仍处于初步研究阶段，碳化浓度、压力、时间等参数对该胶凝材料的影响仍无具体结论。此外，通过高浓度 CO_2 碳化制备胶凝材料类仅适合预制构件而不太适合现场浇筑[21]。

上述技术虽然为水泥工业发展低碳经济作出了显著贡献，但在世界各国的发展和应用极不平衡。图 5-6 所示为近年来中国水泥中熟料平均含量，可以发现2013年以来水泥熟料系数稳步提升，并有专家预测该系数甚至会达到70%。《2050世界水泥工业可持续发展技术路线图》中推荐降低熟料系数，少用熟料，多生产使用32.5水泥，对中国并不适用。世界其他各国，其水泥熟料系数普遍高达0.72~0.86，甚至出现32.5水泥占比低到11%~30%的情况，采取适当降低熟料系数、提高32.5水泥的占比、多生产使用32.5水泥的措施，对 CO_2 的减排是有利的。但是我国的情况却完全相反，32.5水泥占太多，高达65%以上；熟料系数过低，只有0.58。这是我国绝大多数科技工程人员的共识，32.5水泥的占比应该由65%大幅下调到30%左右为宜[8]。

我国水泥工业近20多年来有了很大发展，经济运行质量明显提高，科技进步加快，结构调整取得了很大进展，特别是新型干法水泥工艺技术与装备的开发，2012年全国水泥产量达22.1亿 t，连续29年居世界第一，其中先进的、新型干法水泥产量约占总产量的90%。然而，近年来我国水泥出现了严重的产能过剩的情况，整体节能减排指标仍然落后于国际先进水平。

在我国第二代新型干法水泥工业发展目标中，已明确提出加速向绿色功能产业转变，一个具有高效节能减排、协同处置废弃物、高效防治污染并具有低碳技术的水泥工业，不仅为国民经济建设提供高质量的基础原材料，而且是社会层面循环经济的重要组成部分。

我国水泥工业在碳捕集技术方面起步较晚，大都采用燃烧后捕集的方式。我们已经认识

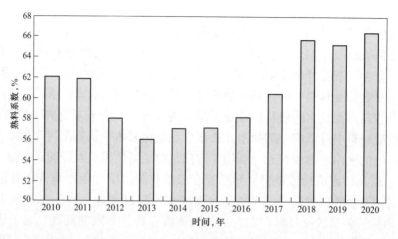

图 5-6　近年来中国水泥中熟料平均含量

到，它在低碳转型中将占有三分之一以上的份额，具有重要的减排作用。中国在 2035 年前后基本赶上欧美的水平是可以实现的。

二、节能玻璃与卫生陶瓷

（一）节能玻璃

节能玻璃通常指的是隔热和遮阳性能好的玻璃种类有吸热玻璃、热反射玻璃、低辐射玻璃、中空玻璃、真空玻璃等。使用节能玻璃可以大大减少住宅、办公大楼的耗电量，节省空调、暖气的使用费。冬季可以大大减少室内热量的逸出，夏季也可以减少阳光进入室内。

节能玻璃要具备两个节能特性：保温性和隔热性。玻璃的保温性（K 值）要达到与当地墙体相匹配的水平。对于我国大部分地区，按现行规定，建筑物墙体的 K 值应小于 1。在窗户的节能上，玻璃的 K 值起主要作用。而对于玻璃的隔热性（遮阳系数）要与建筑物所在地阳光辐照特点相适应。不同用途的建筑物对玻璃隔热的要求是不同的。

（二）节能玻璃分类

（1）贴膜普通玻璃。普通玻璃可以通过贴膜产生吸热、热反射、低辐射等效果。由于节能的原理相似，贴膜玻璃的节能效果与同功能的镀膜玻璃类似（见图 5-7）。随着玻璃深加工技术的不断创新，特别是薄膜技术的飞速发展，一些新型的镀膜玻璃产品已不是单一功能的节能玻璃，它可以是一种复合了多种功能的节能玻璃，例如阳光控制型低辐射玻璃结合了热反射、低辐射和吸热等多种特性[22]。

（2）吸热玻璃。吸热玻璃是一种能够吸收太阳能的平板玻璃，它是利用玻璃中的金属离子对太阳能进行选择性地吸收，同时呈现出不同的颜色，如图 5-8 所示。吸热玻璃是能吸收大量红外线辐射能并保持较高可见光透过率的平板玻璃。生产吸热玻璃的方法有两种：一种是在普通钠钙硅酸盐玻璃的原料中加入一定量的有吸热性能的着色剂；另一种是在平板玻璃表面喷镀一层或多层金属或金属氧化物薄膜而制成。吸热玻璃有灰色、茶色、蓝色、绿色、古铜色、青铜色、粉红色、金黄色等。我国目前主要生产前三种颜色的吸热玻璃，厚度有 2、3、5、6mm 四种。吸热玻璃还可以进一步加工制成磨光、钢化、夹层成中空玻璃。吸热玻璃还可以阻挡阳光和冷气，使房间冬暖夏凉。

图 5-7　普通玻璃贴膜

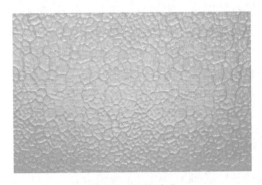

图 5-8　吸热玻璃

吸热玻璃的节能原理是当太阳光透过玻璃时，玻璃将光能吸收转化为热能，热能又以导热、对流和辐射的形式散发出去，从而减少太阳能进入室内，实现真正的建筑节能[23]。有些夹层玻璃胶片中也掺有特殊的金属离子，用这种胶片可以生产出吸热的夹层玻璃。吸热玻璃一般可减少进入室内的太阳热能的 20%～30%，降低了空调负荷。吸热玻璃的特点是遮蔽系数比较低，太阳能总透射比、直接透射比和直接反射比较低，可见光透射比、玻璃的颜色可以根据玻璃中的金属离子的成分和浓度变化。但是其可见光反射比、传热系数、辐射率的大小与普通玻璃差别不大。

（3）中空玻璃。中空玻璃是将两片或多片玻璃以有效支撑均匀隔开并对周边黏接密封，使玻璃层之间形成有干燥气体的空腔，其内部形成了一定厚度的被限制了流动的气体层，如图 5-9 所示。这些气体的导热系数大大小于玻璃材料的导热系数，具有较好的隔热能力。中空玻璃在两片玻璃之间形成了一定厚度的气体层，中间空气或其他气体层的流动被限制从而减少了玻璃的对流和传导传热，因此它具有较好的保温隔热能力。同时中空玻璃的单片还可以采用镀膜玻璃和其他节能玻璃，能将这些玻璃的优点都集中于中空玻璃上，从而发挥出更好的节能作用。为了保证中空玻璃的质量，中空玻璃应采用双道密封，也可采用硅酮密封胶间隔铝框应采用连续折弯型或插角型。中空玻璃的特点是传热系数较低，与普通玻璃相比，

图 5-9　中空玻璃

其传热系数至少可降低 40%，是最实用的隔热玻璃。我们可以将多种节能玻璃组合在一起，产生良好的节能效果。高性能中空玻璃有多种色彩，可以根据需要选用色彩，以达到更理想的艺术效果。

（4）真空玻璃。真空玻璃的结构类似于中空玻璃（见图 5-10），所不同的是真空玻璃空腔内的气体非常稀薄，近乎真空其隔热原理就是利用真空构造隔绝了热传导，传热系数很低[24]。真空玻璃是目前节能效果最好的玻璃，真空玻璃是在密封的两片玻璃之间形成真空，从而使玻璃与玻璃之间的传导热接近于零，同时真空玻璃的单片一般至少有一片是 Low-E 低辐射玻璃，这样其对流、辐射和传导传热都很少，节能效果非常好。根据有关资料数据，同种材料真空玻璃的传热系数至少比中空玻璃低 15%。真空玻璃依靠真空层特殊结构，有效阻隔室内外热量传导，传热系数可低至 0.3W/（m·K），与墙体相近。可以显著减少空调电耗及污染物和温室气体的排放，减少环境污染。选用适当遮阳系数的真空玻璃，在夏季，

能够有效减少太阳的直接辐射，保持室内凉爽；在冬季，当室外温度为−20℃时，真空玻璃的内表温度仅比室内空气温度低3~5℃，可以保持室内温暖舒适。真空玻璃和中空玻璃在结构和制作上完全不相同，中空玻璃只是简单地把两片玻璃黏合在一起，中间夹有空气层，而真空玻璃是在两片玻璃中间夹入胶片支撑，在高温真空环境下使两片玻璃完全融合，并且两片玻璃中间是真空的，真空状态下声音是无法传导的，当然由于真空玻璃的支撑成了声桥，所以真空度不可能达到百分百真空，但这些支撑只占玻璃的千分之一，只是微小的声桥，可以忽略不计。

（5）热反射玻璃。热反射玻璃是对太阳能有反射作用的镀膜玻璃，镀膜玻璃是在玻璃表面镀一层或多层金属、合金或金属化合物以改变玻璃的性能[25]，如图5-11所示。其反射率可达20%~40%，甚至更高。它的表面镀有金属、非金属、其氧化物等各种薄膜，这些膜层可以对太阳光线产生一定的反射效果，从而达到阻挡太阳光线进入室内的目的。在低纬度的炎热地区，夏季可节省室内空调的能源消耗，它同时具有较好的遮光性能，使室内光线柔和舒适另外，这种反射层的镜面效果和色调对建筑物的外观装饰效果都较好。热反射玻璃的遮蔽系数、太阳能总透射比、太阳光直接透射比和可见光透射比都较低。太阳光直接反射比、可见光反射比较高，而传热系数、辐射率则与普通玻璃差别不大。热反射玻璃的特点为热反射率高，如6mm厚浮法玻璃的总反射热仅16%，同样条件下，吸热玻璃的总反射热占比为40%，而热反射玻璃则可高达61%，因而常用它制成中空玻璃或夹层玻璃，以增加其绝热性能。镀金属膜的热反射玻璃还有单向透视的作用，即白天能在室内看到室外景物，而室外看不到室内的景象。

图 5-10　真空玻璃　　　　　　　　　　图 5-11　热反射玻璃

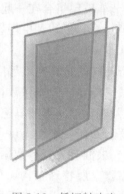

图 5-12　低辐射玻璃

（6）低辐射玻璃。低辐射玻璃又称为 Low-E 玻璃（见图 5-12），是一种对波长在4.5~25μm范围的远红外线有较高反射比的镀膜玻璃，具有较低的辐射率[26]。在冬季，它可以反射室内暖气辐射的红外热能，辐射率一般小于0.25，将热能保护在室内。在夏季，马路、水泥地面和建筑物的墙面在太阳的暴晒下，吸收了大量的热量并以远红外线的形式向四周辐射。低辐射玻璃的遮蔽系数、太阳能总透射比太阳光直接透射比、太阳光直接反射比、可见光透射比和可见光反射比等都与普通玻璃差别不大，其辐射率传热系数比较低。Low-E玻璃具有传热系数低和反射红外线的特点。它的主要功能是降低室内外远红外线的辐射能量传递，并允许太阳能辐射尽可能多地进入室内，从而维持室内的温度，节省暖气、空调费用的开支。这种产品的可见光透过较高，其反射光的颜色较淡，几乎难以看出。因此，低辐射玻璃多用于中、高纬度寒冷地区。适当控制 Low-E 玻璃的透过率，使它既能反射部分太阳能辐射，也能降低室内外热辐射能量的传递；这种 Low-E 玻璃产品的可见光透过适中，其反射光的颜色多为浅淡的蓝色，具有一定的装饰效果。因此，这种产品的适用性更强、选用范围更广。

（三）卫生陶瓷

卫生陶瓷是卫生间、厨房和实验室等场所用的带釉陶瓷制品，也称洁具。按制品材质有熟料陶（吸水率小于 18%）、精陶（吸水率小于 12%）、半瓷（吸水率小于 5%）和瓷（吸水率小于 0.5%）四种，其中以瓷制材料的性能为最好。熟料陶用于制造立式小便器、浴盆等大型器具，其余三种用于制造中小型器具。各国的卫生陶瓷根据其使用环境条件，选用不同的材质制造。

中国生产的卫生陶瓷产品多属半瓷质和瓷质，有洗面器、大便器、小便器、妇洗器、水箱、洗涤槽、浴盆、返水管、肥皂盒、卫生纸盒、毛巾架、梳妆台板、挂衣钩、火车专用卫生器、化验槽等品类，见图 5-13。每一品类又有许多形式，例如洗面器，有台式、墙挂式和立柱式等；大便器有坐式和蹲式，坐便器又按其排污方式有冲落式、虹吸式、喷射虹吸式、旋涡虹吸式等。中国标准规定，各种半瓷质卫生陶瓷的吸水率小于或等于 4.5%，耐急冷急热（100℃水中加热 5min 后投入 15～16℃水中）三次不炸裂。普通釉白度大于或等于 60度，白釉白度大于或等于 70 度。此外，对陶瓷的外观质量、规格、尺寸公差、使用功能等，也都有明确的规定。

卫生陶瓷的生产工艺，一般是在1250～1280℃温度条件下一次烧成。以高岭土（20%～30%）、高塑性黏土（20%～30%）、石英（30%～40%）和钾长石（10%～20%）为制坯主要原料，加入水和少量电解质，经磨细调制成规定性能的泥浆；以长石、石英、石灰石、白云石、滑石、菱镁石、氧化锌、碳酸钡为基础釉原料；以锆英石、氧化锡作白釉的乳浊剂；以铬锡红、铬绿、钒锆黄、钒锆蓝、镨锆黄、镨锆蓝等陶瓷颜料作色釉的着色原料。

图 5-13　卫生陶瓷示意

卫生陶瓷因形状复杂，普遍用石膏模浇注成型，中国一般采用架式管道压力注浆和真空回浆技术，其他国家有用台式注浆成型机、传送带式注浆成型机、洗面器立式注浆成型机等。对于形状和结构比较简单的产品，也有采用等静压和电泳成型方法。

20 世纪 80 年代，卫生陶瓷产品都在进一步向提高使用功能、降低噪声、减轻重量、节约用水、安装方便、使用舒适、造型和装饰美观等方面发展。生产厂不仅向用户提供组装好的单件卫生器，而且提供配套齐全的整个卫生间。生产工艺正向快速成型、低温快烧及采用高效节能窑等方面发展[27]。

第三节　智　能　建　造

一、智能建造体系

智能建造作为新一代信息技术和工程建造的有机融合，是实现我国建筑业高质量发展的重要依托[28]。智能建造作为新一代信息技术与工程建造融合形成的工程建造创新模式，在实现工程要素资源数字化的基础上，通过规范化建模、网络化交互、可视化认知、高性能计算及智能化决策支持，实现数字链驱动下的立项策划、规划设计、施（加）工生产、运维服务一体化集成与高效协同，交付以人为本、智能化的绿色可持续工程产品与服务。智能建造体系基于以"三化""三算"为特征的新一代信息技术，发展面向全产业链一体化的工程软件、面向智能工地的工程物联网、面向人机共融的智能化工程机械、面向智能决策的工程大数据等领域技术，支持工程建造全过程、全要素、全参与方协同和产业转型。因此，作为连接底层通用技术与上层业务的枢纽，领域技术的发展将对智能建造的发展起到关键作用。

（一）面向全产业链一体化的工程软件

随着计算机技术的不断发展和普及，工程建造领域逐渐形成了以建筑信息模型（BIM）为核心、面向全产业链一体化的工程软件体系。工程软件包括设计建模、工程分析、项目管理等类型，其作为工程技术和专业知识的程序化封装，贯穿工程项目各阶段。不同类型的工程软件相互协同，支持建设项目全生命周期业务的自动化和决策的科学化。

（二）面向智能工地的工程物联网

工程物联网作为物联网技术在工程建造领域的拓展，通过各类传感器感知工程要素状态信息，依托统一定义的数据接口和中间件构建数据通道。工程物联网将改善施工现场管理模式，支持实现对"人的不安全行为、物的不安全状态、环境的不安全因素"的全面监管。在工程物联网的支持下，施工现场将具备如下特征：①万物互联，以移动互联网、智能物联等多重组合为基础，实现"人、机、料、法、环、品"六大要素间的互联互通；②信息高效整合，以信息及时感知和传输为基础，将工程要素信息集成，构建智能工地；③参与方全面协同，工程各参与方通过统一平台实现信息共享，提升跨部门、跨项目、跨区域的多层级共享能力。

（三）面向人机共融的智能化工程机械

智能化工程机械是在传统工程机械基础上，融合了多信息感知、故障诊断、高精度定位导航等技术的新型施工机械；核心特征是自感应、自适应、自学习和自决策，通过不断自主学习与修正、预测故障以达到性能最优化，解决传统工程机械作业效率低下、能源消耗严重、人工操作存在安全隐患等问题。

（四）面向智能决策的工程大数据

工程大数据是工程全寿命周期各阶段、各层级所产生的各类数据及相关技术与应用的总称。工程大数据具有体量大、种类多、速度快、价值密度低等特征，应用重点在于将工程决策从经验驱动向数据驱动转变，从而提高生产力、提升企业竞争力、改善行业治理效率。

二、智能建造技术

现代建筑设计理念的持续完善，以及科学技术的不断进步，推动了新型建筑模式的应用，其中，智能建造背景下装配式建筑的发展，在一定程度上解决了传统建筑成本高、耗能大等一系列问题，提高了建筑效率，减少了建筑施工过程中的资源损耗，并显著降低了相关过程中存在的环境污染[29]。下面介绍几种装配式建筑下的智能建造技术。

（一）CIM＋技术在装配式建筑中的应用

2020 年，住房和城乡建设部等部门发布的《关于推动智能建造与建筑工业化协同发展的指导意见》和《加快新型建筑工业化发展的意见》，强调"工业化、信息化、平台化、智能化"，要求大力发展装配式建筑，加快推进"新基建"和城市信息模型 CIM 平台建设，通过新一代信息技术驱动打造建筑产业互联网平台，整合建筑全产业链，实现工程建设高效益、高质量、低消耗、低排放的建筑工业化，推动智能建造与建筑工业化的协同发展，装配式建筑和全产业链信息管理已成为建筑业发展的主要趋势[30]。

装配式建筑的核心是集成，其中信息化平台是集成的主体。基于 CIM＋的装配式建筑产业链运行管理平台将按照装配式建筑产业链各项信息的采集、传输、整合应用和决策五个环节进行展开，以标准规范与运行管理、信息安全为保障，分为感知层、传输层、数据层、应用层和交互层五个层面，确保产业链各主体相关数据互联互通和资源共享。基于 CIM＋的装配式建筑产业链运行管理平台不仅能实现装配式建筑的智慧建设与运维，增强其管理的时效性与信息共享性，促进产业链主体的协同发展，同时为智慧城市的 CIM 平台提供更多的数据支撑和技术支持，提高城市建筑的智慧管理效率。

（二）NB-IoT 技术在装配式建筑中的应用

为解决传统物联网技术在信息安全、传输距离及容量等方面的缺陷，窄带物联网（narrow band internet of things，NB-IoT）技术应运而生，它是低功耗广域物联网（low power wide area network，LPWAN）的一种，在 2015 年 9 月 3GP（第三代合作伙伴计划）正式确定 NB-IOT 标准立项并在 2016 年 6 月完成，工业和信息化部办公厅在 2017 年 6 月份发布了《关于全面推进移动物联网（NB-IoT）建设发展的通知》，通知强调了要推广 NB-IoT 在细分领域中的应用，通过试点示范工程逐步扩大应用行业和领域范围，形成规模化应用体系 2017 年成为 NB-IoT 技术的商用元年。

NB-IoT 最大的特点是窄带即 Narrow band，降低了基带的复杂度；低功耗的特性使得基 NB-IoT 的模组电池使用寿命可长达 10 年以上；NB-IoT 还具有超强的连接能力，一个小区内可支持 5 万个终端节点的连接，比现有无线技术高出 50～100 倍的连接数量，因此在一个装配式建筑施工项目现场 NB-IoT 技术足以满足覆盖范围的问题，同时在装配式建筑中存在大量预制构件需同时接入网络中进行数据采集，NB-IoT 网络可以很好地实现这项功能，并且在饱和状态下也能保持较低的延时率，进一步提高对装配式构件的监控程度；成本方面，模块成本平均可降至 5 美元，终端芯片在批量生产后可低至 1 美元。在装配式建筑中应用 NB-IoT 物联网技术最大的优势就是可以对装配式构件及施工情况进行实时记录和数据上传，通过利用 NB-IoT 技术建立装配式建筑施工管理系统，搭建预制构件信息数据库，形成信息化的构件管理模式同时指导工人进行吊装施工。通过 NB-IoT 网络，可完成吊装数据的采集和传输，并结合建筑信息模型（building information modeling，BIM）技术将数据可视化，实现无纸化施工。在硬件方面除以下介绍的主要硬件外，还结合了 RFID 标签及手持设备来完善方案对硬件的需求；在施工中由于引入了 NB-IoT 技术，可以更好地对构件进行吊装监测和管理[31]。

基于 NB-IoT 技术的低成本、低功耗模块及智能化传感器符合国家要求的建立完善工程项目质量监管信息系统的发展方向，满足装配式建筑施工现场的精细化等要求，极大地为提升建筑业的技术水平和管理水平提供了借鉴意义。

（三）BIM＋技术在装配式建筑中的应用

装配式建筑的建设管理过程衍生出许多无法以最优路径连续作业的工作流，导致建设过程面临利益相关者信息沟通不畅、信息传递缺乏时效性、构件施工过程缺乏精准性、建造成本居高不下等问题，影响了装配式建筑在全国的推广应用。BIM 高度集成了预制构件的各类数据信息，为装配式建设全过程的信息化管理提供了重要抓手。由于预制构件的特殊性和模型数据的复杂性，将集成 BIM＋技术构建装配式建筑信息管理平台解决装配式建筑建设管理过程中面临的难题。下面介绍几种相关的 BIM＋技术。

（1）P-BIM 是基于我国工程实践情况的 BIM 实施方式，即根据不同建筑领域制定专门的 BIM 标准体系和实施模式，同时考虑施工工序、工作面等因素，对各领域的项目进行项目分解，并针对分解后的项目制定特定的信息交换标准。在设计阶段，通过 P-BIM 可以有效打破 BIM 软件间形成的信息孤岛，提高预制构件基础信息的互操作性，更好地帮助利益相关者进行数据建模、规划选址及场地布局。

（2）BIM＋QRC。在装配式建设过程中，BIM 技术可以帮助利益相关者创建并利用预制构件的数据进行设计、生产、装配、运营等业务，每个 BIM 构件都高度集成了预制构件的各类基础信息。QRC 技术是近年来移动终端设备超级流行的编码方式，是特定几何图形按一定规则排布、用于记录数据信息的图形，具有信息容量大、编码范围广、成本低等特点。在装配式建设过程中，通过 BIM＋QRC 可以保证信息在全过程中传递的时效性。其中，QRC 可以较为方便地存储和记录预制构件的设计、生产、运输、装配等信息，且成本低廉、便于制作，只需用智能手机终端设备便可获取构件的基础信息。

（3）BIM＋BDS。BDS 是我国自主研发的导航定位系统，可在全球范围内全天候、全天时为用户提供高精度、高可靠的定位和导航服务，BDS 定位技术避免了 GPS 在室内装配构件时无法提供精准定位的缺陷。在装配阶段，通过 BIM＋BDS 可以解决装配过程中缺乏精准性问题，施工工人手持智能手机终端扫描 QRC 标签，就可以实时查阅构件的各类信息。装配完成后，BIM 模型所关联的构件状态也将实时更新。此外，BIM＋BDS 也可以解决运输阶段构件状态缺乏可追溯性问题，通过可视化数据来实时跟踪运输车辆，最终转换为预制构件运输 3D 图形。

经过实际项目的论证[32]，P-BIM、BIM＋QRC、BIM＋QRC＋BDS、BIM＋QRC 在装配式建筑建设过程中有效解决了 BIM 软件间的信息孤岛问题，提高了信息在各个阶段的传递效率和装配过程中的施工质量，从而降低了装配式建造模式的成本。

第四节 低 碳 建 筑

一、低碳建筑的定义

自工业革命以来，人类大规模机械化生产活动对能源的使用日益增加，大气中的温室气体浓度迅速上升，由此引起的全球变暖与世界气候剧烈变化已经成为人类面临的最大威胁之一。对比联合国政府间气候变化专门委员会（IPCC）第五次和第六次评估报告第一工作组报告中的主要结论见表 5-4 [33]。

表 5-4　　　　　　　　　　　《AR5 WGI 报告》和《AR6 WGI 报告》主要结论对比

主要结论	《AR5 WGI 报告》	《AR6 WGI 报告》
全球近期变暖趋势	过去三个 10 年的地表已连续偏暖于 1850 年以来的任何一个 10 年；1983—2012 年很有可能是北半球过去 1400 年来最热的 30 年（来源 SPM B.1）	自 1850 年以来，过去 40 年中的每 10 年都连续比之前任何 10 年更暖（来源：SPM A1.2）
全球表面温升幅度	全球几乎所有地区都经历了升温过程，1880—2012 年，全球平均表面温度升高幅度（GMST）达到 0.85℃（0.65～1.06℃）（基于现有 3 个独立数据集），2003—2012 年的全球平均表面温度比 1850—1999 年升高了 0.78℃（0.72～0.85℃）（来源：SPM B.1）	21 世纪前 20 年（2001—2020 年）的全球表面温度（GST）比 1850—1900 年高 0.99℃（0.84～1.10℃）。2011—2020 年的全球表面温度比 1850—1900 年高 1.09℃（0.95～1.20℃）。此外，方法学的进步和新的数据集为 AR6 的最新变暖估计值贡献了约 0.1℃（来源：SPM A1.2）
大气温室气体浓度变化	至少在过去 80 万年中，大气中 CO_2、CH_4 和 N_2O 的浓度已经上升到前所未有的水平。相较于工业化前水平，CO_2 浓度升高了 40%、CH_4 浓度升高 150%、N_2O 浓度升高了 20%（来源：SPM B.5）	2019 年，大气 CO_2 浓度高于至少 200 万年来的任何时候，CH_4 和 N_2O 浓度高于至少 80 万年来的任何时候。自 1750 年以来，CO_2 浓度升高 47%、CH_4 浓度升高 156%、N_2O 浓度升高 23%。（来源：SPM A1.2）2020 年，大气 CO_2 浓度继续上升，观测到的 CO_2 增长率没有明显下降（来源：SPM D1.2）
人为活动贡献的温升幅度	对于 1951—2010 年观测到的温度变暖（约 0.6℃），人为温室气体 排放贡献可能为 0.5～1.3℃，其中贡献最大的是大气 CO_2 浓度升高，自然因子的贡献可能为 −0.1～0.1℃（来源：SPM D.3）	1850—1900 年到 2010—2019 年，人为造成的全球表面温度升高的可能范围为 0.8～1.3℃，最佳估计值为 1.07℃。温室气体可能导致 1.0～2.0℃ 的升温，其他人类驱动因素（主要是气溶胶）导致 0～0.8℃ 的降温，自然驱动因素的贡献为 −0.1～0.1℃（来源：SPM A1.3）
气候变暖的人为活动归因	人类活动（温室气体排放）极可能（extremely likely）是 1951 年以来（一半以上）全球气候变暖的主要原因，与上一版的"人类活动相当可能（very likely）是（大部分）全球气候变暖的原因"相比，AR5 进一步明确了人为因素对全球气候变暖的主导作用（来源：SPM D.3）	人类影响已毋庸置疑造成了大气、海洋和陆地变暖，大气层、海洋、冰冻圈和生物圈发生了广泛而迅速的变化。自 1750 年左右以来，观察到的温室气体浓度增加毋庸置疑是由人类活动引起的（来源：SPM A1、A1.1） 人类活动引起的气候变化已经影响到全球各个区域的极端天气和气候。AR5 以来，观察到的热浪、强降水、干旱和热带气旋等极端事件变化的证据，特别是将其归因于人类影响的证据，已经有所增强（来源：SPM A3）

可以看出受到人类活动的影响，大气中碳含量不断增加，全球表面温升幅度不断加大，按此温升水平将引起灾难性影响，全球各行业低碳化发展刻不容缓。中国作为全球最大的发展中国家，年碳排放量全球第一，降碳的潜力极大。为了发挥大国作用、践行人类命运共同体理念，中国在第七十五届联合国大会上提出将在 2030 年达到碳达峰，2060 年达到碳中和的目标。为了实现"双碳"目标，我国制定了一系列相关措施，提出了一系列行动方案。进而对经济社会发展的各个领域关于减碳做了全面、细致的量化，即有主次之分。其中，能源是最为重要，也是最关键的领域。其次，为其他具体的产业，如工业、城建、交通等

领域。

中国建筑节能协会的数据显示，2018 年，全国建筑行业的碳排放量占全国碳排放总量的 51%[34]。低碳建筑在此大背景下，在城建领域被不断地提起，并逐渐成为实现"双碳"目标的重要方向。低碳建筑指的是在建筑全寿命周期内，即从建筑设计修建，到建筑投入使用和后期的维护管理的周期中，通过减少化石能源的使用，提高能效等一系列减碳措施，使得建筑全寿命周期内的碳排放量大大减少的建筑。低碳建筑根据减碳侧重点的不同，分为环境友好型、低能耗型、绿色宜居型和零碳排放型。通过降低能源消耗，结合可再生能源使用，低碳建筑将建筑全生命周期的 CO_2 排放量控制在最低水平。

在全球致力于减少能源消耗、保护环境、实现可持续发展的大背景下，出现了与低碳建筑相关的一系列概念，如节能建筑、生态建筑、绿色建筑、可持续建筑、太阳能建筑和零能耗建筑等，它们的定义、研究侧重点不完全相同，但相互之间联系紧密，这些概念相互间的区别与联系见表 5-5[35]。

表 5-5　　　　　　　　　　　低碳建筑与相关概念的区别与联系

分类	定义	提出背景	研究方向	相互区别和联系
低碳建筑	建筑全生命周期碳排放量较少的建筑	应对全球气候变暖问题而提出	建筑碳排放量	重点关注建筑的碳排放量
节能建筑	遵循建筑当地气候条件，采取节能设计方法，设计为低能耗建筑	应对全球的能源危机	建筑的能源利用与管理	关注建筑使用阶段能耗
绿色建筑	最大限度节约资源（包括节能、节地、节水、节材）、保护环境、提供健康舒适空间的建筑，达到与自然和谐共生的状态	应对能源危机而采取的节能环保措施	四节一环保，强调人居环境的舒适度与健康度	绿色建筑涉及范围广，其节能、节材等措施可以运用在低碳建筑中
生态建筑	运用生态学原理设计和建造房屋，节约资源、保护环境，追求与周围生态环境的和谐共生	由建筑师保罗·索莱里将生态学和建筑学原理合并提出	建筑、自然社会环境和人组成的生态系统	关注建筑及其周边环境
可持续建筑	降低环境负荷的同时关注建筑的长远发展，考虑居住者的健康以及子孙后代的福利	随可持续发展概念的产生而产生	考虑建筑从现在到未来的持续发展状况	内容及领域更加广泛而系统
太阳能建筑	指通过被动、主动方式充分利用太阳能的房屋	太阳能利用技术的发展	太阳能建筑技术	太阳能建筑技术可用于低碳建筑中
零能耗建筑	利用被动式建筑设计、节能设备和可再生能源，在保证室内环境质量同时实现显著节能，最大限度提高建筑能源独立性	应对能源危机和全面降低建筑碳排放	建筑使用阶段的能源收支平衡	作为节能建筑的延伸，其节能与产能技术可用于低碳建筑

从城市设计层面讲，低碳设计主要致力于通过规划和设计的手段减少碳排放量，通常涉及土地利用规划、交通规划、绿化规划等方面；从建筑设计层面上讲，低碳设计

主要涉及被动式设计和主动式设计，目前国际公认的原则是在充分使用被动式设计的基础上，采用主动式设计的方法，对建筑的空间、结构、设备等方面进行优化设计，排放尽可能少的 CO_2。

二、低碳建筑研究现状

（一）中国研究现状及实例

1. 研究现状

中国研究和发展低碳建筑相较于其他国家比较落后，仍处于起步阶段。但最近几年，由于国家建设低碳社会的力度加强，对低碳建筑的研究有所增加。但缺乏对不同类型的建筑进行低碳设计的指导性纲领，低碳办公建筑方面的研究、设计和相关实践也相对较少。我国根据自身的经济水平和资源条件，制定了一些法律法规和评价体系，并不断应用于实践项目，进而推广低碳建筑和低碳建筑技术。国内针对建筑节能制定了相关标准：如 2006 年颁布《绿色建筑评价标准》，对绿色建筑做出"四节一环保"的定义；2014 年颁布了《建筑碳排放计量标准》，对建筑全生命周期的碳排放进行定义，并提供两种建筑碳排放计算方法。低碳建筑的思想最早源于低碳经济，而我国在低碳经济方面起步较晚，且与发达国家相比存在较大差距，但在"低碳"思想席卷全球的今天，低碳经济与低碳建筑逐步得到我国的高度重视。早在 2009 年 8 月，在国务院常务会议中便提出了要将培育低碳经济作为新的增长点，同时将低碳技术广泛应用于工业、建筑、交通等方面。这是我国在低碳经济发展上十分重要的一步。随后，我国又在联合国气候大会上提出 2030 年实现碳达峰、2060 年实现碳中和的宏伟计划。同时，我国也采取了一系列措施，这些措施包括从法律法规的颁布到加大对污染企业的监管力度以及对新建企业设定环境评价准入制度等。我国长期致力于走循环经济的路线，相关法律法规的出台都对废弃物的排放、储存、运输、处理和利用作出了明确规定。任何违反规定的行为均属于违法行为，同时鼓励每一个人参与到低碳环保中来。由此可以看出，我国已经开始对低碳经济给予足够的重视，且在稳步实施过程中。一些学者针对低碳建筑做了不同的研究，相关书籍见表 5-6[35]。

表 5-6　　　　　　　　　　　中国低碳建筑相关书籍

书名	作者	主要内容
《低碳建筑》	陈易等	简明介绍了低碳建筑与建筑碳排放的相关理论，并在低碳建筑设计方面提出相应对策
《低碳建筑论》	鲍健强、叶瑞克等	涵盖低碳建筑历史、评价等内容，提出一些低碳建筑解决方案
《总部办公大楼低碳节能办公建筑解析》	布克（BOOK）设计	列举了 27 个办公建筑案例，从外墙节能、门窗节能和新能源利用三个方面阐述了低碳办公楼设计

与此同时，更多的学者在低碳建筑这一领域发表了许多文章，以期望为我国的低碳发展事业提供参考，见表 5-7[35]。

中国建筑节能标准内容体系已较为完善，共有 5 部基本标准、25 本通用标准、46 本专用标准，可以按照逻辑维、过程维、知识维将建筑节能标准进行不同的分类，将分类结果以表 5-8 列出[39]。

表 5-7 低碳建筑相关文献

题名	作者	主要内容
低碳视角下建筑业绿色全要素生产率及影响因素研究[36]	向鹏成等	选择 Global Malmquist-Luenberger 模型测算低碳视角下的建筑业绿色全要素生产率，并进行影响因素分析
低碳概念下建筑设计与室内外环境融合分析[37]	周建波	提出低碳概念下的建筑设计与室内环境的综合设计是一项全局性的工程项目
绿色低碳建筑理念在高层建筑设计中的运用探讨 ——评《绿色建筑节能工程设计》[38]	金禾等	根据《绿色建筑节能工程设计》一书，提出针对高层建筑进行低碳化的有效技术

表 5-8 建筑节能相关标准

逻辑维	过程维	知识维		
		节能技术类型	标准数量	内容
基础标准	全过程		1	建筑气候区划标准 GB 50178—1993
			1	建筑节能气象参数标准 JGJ/T 346—2014
			1	建筑日照计算参数标准 GB/T 50947—2014
			1	建筑节能基本术语标准 GB/T 51140—2015
			1	民用建筑能耗数据采集标准 JGJ/T 154—2007
通用标准	设计环节	整体设计	11	按气候区划和建筑类型分类展开的设计
		照明	2	采光、照明
		可再生能源	1	被动式太阳能
	施工与验收环节	整体验收	1	建筑节能工程施工质量验收标准
	运行与维护环节	改造	3	改造技术、改造能效评测
		能耗监测	2	能耗标准、能耗分类表示等
	检测与评价环节	整体评价	5	分类建筑整体评价为主
专用标准	设计环节	通风空调	8	包括建筑热环境、空气调节等要求，以及各类空调制冷技术规程
		照明	3	各种场景等照明设计
		供热	3	供热系统、三联供、室内辐射技术等
		围护结构	7	包括外保温、内保温、遮阳等技术与材料的要求
		可再生能源	4	主要使用太阳能光伏光热及地源热泵等
	施工与验收环节	通风空调	1	通风与空调工程施工质量验收规范
		供热	2	供热管网验收，供热直埋管道技术规程
	运行与维护环节	改造	3	居住建筑与供热系统改造指导
		能耗监测	4	空调系统、供热计量与城镇供热系统
	检测与评价环节	通风空调	4	包括热环境的测试、评价、通风效果评测
		照明	1	光环境
		供热	1	城镇供热系统
		围护结构	3	门窗、围护传导系数、幕墙等
		可再生能源	2	可再生能源整体应用情况的评价

2. 设计实例

2010 年，世博会在中国举行，以低碳城市和建筑为主题，其中上海世博会零碳馆（见图 5-14）是我国第一座零碳排放的公共建筑。其主要低碳设计措施有：①利用太阳能装置集热和发电；②利用风能发电；③屋顶绿化系统，吸收 CO_2；④空调系统冷源利用黄浦江江水。

之后出现的其他低碳建筑如中意清华环境节能楼（见图 5-15），位于清华大学校园内，总建筑面积 2 万 m^2，是展现中国 CO_2 减排的窗口。其主要低碳设计措施有：①U 形平面的建筑环绕中央庭院；②封闭的北立面隔热性能强，抵御冬季的寒风，南立面开敞通透；③退台式花园；④光伏板既可遮阳，又可为建筑提供能源。

图 5-14 上海世博会零碳馆　　　　　图 5-15 中意清华环境节能楼

（二）国外研究现状

其他诸如美国、德国、英国和日本等国家在低碳建筑领域也取得了很好的研究成果。其中，由于日本本土的土地较少且地震、火山喷发等自然灾害较为频繁，导致其资源匮乏。其中就包括了如煤、石油、天然气等一次能源的储备，故自 1979 年日本颁布《节约能源法》以来，针对能源方面的法律法规不断地推陈出新，直到 2002 年制定《能源政策基本法》后，形成了完备的低碳法律体系[40]。2009 年日本发布国家标准 TSQ0010《日本产品碳足迹评价与标识的一般原则》，低碳建筑和低碳建筑技术在此过程中应运而生，因此日本在低碳建筑实例和低碳建筑技术方面有很多值得中国借鉴的地方。除此以外，其他国家根据本国的能源分布和应用情况及经济水平，制定了完善的法律法规和评价体系，以便更好约束建筑领域的碳排放量，并且将理论上的低碳建筑技术应用于实践项目，从而将低碳建筑和低碳建筑技术推广。各国从自身实际出发，针对低碳建筑的评价标准大同小异，见表 5-9[35]。

表 5-9　　　　　　　　　　　　　　　　　其他国家建筑评价标准

国家	评价标准名称	颁布时间	评价内容
日本	TSQ-0010 产品碳足迹评估和标识通则	2009 年	日本产品碳足迹的制定规范、日本碳足迹制度指南
英国	英国建筑研究院环境评估方法 BREEAM	1990 年	评价内容包括 9 个方面，分别为材料、水资源、能源、交通、土地使用、管理、健康舒适、生态；评价结果分为四个等级：合格、良好、优良、优异

续表

国家	评价标准名称	颁布时间	评价内容
美国	绿色建筑认证系统LEED	1995 年	评价结果包括四个等级，由低到高分别为认证级、银级、金级、铂金级；评价内容包括七项，分别为场地设计、水资源利用、能源和环境、材料和资源、室内环境质量以及创新设计
加拿大	GBC	1998 年	评价一级指标包括能源利用、室内环境质量、设备质量、环境负荷、管理和经济等方面
澳大利亚	Green Star	2002 年	评价内容包括管理、室内环境、能源、交通、水、节材、土地利用与生态、排放物、创新九部分，对建筑场地选址、设计、施工建设和维护及对运营期周边环境造成的影响进行评价
德国	DNGB	2008 年	评价内容有六部分：包括生态质量、经济因素、社会与功能要求、技术质量、过程质量和基地质量
中国	建筑碳排放计量标准	2014 年	提出建筑全生命周期的碳排放定义，并提供两种建筑碳排放计算方法

三、低碳建筑相关技术

（一）建筑领域新能源的利用

能源是经济发展的基础，经济的发展也离不开对能源的支持，随着人们对舒适性的要求，建筑消耗的能耗越来越大，建筑节能刻不容缓。而在建筑节能设计中，使用新能源是经济可持续发展的必备条件。中国的一般能源有煤炭、石油与天然气等，这些均为一次性能源，且在使用的过程中伴随对环境产生不利影响，有可能会对人体身心健康产生很大影响。新能源是可再生清洁能源，在使用中不会造成环境污染，不会破坏地球的生态环境。

建筑领域的新能源有太阳能、风能、浅层地热能等。在建筑物中充分利用这些绿色新型能源，是减少建筑能耗、改善能源结构、提高可持续发展能力的有力保障。

太阳能又称为光能，是自然界中最为核心的能源之一。中国是太阳能资源十分丰富的国家，为太阳能的利用提供了很好的条件。中国太阳能资源区划系统及分区特征见表 5-10[41]。

表 5-10　　　　　　　　　　中国太阳能资源区划系统及分区特征

分区	年辐射总量 $[MJ/(m^2 \cdot a)]$	代表地区	特征
丰富区	＞6264	西藏、内蒙古、新疆部分地区	日照时数 ≥3300h；年日照百分率 ＞75%
较丰富区	5436～6264	新疆北部、华北、陕北、甘肃、宁夏、东北西部、内蒙古东部	日照时数 2600～3000h；年日照百分率 60%～70%
可用区	4608～5436	东北、黄河中下游、长江下游、两广、福建、贵州、云南	日照时数 2600h；年日照百分率 60% 左右
缺乏区	3348～4608	四川、贵州、广西、江西部分地区	日照时数 ＜1800h；年日照百分率 ＜40%

由表 5-10 可见，除四川盆地等局部地区不适宜太阳能利用以外，中国大部分地区都适合利用太阳能。尤其是西北、西南、华北地区，太阳能资源相对丰富，应充分利用太阳能资源，使其在建筑节能中发挥更大的作用。在建筑领域，太阳能应用技术主要划分为以下两类：①太阳能光热应用，基本原理为将吸收获得太阳能转换为热能直接利用或者将获得的热能进一步转

换为其他形式的能量；②太阳能光电应用，利用光生伏特效应，使用半导体发电器件将光能直接转换成电能。主要装置为太阳能电池，现在光电转化效率为 $10\%\sim25\%$。

1. 太阳能光热

目前，太阳能光热应用是在可再生能源应用领域商业化程度最高、推广应用最普遍的一种利用方案。它在建筑上的应用主要有太阳能热水器、太阳能房、太阳能制冷。

（1）太阳能热水器。太阳能热水器是目前产业规模最大的太阳能热应用形式。太阳能热水器是利用太阳光将水温加热的装置。太阳能热水器分为真空管式太阳能热水器和平板式太阳能热水器，真空管式太阳能热水器占据国内 95% 的市场份额。真空管式家用太阳能热水器是由集热管、储水箱及支架等相关零配件组成，把太阳能转换成热能主要依靠真空集热管，利用热水上浮冷水下沉的原理，使水产生微循环而得到所需温度热水。

（2）太阳能采暖。太阳能采暖是将太阳能集热系统收集到的太阳能热量应用于采暖需求。按照收集太阳能方法的不同分为主动式太阳能采暖系统和被动式太阳能采暖系统，它们的判断依据为是否需要外部驱动力。

主动式太阳能采暖系统一般通过风机或者水泵来驱动传热介质将太阳能收集的热量输送到需要采暖需求的地方，循环工质主要有空气和热水等。它的一种工作流程是在屋面上朝南方向布置太阳能空气集热器，被加热的空气通过储热层后由风机送入房间。太阳能集热器也可以配备其他辅助热源，并设置控制调节装置，根据送风温度确定辅助热源的投入比例。

被动式太阳能采暖的应用形式之一是被动式太阳房，即依靠建筑围护结构本身来完成吸热、蓄热、放热功能的采暖系统。被动式太阳房的外围护结构应具有较大的热阻，室内要有足够的热重质材料，如砖石、混凝土或相变蓄能材料，以保持房屋有足够的蓄热性能。在冬季被动式太阳房日间通过建筑围护结构吸收并存储太阳能，夜间建筑围护结构放出存储热量满足室内需要。被动式太阳房技术可以降低冬季的采暖负荷，甚至在无须其他辅助采暖方式时即可满足室内环境的要求。

（3）太阳能制冷。在一年当中，夏季太阳辐射强度会达到最大，此时对空调制冷的需求旺盛。制冷的需求在一定程度上与太阳辐射强度基本一致。夏季高太阳辐射强度将利于太阳能驱动的空调系统产生更多的冷量，相比其他太阳能系统，太阳能制冷系统的季节性、适应性要更好。建筑领域的太阳能制冷技术有以下三种：

1）太阳能吸收式制冷。用太阳能集热器收集太阳能来驱动吸收式制冷系统，是目前为止示范应用最多的太阳能空调方式。应用多为溴化锂-水系统，也有的采用氨-水系统。

2）太阳能吸附式制冷。利用吸附制冷原理，以太阳能为热源，采用的工质对通常为活性炭-甲醇、分子筛-水、硅胶-水及氯化钙-氨等，可利用太阳能集热器将吸附床加热后用于脱附制冷剂，通过加热脱附、冷凝、吸附、蒸发等几个环节实现制冷。

3）太阳能蒸汽喷射式制冷。通过太阳能集热器加热使低沸点工质变为高压蒸汽，通过喷管时因流出速度高、压力低，在吸入室周围吸引蒸发器内生成的低压蒸汽进入混合室，同时制冷剂在蒸发器中汽化而达到制冷效果。

2. 太阳能光伏

太阳光伏系统也称为光生伏特，简称光伏，是指利用光伏半导体材料的光生伏特效应而将太阳能转化为直流电能的设施。光伏设施的核心是太阳能电池板。目前，用来发电的半导体材料主要有单晶硅、多晶硅、非晶硅、碲化镉等。随着可再生能源相关技术的研发和应用，光伏组件制造工艺不断提高，光伏组件价格明显下降，因此以太阳能光伏发电为代表的可再生能源应用，将会在未来电力能源系统中占据核心地位。

以光伏建筑一体化（BIPPV）为核心的光伏并网发电应用占据了目前大部分的光伏市场份额。建筑一体化有以下一些优点：建筑物能为光伏系统提供足够的面积，不需另占土地；能省去光伏系统的支撑结构、省去输电费用；光伏阵列可代替常规建筑材料，节省材料费用和安装成本。

光伏与建筑的结合有两种方式：一种是建筑与光伏系统相结合；另一种是建筑与光伏器件相结合。建筑与光伏系统相结合，是把封装好的光伏组件（平板或曲面板）安装在居民住宅或建筑物的屋顶上，再与逆变器、蓄电池、控制器、负载等装置相连。建筑与光伏器件相结合，是将光伏器件与建筑材料集成化。一般的建筑物外围护表面采用涂料、装饰瓷砖或幕墙玻璃，目的是保护和装饰建筑物。如果用光伏器件代替部分建材，即用光伏组件来做建筑物的屋顶、外墙和窗户，这样既可用作建材也可用于发电。光伏与建筑相结合的形式主要包括与屋顶相结合，与墙相结合，与遮阳装置相结合等方式。

3. 风能的应用

风能是一种无污染、可再生的清洁能源。风能利用则是将风运动时所具有的动能转化为其他形式的能。由于其具有无环境污染、开发利用便捷、成本低等优点，风能的开发利用受到了世界各国普遍关注。风力发电是风能利用的重要形式。

与传统的风能利用形式相比，建筑环境中的风能利用具有免于输送的优点，所产生的电能可以直接用于建筑本身，为绿色建筑的发展提供了一种新思路。建筑环境中的风能利用形式可分为两种：以适应地域风环境为主的被动式利用——自然通风；以转换地域风能为其他能源形式的主动式利用——风力发电。

（1）自然通风。自然通风是利用室外风力造成的风压，以及由室内外温差和高度差产生的热压使空气流动的通风方式，特点是不需要复杂的装置和不消耗能量，是一种经济的通风方式。实现自然通风的条件是窗孔两侧必须存在压差，它是影响自然通风的主要因素。自然通风原理如图 5-16 所示。

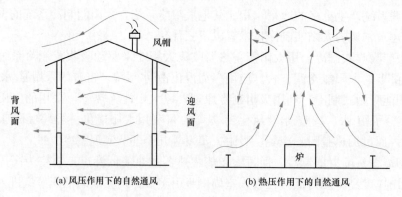

(a) 风压作用下的自然通风　　　　　(b) 热压作用下的自然通风

图 5-16　自然通风原理

（2）风力发电。风力发电的过程是首先把风的动能转变成机械能，再把机械能转化为电能。建筑上一般采用小型或微型风力发电机，这类产品在我国已经有较为成熟的技术。由于城市中建筑物密集，风力发电一般应用在高层建筑物之间或建筑物楼顶。

高层建筑物之间的风力发电原理（见图 5-17）是空气从建筑物一侧进入，贯穿内部，从另一侧流出，利用穿堂风进行发电。用这种方法可比普通风力发电机多发出 25% 的电能。但因为楼群是固定的，不会随风转向，只要风的入射角达到 50°。就可以发出与普通发电机等同的电能。

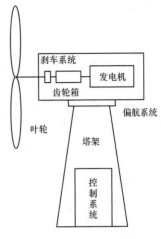

在建筑物楼顶发电是在屋顶安装小型发电机进行发电，同时可以减少 CO_2 的排放量。垂直轴风力发电机组可以应用在风电建筑一体化，它启动风速低，无噪声，为静音式风力发电机，比同类型风力发电机效率高 10%～30%。安全性相对较高（破坏半径小），抗台风能力强，不受风向改变的影响，维护较简单。

国内首个风力发电建筑一体化项目——上海天山路 3kW 垂直轴风力发电机项目，于 2009 年 9 月中旬正式发电应用。

图 5-17　风力发电原理

风电机组实测启动风速 2.2m/s，优于设计标准，发电稳定，并与太阳能光伏电池共同供电，开创了上海市区建筑采用风光互补供电的先例，也使得我国在风力发电建筑一体化领域走在了世界的前列。

4. 地热能

地热能是由地壳抽取的天然热能，这种能量来自地球内部的熔岩，并以热力形式存在。人类很早以前就开始利用地热能，例如利用温泉沐浴、医疗，利用地下热水取暖、建造农作物温室、水产养殖、烘干谷物等。地热能是一种新的洁净能源，在当今人们的环保意识日渐增强和能源日趋紧缺的情况下，对地热资源的合理开发利用已越来越受到人们的青睐。

在建筑领域地热能的应用一般是浅层地热能，浅层地热能指的是地球表面以下一定深度范围内（恒温带至 200m 埋深）具备一定的开发价值的地球内部的热能资源，其温度一般在 25℃以下。浅层地热能目前主要通过热泵技术进行采集，可用于建筑物供热、制冷和制备生活热水等。浅层地热能在地球上储量大、分布广，并且能够迅速再生，具有较大的利用价值。目前中国对浅层地热能的开发，不但可以实现为建筑供暖，同时也减少了污染物的排放，对环境保护起着积极的作用。相应的技术有地源（水源）热泵建筑一体化技术、太阳能与地源热泵综合应用技术等。

热泵是一种通过做功来实现热量从低温介质流向高温介质的装置。地源热泵是以岩土体、地层土壤、地下水或地表水为低温热源，由地源（水源）热泵机组、地热能交换系统、建筑物内系统组成的供热中央空调系统，其原理见图 5-18。根据低温热源的不同，地源热泵主要有地表水源热泵、地下水源热泵、土壤耦合热泵、污水源热泵、海水源热泵等。

太阳能-地源热泵综合系统是以太阳能和土壤热为复合热源的热泵系统，属于太阳能和土壤能综合利用的一种形式。太阳能与土壤热的结合具有很好的互补性，太阳能可以提升土壤源热泵进口流体温度，提高运行效率；土壤热可以补偿太阳能的间歇性，使得太阳能热泵在阴雨天及夜晚仍能正常运行；同时土壤还可以将日间富余太阳能暂时储存，不仅能起到恢复土壤温度的作用，而且可以减小其他辅助热源或蓄热装置的容量。图 5-19 所示为太阳能-土壤源热泵系统结构原理示意。

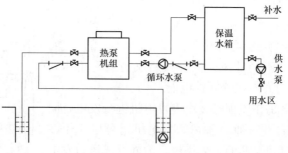

图 5-18　地源热泵原理

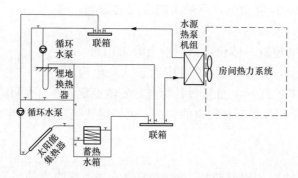

图 5-19　太阳能-土壤源热泵系统结构原理示意[42]

（二）新型节能措施

1. 建筑通风

（1）屋顶的节能设计。设计安装架空或坡型隔热层，使建筑结构成为合适便利的通风装置，借助冷热空气的交换对流有效地降温隔热。也可以设置风帽，将自然风通过进风帽导入建筑内部，再经由排风帽将室内的高温污浊空气排出，达到通风的目的[43]。

（2）墙体的节能设计。

1）建筑体的双层幕墙。双层（或三层）幕墙是当今生态建筑中所普遍采用的一项先进技术，被誉为"会呼吸的皮肤"，它由内外两道幕墙组成。其通风原理是在两层玻璃幕墙之间留一个空腔，空腔的两端有可以控制的进风口和出风口。在冬季，关闭进、出风口，双层玻璃之间形成一个阳光温室，提高围护结构表面的温度；夏季，打开进、出风口，利用烟囱效应在空腔内部实现自然通风，使玻璃之间的热空气不断地被排走，达到降温的目的。为了更好地实现隔热，通道内一般设置有可调节的深色百叶。双层玻璃幕墙在保持外形轻盈的同时，能够很好地解决高层建筑中过高的风压和热压带来的风速过大造成的紊流不易控制的问题，能解决夜间开窗通风而无须担心安全问题，可加强围护结构的保温隔热性能，并能降低室内的噪声[44]。

2）幕墙设计。对于建筑节能幕墙的设计，需要在两层玻璃幕墙中增加空腔，在其中设置好相关的遮阳措施，对于空腔的进风口与出风口，可以利用强制机械通风或者热压差的形式来满足通风节能的需求，这可以显著改善建筑物中热压过高和风压过高的问题，改善围护结构的保温性能，为人们的生活和工作提供理想的室内环境[43]。

（3）空间布局设计。室内方面可通过设计让自然风进入室内，利用风口处的风力压强差，形成"过堂风"，保持理想的通风效果。此外，采用风帽结构也可以有效改善室内自然通风效果，达到节能要求。风帽可以设置在屋顶上，利用温差与风力动力来带动风帽的换气。常用的风帽有排风帽与进风帽两种类型，在设计时，可以根据施工要求来安排风帽位。在城市密集的建筑群中，自然通风的效果很有限，要想达到人体舒适的环境，还需要引入机械通风。建筑群的布局对自然通风的影响效果很大。考虑单体建筑得热与防止太阳过度辐射的同时，应该尽量使建筑的法线与夏季主导风向一致。然而对于建筑群体，若风沿着法线吹向建筑，会在背风面形成很大的漩涡区，对后排建筑的通风不利。在建筑设计中要综合考虑这两方面的利弊，根据风向投射角对室内风速的影响来确定合理的建筑间距，同时也可以结合建筑群体布局的改变以达到缩小间距的目的[44]。建筑物南北向日照间距较小时，前排建筑遮挡后排建筑，风压小，通风效果差；反之，建筑日照间距较大时，后排建筑的风压较强，自然通风效果越好。因此，在住宅组团设计中，加大部分住宅楼的间距，形成组团绿地，对改善绿地下风侧住宅的自然通风，有较好的效果，同时还能为人们提供良好的休息和交流的场所[45]。由于前幢建筑对后幢建筑通风的影响，因此在单体设计中还应该结合总体的情况对建筑的体型，包括高度、进深、面宽乃至形状等实行一定的控制。

　　2. 被动式建筑

　　（1）被动式建筑的定义。被动式建筑是指采用各种节能技术手段，构造最佳的建筑围护结构，极大限度地提高建筑保温隔热和气密性性能，使热传导损失和通风热损最小化。同时，在不需要外加空调设备的情况下，基本依靠被动收集来的热量，例如依靠太阳、人体、家电、热回收装置等带来的热能，而不需要主动热源的供给来保持建筑内冬天和夏天舒适的室温。被动式建筑可以用非常小的能耗将室内调节到合适的温度，非常环保，是目前世界上最先进的节能建筑之一。被动式建筑的概念最早源于瑞典隆德大学的 Bo Adamson 教授和德国被动式房屋研究所（Passivhaus Institut）的 Wolf-gang Feist 博士在 1988 年 5 月的一次讨论。通过一系列的研究和德国黑森州政府的资助，被动式房屋的概念逐步确立起来[46]。

　　被动式建筑不仅适用于住宅，也适用于办公建筑、学校、幼儿园、超市等。只有经过权威组织认证的才是真正意义上的被动式建筑。

　　从外表看，被动式建筑和一般建筑没什么区别，但被动式建筑最显著的特点有三个：非常好的隔热性和非常好的气密性和低能耗。被动式建筑只需要普通建筑约 10% 的能源。最鲜明的低能耗特征，主要就是通过高隔热隔音、密封性强的建筑外墙和利用太阳能、地热能等可再生能源等实行被动式采暖和制冷，且几乎不与外界进行热交换，隔热性能更强，从而最终实现低能耗。有资料显示，经过权威认证的被动式建筑，比目前普通的建筑节能 80%以上。与其他节能建筑相比，由于大多采用被动式建筑节能技术，即以非机械电气设备干预手段实现建筑能耗降低的节能技术。与通过机械设备干预手段为建筑提供采暖空调通风的主动式技术相比，具有更明显的低能耗优势[47]。

　　（2）被动式建筑的基本措施。

　　1）采用被动式建筑节能技术。所谓被动式建筑节能技术，具体是指在建筑规划设计中，通过对建筑朝向的合理布置、遮阳的设置、建筑围护结构的保温隔热技术、有利于自然通风的建筑开口设计等，来实现建筑需要的采暖、空调、通风等能耗的降低[48]。相对被动式技术的是主动式技术，即指通过机械设备干预手段为建筑提供采暖、空调、通风等舒适环境控制的建筑设备工程技术；主动式节能技术则指在主动式技术中以优化的设备系统设计、高效的设备选用来实现节能的技术。

2）外围护结构一般而言，隔热、保温层比较厚[49]。

3）优越的窗户性能。一般而言，在正负压检测时，对窗的气体流失有严格要求。因为如果密封不好，会产生冷热气体对流，从而造成热量流失。被动式建筑采用高标准的窗框与玻璃体系，具有优越的密封性能。

4）建筑结构无热桥。围护结构中的一些部位，在室内外温差的作用下，形成热流相对密集、内表面温度较低的区域。这些部位成为传热较多的桥梁，故称为热桥（thermal bridges），有时又可称为冷桥（cold bridges）[50]。所谓热桥效应，即热传导的物理效应。由于楼层和墙角处有混凝土圈梁和构造柱，而混凝土材料比起砌墙材料有较好的热传导性（混凝土材料的导热性是普通砖块导热性的 2～4 倍），同时由于室内通风不畅，秋末冬初室内外温差较大，冷热空气频繁接触，墙体保温层导热不均匀，产生热桥效应，造成房屋内墙结露、发霉甚至滴水。被动式建筑的无热桥建筑结构可以避免上述现象的发生。

5）换气系统。主动通风（逆流空气/空气热交换）提供了高质量的空气，同时利用在排废气中至少 75% 的余热对抽进的新风加热，此时废气和新鲜空气并没有混合。因为被动式建筑的密封性能非常好，可以让空气变换最优化，严格控制在 0.4h^{-1}（每小时空气交换率）。而室外新鲜冷空气，通过绿色的管道线路，首先进入室内能量回收通风系统的核心控制部件；同时室内含有一定热量的废气，通过黄色的管道线路，也汇集进入室内能量回收通风系统的核心控制部件。能量回收通风系统将废气中的大部分热量留住，加热进入室内的新鲜空气。预热的新鲜空气，通过管道线路送到各个房间。热量回收之后的废气通过管道线路排到室外。

此外，室内能量回收通风系统、太阳能热水系统、锅炉热水系统、地暖系统、散热器采暖、生活热水——可形成热水交换存储混合系统。

3. 绿色屋顶

绿色屋顶是在平坦的或倾斜的屋顶上面覆盖着植物、药草或草。绿色屋顶有时也被称为生态屋顶、植被的屋顶、生活的屋顶或草皮屋顶。此外，在大面积和密集的绿色屋顶之间进行了区分。

绿色屋顶通常种植草或景天，但绿色屋顶也可以有其他类型的植物，每一种都有自己的名字、外观、功能和好处。

屋顶绿化是一种节水、节能、节地的绿化方式，但屋顶绿化需针对特定屋顶的荷载承受力及建筑特点专门设计，以满足屋顶绿化中的屋顶疏水板轻巧、易于搬运、安装简单、稳定等要求。此外，如果已经布置了太阳能储能设备，那么屋顶绿化就不能采用可能会因为正常生长而影响电板工作的爬墙植物[51]。

在优先采用地方物种的前提下，建筑的屋顶绿化系统还应该保证一定的物种多样性。多样化的物种能够保护生物链上最基层生物的生存环境，保障高级生物的能量基础，促进生态系统的健康发育。

屋顶绿化工程可以分为草坪式、组合式、花园式。

（1）草坪式绿色屋顶。草坪式绿色屋顶采用抗逆性强的草本植被平铺栽植于屋顶绿化结构层上，重量轻，适用范围广，养护投入少。此型可用于那些屋顶承重差，面积小的住房。

（2）组合式绿色屋顶。组合式绿色屋顶允许使用少部分低矮灌木和更多种类的植被，能够形成高低错落的景观，但是需要定期养护和浇灌。此类型介于二者之间，与拓展型相比，在维护、费用和重量上都有增加。

（3）花园式绿色屋顶。花园式绿色屋顶可以使用更多的造景形式，包括景观小品、建筑和水体，在植被种类上也进一步丰富，允许栽种较为高大的乔木类，需定期浇灌和施肥，要考虑周全。

（三）主动式节能技术

能源设备系统服务建筑运行保障室内舒适度要求，常称为主动式系统，普遍采用包括暖通空调、人工照明、插座设备、楼宇公用设备等在内的电能消耗作为计量范围。研究显示，暖通空调、电气照明分别占建筑总能耗的 $40\%\sim60\%$ 和 $20\%\sim30\%$，占比最高，节能潜力巨大。混合通风技术及其控制策略、使用者行为等研究、机械通风中的变风量空调系统（VAV）、变容量调节系统（VRF）、变速驱动等主动式技术在近零能耗建筑研究中较多。照明系统方面，降低耗能的一般方法是采用高效的节能设备技术和自然采光策略，LED 节能灯具已广泛应用于建筑节能，当前多传感器和无线通信技术、日光集成的开关调光控制策略等是研究热点，可以在高能效节能设备的基础上自动控制调节以进一步降低能耗，可实现节能 22%。此外，采用渐进式能源管理优化建筑整体能源消耗，对于降低建筑耗能具有积极作用[52]。主动式技术应用方面，超低能耗建筑主要集中于提升用能系统整体能效。在 64 栋示范建筑中主要应用的主动式技术如图 5-20 所示。

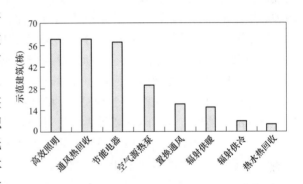

图 5-20　示范项目主动式技术措施统计[53]

1. 高效照明技术

高效照明技术是指照明系统通过调光技术（智能化可调光系统）、改善光源效率及选择适当的照明系统投放方式来实现能源的高效利用。

从 1879 年爱迪生发明的白炽灯，到 1938 年美国通用电子公司的伊曼发明了节电的荧光灯，再发展到紧凑型节能灯，发展到如今已经有了半导体照明。半导体照明俗称 LED 节能灯，是利用半导体二极管的原理，将电能转化为光能，从而制成的照明灯具。与小白炽灯泡和氖灯相比，LED 灯具有耗电低、可靠性高、寿命长、环保等特点。一个半导体灯正常情况下可以使用五十年，而且废弃物可回收，没有污染。LED（light emitting diode），即发光二极管，是一种半导体固体发光器件，它是利用固体半导体芯片作为发光材料，当两端加上正向电压，半导体中的载流子发生复合引起光子发射而产生光。LED 可以直接发出红、黄、蓝、绿、青、橙、紫、白色的光。目前，LED 照明光源的主流是高亮度的白光 LED。LED 节能灯的特点主要有高效节能，光效率高；超长寿命；健康，保护视力；绿色环保；安全系数高；适用范围广。LED 节能灯的节能效果见表 5-11。

表 5-11　　　　　　　　　　　　　　　　LED 节能灯的节能效果

类别	功率 (W)	光照度 (lx)	年耗电量 (kWh)	单度电费用 (元)	年用电费用 (元)
普通白炽灯	60	150	525.60	0.8	420.48
普通节能灯	24	170	210.24	0.8	168.192
LED 节能灯	12	200	105.12	0.8	84.096

可以看出，LED 灯比普通节能灯一年节省费用 50%，比普通白炽灯一年可节省费用 80%。

2. 通风热回收技术

（1）空调冷水机组余热回收。中央空调的冷水机组在夏天制冷时，一般机组的排热是通过冷却塔将热量排出。在夏天，利用热回收技术将排出的低品位热量有效地利用起来，结合蓄能技术，为用户提供生活热水，达到节约能源的目的。其中又分为部分热回收和全部热回收。部分热回收将中央空调在冷凝（水冷或风冷）时排放到大气中的热量，采用一套高效的热交换装置对热量进行回收，制成热水供需要使用热水的地方使用。全部热回收主要是将冷却水的排热全部利用，但一般冷水机组的冷却水设计温度为出水 37℃、回水 32℃，属低品位能源，采用一般的热交换不能充分回收这部分热能，因此在设计时要考虑进水冷凝压力，或将冷却水与高温源热泵或其他辅助热源结合，充分回收这部分热量，系统简单可靠。

（2）排风和空气处理能量回收。在建筑物的空调负荷中，新风负荷所占比例较大，一般占空调总负荷的 20%～30%。为保证室内环境卫生，空调运行时要排走室内部分空气，必然会带走部分能量，而同时又要投入能量对新风进行处理。通常，空气能量回收设备有显热回收型和全热回收型两类。显热回收的能量表现为新风和排风的温差上所含的能量，全热回收表现为新风和排风的焓差上所含的能量。

（3）空气处理过程中的能量回收。中央空调系统空气处理过程中的能量具有很高的回收潜力。与传统一次回风空调器系统相比，空调系统制冷量由热管中的蒸发器部分的交换冷量和表冷器部分的冷量组成。从而有效节省了空调能耗。

3. 节能电器技术

节能电器的定义是低碳环保同时还能节约电费的电器。节能电器技术指的是通过设计制造节能电器和搭配相关使用方法达到节约能源的目的。下面介绍相关电器的节能技术。

（1）洗衣机。第一，先浸后洗。洗涤前，先将衣物在流体皂或洗衣粉溶液中浸泡 10～14min，让洗涤剂与衣服上的污垢脏物起作用，然后再洗涤。这样，可使洗衣机的运转时间缩短近一半，电耗也就相应减少了一半。第二，分色洗涤，先浅后深。不同颜色的衣服分开洗，不仅洗得干净，而且也洗得快，比混在一起洗可缩短 1/3 的时间。第三，额定容量。若洗涤量过少，电能白白消耗；反之，一次洗得太多，不仅会增加洗涤时间，而且会造成电机超负荷运转，既增加了电耗，又容易使电机坏。第四，在同等洗涤时间内，采用弱挡工作，电动机启动次数多，十分费电。相反，使用强挡不但能够比弱挡更省电，而且可以延长洗衣机寿命。普通涡轮式洗衣机一分钟脱水率可达 55%，一般脱水不应超过 3min，再延长脱水时间其实意义不大。

（2）空调。第一，冬季时有暖气的家庭是很少开空调的，但一天当中暖气总有一些时段的温度是比较低的，因此有些家庭还是会临时开启空调来提升室温。由于在空调在启动的瞬间电流较大，所以频繁开关空调是很费电的，而且容易损坏压缩机。第二，空调在工作了一个夏天后过滤网会积累很多的灰尘，太多的灰尘会塞住网孔，使空调加倍费力，因此要注意及时清理。

（3）电冰箱。第一，冷藏物品不要放得太密，留下空隙利于冷空气循环，这样食物降温的速度比较快，减少压缩机的运转次数，节约电能。第二，在冰箱里放进新鲜果菜时，一定要把它们摊开。如果果菜堆在一起，会造成外冷内热，就会消耗更多的电量。第三，对于那些块头较大的食物，可根据家庭每次食用的分量分开包装，一次只取出一次食用的量，而不必把一大块食物都从冰箱里取出来，用不完再放回去。反复冷冻既浪费电力，又容易对食物产生破坏。第四，解冻的方法有水冲、自然解冻等几种。在食用前几小时，可以先把食物从冷冻室（−4℃左右）里拿到冷藏室（1℃左右）里，因为冷冻食品的冷气可以帮助保持温度，减少压缩机的运转，从而达到省电目的。

（4）电视机。现在的电视机基本都是液晶电视。第一，大多没有机械开关，只有遥控开关，一般待机功率为 0.3～5W，因此一般关机以后最好将电源插头和室外天线拔下，这样既节能，又安全。第二，电视节能要控制好对比度和亮度。大多数液晶电视都会有自动亮度控制，打开此功能，一般可以节电 20%～30%，最大节电 40% 左右。第三，音量功耗，一般室内不需要开过大音量，大小适中即可。音量过大或过小都不太符合人体听觉构造。最后建议给电视机增加防尘罩，避免灰尘进入电视机增加电耗。

（5）显示器。如果我们在工作中有较长时间不使用电脑的话，需要设定显示器关闭时间，也就是多长时间不使用电脑，显示器自动关闭。设置屏幕保护，屏保能够保护显示器不被灼伤，但是液晶显示器频繁更换显示画面，会增加面板的功耗，同时也会减少屏幕的使用寿命，建议大家慎重使用。显示器亮度调节适中，因为亮度和耗电相关，同时显示器是近距离使用产品，过亮会使眼睛疲劳。显示器的刷新率，液晶显示器显示的时候和显像管不同，因为没有扫描线．在低刷新率时不会造成行间闪烁，所以如果不是用电脑欣赏运动性很高的画面，一般调节到 60Hz 就可以了，刷新率过高也会消耗过多的电能。

4. 空气源热泵技术

空气源热泵是一种利用高位能使热量从低位热源空气流向高位热源的节能装置。它是热泵的一种形式。可以把不能直接利用的低位热能（如空气、土壤、水中所含的热量）转换为可以利用的高位热能，从而达到节约部分高位能（如煤、燃气、油、电能等）的目的。空气源热泵具有如下特点：

（1）空气源热泵系统冷热源合一，不需要设专门的冷冻机房、锅炉房，机组可任意放置屋顶或地面，不占用建筑的有效使用面积，施工安装十分简便。

（2）空气源热泵系统无冷却水系统，无冷却水消耗，也无冷却水系统动力消耗。另外，冷却水污染可能形成细菌感染，从安全卫生的角度考虑，空气源热泵也具有明显的优势。

（3）空气源热泵系统由于无须锅炉、无须相应的锅炉燃料供应系统、除尘系统和烟气排放系统，系统安全可靠，对环境无污染。

（4）空气源热泵冷（热）水机组采用模块化设计，不必设置备用机组，运行过程中电脑自动控制，调节机组的运行状态，使输出功率与工作环境相适应。

（5）空气源热泵的性能会随室外气候变化而变化。

（6）在我国北方室外空气温度低的地方，由于热泵冬季供热量不足，需设辅助加热器。不同地区应用空气源热泵技术的适应性如下：

（1）对于夏热冬冷地区：夏热冬冷地区的气候特征是夏季闷热，冬季湿冷，气温的日较差较小，年降雨量大，日照偏少。这些地区的气候特点非常适合于应用空气源热泵。

（2）对于云南大部，贵州、四川西南部，西藏南部一小部分地区。这些地区1月平均气温为1~13℃，年日平均气温小于5℃的日数0~90天。在这样的气候条件下，过去一般建筑物不设置采暖设备。但是，近年来随着现代化建筑的发展，人们对居住和工作建筑环境要求越来越高，这些地区的现代建筑和高级公寓等建筑也开始设置采暖系统。因此，在这种气候条件下，选用空气源热泵系统是非常合适的。

（3）传统的空气源热泵机组在室外空气温度高于−3℃的情况下，均能安全可靠地运行。因此，空气源热泵机组的应用范围早已由长江流域北扩至黄河流域，即已进入气候区划标准的Ⅱ区的部分地区内。这些地区气候特点是冬季气温较低，1月平均气温为−10~0℃，但是在采暖期里气温高于−3℃的时数却占很大的比例，而气温低于−3℃的时间多出现在夜间，因此，在这些地区以白天运行为主的建筑（如办公楼、商场、银行等建筑）选用空气源热泵，其运行是可行而可靠的。另外，这些地区冬季气候干燥，最冷月室外相对湿度为45%~65%，因此选用空气源热泵的结霜现象并不太严重。

5. 置换通风技术

置换通风以较低的温度从地板附近把空气送入室内，风速的平均值及紊流度较小，由于送风层的温度较低，密度较大，空气会沿着整个地面蔓延展开。室内的热源在挤压流中会产生浮升气流（热烟羽），浮升气流会不断卷吸室内的空气向上运动，并且浮升气流中的热量不会再扩散到下部的送风层内。因此，在室内某一位置高度会出现浮升气流量与送风量相等的情况，这就是热分离层。在热分离层下部区域为单向流动区，在上部为混合区。室内空气温度分布和浓度分布在这两个区域有非常明显的差异，下部单向流动区存在明显的垂直温度梯度和浓度梯度，而上部紊流混合区温度场和浓度场则比较均匀，接近排风的温度和浓度。从理论上讲，只要保证热分离层高度位于人员工作区的高度即可，而人员工作区上方的冷负荷可不予考虑。因此，相较于传统的混合通风，置换通风具有更大的节能潜力。

6. 辐射供暖技术

主要依靠供热部件与围护结构内表面之间的辐射换热向房间供热的供暖方式称为辐射供暖。辐射供暖时房间各围护结构内表面（包括供热部件表面）的平均温度高于室内空气温度。

通常称辐射供暖的供热部件为辐射供暖板。辐射供暖板的分类：辐射板按与建筑物的结合关系分为整体式、贴附式和悬挂式。整体式辐射板（又称楼板式辐射板）是将通冷、热媒（冷冻水或热水）的金属管或塑料管埋在建筑结构内，与其合为一体。贴附式辐射板是将辐射板贴附于建筑结构表面。悬挂式辐射板分为单体式和吊棚式。单体式是由加热管、挡板、辐射屏和绝热层制成的金属辐射板。吊棚式辐射板是将通热媒的管道、绝热层和薄金属孔板构成的悬挂式辐射板；辐射板按其位置分为墙面式、地面式、顶面式、楼板式。墙面式辐射板分为窗下式、墙板式和踢脚板式。窗下供暖辐射板又分单面有效散热和双面有效散热。踢脚板式辐射板因其高度大致与房间的踢脚线相当而得名。地面式和顶面式多用于辐射供冷。

辐射供暖的特点如下：辐射供暖时热表面向围护结构内表面和室内设施散发热量，辐射热量部分被吸收，部分被反射，反射到热表面的部分，还要产生二次辐射，二次辐射最终也被围护结构和室内设施所吸收。辐射供暖同对流供暖相比提高了围护结构内表面温度（高于房间空气的温度），因而创造了一个对人体有利的热环境，减少了人体向围护结构内表面的辐射换热量，热舒适度增加。辐射供暖的特点是利用加热管（通热媒的管道）作供热部件向辐射表面供热。

7. 辐射供冷技术

主要依靠供冷部件与围护结构内表面之间的辐射换热向房间供冷的供冷方式称为辐射供冷。一般辐射供冷系统结合相关空调系统进行合理配置，由冷热源、辐射供冷供热末端系统及独立除湿新风系统三部分组成。空调冷热源采用高效率、低污染、使用可再生能源的主机。例如，利用地热、地（下）表水等可再生资源作为冷热源的空调系统，或者高效率的制冷制热空调系统。供冷辐射与环境的热交换一般有两种形式，即对流和辐射，因此根据这两种热交换的形式，其末端也对应两种设备，即对流式和辐射式。对流式供冷还可以分为主动式冷梁和被动式冷梁。辐射供冷不能去除室内的潜热负荷，因此，可以利用独立的新风系统来承担潜热负荷。另外，为避免辐射表面出现结露的现象，新风系统也要进行除湿处理。

送风方式的选择，为保证室内的良好热舒适性，避免产生吹风感，达到节能的要求，因此一般选用天花板顶送风和置换通风。天花板顶送风方式技术比较成熟，独立新风系统可以直接选用和全空气系统相似的空调机组，再配合高吸入性的旋流风口，这样新风（经冷却除湿）可以不需要再加热，而直接送入房间，而且人员不会有吹风感，另外，顶送风可以加强空气的扰动，提高换热效果，从而提高供冷量。置换通风的换气效率、能量利用效率都高于天花板顶送风系统。但由于置换通风要求的送风温差不宜大（低于3℃），须对新风进行再加热，因此造成了能源浪费。

8. 热水热回收技术

将热回收技术应用于热泵设备，使夏季冷热源得以集成，夏天生活热水系统加热量来源于室内，不需要加热成本；冬季和过渡季热量则来源于地下水或土壤加热成本很低。因此，热泵热回收技术自然成为解决热水系统用热要求的优选方案，选用热泵热回收的方式作为生活热水的全年热源。夏季利用空调制冷时的冷凝热加热生活热水，冬季热泵则转换为制热模式提供采暖及生活用热媒水。在公共建筑中，由于生活热水的用热量较之采暖用热量占的比例很小，而且通常采暖用热量达到最大时（深夜）热水用量最小，因此设备选型不必特别加大。春秋过渡季节可以由热泵设备专门提供热水系统用热。在热泵系统中，采用冷凝热回收技术用回收的热量加热生活热水，使建筑物内的空调废热得以充分利用，是一种节能环保的能源方式。与此同时，不需要单独设置热源来满足生活热水的全年性用热要求，简化了冷热源系统并节省了初投资[54]。

9. 电气设备系统设计

电气设备系统设计也是超低能耗绿色建筑设计的组成部分，基于实际应用、经济效益、技术合理的原则，电气设备的节能技术有：①设备电动机选择可变频电机，并配备软启动器；②简化供电系统，减少电压变配电级数；③合理分布供电网路，降低线路电损；④选择节能型变压器；⑤采用铜芯导线、减少导线长度、增大导线截面等[55]。

10. 建筑能耗控制系统设计

对四种控制系统建筑能耗值作对比，根据能耗数据，利用能耗计算软件计算能耗值，得到不同控制系统的能耗值。利用提出的基于模糊 PID 的近零能耗建筑能耗控制系统、基于 BIM 的近零能耗建筑能耗控制系统、基于指标控制的近零能耗建筑能耗控制系统、多参数联合控制系统对零能耗建筑能耗实施控制，得到的各个控制系统的能耗对比结果。通过仿真验证得出，提出的基于模糊 PID 的近零能耗建筑能耗控制系统实现了对零能耗建筑的能耗控制，该控制系统的能耗值均低于传统的近零能耗建筑能耗控制系统的能耗值，具有更好的控制效果[56]。

第五节　低碳建筑发展前景

"双碳"目标是中国为保护世界环境和坚持可持续发展战略做出的庄严承诺。因此，以低碳视角探寻建筑行业的发展前景，为早日实现"双碳"目标提供实际可用的低碳建筑技术是很有必要的。

一、建筑节能标准发展前景

为实现"双碳"目标，在建筑节能方面的标准需要进一步提高。特别是在绿色低碳方面，相关标准要为零碳技术、零碳社区、碳足迹核查等提供有力的帮助。建筑节能标准未来的发展可以从以下几个方面简要概括[39]。

（1）针对建筑节能标准，需要提标准、扩范围。我国现实行的夏热冬冷和夏热冬暖地区的建筑节能标准仍是 2015 版，对比国外 2030 全面新建的建筑零碳标准，我国需要加快建筑节能设计标准的制定。

（2）针对建筑运行维护环节，需要加强质量把控。目前，我国新建绿色建筑认证情况已经取消绿色建筑设计标识，只进行绿色建筑运行标识认证，也从侧面反映了建筑运行维护环节节能的重要性。未来对建筑节能运行质量的监督把控，将是发展的重中之重。逐步开展对建筑运行能耗与碳排放监测数据的采集、计量、核查的标准规范研究制定工作，是推进建筑节能运行管理的重要抓手。

（3）针对建筑碳足迹，需要全过程指导。目前我国建筑领域只在大型公共建筑的建筑运行能耗的采集、传输、监测有相关技术指导，而从碳视角来评价指导建筑节能低碳技术发展还一片空白。2021 年《零碳建筑及社区技术标准》已经启动，然而为支持"双碳"目标，还需要完整的标准支撑体系。因此，迫切需要从基础、方法、产品等多个维度，完善优化建筑节能低碳技术标准体系。

（4）针对标准合理性，需要同国际接轨。一方面，欧洲国家在节能低碳领域起步较早，对于碳排放、碳交易有较好的经验积累，借鉴其成功经验可以提高我国低碳发展效率；另一方面，碳达峰碳中和最终要通过数据核查来证实双碳目标的兑现，与国际标准对接才有利于呈现我国节能低碳发展的效果。

二、城市发展前景—低碳城市

现代中国城市生态规划发展可以划分为四个时期[57]，初始萌芽期（1949—1977 年）、缓慢发展期（1978—1989 年）、启动建构期（1990—2000 年）和全面发展期（2001 年至今）。由于每个时期由于社会经济环境背景都大不相同，需要采用不同的城市生态规划。自新中国成立以来，我国的城市生态规划发展是借鉴西方国家的发展思路，一直到全面发展期，逐渐在城市生态规划方面具有了中国特色。目前我国处于国际社会的风口浪尖，需要给出低碳发展的技术方案。在城市发展方面，需要朝着低碳城市的方向去发展。发展低碳城市主要有以下几方面需要注意。

（一）主动适应空间规划体系改革

空间规划体系是我国践行生态文明和可持续发展战略的重要举措，其改革与实施对以往的城市生态规划研究及规划编制的政策、标准、管理程序、路径等均会产生多种近期与远期影响。未来的中国低碳城市规划研究与实践，要主动适应体制改革所带来的各种变化，应与国家现有各类高层级规划主动对接并多方面积极协调，构建与现有各种规划类型以及空间规划体系下的新兴规划的恰当关系。

（二）低碳城市的控制要素

建筑低碳规划、低碳设计、低碳施工、低碳运营及低碳资源化五类指标构成[58]。

在建筑的建造阶段，主要包括建筑设计者对建筑体量的设计，对建筑立面的设计和对建筑构造方面的设计。

建筑体量控制包括对建筑高度、建筑尺寸和建筑平面形状的选择；建筑立面则包括对建筑色彩材质及第五立面建筑屋顶的形式和色彩的选择。

在建筑构造中确定建筑窗户的窗墙比的设计以及建筑墙体构造的设计，例如建筑装饰构件及建筑功能性的构件。这一阶段是对整个居住建筑节能情况最重要的一环。

在建筑的运营和拆除阶段，建筑的内部使用，涉及供暖、制冷及家用设备的使用等造成的碳排放，以及建筑材料、建筑废弃物的回收处理与再利用与建筑建设初期建筑材料等建材的选择有着密不可分的关系，可重复利用的材质等环保材料的使用也很重要。

（三）建设低碳城市基础设施网络

首先，建立健全基础设施绿色更新的政策法规体系，完善相应工作的规划管理与建设实施机制；其次，对城市已建成的基础设施及其周边用地进行充分的绿色化改造。此外，建立交通运输、邮电通信、能源供给等各类基础设施网络的绿色评价体系，定期监测并评价城市生态环境状况，将评价结果作为绿色城市更新规划修编决策前及实施后评估的重要依据。

（四）探索绿色零碳社区更新、创新低碳城市更新机制

在大力推进绿色低碳社区更新建设的同时，积极探索绿色零碳社区更新，包括更新目标、规划设计和技术方法。同时绿色城市更新的工作离不开制度创新和制度建设，应在以下方面发力：

（1）探索增存挂钩"绿色折抵"机制。按照城市绿色空间总量不减少、质量有提高的原则，探索建立城市生态用地的增存挂钩式"绿色折抵"机制。

（2）探索绿色全生命周期管理制度。确立全程绿色化更新的思路，按照绿色城市更新规划要求，在项目招商、落地、供地、开工、竣工和投产的全程实施监督各项生态指标与环境状况的落实情况，让每一宗土地、每一份资源、每一个环节都能发挥最大生态效益，同时建立科学高效、程序严密、灵活有度的更新决策机制，确保决策的多主体、多尺度特征。

（3）探索多元化投融资机制。低碳城市的未来就是负碳城市。譬如，英国的贝丁顿零碳社区。一方面，它通过在建筑物屋顶和朝阳墙壁上安装太阳能光伏电板实现太阳能发电；另一方面，利用废旧木料和树木修剪下的树枝等作为燃料发电，大幅减少水电消耗。这些可再

生能源除了为社区内居民生活服务外，还能向国家电网供应多余的电力。贝丁顿零碳社区的试验，在一定意义上实现了"零碳"向"负碳"的发展，即通过可再生能源的输出，减少社区外化石能源的消耗，从而促进社区外的低碳发展[59]。

参 考 文 献

[1] EMBER. Global electricity review [R]. 2021.

[2] 龙惟定，梁浩. 我国城市建筑碳达峰与碳中和路径探讨 [J]. 暖通空调，2021，51（4）：1-17.

[3] 《中国城市大规模推广建筑领域可再生能源利用研究报告》发布 [J]. 风能，2021，（3）：8.

[4] 中国建筑材料工业碳排放报告（2020 年度）[J]. 石材，2021（5）：3-5＋54.

[5] 马娇媚，徐磊，隋明洁. 水泥生产过程碳排放影响因素分析 [J]. 水泥技术，2021（5）：28-35.

[6] NAQI A，JANG J G. Recent Progress in Green Cement Technology Utilizing Low-Carbon Emission Fuels and Raw Materials：A Review [J]. Sustainability，2019，11（2）：573-591.

[7] 付立娟，杨勇，卢静华. 水泥工业碳达峰与碳中和前景分析 [J]. 中国建材科技，2021，30（4）：80-84.

[8] 高长明. 我国水泥工业低碳转型的技术途径——兼评联合国新发布的《水泥工业低碳转型技术路线图》[J]. 水泥，2019，（01）：4-8.

[9] 高长明. 2050 世界水泥可持续发展技术路线图 [J]. 水泥技术，2010（1）：17-19.

[10] 吴中伟，陶有生. 中国水泥与混凝土工业的现状与问题 [J]. 硅酸盐学报，1999，（06）：734-738.

[11] XU J-H，FLEITER T，FAN Y，et al. CO₂ emissions reduction potential in China′s cement industry compared to IEA′s Cement Technology Roadmap up to 2050 [J]. Applied Energy，2014（130）：592-602.

[12] 洪大剑，王振阳. 《中国水泥生产企业温室气体排放核算方法与报告指南（试行）》解析 [J]. 质量与认证，2017，（06）：50-53.

[13] 罗雷，郭旸旸，李寅明，等. 碳中和下水泥行业低碳发展技术路径及预测研究 [J]. 环境科学研究，2022，35（6）：1527-1537.

[14] 金涌，朱兵，胡山鹰，等. CCS，CCUS，CCRS，CMC 系统集成 [J]. 中国工程科学，2010，12（08）：49-55＋87.

[15] 韩仲琦. 步入低碳经济时代的水泥工业 [J]. 水泥技术，2010（1）：20-24.

[16] LI L，CAO M，YIN H. Comparative roles between aragonite and calcite calcium carbonate whiskers in the hydration and strength of cement paste [J]. Cement and Concrete Composites，2019（104）：103-150.

[17] PROVIS J L. Alkali-activated materials [J]. Cement and Concrete Research，2018（114）：40-48.

[18] GAO Y，LI Z，ZHANG J，et al. Synergistic use of industrial solid wastes to prepare belite-rich sulphoaluminate cement and itsfeasibility use in repairing materials [J]. Construction and Building Materials，2020（264）：120-121.

[19] ZHANG N，YU H，WANG N，et al. Effects of low-and high-calcium fly ash on magnesium oxysulfate cement [J]. Construction and Building Materials，2019（215）：162-170.

[20] ZHANG N，YU H，GONG W，et al. Effects of low-and high-calcium fly ash on the water resistance of magnesium oxysulfate cement [J]. Construction and Building Materials，2020（230）：116-151.

[21] 吴萌. 石灰基低碳胶凝材料的设计制备与水化机理研究 [D]. 南京：东南大学，2021.

[22] 马长华. 节能玻璃的应用浅析 [J]. 城市建设理论研究：电子版，2012，000（028）：1-3.

[23] 刘志海，庞世纪．节能玻璃与环保玻璃［M］．北京：化学工业出版社，2009．

[24] 忻崧义．提高中空玻璃与真空玻璃节能效果的途径［J］．玻璃，2004，31（6）：53-56．

[25] 郭明．国内外镀膜玻璃生产现状及发展趋势［J］．玻璃，2002，29（3）：43-46．

[26] 周婷婷，陈宏俊．高性能低辐射玻璃的研究进展及应用［J］．国外建材科技，2004，25（3）：40-42．

[27] 王同言．浅谈卫生陶瓷模型使用寿命问题［J］．陶瓷学报，2006，27（4）：426-429．

[28] 陈珂，丁烈云．我国智能建造关键领域技术发展的战略思考［J］．中国工程科学，2021，23（4）：64-70．

[29] 陈钟，王晓冬，陈澄波．智能建造背景下装配式建筑的发展与应用［J］．建筑结构，2021，51（22）：168．

[30] 杨增科，樊瑞果，石世英，等．基于CIM+的装配式建筑产业链运行管理平台设计［J］．科技管理研究，2021，41（19）：121-126．

[31] 刘诗楠，刘占省，赵玉红，等．NB-IoT技术在装配式建筑施工管理中的应用方案［J］．土木工程与管理学报，2019，36（04）：178-184．

[32] 王兴冲，唐琼，董志胜，等．BIM+技术在装配式建筑建设管理中的应用研究［J］．建筑经济，2021，42（11）：19-24．

[33] 樊星，秦圆圆，高翔．IPCC第六次评估报告第一工作组报告主要结论解读及建议［J］．环境保护，2021，49（Z2）：44-8．

[34] 张涛．《2030年前碳达峰行动方案》解读［J］．生态经济，2022，38（01）：9-12．

[35] 张婧．日本办公建筑低碳设计策略研究［D］．西安：西安建筑科技大学，2020．

[36] 向鹏成，谢怡欣，李宗煜．低碳视角下建筑业绿色全要素生产率及影响因素研究［J］．工业技术经济，2019，38（08）：57-63．

[37] GUO Q，ZHAO L Q，LIANG Q Y. Study on the Architectural Design with the Conception of Low Carbon［J］. Advanced Materials Research，2013，712-715（1）：883-886．

[38] SAMER M. Towards the implementation of the Green Building concept in agricultural buildings：A literature review［J］. Agricultural Engineering International：The CIGR e-journal，2013，15（2）：25-46．

[39] 纪博雅，毛晓峰，曹勇，等．我国建筑节能低碳技术标准体系现状与发展建议［J］．建筑经济，2022，43（01）：19-26．

[40] ZHANG S D，CHEN C Y. The Experience of the low-carbon economic development in the developed countries［J］. Advanced Materials Research，2012，524-527：3692-3695．

[41] 杨基春．新能源在建筑节能领域中应用的思考［J］．应用能源技术，2008，（03）：32-34．

[42] 杨卫波，施明恒，董华．太阳能-土壤源热泵系统联合供暖运行模式的探讨［J］．暖通空调，2005，（08）：25-31．

[43] 邓心绎．节能减排背景下建筑通风节能的设计措施［J］．科技资讯，2016，14（35）：131-132．

[44] 王曼娜．自然通风技术在建筑节能方面的实现方法［J］．黑龙江科技信息，2012（33）：288．

[45] 黄云丽．建筑通风中节能问题探讨［J］．科技创新与应用，2012（11）：207．

[46] 张小玲．中国发展被动式房屋的建议与思考［J］．建设科技，2016（17）：11-14．

[47] 王立立．被动式低能耗建筑（零能耗建筑）［J］．黑龙江科技信息，2014，000（024）：224-226．

[48] 郭宝霞．冬奥临时建筑被动节能技术研究［D］．北京建筑大学，2022．

[49] 郑飚．住宅建筑外墙保温层厚度优化研究［D］．马鞍山：安徽工业大学，2012．

[50] 孙向东，吴茂华．几种常见热桥的节点及保温处理［J］．砖瓦，2003（9）：99-101．

[51] 陈宏．屋顶绿化：缓解城市热岛效应，改善城市生态环境的有效措施［J］．引进与咨询，2006（6）：39-40．

[52] 陈平，孙澄．近零能耗建筑概念演进、总体策略与技术框架［J］．科技导报，2021，39（13）：

108-116.

[53] 张时聪，吕燕捷，徐伟 . 64 栋超低能耗建筑最佳案例控制指标和技术路径研究 [J]. 建筑科学，2020，
　　　36（6）：7-13＋135.

[54] 王微微，郑克白 . 热泵热回收技术在热水系统中的应用 [J]. 给水排水，2008，44（S2）：60-63.

[55] 申喆 . 超低能耗绿色建筑技术解析与发展趋势——评《超低能耗绿色建筑技术》[J]. 混凝土与水泥制
　　　品，2020（7）：96-97.

[56] 王爽，周晓冬，董晶 . 基于模糊 PID 的近零能耗建筑能耗控制系统仿真 [J]. 计算机仿真，2021，
　　　38（10）：263-267.

[57] 沈清基，彭姗妮，慈海 . 现代中国城市生态规划演进及展望 [J]. 国际城市规划，2019，34（4）：
　　　37-48.

[58] 冷红，姚金，于婷婷，等 . 基于风貌引导的小城镇居住建筑低碳化改造研究——以浙江长兴为例[J].
　　　工业建筑，1-18.

[59] 林坚，叶子君 . 绿色城市更新：新时代城市发展的重要方向 [J]. 城市规划，2019，43（11）：9-12.

第六章 钢铁领域碳中和技术

第一节 钢铁工业碳排放现状

一、国内外钢铁产业及其碳排现状

钢铁工业是我国国民经济的重要基础产业和建设现代化强国的重要支撑,上接采矿、煤炭、运输等行业,下影响建筑、汽车制造、机械等行业的原材料供给,其重要程度不言而喻。但它也是名副其实的碳排放大户,碳排放量占全国年度碳排放总量的 15%～17%[1]。因此,2020 年碳排放交易市场开启后,经生态环境部核算,钢铁也纳入碳交易市场。

中国的粗钢产量从 2001 年的 1.51 亿 t 迅速增长到 2020 年的 10.65 亿 t,占到了全球产量的 56.7%,目前为世界第一。2020 年世界各国粗钢产量如图 6-1 所示。

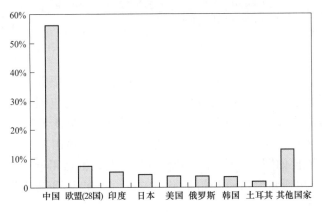

图 6-1 2020 年世界各国粗钢产量

截至 2021 年,全球已有 50 多个国家实现了碳达峰。例如德国在 1990 年,英国在 1991 年、美国在 2007 年都已经实现了碳达峰。钢铁主要生产国的粗钢产量及其人均产量见图 6-2,达峰时间及达峰钢产量见表 6-1。虽然这些国家在实现碳达峰后钢铁产量降低,经济

表 6-1 世界主要钢铁生产国达峰时间及达峰时期产量[2]

国家及地区	达峰时间	达峰时期产量年产量（百万 t）
中国	未达峰	—
欧盟	1990	191.82
印度	未达峰	—
日本	2013	110.6
美国	2007	98.1
俄罗斯	1990	154.42
韩国	2018	72.5
土耳其	未达峰	—

增长速度也有所减缓，但总体还是处于上升阶段。这些国家实现碳达峰的发展历程也为我国
2030 年实现碳达峰提供了参考。

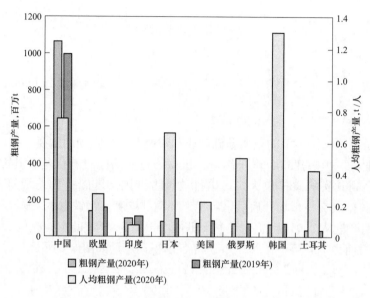

图 6-2　世界主要钢铁生产国粗钢产量及其人均产量

　　早在 2006 年，中国政府在"十一五"规划中提出：希望到 2010 年，单位 GDP 能
耗比 2005 年降低两成、主要污染物排放减少一成。为了响应国家政策，钢铁行业通过
关停和淘汰部分落后产能、升级产品结构、采用新的节能技术和推广末端治理技术等
方式，降低吨钢能耗和污染物排放量。2000—2018 年，中国粗钢产量和黑色金属冶炼
及压延加工业能源消耗如图 6-3 所示。由图可以看出，虽然粗钢产量逐年上升，但能源
消耗总量在 2014 年达到峰值后便开始下降。吨钢综合能耗更是逐年下降，说明钢铁行
业节能工作效果显著。

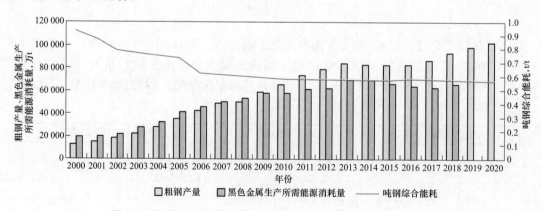

图 6-3　中国粗钢产量和黑色金属冶炼及压延加工业能源消耗[3]

　　二、钢铁工序中碳的来源
　　根据原料的不同，全球主要粗钢生产工艺可分为两类：第一类是以铁矿石为主要原料的
长流程炼钢工艺，具体包括高炉-转炉法（BF-BOF）、熔融还原法（SR-BOF）和直接还原

法（DRI）；第二类是以废钢为主要原料的短流程炼钢工艺，即基于废钢的电弧炉冶炼法（scrap-based EAF）。钢铁生产工艺流程如图 6-4 所示。

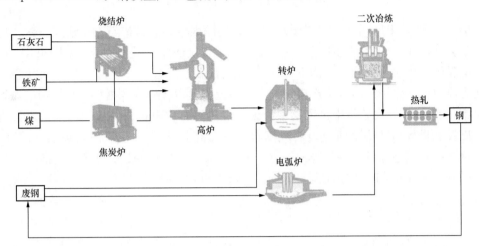

图 6-4　钢铁生产工艺流程

高炉-转炉法（BF-BOF）是在高炉中投入焦炭、洗精煤等化石燃料作为还原剂和燃料，将球团矿或烧结矿熔化、还原为铁水，铁水进入转炉吹炼，除去杂质和多余的碳，产出粗钢。高炉-转炉法炼钢占比为 90%，其工艺流程包括焦化、烧结/球团、高炉、转炉、连轧、连铸等。高炉-转炉法炼钢各个工序的碳排放情况如图 6-5 所示。

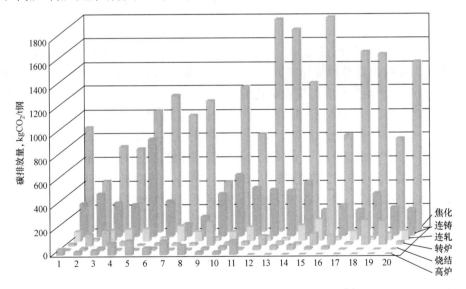

图 6-5　高炉-转炉法炼钢各个工序碳排放情况[1]

钢铁生产碳排放量包括两部分：一是煤作为燃料与还原剂直接排出的 CO_2；二是使用电力间接排放的 CO_2（发电厂生产电力排放的 CO_2）。此处所指的碳排放均为直接 CO_2 排放。煤作为燃料自然是每个工序都必备的，而炼铁过程中煤不仅为燃料，且其产生的 CO 还作为还原剂，所以说炼铁的碳排放比其他工序的总和还要多。炼铁过程是 CO 为还原剂，将氧化物中的高价铁还原为铁元素的化学反应过程，其化学反应式如下：

$$Fe_2O_3 + CO \longrightarrow Fe + CO_2 \qquad (6\text{-}1)$$

$$Fe_3O_4 + CO \longrightarrow Fe + CO_2 \qquad (6\text{-}2)$$

直接还原法（DRI）是利用煤炭或天然气为还原剂将固态铁矿石直接还原为铁，还原出的铁通常会在电弧炉中冶炼为粗钢，这一工艺称为直接还原铁-电弧炉法（DRI-EAF）；基于废钢的电弧炉冶炼法（scrap-based EAF）是以钢铁生产过程中产生的废料和从社会回收的废钢作为原料在电弧炉中冶炼生产粗钢。由于短流程是以废钢为原材料，直接用电弧炉发热熔炼废钢，其 CO_2 排放主要来自废钢中的碳与发热用石墨电极自身氧化，因此比长流程小得多。IEA 和世界钢铁协会研究表明吨钢碳排放从高到低依次为高炉-转炉法（BF-BOF）、基于天然气的直接还原铁-电弧炉法（natural gas-based DRI-EAF）和基于废钢的电弧炉冶炼法（Scrap-based EAF），分别为 2.2、1.4、0.3 tCO_2/t 钢。

梳理完钢铁工序中碳的排放情况后，便可得出以下问题，并得到大致的 CO_2 减排方式：①整体上来看，为何我国 90% 为长流程，短流程比例不高，能否增加短流程比例；②从燃烧煤炭的角度看，能否改进生产设备，实现对煤炭的更高效燃烧；③钢铁领域的燃料依然是煤炭为主，能够换用高效清洁的能源，从源头上实现碳减排；④炼铁工序碳排放最高，究其原因煤不仅仅是燃料，其排出的 CO_2 还是还原剂，那么是否可用其他的还原剂来代替 CO；⑤钢铁生产过程中会有大量的余热产生，吨钢产生的余热资源量约占消耗煤炭资源量的 52%，大型钢铁联合企业的余热资源占全部生产能耗的 60%，能否加大余热回收力度。

三、政策支持

减少钢铁行业的碳排放，最直接的手段就是控制产能与产量，这需要政府的引导与管控。2021 年 11 月，工业和信息化部、人民银行、银保监会和证监会联合发布了《关于加强产融合作推动工业绿色发展的指导意见》（工信部联财〔2021〕159 号，以下简称《指导意见》）。《指导意见》立足当前我国工业绿色发展实际和碳达峰、碳中和目标要求，围绕创新链、产业链、供应链、消费链及国际合作五个方面，给工业绿色发展提供重点方向。加快绿色工厂建设和高耗能行业绿色化改造，优化调整产业结构和布局，构建完善绿色供应链等。对于钢铁行业，工业和信息化部、发展改革委和生态环境部还专门发布了《关于促进钢铁工业高质量发展的指导意见》（工信部联原〔2022〕6 号），对控制钢铁产业进行了严格规定，如严格落实钢铁产能置换、项目备案等规定，并将压减钢铁产能和产量作为实现"双碳"的重要措施。

不过，政府政策在此方面依旧不完善。钢铁行业和多数省市的碳达峰实施方案尚未正式公布，对于行业和地方的达峰时间、达峰路径、重点任务和减碳潜力都不明确，缺乏顶层设计。

钢铁领域是工业减碳的重点，减碳工作一定要按照国家的政策进行，绝不能"一刀切式"管理和"运动式"减碳。同时钢铁行业的减碳工作是国家能否如期实现"碳达峰"与"碳中和"目标的重要一环。目前钢铁领域存在着能源结构单一、绿色发展水平不平衡、整体节能降碳水平不高等问题。钢铁领域的减碳可谓任重道远。

钢铁行业需完善节能降碳管理支撑体系，建立绿色生产链。加大龙头企业对钢铁行业节能降碳和绿色转型的指导作用，实现钢铁行业绿色低碳转型。

钢铁行业拟作为首批纳入全国统一碳市场的八个重点行业之一。需要加快构建完善的碳交易市场体系，促进钢铁行业的产业结构调整、能源结构优化，调动企业降碳的主动性、积极性和创造性，促进钢铁企业进一步加快创新驱动，抢占技术创新制高点，提升低碳竞争力。另外，碳交易市场也为企业开展技术创新提供了新的资金来源。

第二节　降　碳　技　术

《钢铁行业碳达峰及降碳行动方案》提出行业碳达峰目标：2025年前，钢铁行业实现碳排放达峰；到2030年，钢铁行业碳排放量较峰值降低30%，预计将实现碳减排量4.2亿t。实现目标有五大路径，分别是推动绿色布局、节能及提升能效、优化用能及流程结构、构建循环经济产业链和应用突破性低碳技术。

一、绿色布局

着眼钢铁行业长期发展形成的既有产业规模、要素资源和关联产业链基础，综合考虑空气环境质量提升、产业集聚发展等因素，围绕钢铁行业资源整合目标，突出资源利用率高、环保安全水平高、生产效率高的建设要求，高起点、高标准规划建设。改变"北钢南运"的现象，同时京津冀地区，大幅压减长流程钢铁产能；重点在京津冀及周边、长三角等长流程工艺集中且生态环境重点地区，合理布局发展短流程炼钢。严禁新增产能，严格执行产能置换办法，加大长流程减量置换的比例，完善相关产能置换政策要求。推广全生命周期绿色产品，以全生命周期为评判标准，大力发展高强高韧、轻量化、长寿命、耐腐耐磨和耐疲劳的钢材产品，实现产品绿色化发展。

二、节能及提升能效

节能及提升能效路径包括推广先进适用节能低碳技术、提高余热余能自发电率和应用数字化智能化技术。

（一）提高余热余能利用

在《"十四五"工业绿色发展规划》逐渐深入落实的背景下，节能减排已成为国家的重大决策之一，各地工业企业积极探寻能源损耗最小的发展路径。钢铁企业面临着来自资源、环境的挑战，现已进入转型升级的重要时期。然而，在钢铁制造工艺流程中，仅有30%～50%的能量得到有效利用[5]，剩余大量能量则以余热形式存在，回收潜力巨大。实现余热资源的高效回收利用，降低企业的能源成本是钢铁企业需考虑的重大问题。

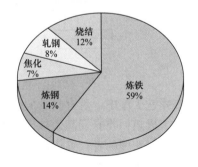

图 6-6　钢铁生产各工序能耗占总能耗百分比示意

我国钢铁企业90%是以高炉-转炉为主的长流程企业，高炉-转炉为主的钢铁生产流程中各工序能耗不尽相同，炼铁工序的能耗比重最大，约占整个钢铁生产流程总能耗的59%。各生产工序能耗占总能耗百分比如图6-6所示。

目前，钢铁企业余热资源广泛分布于各工序中。根据余热温度可将钢铁行业的余热资源划分为三种，见表6-2。

表 6-2   钢铁行业的余热资源

划分依据	名称	余热资源
< 150℃	低温余热	各种低温物料、低温烟气、热水和废蒸汽
150～500℃	中温余热	风炉尾气初级余热回收后的烟气、烧结烟气、高炉煤气等
>500℃	高温余热	高温钢材、高温焦炭、高温烧结料、加热炉烟气、电炉烟气、转炉烟气和焦炉烟气等

统计表明我国的大中型企业吨钢每年会产生 8.44GJ 的余热,其在吨钢总能耗中约占 37%。在余热总量中最终产品和中间产品所携带的显热约占 39%,各种熔渣的显热在余热总量中约占 9%,各种废(烟)气的显热约占 37%,冷却水携带的显热约占 15%[6]。

(二)余热回收存在的困难

将余热作为一种能源会受到多方面的限制,例如热回收的设施、用户需求、余热来源特征等。不同废热回收技术面临着不同的问题。已知废热主要来自两种来源,即化石燃料和可再生能源,其能量转换途径如图 6-7 所示。化石燃料产生的大部分废热涉及工业生产过程,可通过空气预热器、余热锅炉、省煤器等进行回收利用。不同形式的余热回收技术还取决于最终用户需要的能源形式。此外,设备空间的限制及经济性都是需要考虑的问题。因此,高效余热回收是具有挑战性的。

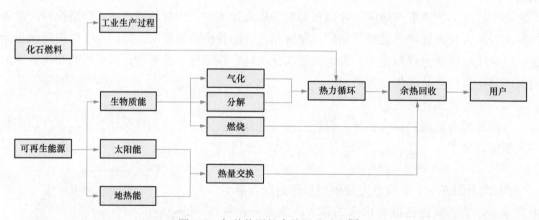

图 6-7   各种热源的余热回收流程[7]

在炼铁工序中,现有高炉渣余热回收技术可分为通过介质交换热量和与化学反应吸收余热。对于显热回收有提高余热回收率和促进高附加值产品生产两种选择,但仍然没有相关成熟技术可以兼顾两者;炼钢烟气余热回收量少,大部分高温烟气未得到有效回收利用;烧结工序的烧结矿的高温余热基本没有回收利用,仅中低温部分的余热得到有效利用;焦化工序副产煤气显热利用率偏低。

(三)钢铁企业余热回收利用技术应用现状

1. 炼铁工序余热回收利用

钢铁生产流程中会产生大量余热,此外还伴有烟(煤)气、高炉渣、冷却水等。炼铁工序高炉渣显热约占余热的 30%,且回收率较低。现有余热回收方法可分为物理回收方法和化学回收方法两大类。

(1)物理回收方法。炼铁过程中产生大量高炉渣,其出炉温度高,含有巨大的显热。因此，目前尝试了许多回收方法对其余热进行回收以获取经济效益。钢铁企业中常用的余热物理回收方法包括风淬法、水淬法、旋转杯粒化法、双鼓法、甲烷水蒸气法、冶金熔渣射流干法粒化等。

1）风淬法。风淬法首先将高温熔渣粉碎，这个过程需要利用高速空气对其冲击，使用多段流化床回收粉碎后的渣粒，并获取高温热风用于发电，这个过程回收余热的同时也生产了高附加值的炉渣。

2）水淬法。水淬法主要包括底滤法、因巴法、明特克法、拉萨法、图拉法五种，将冷却水喷洒在破碎的高温炉渣上实现热量转移，冷却水吸收高温炉渣的部分热量蒸发成为中压蒸汽，蒸汽被收集进入蒸汽系统从而得以利用。

3）旋转杯粒化法。旋转杯粒化法是利用高速旋转的多孔旋转杯所带来的离心力，熔渣被甩出粒化，甩出过程中冷空气与高温粒渣相遇并交换热量，空气被加热后进行余热回收。

4）双鼓法。双鼓法余热回收设备中转鼓内部填充低沸点流动介质，转鼓具有良好的导热性，液态炉渣倒入转鼓，由炉渣向下的重力和转鼓向上的转力两合力调节转速。转动过程中高温炉渣热量传导至转鼓内流动介质，升温后介质导出余热实现回收利用。

5）甲烷水蒸气法。高炉熔渣粒化过程利用其显热为甲烷和水蒸气的化学反应提供热量，生成 H_2 和 CO。

6）冶金熔渣射流干法粒化。这种方法是以水为载体，通过高速射流冲击的方式粒化熔融渣，再辅以流化床和移动床的回收热能，耗水量小、污染少且安全性高。

（2）化学回收方法。钢铁企业中常用的高炉渣显热的化学回收方法有高炉渣生产渣棉、高炉渣制备微晶玻璃和高炉渣显热制煤气。

1）高炉渣生产渣棉。首先在高温状态下往高炉渣中加入铁尾矿、废石等调质剂，高炉渣沟末端的喷嘴处利用压缩空气或蒸汽等高压气体喷吹，将熔融的混合料吹成丝状，从而形成具有高附加值的渣棉纤维。这一方法回收了大量高炉渣和余热资源。

2）高炉渣制备微晶玻璃。将高炉渣作为原料，用于制备高附加值的微晶玻璃，提高高炉渣利用率。将高炉渣作为陶瓷的助烧结剂，降低了烧结温度且改善了陶瓷的材料性能。回收高炉渣制备高附加值的陶瓷产品或微晶玻璃同时，又间接利用了炉渣的显热。

3）利用高炉渣显热制煤气技术。在高炉渣粒化的过程中，会释放出大量热量为煤气化所需要的化学能提供能量，但此方法存在气化反应不彻底影响煤转化效率的问题。

2. 炼钢工序余热回收

在炼钢工序中，主要回收烟气余热产生蒸汽以发电。在汽化冷却烟道将炼钢工序中所产生 1400℃ 以上的高温转炉烟气进行降温满足后续的除尘要求，同时产生蒸汽。汽化冷却烟道余热过程中产生的低压饱和蒸汽还可以直接用于发电。

3. 烧结工序余热回收

对于烧结工序中存在的余热资源，多数企业采用烧结环冷机进行回收利用。按照烧结环冷机的烟气温度不同，可分为三个阶段——高温段、中温段和低温段。

针对环冷机的高温段烟气特别地设计了余热锅炉。环冷机中温段的烟气利用有机朗循环（ORC）发电工艺进行余热回收，基于以上方式可将废气最高温度由约 180℃ 降低至约 115℃。

烧结烟气循环工艺就是将烧结过程中产生的部分热烟气返回烧结工序进行循环使用的工艺,其主要目的是减少烧结烟气的排放量,降低烟气净化设施处理的负荷,回收热烧结烟气中的热量,减少烧结过程燃料消耗,提高烧结矿质量。按照烟气循环工艺路线可分为内循环方式和外循环方式。烟气不经过主抽风机直接返回烧结机的工艺叫烟气内循环工艺;烟气在主抽风机后返回烧结机的叫外循环工艺。烟气内循环技术特点如下:

(1)考虑烧结机各风箱烟气污染物及温度分布特征,使污染物在烧结料层中发生一系列复杂化学反应过程,包括CO的二次燃烧放热、二噁英的高温分解等,理论上会降低二氧化硫(SO_2)、氮氧化物(NO_x)等其他一些污染物的排放浓度。但根据已投运的情况来看,由于烧结过程伴随着众多物理、化学反应,过程非常复杂,因此内循环并未达到预期效果,并且还带来了一些其他问题。

(2)在风箱支管取风,操作灵活,可以随意切换不同风箱进入烟气循环系统。但是,也同时造成设备、钢结构、土建、阀门仪表等工程量大,导致投资很高,检修工作量很大。

(3)内循环工艺相对于外循环工艺,循环烟气温度高、含氧量高,烟气循环率较高(30%左右)、烟气余热利用效果好。

烟气外循环技术特点如下:

(1)在烧结主抽风机后烟道取烟气,工程改动量小,固定投资低;在业内推广程度上,比烟气内循环系统更好。

(2)工艺流程简单、阀门、仪表数量少,检修工作量小。

(3)由于烧结主抽风机后烟气温度低(一般为130~150℃),热量利用效果一般;烟气含氧量相对较低,使烧结烟气减排率较低(30%左右)。

国外有日本新日铁开发的区域性废气循环技术、荷兰艾默伊登开发的 EOS(Emission Optimized Sintering)、德国 HKM 开发的 LEEP(Low Emission and Energy optimized sinter Process)及奥钢联公司开发的 EPOSINT(Environmental process optimized sintering),见图6-8~图6-11。国内也有宁钢、沙钢、首钢股份、宝钢、永钢、迁钢、长钢等采用了烧结烟气循环工艺[8]。

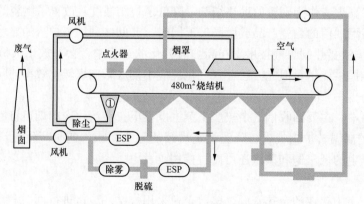

图 6-8　日本新日铁区域性废气循环工艺[8]

4. 焦化工序余热回收

在焦化工序中,生产焦炭的过程中伴随产生焦炉煤气等副产品。焦化工序主要存在的余

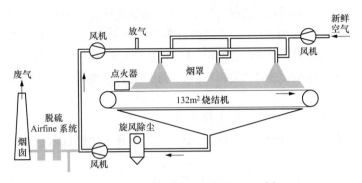

图 6-9　荷兰艾默伊登厂 EOS 工艺[8]

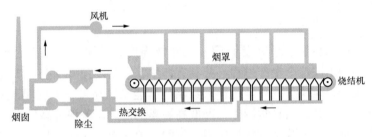

图 6-10　德国 HKM 公司 LEEP 工艺[8]

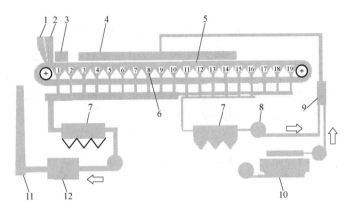

图 6-11　奥钢联钢铁公司 EPOSINT 选择性废气循环工艺[8]

1—铺底料；2—烧结混合料；3—点火器；4—机罩；5—烧结台车；6—风箱；
7—电除尘；8—风机；9—气体混合室；10—环冷机；11—烟囱；12—废气净化系统

热资源包括红焦显热、焦炉荒煤气显热、焦炉烟气显热等。目前，钢铁企业主要利用干熄焦技术回收红焦显热及煤调湿技术回收焦炉烟气显热；对于焦炉荒煤气显热回收，部分钢铁企业则采用上升管余热回收技术进行回收利用。

（1）干熄焦技术。干熄焦技术的主要工艺流程是将高温焦炭从顶部装入干熄炉，采用氮气置换高温焦炭的热量，待焦炭冷却至约 200℃后排出。高温氮气通过余热锅炉后产生蒸汽，并用于发电；冷却后氮气又可以返回干熄炉进行循环利用。

干熄焦技术可以将红焦显热转化为蒸汽用于发电，从而实现节能并提高能源利用率。同时，干熄焦技术还能提高焦炭强度，具有较高的经济和社会效益。

（2）煤调湿技术。煤调湿技术是在装炉前对炼焦煤进行加热处理，去除部分水分，控制装炉煤水分处于较低水平（约 6%），然后进行装炉炼焦的技术。在炼焦过程中，煤调湿技术可以将焦炉中废气余热对进入的焦炉煤进行加热，将煤中含水量降低至 5%～6%，起到煤预热和调湿的作用。煤调湿技术能够有效减少炼焦过程的能源损耗和废水量，提高焦化产品的回收率。

（3）上升管余热回收技术。焦化工序中产生的荒煤气温度高达 650～800℃，携带约 36% 的焦炉余热。焦炉荒煤气余热回收技术中，焦炉上升管余热回收技术相比其他技术更符合企业实际生产要求。

焦炉上升管余热回收工艺借助上升管换热器及辅助系统吸收荒煤气显热产生的饱和蒸汽。上升管余热回收技术能够保证上升管内的焦油不凝结，同时最大限度地回收荒煤气热量，提高余热利用率。

（四）应用数字化智能化技术

高炉炼铁工序的燃料比水平决定了 CO_2 的排放强度。钢铁企业数字化智能系统可以动态展示高炉从上料到出铁整个生产过程，并具有评估、诊断及预警功能，实现智能感知—智能分析—智能决策—智能执行的科学闭环。数字化智能系统还可以实时呈现炉顶布料效果，精确获取气流状态，及时诊断异常操作，降低高炉燃料比，显著提升高炉煤气利用率。数字化智能系统已在宁钢、武钢等企业成功应用。例如，中冶南方通过数字化智能系统可提升高炉风温 9～20℃，降低煤气消耗 3%～6%。

（五）先进适用性节能低碳技术

《钢铁工业"十二五"发展规划》中提出的 25 项主要工艺改进技术（见图 6-12），若这些技术都得到推广，可以让钢铁企业减少约 40% 的 CO_2 排放，减排潜力约 $0.9 tCO_2/t$ 粗钢。这类减排技术已经较成熟，推广较为容易，在减排的同时提高了经济效益，是当前成本较优的技术。同时《"十四五"原材料工业发展规划》提出钢铁行业重点推广近终形短流程铸轧、钢铁循环材料使用、低品位资源生物冶金等低碳技术。

（六）高炉性能优化技术

我国钢铁工业能耗约占全国能源消费总量的 15%，而高炉工序能耗约占钢铁全流程能耗的 70%[9]。高炉既是钢铁行业的能耗大户，也是排放大户。高炉装备也向着节能减排的方向发展，并依托技术改革达到降低成本增加效益及稳定操作等目的。

1. 高炉大型化和长寿技术

高炉大型化和长寿技术有利于降低资源和能源消耗，减少排放。我国新建大型高炉具有国际领先的技术水平，并且已实现国产化。在装备方面采用了无料钟炉顶、铜冷却壁、自动化系统、炉顶煤气余压发电、煤气干式除尘、高炉喷煤、水渣粒化、炉前机械化、高温热风炉、富氧鼓风、脱湿鼓风等装备[10]。

2. 炉顶煤气循环-氧气高炉

炉顶煤气循环氧气高炉（TGR-OBF）炼铁技术是将富氧高炉与炉顶煤气循环结合运用，用 O_2 鼓风代替传统的预热空气鼓风，并且把除尘、脱湿和脱除 CO_2 后的炉顶煤气重新再利用的高炉炼铁工艺。由图 6-13 可以看出，该高炉工艺与传统高炉相比没有热风炉，多了二氧化碳脱除单元和循环煤气预热单元。

因此，相较于传统工艺，炉顶煤气循环氧气高炉具有以下特点：

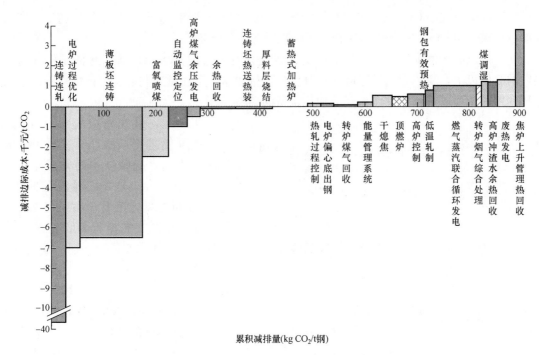

图 6-12　钢铁工业可选技术减排潜力与减排成本

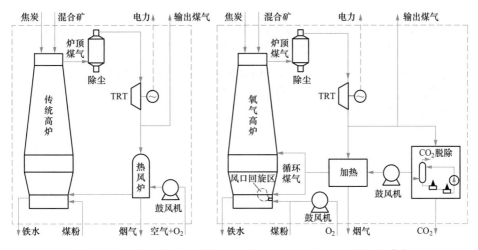

图 6-13　传统高炉与炉顶煤气循环氧气高炉的工艺流程图对比[1]

（1）大幅度提高喷煤量。由于使用氧气鼓风，可以加快煤粉的燃烧速度并提高了燃烧温度，因此加大高炉喷吹煤粉量，有效替代焦炭。

（2）循环煤气的间接还原，能够降低燃料比。炉顶煤气中含有大量的 CO 与 H_2，炉顶煤气脱除 CO_2 后循环至炉内，可以强化间接还原，减少耗热的同时也节约了焦炭。

（3）提高铁水生产率。由于炉顶煤气循环氧气高炉炉缸内的煤气量比传统高炉工艺的少，仅为其二分之一左右，所以高炉能顺行运行并能提高冶炼强度。

（4）降低 CO_2 捕集成本。传统高炉预热的是空气，其含有 79% 的 N_2，而 N_2 不参与燃烧反应，高炉煤气中 CO_2、CO 浓度均不高，捕集 CO_2 经济性不高。但对于氧气高炉，还原铁矿石后煤气中 CO_2 浓度很高，因此 CO_2 的分离成本会降低。

（5）外供高热值煤气。由于氧气高炉的煤气含有大量的 CO、H_2 等，热值是传统高炉煤气的 2 倍以上，高炉煤气量还可通过改变喷煤量和循环煤气量来调节。炉顶煤气不仅可以循环利用，也可以进行外供作为其他加热设备的燃料。

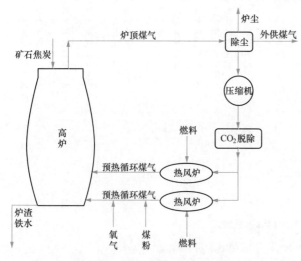

图 6-14　ULCOS 氧气高炉流程

实际上，氧气高炉从 20 世纪 70 年代便开始进行试验，不过因为制取氧气成本高，脱碳技术尚未成熟，只有 OCF、Fink、FOBF 等流程雏形，直到 21 世纪初才有比较好的结果[12]。目前最有名的工艺流程为欧盟在 2004 年提出的 ULCOS 氧气高炉流程[13]，如图 6-14 所示。炉顶煤气经过 CO_2 脱除后进行预热，下部入口煤气预热温度为 1200℃，而上部煤气预热温度为 900℃，预热好的煤气分别从上下部风口进入。同时在下部预热好的煤气配加常温氧气及喷吹煤粉。此流程可以减少 50.0% 的 CO_2 排放。

虽然说炉顶煤气循环氧气高炉减少了碳排放，但是氧气需求量与制备所需的电量也会增加。据计算氧气需求量提高了 1.7 倍，电量总消耗比传统流程高出了 50.9%[14]。如果不结合 CO_2 储存技术，炉顶煤气循环氧气高炉相对于传统高炉可以实现 CO_2 减排 16.5%。如果考虑 CO_2 储存技术，则可实现 65.0% 的 CO_2 减排。

三、优化用能与流程结构路径

优化用能与流程结构路径包括燃料结构优化、废钢资源回收利用、发展新能源及可再生能源。

钢铁冶炼工艺分为短流程与长流程两种。长流程是以天然资源（铁矿石）、煤炭等为源头的高炉-转炉冶炼方式；短流程以废钢、电力为源头（电炉）的冶炼方式。长流程炼钢约占中国钢铁冶炼的 90%[2]，这导致中国钢铁行业的能源主体是煤炭。相较于长流程，短流程减少了烧结/球团、焦化、高炉等高能耗、高污染的工序，具有投资少、占地小、污染轻等优点。在能耗、环境影响方面更有优势，如图 6-15 所示[15]。与用铁矿石生产 1.00t 钢相比，用废钢生产 1.00t 钢，大约可节约铁矿石 1.65t，减少 CO_2 排放 1.60t[15]。

中国目前主要的废钢来源有自产废钢、社会废钢（加工废钢与折旧废钢的统称）和进口废钢三大类。进口废钢受国际贸易影响，其使用量波动很大。自产废钢与社会废钢的使用量连年增加。中国废钢供应量变化如图 6-16 所示。

中国在废旧资源回收利用方面显著低于发达国家，目前短流程钢铁冶炼受到以下因素制约：中国经济还处在高速发展阶段，处于城镇化率提升阶段，由于钢铁的生产年限较近，未达到报废标准，因此每年废钢资源较为有限，且短期内钢铁需求量还会进一步增加；长流程过程的废钢添加比不断提高，使得废钢行情较为紧俏；此外，短流程炼钢还会受到钢铁品种

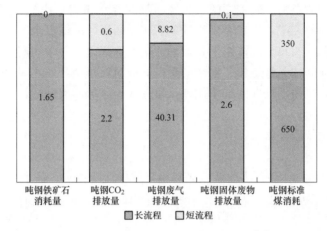

图 6-15　长短流程炼钢污染排放对比[15]

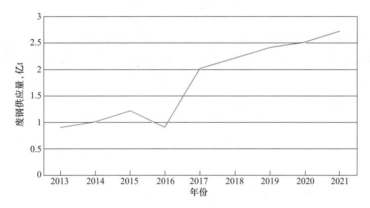

图 6-16　中国废钢供应量变化

限制的问题。目前，短流程炼钢主要生产合金钢、不锈钢和建筑用钢结构钢，对于纯净度较高的超深冲钢、家电用钢等还需要一些其他的工艺来去除废钢中 Cu、Sn、Bi 等残留元素。最后，除了电价偏高外，相关政策对短流程炼钢也有限制，如现行的《产业结构调整指导目录》规定，30～100t 的电炉属限制类设备。

随着中国废钢资源量的增加及废钢价格优势的凸显，将会使中国钢铁工业的铁资源构成发生重大变化，进而降低对国际铁矿石资源的依赖。同时，废钢配合短流程炼钢技术，将对钢铁工业生产流程结构的调整、模式和布局的变化、铁素资源消耗、能源消耗和碳排放产生重要的影响，这必将推动钢铁行业加快转型升级、绿色发展、生态文明建设[15]。

四、构建循环经济产业链

循环经济是一种以资源高效循环利用为核心，以"3R"为原则（减量化、再使用、再循环），以低消耗、低排放、高效率为基本特征，以生态产业链为发展载体，以清洁生产为重要手段，实现物质资源的有效利用，经济与生态的可持续发展。循环经济具有多层面特征，主要有企业循环经济层面、园区循环经济层面、产业循环经济和社会层面循环经济等路径，包括区域能源整合、固废资源化利用和推动钢化联产。例如，钢铁工业高炉产生的低热值煤气在实施压差发电综合利用之后，送至焦化厂用于焦炉加热，由此置换出高热值焦炉煤气可作为烧结和轧钢的燃料。轧钢厂的余热经回收供给城市生活用热。钢铁行业废渣制成超细粉用于生产建筑材料。工业废水经生化处理后实现回用，浓缩废水用于掺混燃料，经燃烧可消除污染物。如此，在每个产业链上，就形成了产业间原料、中间产品及废弃物的互供互用，实现上下游企业间"无缝链接"和清洁生产，同时在每个产业之间也形成循环链接。由企业内部的小循环，到拉动产业间的中循环，再形成全区域的大循环，这就构成了钢铁行业完整的循环经济产业链。

五、应用突破性低碳技术路径

（一）氢气还原冶炼技术

氢气直接还原炼钢（H_2-DRI-EAF）是目前最受关注的技术。H_2作为一种高效无污染的清洁能源，在21世纪极具发展潜力，在未来的能源结构中占据重要的地位。

围绕实现钢铁冶炼领域温室气体低排放的目标，氢能技术研发成为热点。氢气冶金是冶炼过程中用H_2代替碳进行还原。氢冶金还原过程具有碳还原不同特点。

1. 氢气获取途径

氢气冶金中最重要的原料是H_2，制氢是氢气冶金工艺中最重要的环节。目前H_2制取方式包括化学燃料制取如煤气化制氢、天然气制氢等，也包括含氢尾气回收氢（如焦炉煤气、氯碱尾气氢回收），以及电解水制氢等，具体见图6-17。目前，制氢逐步向可再生能源电解水制氢方向发展[16]。世界上核能、风能电解水制氢示范项目的数量和电解槽容量不断增加，电解槽总容量从2010年不足1MW增加到2019年的25MW以上。

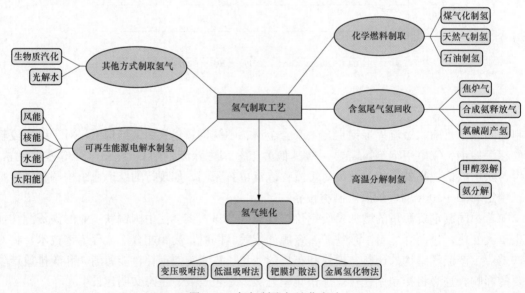

图6-17　氢气制取与纯化方法

2. 氢气冶炼钢铁理论

传统碳还原铁矿石的化学反应为$Fe_2O_3 + CO_2 \longrightarrow Fe + CO_2$，而$H_2$还原铁矿石的化学反应为$Fe_2O_3 + H_2 \longrightarrow Fe + H_2O$。对比上述两种冶炼方法，碳作为还原剂，产物是$CO_2$；$H_2$作为还原剂，产物是水（$H_2O$），可实现$CO_2$零排放。

对比上述两种工艺，用H_2取代碳作为还原剂和燃料的氢冶炼技术，不采用含碳物质作为燃料或者还原剂，是发展低碳经济的最有利选择。

国内外多家钢铁企业对氢冶金进行了深度布局，如安赛乐米塔尔建设氢能炼铁实证工厂、德国蒂森克虏伯氢炼铁项目、日本 COURSE50 等诸多项目都已进入试验或者建设阶段。中国氢冶金起步较晚，多数还处于立项初期。2019 年，中国宝武与中核集团、清华大学签订《核能-制氢-冶金耦合技术战略合作框架协议》，三方共同打造世界领先的核冶金产业联盟，其核冶金就是利用核能制氢，再用氢气冶金。

氢冶金技术的应用壁垒是零碳电力的价格，当零碳电力的价格低于 0.31 元/kWh，新建氢冶金项目的减碳成本低于碳捕集、利用与封存。

（二）生物质炼钢

高炉-转炉（BF-BOF）工艺是世界上钢铁生产的最重要途径，占世界钢铁产量的 70% 左右[17]。通过 BF-BOF 工艺生产 1.00t 热轧带卷大约产生 1.80t CO_2。炼铁、烧结、炼焦和高炉的 CO_2 排放达到约 1.62t，而高炉中消耗的能源和产生的 CO_2 在 BF-BOF 炼钢工序中是最高的，见图 6-18。

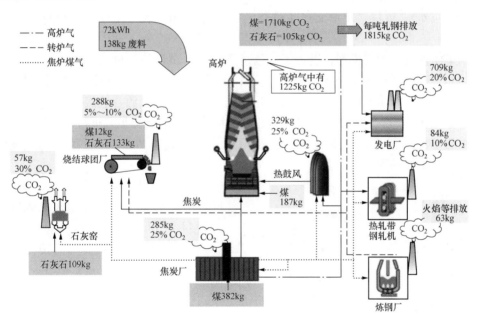

图 6-18　BF-BOF 工艺二氧化碳排放分布示意[18]

在 BF-BOF 工艺中，生物质可以在炼焦、烧结及高炉工序中替代部分化石燃料。高炉对焦炭的物理化学性质有着严格的要求，生物质燃料与焦炭有着不同的特性，例如生物炭的反应性高，将会导致炉温下降。Mathieson 等人对生物质在 BF-BOF 路线中应用进行了评估，发现净 CO_2 排放量可以减少 58%[19]。

（三）新型直接还原工艺

ULCORED 直接还原工艺是由 SP12 提出的可以实现 CO_2 低排放要求的新技术，适用于气基直接还原铁矿石的钢铁企业。此项技术的创新在于可以通过回收竖炉顶部和直接还原铁（DRI）的余热以减少还原气体（如天然气）的消耗。此外，采用天然气部分氧化技术替代重整技术，大幅减少设备投资[20]。

ULCORED 工艺根据初始还原剂的不同可分为天然气流程和煤气化流程,见图 6-19。

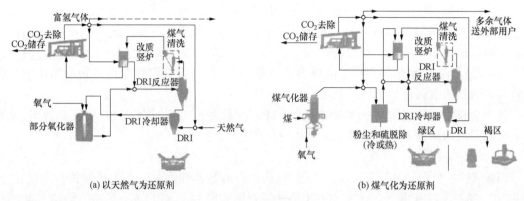

图 6-19　ULCORED 工艺流程图

冷态天然气经 DRI 冷却器换热之后,直接进入部分氧化器,改质后进入直接还原竖炉(DRI 反应器);或煤气化单元产生的煤气,经除尘和脱硫(冷或热)后进入直接还原竖炉[20]。

酒钢集团以褐煤为还原剂,进行了直接还原铁的中试试验,可减少 40%~45% 的 CO_2 排放。2020 年 11 月 23 日,河钢集团与卡斯特兰萨-特诺恩签订了合同,建设一座年产 60 万 t 的 ENERGIRON 直接还原工厂,将使用含氢量约 70% 的气源,直接还原 1t 钢铁仅产生 250kg CO_2。同时,产生的 CO_2 还将进行选择性回收,并在下游工艺进行再利用。因此,1t 钢铁产生的 CO_2 净排放仅约 125kg。此外,还利用可持续的林业、农业废弃物、城市垃圾等可再生废弃物做炼钢用的还原剂,从而实现碳中和。

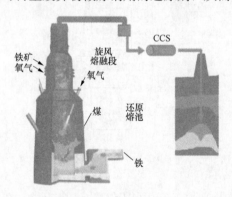

图 6-20　HIsarna 工艺流程示意[21]

(四) 新型熔融还原工艺

HIsarna 工艺是欧洲超低二氧化碳排放炼钢工艺项目(ultra-low CO_2 steel making,ULCOS)开发的 Isarna 技术与力拓公司所拥有 HIsmelt-smelter 技术的结合,其工艺流程示意如图 6-20 所示。HIsarna 技术有两个优点:①减少 CO_2 排放 20%,如辅助协调控制系统 CCS 可减少 80% CO_2 排放;②取消了传统工序中烧结和焦化的两个高能耗、重污染的工序。

HIsarna 工艺在应对能源匮乏、减少投资成本、降低环境危害等方面具有很好的优势,是值得发展的一项钢铁冶炼新技术。

(五) 电解铁矿石工艺

电解技术是通过在外部施加电压,将化合物分解,获得想要元素的技术。例如,电解水(H_2O),可获得 H_2 和 O_2;电解氧化铝(Al_2O_3),可生成金属铝和氧。钢铁冶炼有两种常见的处理方法:一种是利用还原性物质(H_2、碳)还原铁矿石;另一种是采用电化学工艺。电化学工艺根据反应过程中的温度、铁的状态等因素,可以分为以下三类。

1. 铁氧化物熔融电解炼铁

将氧化铁（Fe_2O_3）固体加热至熔化状态，在适宜的电解系统中，直接通电，电解产生液态铁的过程，该工艺称为 MOE（molten oxide electrolysis）工艺。

$$Fe_2O_3(s) \longrightarrow Fe(l) + O_2(g) \tag{6-3}$$

熔融电解炼铁过程中，电解温度要达到 1600℃以上，超高温对电解系统中的电极材料提出了更高的要求。

2. 碱性溶液电沉积铁

碱性溶液电沉积铁工艺是将 Fe_2O_3 细颗粒（大约 $10\mu m$）添加到氢氧化钠（NaOH）溶液中，在电解过程中，通过搅拌或电极旋转强化 Fe_2O_3 颗粒流动，该过程的总反应如下：

$$Fe_2O_3(s) \longrightarrow Fe(s) + O_2(g) \tag{6-4}$$

碱性溶液电解电耗约为 3000kWh/t Fe，再加上电炉炼钢的 400kWh/t Fe，也仅 3400kWh/t Fe 左右，该值远低于氢冶金及熔融电解炼铁工艺的估算电耗。

3. 酸性溶液电沉积铁

电沉积也可以在酸性溶液中实现，以硫酸亚铁-氯化亚铁（$FeSO_4$-$FeCl_2$）为电解质溶液，对生铁或铸铁精炼提纯生产高纯 Fe，用于生产锅炉炉管及电磁铁的铁芯。也有用氯化铁（$FeCl_3$）溶液处理二硫化亚铁（FeS_2），再电解 $FeCl_2$ 溶液得到 Fe(s) 和 $FeCl_3$，从而通过电解将 FeS_2 分解成为 Fe 和 S[22]。

酸性溶液电沉积铁技术上完全可行，其电耗约为 3930kWh/t 钢。目前无法与高炉炼铁竞争，只在高纯铁的生产上有些应用。在未来低碳发展的要求下，酸性溶液电沉积铁工艺应当有所发展。

电解铁矿石工艺电耗对比见表 6-3。

表 6-3　　　　　　　　　　　　　电解铁矿石工艺电耗对比

工艺路线	电耗（kWh/t Fe）
氧化铁熔融电解	5263
碱性溶液电沉积	3400
酸性溶液电沉积	3930

第三节　炼钢厂的碳捕集、利用与封存技术

碳捕集、利用与封存（carbon capture, utilization and storage, CCUS）是能够大幅（据国家能源技术经济研究院数据最高可达 90%）减少高炉 CO_2 排放的技术，目前在国内安装一套 10 万 t/年的 CO_2 捕集与封存装置，需要建设成本约 1.9 亿元，捕集成本约 600 元/t CO_2，运输成本约 $0.3 \sim 1.4$ 元/(tCO_2·km)。但 CCUS 大都还处于研发示范阶段，还存在捕集利用与封存能耗高、投资成本高、CO_2 泄漏风险高等突出问题，需要政府、企业共同参与合作才能加快 CCUS 大规模商业化应用。

2021 年，印度塔塔钢铁的贾姆谢德布尔（Jamshedpur）钢厂，正式投产一座运行能力为 5t/天的碳捕集示范工厂。其直接从高炉煤气中提取 CO_2，并将其用于现场回收。回收储存的 CO_2 部分转化为乙醇，其余随着煤气被送回至燃气管网。据 Carbon Clean 公司预测，

到 2022 年，碳捕集成本将从目前 40\$/t 降至 30\$/t。2022 年，包钢集团 200 万 t CCUS（碳捕集、碳封存）一期 50 万 t 示范项目开工奠基，其对工业废烟气中的 CO_2 进行捕集，一部分经管道输送包钢碳化法钢铁渣综合利用项目实现固化利用，另一部分经过压缩液化后，采用低碳运输（换电重卡）方式送至周边油气田实现 CO_2 永久地质封存。一期 50 万 t 示范项目建成后，预计每年可实现二氧化碳减排 36.53 万 t。中国正在运行的 17 个 CCUS 示范项目验证了 CCUS 系统集成技术，捕集与压缩环节的成本约为 300～450 元/t CO_2，综合能耗约 3.0GJ/t CO_2。

国际能源署的钢铁行业技术路线图（2020）预测钢铁行业通过常规减排技术后，CCUS 可减排剩余的 34％；如果氢直接还原铁（DRI）技术取得重大突破，则 CCUS 的减排贡献仍将超过 8％[23]。根据国内外不同机构的预测，CCUS 对中国全行业 2030 年和 2050 年的减排贡献见表 6-4。

表 6-4　　　　　　　CCUS 对中国全行业 2030 年和 2050 年的减排贡献[21]　　　　　　亿 t

机构预测		减排情景	
		2030 年	2050 年
国际能源署（ETP 2020）的可持续发展情景		4.08	16.24
亚洲开发银行的 CCUS 路线图（2015）		0.4	24
科技部的 CCUS 评估报告（2021）激励情景		2.35	14
第三次气候变化国家评估报告（2015）的所有情景		1～12	7～22
清华大学（2019）	2℃情景	0	5.1
	1.5℃情景	0.3	8.8

参 考 文 献

[1] 上官方钦，周继程，王海风，等. 气候变化与钢铁工业脱碳化发展 [J]. 钢铁，2021，56（5）：1-6.

[2] 赵紫薇，孔福林，童莉葛，等. 基于 3060 目标的中国钢铁行业二氧化碳减排路径与潜力分析 [J]. 钢铁，2022，57（2）：162-174.

[3] 张龙强，陈剑. 钢铁工业实现"碳达峰"探讨及减碳建议 [J]. 中国冶金，2021，31（9）：21-25＋52.

[4] 那洪明，何剑飞，袁喻兴，等. 钢铁企业不同生产流程碳排放解析 [C] //第十届全国能源与热工学术年会，杭州，2019.

[5] 柯菲，高雅萱，张倩，等. 钢铁企业余热资源回收利用技术现状综述 [J]. 机电信息，2021（19）：62-65.

[6] 蔡九菊，王建军，陈春霞. 等. 钢铁企业余热资源的回收与利用 [J]. 钢铁，2007（6）：1-7.

[7] LIU L，YANG Q，CUI G. Supercritical carbon dioxide（s-CO₂）power cycle for waste heat recovery：A review from thermodynamic perspective [J]. Processes，2020，8（11）：1461.

[8] 肖俊军. 烧结烟气循环工艺介绍及其应用前景 [J]. 梅山科技，2016，（6）：5-7.

[9] 邹忠平，郭宪臻，王刚. 高炉 CO_2 排放量的计算方法探讨 [C] //第八届（2011）中国钢铁年会. 北京，2011.

[10] 王亮，项钟庸，邹忠平，等. 高炉炼铁技术的发展 [J]. 四川冶金，2011，33（4）：7-10＋43.

[11] 金鹏，姜泽毅，包成，等. 炉顶煤气循环氧气高炉的能耗和碳排放 [J]. 冶金能源，2015，34（5）：

11-18.

[12] 张惠凯．氧气高炉工艺的探讨 [J]．山西冶金，2020，43（2）：124-125＋129.

[13] DANLOY G，BERTHELEMOT A，GRANT M，et al. Ulcos-pilot testing of the low-CO₂ blast furnace process at the experimental BF in luleå [J]．Metallurgical Research & Technology，2009，106（1）：1-8.

[14] 金鹏．基于多层次模型的炉顶煤气循环氧气高炉可行性研究 [D]．北京：北京科技大学，2016.

[15] 上官方钦，郦秀萍，周继程，等．中国废钢资源发展战略研究 [J]．钢铁，2020，55（6）：8-14.

[16] 李星国．氢气制备和储运的状况与发展 [J]．科学通报，2022，67（4）：425-436.

[17] 王义松，车帅，宋延丽．生物质技术在炼钢及污染物减排中的应用 [C] //第十届全国能源与热工学术年会．杭州，2019.

[18] SUOPAJÄRVI H，UMEKI K，MOUSA E，et al. Use of biomass in integrated steelmaking-status quo，future needs and comparison to other low-CO₂ steel production technologies [J]．Applied Energy，2018，213：384-407.

[19] MERENSTEIN B F. Multiracial americans and social class：The influence of social class on racial identity [J]．Teaching Sociology，2011，39（2）：214-216.

[20] 王东彦．超低碳炼钢项目中改造型炼铁工艺研发进展 [J]．世界钢铁，2011，11（1）：29-37.

[21] 严珺洁．超低二氧化碳排放炼钢项目的进展与未来 [J]．中国冶金，2017，27（2）：6-11.

[22] 朱庆山．超低碳炼铁技术路径分析 [J]．化工进展，2022，41（3）：1391-1398.

[23] 魏宁，刘胜男，李桂菊，等．CCUS 对中国粗钢生产的碳减排潜力评估 [J]．中国环境科学，2021，41（12）：5866-5874.

第七章 交通领域碳中和技术

第一节 交通领域碳排放分析

一、全球范围内交通领域碳排放形势

国际能源署（international energy agency，IEA）《全球能源回顾：2021年二氧化碳排放》报告指出，2021年全球能源领域二氧化碳（CO_2）排放量达到363亿t，同比上涨6%[1]。交通运输领域是CO_2的排放"大户"，碳中和的目标对交通运输领域提出了重要要求。交通碳排放在不同空间范围均占比较大。全球层面，交通碳排放约占14%，位列第四[2]。国家和区域层面，中国交通碳排放约占全国碳排放的9%[3]，完成工业化的国家和地区工业排放大幅降低，交通碳排放占比远高于中国。美国交通碳排放占比29%[4]，是第一大排放源；欧盟交通碳排放占比23%，为第二大排放源[5]。国际能源署统计数据显示，2020年全球碳排放主要来自能源发电与供热、交通运输、制造业与建筑业三个领域，分别占比43%、26%、17%。相较于工业、建筑等领域，交通运输领域是仍处于上升期的碳排放领域。交通运输领域碳排放成为各国实现碳中和远景目标的重点和难点。随着经济发展，全球交通碳排放仍在稳步增长。据世界能源组织预测，全球交通碳排放占比将在2030年和2050年分别达到50%和80%[6]。欧美经验表明交通部门碳达峰往往晚于工业、住宅、商业等部门[7]。国家发展和改革委员会能源研究所预测我国交通部门碳排放将在2030年后不久达峰，晚于建筑和工业部门[8]。自美国碳排放于2007年实现碳达峰以来，至2019年碳排放降低约12%，但同期交通部门碳排放降幅仅约5%。1990—2019年，英国碳排放减少了44%，但交通部门碳排放仅减少了5%[9]。

综上所述，交通领域碳排放呈现占比大、增速快、达峰慢的特点。随着城镇化和工业化的发展，交通运输领域的刚性需求仍然处于持续增长状态，减少交通运输领域碳排放是全球各个国家共同面临的艰巨任务。

二、我国交通领域碳排放面临的问题

为缓解气候变暖的问题，全球各个国家都在进行绿色低碳转型。中国作为一个负责任、有担当的大国也在积极推动绿色低碳转型。伴随我国整体步入工业化后期和后工业化发展阶段，交通领域作为CO_2主要排放源之一，理应成为我国碳达峰、碳中和战略的重要发力点。

2020年我国交通领域碳排放为9.3亿t，占全国终端碳排放的15%，是仅次于工业、建筑之后的第三大碳排放源。我国交通领域的碳排放低于国际平均水平23%~25%，这与我国目前的经济发展水平没有达到国际发达国家的水平是相对应的。如果按照常规发展的欧美经济水平，我国的汽车普及率要从2020年每千人200辆增加到每千人350辆的全球平均水平，并极有可能发展到接近500辆的发达国家水平，汽车保有量从目前的3亿辆增加至6亿辆。随着汽车保有量上升，交通能耗也会相应增加。如果不使用清洁燃料，碳排放也会翻一番，这与"双碳"目标是相悖的。在我国交通领域碳排放中道路交通占90%，其中公路客运占42%，公路货运约占45%，主要是货运卡车产生的排放，其他交通工具排放相对较少，

例如航空、船舶约占 6%，铁路因电气化程度高其碳排放约占 1%[10]。

随着经济快速发展，中国居民出行和物资运输需求日益增长，由此带来的能源消费和碳排放量持续上升。中国交通运输需求由道路交通主导，用能结构"一油独大"，50% 以上的石油被交通部门所消耗，导致交通部门减少碳排放和实现脱碳面临一定挑战。截至 2021 年，全国机动车保有量达到 3.95 亿辆，其中汽车 3.02 亿辆[11]。近些年，我国每年在交通运输领域的 CO_2 排放增速超过了 5%，已成为温室气体排放增长最快的部门[12]。我国交通运输行业是仅次于工业的第二大石油消耗行业，仅公路和水运的年石油消耗量便达到了全年石油消耗总量的 30% 以上。因此，"双碳"目标为我国交通运输领域提出了更加艰巨的减排任务，我国交通运输领域低碳发展形势严峻。

三、我国交通领域低碳发展形势

（一）交通运输需求仍将保持增长

交通运输作为人民生活的基础与保障，随着我国经济的不断发展，人民的物质生活水平不断提高，人们对出行和运输的需求也在不断地增加。根据《国家综合立体交通网规划纲要》的数据，在旅客出行方面，预计 2021—2035 年包括小汽车出行量在内的旅客出行量的年均增速将会达到 3.2%，高铁、民航、小汽车出行占比将不断提升；在交通运输方面，货物运输需求稳中有升，预计 2021—2035 年货物运输量年均增速为 2%，邮政快递业务量年均增速约为 6.3%[13]。出行和运输需求总量增长将导致交通运输领域碳排放量持续增加。

（二）运输结构调整实现的减排效益需要周期且效益递减

目前现有的铁路干线和货运专线的货物运输能力有限，扩建铁路线路及构建新的铁路货运市场需要长时间的经营与投入，在短期内铁路货运无法提供爆发性的增长助力。此外，由于铁路和水运适合运输的物种有限及货运能力的问题，从长远来看通过改变运输结构产生的效益会逐渐降低，对碳减排的远期效益要低于近中期效益。

（三）交通用能结构调整进程存在技术不确定性

在交通运输领域采用新能源和清洁能源代替传统能源运输装备是实现碳减排的重要手段之一。近些年尽管小型乘用车和轻型货车的新能源技术逐渐成熟，但是在船舶和重型货车方面目前还没有比较成熟的新能源替代方案。《新能源汽车蓝皮书：中国新能源汽车产业发展报告（2021）》的数据显示[14]，交通运输领域若要在 2030 年之前实现碳达峰，重型货车新能源替代量要接近 100 万辆，而以目前重型新能源货车技术发展趋势来说，这一目标的实现存在很大的不确定性；需要在乘用车领域加大新能源车型的推广力度，利用 10 年时间多推广 3000 万辆新能源乘用车才能达到统一的碳减排效果。

（四）交通领域碳减排资金需求大

交通运输领域与工业和建筑等行业相比碳减排成本更高[15]。目前交通运输领域采用的碳减排措施主要有公路运输转铁路运输、公路运输转水路运输、淘汰老旧柴油货车。上述碳减排措施存在资金投入大、经济收益小，政府、企业和个体缺乏内生动力等缺点。

四、推动我国交通领域碳中和的主要措施

随着应对气候变化进程的推进，全球主要国家通过发展先进航空燃料、推广新能源汽车以及提倡公共出行等方式促进交通低碳转型。国务院在《2030 年前碳达峰行动方案》中提出"确保交通运输领域碳排放增长保持在合理区间"，并提出开展交通运输绿色低碳行动，力争推动地面交通石油消费实现 2030 年达峰。

《交通强国建设纲要》《国家综合立体交通网规划纲要》（以下简称《建设纲要》《规划纲要》）作为指导交通强国建设的纲领性文件，对低碳交通发展都做出了擘画。《建设纲要》提出"强化节能减排""打造绿色高效的现代物流系统"等战略方向，《规划纲要》明确"促进交通能源动力系统低碳化""优化调整运输结构"等实施要求，为交通低碳发展指明了交通能源结构低碳化、交通运输方式低碳化两个重要方向。以交通运输全面绿色低碳转型为引领，以提升交通运输装备能效利用水平为基础，以优化交通运输用能结构、提高交通运输组织效率为关键，全力推进交通运输碳达峰碳中和各项工作。

交通运输领域低碳转型技术措施可归结为节能（交通运输结构优化、交通工具高效化）和能源替代。从短期看，节能是减碳的重要途径。研究结果显示，货物运输的能耗强度是铁路的 4～5 倍，未来货物运输结构调整的主要方向是"公转水""公转铁""多式联运"，降低道路运输在货运中的占比。同样，客运结构需从私人汽车交通向公共交通和绿色交通转变。近年来，中国交通运输工具能耗标准不断提升，《节能与新能源汽车技术路线图 2.0》提出，2030 年中国传统乘用车平均油耗将下降至 4.50L。《重型商用车燃料消耗量限值》（第三阶段）中不同类型重型商用车标准较第二阶段将下降 12.5％～15.9％。从国际上看，国际民用航空组织（ICAO）提出，争取 2021—2050 年平均每年机型能效提高 2％，2050 年实现净零碳排放。水运行业发布了船舶的相关能耗及排放标准，国际海事组织（international maritime organization，IMO）出台了强制性船舶能效指数（energy efficiency existing ship index，EEXI），激励行业提高燃料效率。

从长期看，发展替代能源，摆脱对含碳燃料的依赖（核心是"去油化"）是根本，积极促进清洁燃料替代是实现碳中和的重要保障。在"双碳"目标下，中国能源供应和消费结构将发生革命性变革，由以煤为主逐步转向非化石能源为主。交通部门作为主要的终端用能部门，能源消费将从油品为主转向以新能源和可再生能源为主的多元化路线。全面推进交通运输电气化是实现碳中和的根本途径，电气化是实现交通部门碳中和最为重要的技术手段，涉及公路、铁路、航空等各个领域，是最为本质、贡献最大的减碳举措。公路交通领域，除纯电动汽车外，推广燃料电池汽车也是去油化和清洁化的重要方向。铁路交通领域，氢能利用也将成为铁路运输脱碳的另一条重要途径，太阳能和生物燃料的使用也将加快铁路部门脱碳。航空领域应加快可持续性生物燃油的推广应用，降低成本，尽快使其价格达到可接受的范围。

第二节　道路交通碳中和

从全球范围的交通影响来看，道路客运交通的碳排放量最大，其次是道路货运交通，船舶和航空的碳排放量分别是道路交通碳排放的 1/2 和 1/4。从我国交通运输领域目前碳排放结构来看，公路是主体，占 85％以上；铁路约占 0.7％；水运和航空约占 6％。对照这一结构，我国在推进交通运输低碳转型方面，主要考虑道路、水运和航空三个领域的碳中和技术。

根据前述交通运输领域低碳转型技术分析，道路交通领域的碳中和技术包括传统汽车能效提升技术、汽车清洁能源替代技术和道路交通电气化转型技术。

一、传统汽车能效提升技术

未来 5～10 年，传统内燃机汽车仍将占据汽车产品的主要份额，因此提升传统动力汽车能效是当前降低车辆碳排放的重要举措。传统汽车能效提升技术涉及内燃机、变速器、车身等方面，呈现内燃机高效化、变速器多挡化、整车轻量化等趋势。

（一）高效内燃机技术

内燃机是传统汽车动力的核心，因此高效内燃机技术是传统汽车节能技术的核心。从内燃机种类来看，由于柴油机压缩比比汽油机要高得多，因此柴油机比汽油机的油耗要低得多，一般装备柴油机的乘用车比装备汽油机的乘用车节油 18% 左右，柴油机载货汽车比汽油机载货汽车节油 30% 左右。目前世界各国正在积极推行轻型货车和乘用车的柴油化进程，德国在总质量为 25t 的载货汽车中有 95% 左右已采用柴油机，日本约为 90%。从内燃机结构来说，压缩比高、完善的供油系统、合理的燃烧室形状、采用高能电子点火系统等都能降低内燃机的比油耗。

为了提高内燃机的热效率，关键是组织好进排气过程、喷油过程、燃烧过程，从而减少各种损失。主要措施有提高压缩比、稀燃技术、直喷技术、增压中冷技术、可变进气技术、改善进排气过程，改善混合气在汽缸中的流动方式、改进点火配置提高点火能量、优化燃烧过程、电控喷射技术、高压共轨技术、绝热发动机等。

缸内直喷是经历化油器、单点电喷、多点电喷技术阶段之后的创造性技术，可以看作是将柴油机的喷油形式移植到汽油机上。缸外喷油的喷油嘴是安装在进气歧管内，缸内直喷则安装在气缸内，燃油喷射和油气混合均在缸内进行，这样可以使油量与油气混合控制更精准，高压燃油在缸内湍流的作用下也混合得更充分，因此燃烧效率大大提高，同时动力表现也更加出色。欧洲小排量涡轮-机械组合增压缸内直喷内燃机应用十分成熟，北美直喷涡轮增压内燃机已经成为主流。

日本广泛采用自然吸气发动机搭配可变气门正时（variable valve timing，VVT）和可变气门正时和升程电子控制系统（variable valve timing and valve lift electronic control system，VTEC）等先进进气技术。VVT 技术可以调节内燃机进气排气系统的重叠时间与正时，降低油耗并提升效率。VTEC 是本田的专有技术，它能随内燃机转速、负荷、水温等运行参数的变化，适当地调整配气正时和气门升程，使内燃机在高、低速下均能达到最高效率。

停缸技术也可称为可变排量内燃机或歇缸技术，根据汽车内燃机负载，通过关闭一部分内燃机燃烧室的供油和进排气实现可变排量，以适应不同负载，减少非必要排放。这里的技术难点有两个：一是实现气门关闭的停阀机构的空间布置和切换速度等必须适合目标内燃机，其他零部件也要改动；二是停缸导致内燃机和整车振动与噪声恶化。通用、本田、克莱斯勒、大众等在其四缸、六缸和八缸内燃机上已使用停缸技术，而且有从大排量内燃机扩展到小排量内燃机的趋势。

增压小排量技术是指发动机通过增压技术并减小发动机排量，在保证输出扭矩和功率不变的前提下，提高发动机的有效功率。增压小排量带来的好处有：①排量减小，泵气损失减小，相同动力输出条件下的指示平均压力高，使得运行工况点移向更高效率区，发动机的有效效率可大幅提高；②排量减小，燃烧室表面积减少，降低了机械摩擦损失，从而提高了发动机的有效效率；③采用涡轮增压技术，可以回收排气能量，大幅度提高循环热效率。

稀薄燃烧是降低汽油机油耗的重要途径，根据燃烧的基本概念，把实际混合汽浓度比理论空燃比更稀（$A/F > 14.7$）的燃烧称为稀薄燃烧。内燃机运行时，随着空燃比变稀，油耗和 NO_x 排放均显著降低。但继续变稀时，常规进气道喷射的汽油机着火和燃烧就会变得不稳定，因而油耗也开始上升。

燃烧高效化是指通过组织内燃机的油气混合和燃烧过程来提高燃烧效率和循环热效率。提高燃烧效率需要保证燃料与氧气充分接触，将燃料的化学能尽可能全部转化为热能，目前内燃机的燃烧效率在正常运行工况下已接近 100%，提升空间不大。提高热效率主要是通过提高压缩比、工质绝热指数和燃烧等容度以及减少泵气损失等来实现。

柴油机由于采用稀燃、压燃和质调节模式，压缩比（15～17）和工质绝热指数较高，泵气损失较小，因此具有较高的热效率。目前车用量产柴油机通过采用高增压、高喷射压力、高冷却废气再循环系统（exhaust gas recirculation，EGR）等技术，其峰值有效热效率接近50%。通过采用隔热、涡轮复合增压、余热回收、超低磨损、电气化、智能化等技术，正在朝 55%～60% 的峰值有效热效率迈进。

目前车用汽油机由于采用化学计量比混合气点燃和量调节模式，受爆震限制，压缩比处于 10～13 范围内，部分负荷泵气损失较大，因此其热效率较柴油机热效率低（目前量产汽油机有效热效率为 36%～41%）。显然，车用汽油机还有较大的热效率提升空间，尤其是混动专用汽油机，由于有电机助力，混合动力对汽油机的动力性要求降低，因此混动专用汽油机可以采用高压缩比（15 左右，可匹配高辛烷值汽油 RON≥98）、超膨胀比循环（如 Atkinson 或 Miller 循环）、高 EGR、低温燃烧、长冲程等节能技术提升热效率，如图 7-1 所示。目前比亚迪、广汽、吉利、东风等企业开发出了峰值有效热效率超过 41% 的混动专用汽油机，正在朝 45% 峰值有效热效率目标迈进。

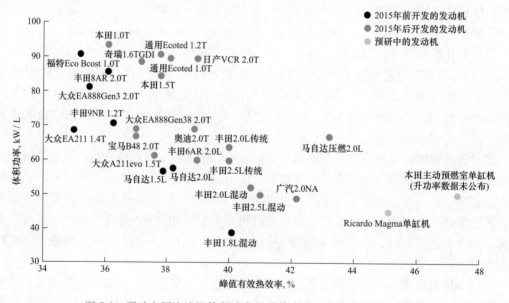

图 7-1　混动专用汽油机体积功率及峰值有效热效率的发展趋势[16]

（二）高效动力传动技术

传动系统节能技术主要是指先进的变速器应用，它是汽车动力总成核心技术重要的组成部分。变速器对车辆性能的影响，主要反映在排挡的选择和速比的分配上。从理论上说，如果变速器能实现无级传动或连续可变传动，将使整车具有最大的动力性和燃油经济性。自动变速器的种类可分为自动变速器（automatic transmission，AT）、机械式自动变速器（automated mechanical transmission，AMT）、无级变速器（continuously variable transmission，CVT）和双离合自动变速器（dual clutch transmission，DCT）。这4种类型自动变速器结构和工作原理不同，各有优缺点，适应的车型也不尽相同，产品开发的技术难点和难度也有所差别。

AT的节能效果较差，但是舒适性好，元器件可靠性高，其生产历史长，使用范围广。CVT适合小型车，AMT在换挡时会有短暂的动力中断，舒适性较差。DCT从传统的手动变速器演变而来，结合了手动变速器的燃油经济性和自动变速器的舒适性。由于地域和驾乘习惯的不同，北美、日本和欧洲在变速器领域的发展不尽相同。北美主要发展AT技术，DCT及CVT有小范围发展；日本以AT技术为主，CVT份额逐渐提升；欧洲以MT及DCT为主，AT份额逐渐下滑。

CVT的优势在于变速比可做到无缝调节，相比AT、AMT和DCT变速器升降挡没有丝毫的顿挫感，而且CVT速比的范围更广，可以更好地利用发动机的高效区间或者高动力输出区间，达到省油和提高动力的目的。现行的CVT都采用压力钢带的方式传递动力，通过改变钢带轮间距，更改压力钢带的旋转半径，从而实现车辆变速行驶。但是CVT也有自身的缺陷，由于采用钢带连接传动，当变速器工作时，钢带和钢带轮间产生摩擦力有限。如果发动机输出大扭矩做功，例如车辆起步或低速大负荷工况，传动钢带会产生金属疲劳而打滑，甚至会发生结构损伤，因此在设计上增加了急踩加速踏板限制发动机动力输出的功能，从而导致车辆瞬间动力反应迟滞，这也是造成现行的CVT一直很难和大扭矩发动机配套的原因。为了解决这一短板，丰田汽车公司创新研制了全球第一台直接变速无级变速器 Direct Shift-CVT（见图7-2），即在变速钢带轮旁边并联增加一组齿轮，负责车辆起步和低速大负荷工况下的变速传动。

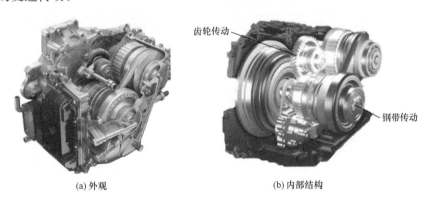

(a) 外观　　　　　　　　　　(b) 内部结构

图 7-2　丰田 Direct Shift-CVT

与AT、CVT通过液力变矩器与发动机相连接的方式不同，DCT是通过两套离合器与发动机相连接的，是一种硬连接（见图7-3）。因为它的两套离合器是交替工作的，传动效率和换挡速度都要高于AT，但是缺失了液力变矩器后，就不能在换挡时缓冲调速了，在低速路段和拥堵路段难免会出现顿挫感，而且DCT上市的时间晚于AT和CVT，在稳定性和可靠性方面不如AT和CVT。DCT目前有两种类型，即湿式双离合和干式双离合，区别就是

散热方式不同，湿式是浸泡在液体中，干式是通过自然通风散热。干式 DCT 容易过热，而湿式 DCT 通过变速器油对离合器进行润滑和冷却，可靠性与稳定性优于干式 DCT。

（三）整车能效优化技术

1. 汽车轻量化技术

作为节能汽车、新能源汽车和智能网联汽车的共性基础技术之一，轻量化是有效提升汽车能效的重要途径，是提升车辆加速性、制动性、操稳性等诸多性能的重要保障。相关资料表明，汽车自重每减少 10%，燃油消

图 7-3　DCT 结构

耗可降低 6%～8%。轻量化的实现主要有 3 种手段：轻量化结构设计及优化、先进轻量化材料应用和先进工艺技术应用，见表 7-1。汽车轻量化在满足汽车使用要求、安全性和成本控制的条件下，将结构轻量化设计技术与多种轻量化材料、轻量化制造技术集成应用，实现产品减重。

表 7-1　　　　　　　　　　　　　实现汽车轻量化的技术手段

类别			内容
先进轻量化 材料应用			高强度钢：SAPH440、DP980、CP780、TWHP780、热冲压钢、20NiCrMo7 等
			铝合金：铝合金板材、铸造铝合金、锻造铝合金等
			镁合金：镁合金板材、铸造镁合金、锻造镁合金等
			非金属材料：玻璃纤维/碳纤维/玄武岩纤维等增强复合材料、高性能先进工程塑料、车身结构加强胶等
先进工艺	制造工艺	汽车钢（板）	液压成形（内高压成形）、热冲压成形、辊压成形、激光拼焊、不等厚轧制板等
		镁合金/铝合金	半固态成形、高压铸造成型、低（差）压铸造成型等
		复合材料	在线模塑成型、在线注射成型、在线模压成型、RTM 等
	连接工艺		激光焊接及激光钎焊、搅拌摩擦焊、锁铆及自锁铆技术、热熔自攻螺钉、胶粘连接等
轻量化结构 设计及优化			整车及零部件结构拓扑优化
			整车及零部件尺寸优化
			整车及零部件形状/形貌优化
			整车及零部件及总成多学科/多目标优化

国外热成型技术已经普及应用，目前正研究碳纤维、玻璃纤维增速材料等非金属材料的应用。在北美，福特汽车轻量化减重达 250～750 磅，基于轻量化的发动机排量已经变小；日本汽车注重结构优化，各零部件的小型化应用。而国内仅在高端车上采用高强度钢、铝合金等轻质材料和热成型技术，且铝合金锻造技术尚不成熟，非金属材料应用有待进一步普及，同时需要建立完备的轻量化测试评价体系，在轻量化同时注重提高安全性。

2. 低风阻低摩擦技术

车辆在行驶过程中，各种内部及外部系统摩擦是造成整车能量损耗的主要原因之一。减少摩擦损耗的主要方法包括降低车身风阻、减小内部阻力、降低滚动阻力等。车身造型设计

优化、低黏度机油、高效润滑油、低滚阻轮胎、低摩擦材料涂层等均是降低车辆摩擦损耗的主要措施。

欧美日继续改进空气动力技术，汽车摩擦学研究趋于成熟，其燃油品质高、润滑技术先进。国内汽车摩擦学技术研究较少，燃油品质和润滑技术有待提升，汽车造型设计仍存在优化空间。国内轮胎企业的设计、工艺及生产技术仍处于跟随阶段，以生产为主，自主研发能力薄弱。在车身设计方面，国内乘用车风阻系数仍处于较低水平。减小空气阻力主要是通过减小汽车的风阻系数来实现。目前汽车制造厂商主要通过风洞试验研究来优化汽车外形，进而达到减小风阻系数的目的。轮胎结构对滚动阻力系数影响很大，改善轮胎的结构，可以减少汽车的油耗。

二、汽车清洁能源替代技术

（一）低碳内燃机汽车技术

燃料低碳化是指内燃机采用低碳燃料替代高碳燃料，如重型卡车采用低碳的压缩或液化天然气（compressed natural gas/liquefied natural gas，CNG/LNG）发动机或汽油压燃（gasoline compression ignition，GCI）发动机替代高碳的柴油机，或者在高碳燃料中添加低碳或零碳燃料，如在柴油中添加生物柴油即甲酯，在汽油中添加乙醇等，从源头上降低内燃机的碳排放。

图 7-4 所示为美国阿贡国家实验室采用 GREET 模型测算的全生命周期碳氢燃料 CO_2 排放对比[17]。汽、柴油的碳排放强度分别为 92.8g/MJ 和 91.1g/MJ。在汽油中掺入以玉米秸秆为原材料的第 2 代生物乙醇，E85 的碳排放强度可以降至 29.6g/MJ。天然气制取的甲醇碳排放强度比传统汽柴油略高。可再生能源获得的绿电甲醇的碳排放强度可以低至 1.8g/MJ。由于制取的原材料不同，生物柴油的碳排放强度为 16.3～32.6g/MJ。生物质制取的二甲醚（dimethyl-ether，DME），其碳排放强度低至 4.9g/MJ。通过可再生电力制氢、CO_2 捕捉、Fischer-Tropsch 合成的绿电合成燃料（e-fuel）的碳排放强度仅为 0.6g/MJ。

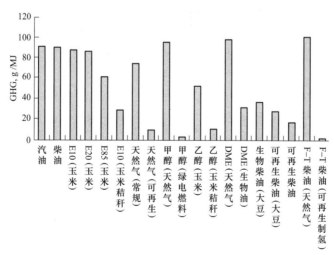

图 7-4　全生命周期碳氢燃料 CO_2 排放对比[17]

1. 天然气汽车

天然气汽车是以天然气为燃料的汽车，又称为"蓝色动力"汽车。按天然气的化学成分和形态，可以分为压缩天然气汽车、液化天然气汽车和液化石油气汽车。天然气燃料具有低污染、低成本、安全性高等优点，但动力性能较低且不便储运。由于大规模应用，须建立相应的加气站及为加气站输送天然气的管道，投入较大。目前国内天然气汽车多应用于公共交通领域。

压缩天然气（compressed natural gas，CNG）是将天然气压缩到 20MPa 并以气态储存在车载高压气瓶中，是一种无色透明、无味、高热量、比空气轻的气体，主要成分是 CH_4。液化天然气（liquid natural gas，LNG）是天然气经过超低温深冷形成的，燃点高、安全性能强，储存于车载绝热气瓶中，适于长途运输和储存。液化石油气（liquid petrol gas，LPG）是一种在常温常压下为气态的烃类混合物，比空气重，有较高的辛烷值，具有混合均匀、燃烧充分、不积碳、不稀释润滑油等优点，能够延长发动机使用寿命，而且一次载气量大、行驶里程长。当前天然气汽车（CNG、LPG），大多是通过对传统汽油或柴油汽车进行动力改造，其与传统汽油或柴油汽车的主要区别在于发动机，其采用专用的天然气发动机，同时配备相应的天然气供给系统及控制系统。

2. 生物质燃料汽车

全球有较为丰富的生物质资源，利用不同生物质燃料的特异性互补进行主动燃料调质设计，可以大幅度降低碳烟和 CO_2 排放量，在实现碳中和目标中可发挥重要作用。中国有一定量的乙醇、生物柴油等生物质资源，有乙醇汽油和生物柴油在内燃机上大规模应用的经验，也有较好的生物质燃料制备技术和产业基础，可以形成一定规模的内燃机所需生物质液态碳中和燃料。在碳中和背景下，国家应更加重视和加大对生物质燃料产业的支持力度，加大生物燃料普及应用的推广力度，使其在实现碳中和过程中发挥重要作用。

（1）醇类燃料汽车。醇类燃料因来源广泛，抗爆性好，与石油燃料的理化性能相近，受到越来越多关注。按照醇类燃料的成分和性质分类，醇类燃料主要分为甲醇和乙醇。按照醇类燃料在汽车上应用的分类，醇类燃料主要有掺烧、纯烧和改制三类。

当今比较成熟而且已经使用的代用燃料，将乙醇与汽油掺和，称为乙醇汽油，在美国、巴西等乙醇资源丰富的国家发展迅速。自 1979 年巴西成功研制出首辆完全用含水乙醇作燃料的乙醇汽车以来，经过多年技术改进，乙醇汽车的整体技术已相当成熟。巴西所生产的轻型乙醇汽车，在动力、功率、加速性能、装载量、行驶速度、一次加乙醇续驶里程等方面，已基本达到同类传统汽油车水平。2017 年，国家发展改革委、国家能源局等十五部委联合印发《关于扩大生物燃料乙醇生产和推广使用车用乙醇汽油的实施方案》，至 2020 年，我国将在全国范围内推广使用车用乙醇汽油。

甲醇是一种轻质、无色、略有臭味且低污染的燃料，与汽油、柴油相比，甲醇的着火温度高、辛烷值较高，抗爆性较好，且十六烷值很低，适用于点燃式发动机。甲醇燃烧时不易看到火焰，具有较宽的着火界限，闪点较高。甲醇与水能无限互溶，但甲醇对视神经有损伤作用，其混合燃料有一定的毒性；甲醇对金属有一定的腐蚀作用，应采取防蚀措施，在储运及使用中要注意安全。甲醇汽车与汽油车相比，能效提高约 21%，CO_2 排放减少约 26%，比汽油和柴油更为清洁。从"双碳"的角度出发，发展甲醇汽车有重大的战略意义。

2021 年年底，工信部发布《"十四五"工业绿色发展规划》，将甲醇汽车纳入绿色产品，并提出要促进甲醇汽车等替代燃料汽车推广。在我国，甲醇汽车已经健全了支持政策许可、行政管理许可、技术标准许可、市场准入许可和运行保障许可的全体系通道。工信部牵头组织了大规模的甲醇汽车试点运行项目，全面验证了甲醇燃料和甲醇汽车应用的环保性、适用性和可靠性。

作为最早进行甲醇汽车研发与布局的企业，吉利集团在甲醇替代燃料方面进行了 16 年的持续研发。目前吉利甲醇乘用车已规模化运行超 2.7 万辆，总运行里程达到 80 亿 km，最高单车运行里程已突破 120 万 km；甲醇商用车运行超 100 辆，市场运行总里程达 227.24 万 km。

（2）生物柴油汽车。生物柴油汽车是指使用全部或部分的生物柴油为燃料的汽车。生物柴油是可再生的油脂经过酯化或酯交换工艺制得的，主要成分为长链脂肪酸甲酯的液体燃料，是典型的绿色能源，具有环保性能好、发动机启动性能好、燃料性能好，原料来源广泛、可再生等特性。在国外生物柴油主要作为动力燃料用于交通运输及工业领域，在我国生物柴油主要作为绿色化学品用于化工领域。根据联合国统计司（United Nations Statistics Division，UNSD）的统计，生物柴油应用领域中，燃料用途占比 98.5%，其他领域仅占 1.5%。

在燃料领域，一般将生物柴油掺混入化石柴油中制成混合柴油。混合柴油与化石柴油相比，在燃烧过程中可以降低对污染气体的排放，同时由于在燃料性质方面相近，因此无须对原用的柴油引擎、加油设备、存储设备和保养设备进行改动，降低了生物柴油的推广门槛。在掺混比例上，全球推广使用生物柴油的国家根据自身的环保要求、生物柴油制备水平、经济补贴政策等，规定了不同的掺混比例。欧洲是生物柴油生产和应用最早的地区，也是生物柴油研究和推广的主要地区，是生物柴油应用的成熟市场，在生物柴油质量标准方面要求较为完善。

我国作为食用油消费大国，自给尚且不足仍需要进口，再依赖食用油脂制备生物柴油将会大大加剧与人争油的局面，引发粮油危机，因此我国无法像其他国家大力发展以食用粮油为基础的生物柴油产业。因此以废油脂为原料进行生物柴油生产，代表着我国生物柴油的发展方向。我国生物柴油目前尚未进入国有成品油体系，在车用交通燃料油领域基本未使用，只有部分与化石柴油等混合后用于民用砂船、挖掘机动力、工业锅炉燃料等领域。

（3）二甲醚汽车。二甲醚汽车是用二甲醚作为压燃式发动机的燃料，目前有两类应用范围：一是将二甲醚作为点火促进物质；二是将纯液态二甲醚进行直接燃烧。我国在二甲醚汽车开发上已取得重要进展，成功开发并应用了二甲醚城市公交客车。

二甲醚（dimethyl-ether，DME），属于醚的同系物，虽然对皮肤有轻微的刺激作用，但二甲醚毒性极低，具有优异的环境性能指标。在大气中二甲醚能够在短时间内分解为水和 CO_2，不会对环境造成破坏。作为柴油机代用燃料，二甲醚是一种含氧燃料，具有十六烷值高的特点，不含硫和氮等杂质。燃用二甲醚燃料不但能够保持柴油机热效率高、动力性好等优点，更重要的是能够有效解决传统柴油机上的碳烟和氮氧化物排放问题，是城市车辆比较理想的清洁燃料。

二甲醚汽车的成本过高且汽车专用技术的不成熟，使得这类产品的市场化运营困难重重。要推广二甲醚汽车，必须重点解决二甲醚在生产成本与汽车专用设备上的问题。

（二）零碳内燃机汽车技术

内燃机零碳技术的本质是燃烧碳中和燃料实现全生命周期的零碳排放。为了实现碳中和目标，内燃机必须在未来 5～10 年能够燃烧碳中和燃料，这需要能源行业和内燃机行业一起合作，解决内燃机碳中和燃料供给和高效清洁燃烧的关键技术问题。从碳中和燃料成本看，如果加氢基础设施有保障，内燃机直接烧氢更可行，而且在使用寿命和成本上比质子交换膜燃料电池（proton exchange membrane fuel cell，PEMFC）动力有优势。如果加氢基础设施没有保障，内燃机直接烧氨（绿氨可以看作绿氢的液态能源载体）也是一条可行的零碳技术路线，尽管绿氨燃料的制备来自绿氢，但无须加氢储氢等基础设施，氨内燃机综合效益较氢内燃机高。

1. 氢内燃机

氢气在内燃机上的应用可追溯到 20 世纪 30 年代。氢气内燃机的氢气喷射方式有进气道喷射（port fuel injection，PFI）和缸内直喷（direct injection，DI）两种方式。PFI 方式成本较低，但容易回火。此外，由于氢气占据进气的体积，也会导致 PFI 氢内燃机升功率的提高受限。目前，典型的氢内燃机样机有马自达公司氢气转子发动机和宝马公司汽油版氢 - 汽油发动机，汽油/氢气双燃料供应，氢气进气道喷射，最高热效率 42%，最高有效平均压力（brake mean effective pressure，BEMP）0.8MPa。联电和博世联合研究的进气道喷射/缸内直喷氢内燃机，氢气在高压直喷模式下，可实现 39% 的峰值有效热效率。

氢内燃机目前有 3 种燃烧模式：火花点燃（spark ignition，SI）、均质混合气引燃（homogeneous charge induced ignition，HCII）、均质混合气压燃（homogeneous charge compression ignition，HCCI)[18]。最常用的是第 1 种 SI 燃烧模式。在当量比结合废气再循环（exhaust gas recirculation，EGR）和三效催化剂（three-way catalyst converter，TWC）条件下，可以实现 NO_x 的近零排放。但这种燃烧模式容易发生早燃、回火和爆震，限制了发动机负荷的提高。在 SI 模式下，对于自然吸气发动机因氢气占进气体积和燃烧容易爆震，相比于汽油内燃机，氢内燃机的峰值输出功率会减少 35% 以上。第 2 种 HCII 燃烧模式是采用柴油等高活性燃料来引燃缸内的氢气混合气，这种氢内燃机一般是由压燃式发动机改造而来的。氢气在动力输出中的比例可以灵活调整，但是氢气的比例受到最高压升率和末端混合气自燃的限制。在第 3 种 HCCI 燃烧模式，由于氢气的扩散系数较高，容易快速形成均质混合气，发动机在混合气当量比极低的条件下运行，可实现高热效率和近零 NO_x 排放。但在 HCCI 燃烧模式下，氢内燃机负荷低，提高负荷 NO_x 排放会增高。

氢内燃机在技术上是完全可行的，但在使用过程中，还需要解决氢气喷射系统、专用润滑油、氢脆等安全性和可靠性问题。氢内燃机制造产业链完备，相比氢燃料电池在技术成熟度、耐久性、成本等方面具有优势，因此大力开发和使用氢内燃机是一种较低成本的动力碳中和解决方案。氢内燃机既可以用作混合动力轻型车专用动力，也可以用作重卡动力和非道路动力。目前，氢内燃机技术推广应用尚有诸多问题需要解决，包括绿氢制备-运输-安全，以及氢内燃机氢气喷射、燃烧爆震、回火、早燃和 NO_x 排放等应用技术问题。

2. 氨内燃机

氨内燃机的应用也可追溯到 20 世纪 30 年代。第二次世界大战期间，由于石油短缺，氨燃料火花点火内燃机开始用于军事用途；进入 21 世纪后，随着温室效应加剧，氨内燃机的研究又重新展开，但点火难与燃烧慢的问题提高了氨内燃机的开发难度。为了解决氨气燃烧难的问题，目前氨气在发动机上的应用研究多采取高活性燃料引燃的方式，常见的高活性燃料包括柴油、二甲醚、氢气等。为了解决氨气燃烧慢的问题，还可以采用氢气作为氨气的活性增强剂。氢气部分掺混可以有效改善氨燃烧，而这部分氢气有望通过氨气在线重整制取。

氨内燃机往往需要与其他高活性燃料混合燃烧，才能获得优良的燃烧和排放性能，其混合气形成和燃烧组织难度更大。氨内燃机实现高效清洁燃烧，还需解决以下关键科学和技术问题[18]：①高温高压宽浓度范围下氨燃料燃烧化学反应动力学机理；②氨内燃机高效清洁燃烧组织；③氨在内燃机上的应用还存在零部件腐蚀问题；④尽管氨可以作为 NO_x 后处理的还原剂，但仍需考虑开发针对氨燃烧特性的高效、耐久选择性催化还原（selective catalytic reduction，SCR）装置；⑤事故与泄漏的安全措施。

内燃机燃用绿氨是另外一条可行的碳中和之路，其优势是无须专门的供氢基础设施，并且液氨燃料的制备、存储和输运均方便，适用于长途重卡和船舶动力，但其实际应用需要解决氨内燃机着火难、燃烧慢、NO_x 排放等技术问题。氨在线制氢实现氨氢混合燃烧是氨内燃机实现高效燃烧的一条可行的技术路线。

在电解水制氢的成本能够得到有效控制的条件下，内燃机可以直接使用电力合成液体燃料（e-fuel）包括直接合成甲醇、甲醇制汽油（MTG）、Fischer-Tropsch 合成柴油等，此方案无须对现有内燃机生产及燃料存储输运设施进行更新，是内燃机实现碳中和的理想路径。在电解水技术未能实现大规模应用前，e-fuel 的减碳优势会更加突出，有可能会在对使用成本不敏感的高端内燃动力装置中率先得到应用。

三、道路交通电气化转型技术

交通电气化是"双碳"目标实现的重要途径。短期内，加速道路交通的电气化转型是实现交通行业低碳甚至零碳发展的核心。道路交通电气化转型技术主要包括纯电动汽车、混合动力汽车与燃料电池电动汽车。

（一）纯电动汽车

1. 基本构型

纯电动汽车（battery electric vehicle，BEV）是指以车载电源为动力，通过车载电源向电动机提供电能，用电动机驱动车轮行驶，符合道路交通、安全法规等各项要求的汽车。纯电动汽车上的车载电源一般为动力电池，相当于传统汽车中的燃油箱，电动机相当于传统汽车中的内燃机。

纯电动汽车的基本组成可分为 3 个子系统，即主能源子系统、电力驱动子系统和辅助控制子系统，见图 7-5。电力驱动子系统由整车控制器、功率变换器、电动机、机械传动装置和车轮组成。主能源子系统由能量源、能量单元和能量管理系统组成。辅助控制子系统由辅助动力源、温度控制单元、动力转向单元和转向盘组成。动力电池作为纯电动汽车的唯一动力源为全车提供电能，电池管理系统对电池进行控制，当电流由动力电池输出后，经电源转换器（DC/DC）输入到电机控制器，实现了电能到机械能的转化，并由其电机进行动力输出，之后经减速机构与车辆输出轴相连接。纯电动汽车基本构造见图 7-6。

纯电动汽车的驱动方式主要有集中式驱动和分布式驱动两大类。集中式驱动对车辆本身改动小，开发周期短，难度小，是目前纯电动汽车的主流驱动系统。分布式驱动传动链简化，整车空间利用率高，动力性能和控制性能优越。集中式驱动主要分为电机直驱、电机＋减速器/AMT 系统、三合一系统和电驱动桥系统四大类。分布式驱动设计是目前主流的设计，分为轮边驱动和轮毂驱动，主要结构特征是将驱动电机直接安装在驱动轮内或者驱动轮附近，具有驱动传动链短、传动效率高、结构紧凑等突出优点。

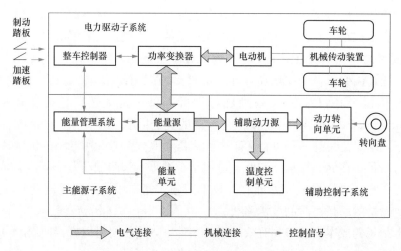

图 7-5　纯电动汽车基本组成

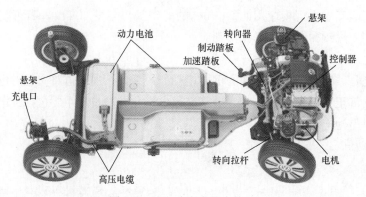

图 7-6　纯电动汽车基本构造

2. 代表车型

由纯电动汽车结构与工作原理可知,纯电动汽车具有如下优点:①无污染、噪声低;②能源利用效率高、使用成本低;③简单可靠、使用维修方便;④平抑电网的峰谷差起到削峰填谷的作用。但受限于动力电池技术的发展,与传统燃油汽车相比,纯电动车存在以下缺点:①续航里程比较短;②使用成本高;③环境适应性与安全性有待进一步提高;④充电时间长;⑤配套设施不完善。纯电动汽车代表车型有特斯拉 Model S、北汽新能源 EV200、比亚迪 e6、蔚来 ES6、小鹏 P7 等。特斯拉 Model S 后驱车型构造见图 7-7。

3. 低碳原理

纯电动汽车低碳节能主要体现在以下两方面:

(1) 纯电动汽车由电机驱动,因此行驶阶段的碳排放为零。纯电动汽车全生命周期的碳排放主要来自火力发电与动力电池的生产制造阶段,当使用绿色电力时,纯电动汽车减碳效果会进一步提升。

(2) 纯电动汽车具有制动能量回收功能,可以回收车辆在制动或者惯性滑行时的摩擦机械能,并将它储存在动力电池中循环使用,进而可以提高能源利用率,有效延长车辆续航里程。在拥挤的城市道路工况下,制动能量回收系统能够节能 20% 左右。

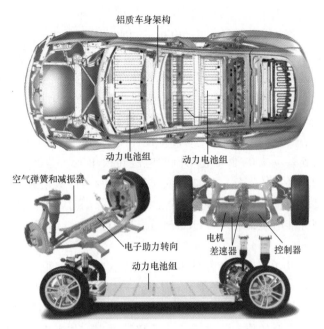

图 7-7 特斯拉 Model S 后驱车型构造

4. 关键技术

纯电动汽车关键技术主要在于动力电池技术、电机驱动及其控制技术、整车控制技术。

(1) 动力电池技术。动力电池是电动汽车的动力源泉，直接影响电动汽车的性能和成本，也是一直制约电动汽车发展的关键因素。电动汽车用电池的主要性能指标是比能量、能量密度、比功率、循环寿命、成本等。电动汽车与燃油汽车相竞争，关键是要开发出比能量高、比功率大、使用寿命长的高效、安全、可靠电池。结构与材料技术多元化发展是提高动力电池性能的关键技术手段。无模组（cell to pack，CTP）技术、刀片电池、JTM 技术等结构创新带动电池系统能量密度增长。三元锂与磷酸铁锂共同发展。高镍低钴三元仍是主流趋势，磷酸铁锂因安全性能、循环寿命及成本优势在中低端乘用车、商用车、储能领域优势明显。硅碳负极将在未来逐步取代石墨负极，与高镍三元正极搭配构建超高能量密度电池。湿法＋涂覆技术将主导隔膜材料市场，干法隔膜凭借安全性和成本优势市场占比维持稳定。固态电池作为下一代动力电池，目前正处于技术攻关阶段。

电池管理系统作为动力电池系统的重要组成部分，通过对电流、电压、温度等信号的采集来对电池的运行状态进行分析和控制，实现对电池动力学、耐久性、安全性等方面的管理。电池管理系统对整车的安全运行、整车控制策略的选择、充电模式的选择及运营成本都有很大影响。电池管理系统无论在车辆运行过程中还是在充电过程中都要可靠地完成电池状态的实时监控和故障诊断，达到有效且高效使用电池的目的。当前，电池管理系统仍有诸多核心问题亟待解决，在动力性方面，目前电池可测量的信息仍较为有限，传感技术有待升级；在耐久性方面，电池全生命周期的测量数据量庞大，需要通过数据挖掘获取电池寿命演化的信息；在安全性方面，当前对电池缺陷机理的认识仍较为有限，需要建立更先进可靠的预测模型。

(2) 电机驱动及其控制技术。电动机及其驱动系统是纯电动汽车的关键部件，电机驱动系统的技术发展趋势基本上可归纳为电机永磁化、控制数字化和系统集成化。受到车辆空间限制和使用环境的约束，随着纯电动汽车对驱动电机宽调速范围、高功率密度、高效率等性能要求的提高，稀土永磁体励磁的永磁同步电机技术逐渐取代传统直流电机、感应电机驱动技术作为新能源汽车的主流驱动电机解决方案。但是，随着驱动电机功率密度和效率的不断提高，传统结构和传统工艺制造的永磁同步电机也逐渐难以满足当前市场的竞争需求，各大传统主机厂和新兴造车势力迫切需要寻找新的技术解决方案。当前的主流技术方案包括扁线电机电磁设计技术、扁线电机绕组优化技术、电机油水复合冷却设计技术、电机噪声抑制技术等。

电机控制器作为连接动力电池与电动机的电能转换单元，是电机驱动及控制系统的核心。其中，高性能功率半导体器件、智能门极驱动技术及器件级集成设计方法的应用，将有助于实现高功率密度、低损耗、高效率电机控制器设计；同时，高性能、高可靠的电机控制器产品，还需具有高标准电磁兼容性（electro-magnetic compatibility，EMC）、功能安全和可靠性设计。

电机控制器的发展以功率半导体器件为主线，正从硅基绝缘栅双极型晶体管（insulated gate bipolar transistor，IGBT）、传统单面冷却封装技术，向宽禁带半导体（如 SiC、GaN 等）、定制化模块封装、双面冷却集成等方向发展。同时，得益于成熟的技术迭代，以及相比于宽禁带半导体器件更低的成本，硅基 IGBT 仍然是当前与未来较长时间内电机控制器产品的主要选择。门极驱动技术是电机控制器中高压功率半导体器件和低压控制电路的纽带，是驱动功率半导体器件的关键。IGBT 门极驱动除具有基本的隔离、驱动和保护功能外，还需结合 IGBT 自身特性，精确地控制开通和关断过程，使 IGBT 在损耗和电磁干扰（electro-magnetic interference，EMI）之间取得最佳的折中。智能门极驱动的两大主要特点为主动门极控制和监控诊断功能。智能门极驱动的应用将有助于充分发挥功率半导体器件性能，如降低损耗、提升电压利用率等，并实现功率半导体器件的健康状态在线评估，实现电机控制器高安全性、高可靠性设计的目标。

（3）整车控制技术。整车控制器是纯电动汽车运行的核心单元，承担着整车驱动控制、能量管理、整车安全及故障诊断和信息处理等功能，是实现纯电动汽车安全、高效运行的必要保障。整车控制策略作为整车控制器的软件部分，是整车控制器的核心部分。由于电动汽车的车载能量有限，其行驶里程远远达不到传统燃油汽车的水平，整车控制策略的目的就是要最大限度地利用有限的车载能量，增加行驶里程。

（二）混合动力汽车

1. 基本构型

混合动力汽车（hybrid electric vehicle，HEV）指同时装备两种或两种以上动力来源的车辆，是使用发动机驱动和电力驱动两种驱动方式的汽车。通常所说的混合动力一般是指油电混合动力，即燃料（汽油、柴油等）和电能的混合。混合动力电动汽车是介于内燃机汽车和电动汽车之间的一种车型，是传统内燃机汽车向纯电动汽车过渡的车型。

与传统内燃机汽车相比，混合动力汽车具有以下优点：①可使发动机在最佳的工况区域稳定运行，避免或减少了发动机变工况下的不良运行的情况，使发动机的碳排放和油耗大大降低；②在人口密集的商圈和居民区等地可用纯电动模式驱动车辆，实现零排放；③可配备功率较小的发动机，可为车辆提供动力，并且可通过电动机/发电机回收汽车减速和制动时的能量，进一步降低车辆的能耗和碳排放。

　　与纯电动汽车相比，混合动力汽车具有以下优点：①车辆的续航里程和动力性可达到传统汽车的水平；②附属设备（如空调、真空助力、转向助力等）可由发动机驱动，不用消耗动力电池有限的电能，从而保证了良好的驾乘体验。但与纯电动汽车相比，混合动力汽车未完全摆脱对传统能源的依赖，在纯油或混动模式下依然有碳排放。与传统内燃机汽车相比，混合动力汽车的控制和结构复杂，车身较重，纯油工况下油耗较高。

　　根据 2010 年颁布的 QC/T 837—2010《混合动力电动汽车类型》，混合动力电动汽车有多种分类方式：根据驱动系统能量流和功率流的配置结构关系，混合动力电动汽车可分为串联式、并联式和混联式；按照两种能量的搭配比例不同，混合动力电动汽车可分为微混合型、轻度混合型、中度混合型及重度混合型，见表 7-2；按照外接充电能力，混合动力电动汽车分为可外接充电型（插电式）和不可外接充电型。

表 7-2　　　　　　　　　　不同能量搭配比例的混合动力电动汽车

名称	最大功率比	特点	应用车型
微混	≤5%	电机不提供动力	丰田 Vitz
轻混	5%～15%	电机控制启停，减速制动时有能量回收	红旗 H9
中混	15%～40%	加速或大负荷时电机可补充动力，制动能量回收	本田 Accord
重混	≥40%	有中混特点且动力更足，电机可以独立驱动车辆行驶	丰田 Prius

　　串联式混合动力汽车由发动机、发电机和电动机三大主要部件组成，其基本结构如图 7-8 所示。油箱-发动机-发电机与电池一起组成了车载能量源，共同向电动机提供电能。其中，发动机仅仅用于带动发电机发电，所产生的电能通过电动机控制器提供给电动机，再由电动机转化为电能后驱动车辆。动力电池对发电机产生的电能和电动机所需要的电能进行调节，从而保证车辆在行驶工况下的功率需求。串联式混合动力系统通过电方式实现动力耦合，系统中有两个电源，即动力电池和发电机。这两个电源通过逆变器串联在回路中，动力的流向为串联形式，因此称为串联式混合动力系统。

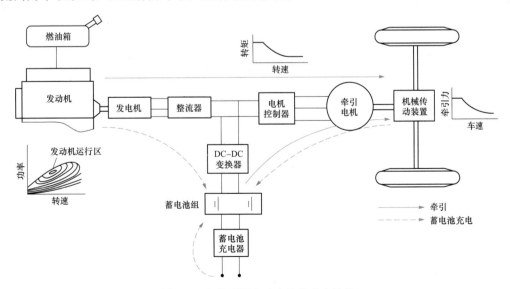

图 7-8　串联式混合动力汽车基本结构

并联式混合动力汽车具有两套驱动系统，即传统的内燃机系统和电机驱动系统，其基本结构如图 7-9 所示。并联式混合动力汽车可以在比较复杂的工况下使用不同的驱动模式，应

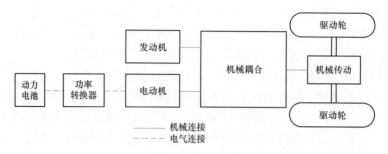

图 7-9 并联混合动力汽车基本结构

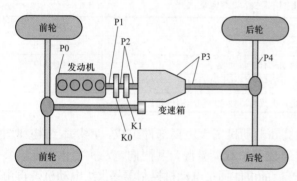

图 7-10 并联混合动力汽车 P0～P4 架构

用范围较广。并联式混合动力结构根据电动机/发电机的数量和布置、变速器的类型、部件的数量（离合器、变速器的数量）和位置关系（如电动机与离合器的位置关系）的不同，分为多种类型。按照电动机位置的不同，并联式混合动力汽车可分为 P0～P4 架构，如图 7-10 所示。并联式混合动力汽车发动机与电动机两大部件总成有多种组合形式，可以根据使用要求选用。并联式混合动力系统通过两大动力总成的功率可以互相叠加，发动机功率和电动机功率为电动汽车所需最大驱动功率的 50%～100%。因此，采用小功率的发动机与电动机，使整个动力系统的装配尺寸、质量都较小，造价也更低，行程也比串联式混合动力汽车的长一些，其特点更加趋近于内燃机汽车。

混联式混合动力电动汽车动力传动系统中具有两个电机系统，即发电机和电动机，兼备了串联混合动力车载能量源的混合及并联混合动力机械动能的混合，驱动模式灵活，能量效率更高。在实际应用中主要有两种方案：开关式和功率分流式。

开关式混合动力汽车结构如图7-11 所示，离合器起到了切换串联结构和并联结构的作用。若离合器打开，则该混合动力传动系即为简单的串联式结构；若离合器接合且发电机不工作，则该混合动力传动系即为简单的并联式结构；若离合器接合且发电机工作于发电模式，则该混合动力传动系即为复杂的混联式结构。比亚迪 F3DM 采用的开关式混合动力系统。

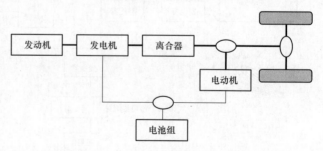

图 7-11 开关式混联式混合动力汽车

功率分流式混合动力系统主要由行星齿轮机构并结合两个电动机组成。根据其构型特点，

功率分流式混合动力系统可实现发动机工作点与车轮的完全解耦，并通过其中一个电动机的调速作用和另一个电动机的转矩补偿使发动机稳定工作于高效率区间。目前，功率分流系统做得比较完善的有单模的丰田 THS、福特的 FHS、国内的科力远 CHS、通用的双模等。其中，丰田 THS 主要应用在 Prius、Camry、Highlander、GS450h 上，福特 FHS 主要应用在 Escape、C-max、Fusion 上，科力远 CHS 主要应用在吉利上，通用 VOLT-II主要应用在 Volt、君越和迈锐宝上，见图 7-12 和图 7-13。不同混合动力系统技术特点对比见表 7-3。

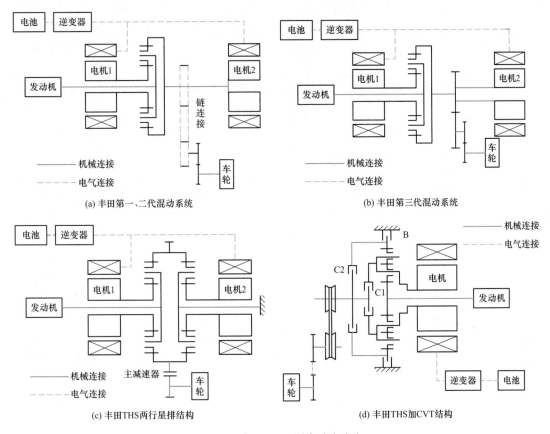

图 7-12　丰田 THS 混合动力汽车

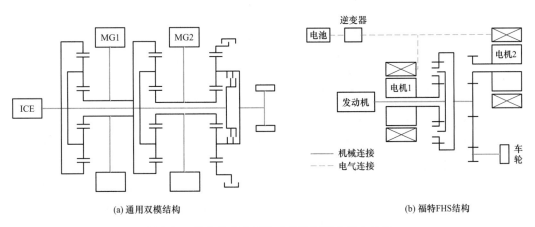

图 7-13　各个汽车公司的功率分流混合动力系统

表 7-3　　　　　　　　　　　　　　不同混合动力系统技术特点对比

结构模式	串联式	并联式	混联式
动力总成	发动机、发电机、电动机三大动力总成	发动机、电动机/发电机、耦合机构	发动机、电动机/发电机、电动机、耦合机构
发动机功率	发动机功率较大、工作稳定	发动机功率较小、工况变化大	发动机功率小
驱动模式	电动机驱动模式	发动机驱动模式、电动机驱动模式、发动机-电动机混合驱动模式	发动机驱动模式、电动机驱动模式、发动机-电动机混合驱动模式、电动机-电动机混合驱动模式
传动效率	发动机-发电机-电动机能量转换效率较低	发动机传动系统的传动效率较高	发动机传动系统的传动效率较高
制动能量回收	能够回收制动能量	能够回收制动能量	能够回收制动能量
整车总布置	三大动力总成之间没有机械式连接装置、结构布置的自由度较大，但三大动力总成的质量、尺寸都较大，在小型车辆上不好布置，一般在大型车辆上采用	发动机驱动系统保持机械式传动系统，发动机与电动机两大动力总成之间被不同的耦合机构连接起来，结构复杂，使布置受到一定限制	三大动力总成之间采用耦合机构连接，三大动力总成的质量、尺寸都较小，能够在小型车辆上布置，但结构更加复杂，要求布置更加紧凑
适用条件	适用于大型客车或货车，适应在路况较复杂的城市道路和普通公路上行驶，更接近纯电动汽车性能	适用于小型汽车，适应在城市道路和高速公路上行驶，接近普通内燃机汽车性能	适用于各种类型汽车，适应在各种道路上行驶，更加接近普通内燃机汽车性能
造价	三大动力总成的功率较大、质量较重，制造成本较高	两大动力总成的功率较小，质量较轻，电动机/发电机具有双重功能，可利用普通内燃机汽车底盘改装，制造成本低	三大动力总成的功率较小，质量较轻，需要采用复杂的控制系统，制造成本较高

插电式混合动力汽车本身是一种混合动力汽车，区别在于其车载的动力电池组可以利用电网（包括家用电源插座）进行补充充电，具有较长的纯电动行驶里程，必要时仍然可以在混合动力模式下工作。因此，与一般混合动力汽车相比，插电式混合动力汽车具有较大容量的动力电池组、较大功率的电机驱动系统及较小排量的发动机。为满足纯电动汽车行驶的需要，插电式混合动力汽车的辅助系统均为电动化的辅助系统，如电动助力转向、电动真空助力、电动空调等，而且额外增加了车载充电机。图 7-14 所示为某插电式混合动力汽车结构简图。

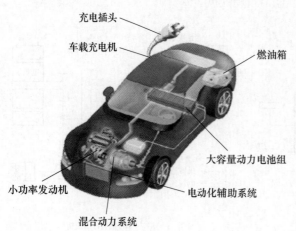

图 7-14　插电式混合动力汽车结构简图

　　增程式混合动力电动汽车从结构上来说是一种串联式混合动力电动汽车,其设计理念是在纯电动汽车动力传动系的基础上,增加一个增程器(通常为小功率的发动机-发电机组),延长动力电池组一次充电续驶里程,满足日常行驶的需要。相比纯电动汽车,增程式混合动力汽车可以采用较小容量的动力电池组,有利于降低动力电池组的成本。相比串联混合动力电动汽车,增程器功率偏小,动力电池组容量配置较高。图 7-15 所示为增程式混合动力汽车结构简图。

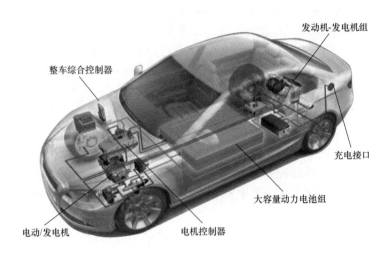

图 7-15　增程式混合动力汽车结构简图

2. 代表车型

　　串联式混合动力系统主要应用于城市公交车与城市客车,其代表车型有梅赛德斯-奔驰 Citaro 混合动力客车、宇通混合动力客车、中通混合动力客车等。

　　并联式混合动力系统主要应用于小型汽车上,其代表车型有本田思域、比亚迪秦等。

　　混联式混合动力系统适用于各种类型汽车,其代表车型有丰田 Prius、通用雪佛兰 VOLT、福特 Escape 等。

　　插电式混合动力汽车既具有可观的纯电动行驶里程,同时还能以混合动力的模式工作,从而大幅延长了汽车的行驶里程,具有良好的发展前景,其代表车型有比亚迪插电式混合动力轿车和宇通插电式混合动力客车。

　　增程式混合动力汽车带有小型增程器,可以有效解决纯电动汽车动力电池储能有限的问题,相比其他类型混合动力汽车,动力电池容量够大,利用外界电网充电达到进一步节能的能力更强,其代表车型有宝马 i3、日产轩逸 e-POWER、理想 ONE 等。

3. 低碳原理

　　混合动力汽车的低碳节能途径包括:①选择较小的发动机,从而提高发动机负荷率;②取消发动机怠速,降低燃油消耗;③改善控制策略使发动机工作在高效率区,以改善整车的燃油消耗;④发动机具有高速断油的功能,以节省燃油消耗;⑤适当增加 SOC 窗口,减少发动机工作时间;⑥具有再生制动能量回收功能。各节能措施效果如图 7-16 所示。

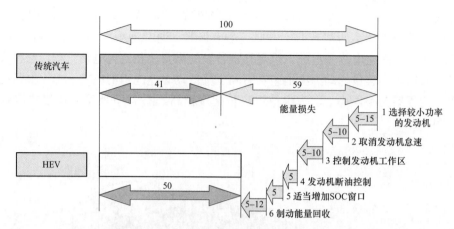

图 7-16　混合动力汽车节能措施效果统计分析[19]

4. 关键技术

混合动力汽车是集整车技术、电力拖动、新能源及新材料等高新技术于一体的高新集成产物。为实现其高效能、低排放目标，除了纯电动汽车的动力电池技术与电机驱动技术之外，混合动力汽车的关键技术在于集中发展发动机、动力耦合系统、增程器和整车能量管理控制策略等方面。

发动机作为混合动力汽车唯一的耗油部件，其性能和控制特性直接决定了整车的燃油经济性。由于混合动力汽车上具有电能存储单元，发动机的工作过程和控制特性与传统汽车发动机有明显的区别，这也为混合动力汽车中发动机的优化奠定了基础。混合动力专用发动机发展趋势如下：前期重点开发阿特金森/米勒循环专用发动机，采用怠速停机、灭缸控制、小排量设计等；中期改善燃烧水平，实现冷却优化，同时降低机械摩擦损失；后期应用HCCI等技术，不断提高发动机压缩比。

动力耦合系统负责将混合动力汽车多个动力装置输出的能量组合在一起，实现各种工作模式，在混合动力汽车开发中处于重要地位，包括串联式结构的电-电耦合与并联式结构的机电耦合。目前研究重点在于开发行星齿轮、一体化专用变速器等，持续提升专用动力耦合系统的传动效率。

增程器又称作辅助功率单元，是增程式混合动力汽车提供续航里程的关键部件，其性能决定了增程式混合动力汽车未来的市场发展前景。当前增程器的研究集中于增程器平台化开发、增程器关键部件选型设计、增程器专用发动机开发、扭转减振器/双质量飞轮选配、增程器能量管理等。

实现多个动力源的配合工作是混合动力汽车需要解决的关键问题。整车能量管理控制策略的主要功能是协调各子系统的工作，进行整车功率控制与工作模式切换控制，提升能源利用效果。混合动力汽车能源消耗受驾驶工况影响较大，目前普遍采用的基于规则的能量管理策略，其工况适应性差。随着智能和网联技术的快速发展，当前整车能量管理控制策略研究关注于解决多源信息的获取、未来驾驶工况的预测、控制目标的约束、控制平台与软件架构所能支持的功能、芯片算力与通信机制等多维度的工程技术问题，通过获取多源网联信息并智能预测出行域全程功率需求，将能量管理决策序列实时作用于混合动力传动系统，实现能量利用的最优分配。

（三）燃料电池电动汽车

1. 基本构型

燃料电池（fuel cell，FC）是一种通过电化学反应直接将燃料的化学能转化为电能的发电装置，其过程不涉及燃烧，不受卡诺循环的限制，能量转化率高。燃料电池电动汽车（fuel cell electric vehicle，FCEV）是利用氢气和空气中的氧在催化剂的作用下，以燃料电池中经电化学反应产生的电能作为主要动力源驱动的汽车。燃料电池电动汽车实质上是纯电动汽车的一种，在车身、动力传动系统、控制系统等方面，燃料电池电动汽车与纯电动汽车基本相同，主要区别在于车载能源的工作原理不同。燃料电池汽车具有使用零污染、续航里程长和加氢时间短等优势，是实现道路交通领域碳中和的理想方案之一。

燃料电池电动汽车主要由车载能量源、高压储氢罐、DC/DC 转换器、驱动电机、整车控制器等组成。燃料电池汽车的车载能量源包括燃料电池系统、动力电池、超级电容和飞轮。燃料电池汽车动力系统布置如图 7-17 所示。

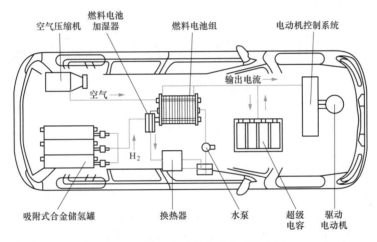

图 7-17　燃料电池汽车动力系统布置

按照车载能量源组成的不同，燃料电池汽车可分为以下四种类型：

（1）纯燃料电池驱动（pure fuel cell，PFC）的燃料电池电动汽车。PFC 动力系统结构原理如图 7-18 所示。纯燃料电池电动汽车只有燃料电池一个动力源，汽车的所有功率负荷都由燃料电池承担，因此燃料电池功率大，对燃料电池系统的动态性能和可靠性提出了更高的要求，此外由于燃料电池无法实现充电，因此无法实现电动汽车的制动能量回收。一般情况下不采用单独燃料电池驱动的方式。目前的燃料电池汽车主要采用的是混合驱动形式。

（2）燃料电池与动力电池联合驱动（FC＋B）的燃料电池电动汽车。FC＋B 动力系统结构原理如图 7-19 所示。该燃料电池动力系统结构优点如下：①由于增加了价格相对低廉得多的动力电池组的数量，从而大大地降低了整车成本，且动力电池技术比较成熟，可以在一定程度上弥补燃料电池技术上的不足；②燃料电池单独或与动力电池共同提供持续功率，而且在车辆起动、爬坡、加速等有峰值功率需求时，动力电池可以单独输出能量或者提供峰值功率；③制动能量回馈的采用可以回收汽车制动时的部分动能，该措施可能会提高整车的能量效率；④系统对燃料电池的动态响应性能要求较低。该燃料电池动力系统结构缺点如下：①动力电池的使用使得整车的质量增加，动力性和经济性受到影响，这点在能量复合型混合

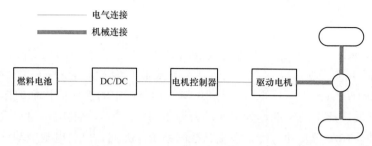

图 7-18　PFC 动力系统结构原理

动力汽车上表现得更为明显；②动力电池充放电过程会有能量损耗；③系统变得复杂，系统控制和整体布置难度增加。

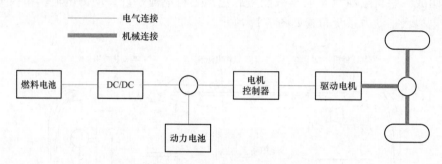

图 7-19　FC＋B 动力系统结构原理

（3）燃料电池与超级电容联合驱动（FC＋C）的燃料电池电动汽车。FC＋C 动力系统结构原理如图 7-20 所示。该结构形式与燃料电池＋动力电池结构相似，只是把动力电池换成超级电容。该结构优点如下：①超级电容作为辅助动力源，相对于动力电池，它具有优良的功率特性，能以高放电率释放电能；②在回收制动能量方面比蓄电池有优势，充电时间更短，而且循环寿命达到百万次，可以降低使用成本。但由于超级电池能量密度较小，且超级电容存储的能量有限，只可以提供持续大约 1min 峰值功率，其电压波动幅度很大。

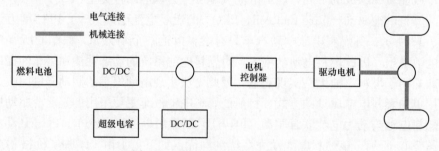

图 7-20　FC＋C 动力系统结构原理

（4）燃料电池与动力电池和超级电容联合驱动（FC＋B＋C）的燃料电池电动汽车。FC＋B＋C 动力系统结构原理如图 7-21 所示。燃料电池、动力电池和超级电容一起为驱动电机提供能量，驱动电机将电能转化成机械能传给传动系，驱动汽车前进。在汽车制动时，驱动电机变成发电机，蓄电池和超级电容将储存回馈的能量。该结构比燃料电池＋动力电池的结构形式更有优势，尤其是在部件效率和动态特性、制动能量回馈等方面更有优势。而其缺点也一样更加明显：①增加了超级电容，整个系统的质量可能增加；②系统更加复杂化，系统控制和整体布置的难度也随之增大。

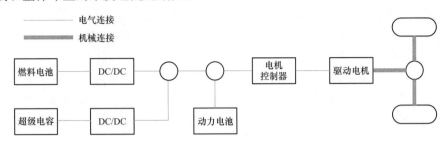

图 7-21　FC＋B＋C 动力系统结构原理

2. 代表车型

燃料电池汽车迎来产业化发展的重要窗口期，日本燃料电池汽车技术发展和示范推广处于全球领先地位，韩国一直致力于燃料电池汽车的技术开发和推广应用，欧洲燃料电池汽车已经步入市场导入期，美国燃料电池已实现多种形式应用，中国燃料电池商用车示范应用取得突破性进展。丰田、本田、通用、福特、奔驰、现代等公司都已开发出燃料电池车型并进行示范运行，进入初步应用阶段，典型代表有丰田的燃料电池量产车 Mirai、现代 NEXO 燃料电池电动汽车。中国对燃料电池汽车的研发也相当重视，在《中国制造 2025》等纲领性文件中，对燃料电池汽车及其相关技术提出了明确的发展规划。目前，燃料电池汽车已经成为中国汽车和能源领域发展的重要载体。氢燃料电池公交车与客车已经初具规模，2022 年北京冬奥会期间，515 辆福田欧辉氢燃料电池客车在冬奥园区开展示范运营服务，如图 7-22 所示。

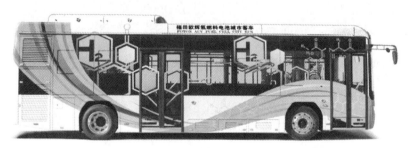

图 7-22　福田欧辉氢燃料电池城市客车

3. 低碳原理

燃料电池汽车低碳节能原理表现为以下三方面：

（1）零排放或近似零排放，绿色环保。燃料电池汽车本质上是一种零排放汽车，其核心部件燃料电池没有燃烧过程。若以纯氢作燃料，通过电化学的方法，将氢和氧结合，生成物是清洁的水；采用其他富氢有机化合物用车载重整器制氢作为燃料电池的燃料，生成物除水之外还可能有少量的 CO_2，但其排放量比内燃机要少得多，且没有其他污染排放（如氧化氮、氧化硫、碳氢化物或微粒）问题，接近零排放。

（2）能量转换效率高，节约能源。燃料电池没有活塞或涡轮等机械部件及中间环节，不经历热机过程，不受热力循环限制，故能量转换效率高。燃料电池的化学能转换效率在理论上可达 100%，实际效率已达 60%～80%，是普通内燃机热效率的 2～3 倍（汽油机和柴油机汽车整车效率分别为 16%～18% 和 22%～24%）。从节约能源的角度来看，燃料电池汽车明显优于传统内燃机汽车。

（3）燃料多样化，优化能源消耗结构。燃料电池所使用的氢燃料来源广泛。自然界中，氢能大量存储在水中，可采用水分解制氢，也可取自天然气、丙烷、甲醇、汽油、柴油、煤及再生能源。燃料来源的多样化有利于能源供应安全和利用现有的交通基础设施（如加油站等）。燃料电池不依赖石油燃料，各种可再生能源可以转化为氢能加以有效利用，减少了对石油资源的依赖，优化了交通能源的构成。

4. 关键技术

燃料电池汽车迈向产业化亟须解决的关键技术问题如下：

（1）燃料电池系统。燃料电池是燃料电池汽车发展的关键技术之一。车用燃料电池系统的核心是燃料电池堆。车用燃料电池的关键材料，如电催化剂、质子交换膜、气体扩散层、双极板等材料技术产业化水平不高，不能满足高性能车用燃料电池的发展。燃料电池堆技术发展趋势可用耐久性、低温启动湿度、净输出比功率及制造成本 4 个要素来评判。在降低燃料电池成本的同时，进一步提高燃料电池的性能，是目前燃料电池汽车技术研究的重点。燃料电池系统还有许多需要攻克的技术难题，例如系统起动与关闭的时间、系统能量管理与变换操作、电堆水热管理模式及低成本高性能的辅助装置。

（2）车载储氢系统。储氢技术是氢能利用走向规模化应用的关键。目前，常见的车载储氢系统有高压储氢、低温储存液氢和金属氢化物储氢 3 种基本方法。如何有效减小储氢系统的重量与体积，是车载储氢技术研发的重点。比较理想的方案是采用储氢材料与高压储氢复合的车载储氢新模式，即在高压储氢容器中装填重量较轻的储氢材料。

（3）整车布置。燃料电池汽车在整车布置上存在以下关键问题：燃料电池发动机及电动机的相关布置、动力蓄电池组的车身布置、氢气瓶的安全布置、高压电安全系统的车身布置等。

（4）整车热管理。燃料电池汽车整车热管理有两方面特性需要关注：①燃料电池发动机自身的运行温度为 60～70℃，实际的散热系统工作温度大致可以控制在 60℃；②目前整车各零部件的体积留给整车布置回旋的余地很小，造成散热系统设计的改良空间不大，无法采用通用的解决方案应对，必须开发专用的零部件。

（5）多能源动力系统的能量管理策略。目前的开发方式一般是借助仿真技术建立一个虚拟开发环境，对动力系统模型进行合理简化，从理论分析的角度得到最优功率分配策略与能量源参数和工况特征之间的解析关系，并从该关系出发定量地分析功率缓冲器特性参数对最优功率分配策略的影响，为功率缓冲器的参数选择提供理论依据。

第三节　水路交通碳中和

当前在国际贸易运输中，船舶航运的运输总量占据了 95% 以上，其实际能源的消耗也占到了总能源的 3%，航运业每年排放约 1.1 亿 tCO_2（占全球温室气体排放量的 3%），随着船舶数量的逐年增加以及船舶大型化的发展趋势，航运业的 CO_2 排放量正在不断攀升。

在国际能源越来越紧缺的今天，如何采取有效的节能减排技术降低船舶柴油机的能耗以及碳排放是一个非常重要的课题。

一、传统船舶能效提升技术

（一）提升船舶发动机能率

通过船舶航速优化技术、船舶防污减阻优化技术、船舶航线设计优化、电气系统节能技术、优化主机系统、废热能再利用技术和涡轮增压器、超低摩擦船底涂层等能效提升技术及管理手段，降低船舶能耗水平，提高船舶能效。对于已投入运营的船舶，可考虑加装桨前导流鳍、补偿导管、前置固定导轮等船舶单项附体节能装置；采用新型船舶防污涂料，减少船体航行阻力；采用气象导航，优选最佳航线；航行过程中采用经济航速等手段，达到降低船舶单耗的目的。发展船舶压缩机技术，提高能效，减少电耗。提高船用涂料和船用保温材料技术，减少船舶系统能源浪费。此外，在船舱、机舱等地方采用玻璃棉、聚苯乙烯泡沫、聚氨酯泡沫等保温材料，同样能降低船体能耗，起到保温、减振、隔音、防湿等作用。

（二）提高船舶油品质量

提高船舶油品质量，可提升能效、减少污染物排放，现阶段主要排放控制标准为硫排放。IMO 关于 2020 年船舶使用低硫燃料油规定：全球船舶船用油硫含量不得超过 0.5%，航运界正在为低硫油燃料推进而主动或被动采取措施。目前，我国已具备规模化生产供应低硫重质清洁船用燃料油的能力，建议加快推进长三角港口提供符合限制标准低硫油的速度，推广适合采用的稳定、绿色环保的低硫重质清洁船用燃料油。建议相关部门在船舶油品统一标准的基础上，进一步达成共识，研究出台区域船舶油品更加严格的相关标准，逐步淘汰不符合环保标准的船舶油品。

二、船舶清洁能源替代技术

（一）LNG 与甲醇

技术成熟且成本具有竞争潜力。LNG 船舶技术相对成熟，燃料供应有保障，理论上相对燃油可以减少 20% 的碳排放。我国 LNG 动力船的使用始于 2010 年，主要由 LNG 和柴油双燃料主机替代传统柴油机内河船的主机。《中国交通的可持续发展》白皮书显示，截至 2020 年 12 月，全国建成的 LNG 动力船舶为 290 余艘。相关实验指出，LNG 在燃烧过程中不仅排放 CO_2，还会排放 CH_4，仅能在水运行业脱碳过程中发挥一定的过渡替代作用。甲醇船舶所需改造成本较低，传统柴油机稍加改动即可应用甲醇燃料，同时岸上加注等相关基础设施也可由燃油设施稍加改动而成。排放方面，虽然甲醇也属于碳基燃料，在使用阶段会排放 CO_2，但其没有 CH_4 泄漏问题，且随着生物甲醇、合成甲醇等技术的成熟，甲醇在船舶中的减碳效果将更加明显。

（二）生物燃料与动力电池

技术可行但成本较高。生物燃料在能量密度、燃烧特性等理化性质方面与油品相似，在不对设施和设备技术改造的情况下，可在现有船舶和燃料加注基础设施中使用。第一代生物燃料是以植物油为基础或以玉米（甘蔗）为原料的生物柴油，目前成本为 60 美元/桶左右，但存在原料供应不稳定以及与人争粮的问题。第二代生物燃料以木质素、纤维素为原料，生产成本在 100 美元/桶以上。在技术进步与规模化应用的推动下，生物燃料的应用成本或将快速下降，中远期生物燃料有望在水运行业实现商业化和规模化应用。电动汽车的快速发展也将带动动力电池成本大幅降低。但受到能量密度的限制，目前动力电池仅能在短程航行船舶上应用。随着可再生能源发电价格的进一步降低，以及动力电池能量密度的提高，动力电池搭配可再生电力有望成为船舶低碳发展的重要方案之一。预计电动大型渡轮可能在2030年实现商业化应用，电动渡轮有望实现12~18h的远距离航行。

（三）氨、氢和核动力

该技术处于探索期但替代潜力较大。国际能源署近期发布的《能源技术展望2020》指出，到2070年，在海运领域、生物燃料、氢和氨将提供超过80%的燃料需求。氢、氨燃料是未来零排放解决方案的重点发展方向。氢的最佳应用方式是作为燃料电池的燃料，而氨不仅可以直接作为内燃机的燃料，也可作为氢的运输和储存载体。当前氢、氨在船舶工业的应用尚处于起步阶段，仍存在标准规范不完善、关键配套设备尚在研制、加注设施欠缺等问题。随着相关问题得到解决，以及绿色制氢、制氨技术的发展，氢、氨有望在船舶中得到大规模应用。核动力船舶已经在军事领域得到良好的应用，目前主要面临造价高和安全性风险，而相关问题一旦得到解决，核动力也可在远洋船舶中得到大规模应用。

目前水运行业燃料以燃料油为主，LNG有一定应用，甲醇、生物燃料、电力、氢能、氨等技术仍在探索中。研究结果表明，在考虑能效和载荷的前提下，与传统船舶用燃料油相比，以LNG和甲醇为船用燃料，其减排效益分别为10%~30%和10%~90%，加之配套设施具有一定的基础，短中期内过渡作用明显；以生物质为船用燃料相对燃料油的碳减排效益可达70%~90%，现有设备改造技术门槛较低，适用于各类船型，将是中远期替代主力；以氢和氨为船用燃料的技术尚不成熟，但从长期看，碳减排最有优势；电动船舶在行驶阶段几乎不产生碳排放，但受制于动力电池成本和密度，适用于中短距离和低载荷航行。

整体上看，对于内河及沿海航运，由于船舶载重吨位较小、航程较短，燃料转型选择较多，近中期以LNG船舶为主，适时推进生物燃料、电气化和氢等；对于远洋航运，由于船舶载重吨位较大、航程较长，近中期LNG、生物燃料等将成为发展重点，从中长期看，氨、氢船舶等零碳燃料更具发展前景。

综上所述，从低碳发展路径来看，近中期可通过适当扩大LNG、生物燃料在船舶中的应用实现水运行业碳排放尽早达峰，中远期随着全球范围内动力电池、氨、氢和核动力等技术在船舶应用中取得重要突破，我国水运行业燃料替代步伐将加快，有望先于全社会实现碳中和目标。

三、船舶基础设施保障技术

基础设施建设是实现水路交通绿色发展的重要保障，其中岸电建设是传统船舶中柴油机发电的电能替代手段。现阶段岸电应用已进入了快速发展状态。推动港航企业电能替代和船舶岸电建设，加快设施建设，推动岸电规模化发展，研究建立船舶使用岸电的相关行业标准，着力解决客滚船、集装箱船、邮轮和大型干散货船等船舶在使用岸电中的问题，推动岸电可持续发展，采取鼓励措施，做到船舶使用岸电应用尽用，促进船舶靠港使用岸电常态化。

在LNG船舶中，通过在内河沿线布局一定数量的LNG加注站或LNG船舶的综合服务站，加快LNG加注站与LNG储备码头的功能融合。

第四节　航空交通碳中和

"双碳"目标的提出给航空运输业带来了新的挑战。据统计，目前航空运输业碳排放占全球碳排放的 2％左右，且增长速度较快，是节能减排的重点领域之一。根据 BNP Paribas Bank 的调研，航空运输业的碳排放主要有三大来源，其中，飞机航空燃油燃烧，约占总排放量的 79％，是民航业碳排放的"大户"。然而，以目前的技术水平，长航程的商用飞机将无法使用电力或者混合动力飞行。这意味着，在可预见的未来，航空业仍将继续依赖液体燃油。因此，如何在航空业尤其是航空燃油领域做"减法"，成为亟待破解的问题。

一、传统飞机能效提升技术

（一）飞机运营能力提高技术

提高运营能力是指通过提高航空公司日常的运营管理水平来达到节能减排的目的。航空公司通过对飞行机队、航路航线及飞行操作进行优化，从而达到节能减排的目的。机队的优化是指通过淘汰老旧机型、改造和维护现有的机型、选择合适的新机型等方法达到节省燃油的目的；航路航线的优化是指通过合理安排航路航线，最大限度地避免无限飞行，缩短航路航线，从而达到提高飞行效率、降低运营成本的目的；飞行操作的优化是指通过空管部门总结经验，制定详细的节油操作制度，例如缩短起飞前的滑行距离及等待时间等。

（二）飞机推进提升技术

推进技术是影响飞机燃油效率的重要因素，提升推进技术是提高燃油效率，达到节能减排的重要手段。目前专家学者主要是从降低飞机重量、减小飞行阻力和提高发动机效率三个方面来提升推进技术，从而达到节能减排的目的。在降低飞行重量方面，通过研发新型的复合材料和新型合金材料、改进飞机系统、提升制造工艺等方法来达到飞机轻量化的目的；在减小飞行阻力方面，利用流体动力学知识，对飞机进行数值模拟，研究设计流动模型，从而降低飞机的摩擦阻力；在提高发动机效率方面，通过对发动机的涂层、燃烧技术、材料、冷却技术和传感器等方面进行技术研发，从而提高发动机的燃料利用率，达到节能减排的目的。

（三）飞机地面设施优化技术

优化地面设施是指对机场的基础设施进行优化，目前主要通过七个方面对机场基础设施进行优化达到节能减排的目的，如图 7-23 所示。

二、飞机清洁能源替代技术

按照国际航空运输协会（international air transport association，IATA）承诺的民航节能减排三阶段目标，即 2009—2020 年，能源使用效率年均提升 1.5％以上；2020 年开始实现无碳增长；2050 年前，CO_2 排放与 2005 年相比降低 50％。根据 IATA 预测，20％的碳减排任务可以通过改进发动机、减轻飞机重量和提高效率来实现；10％的碳减排任务可以通过进一步完善航空基础设施来实现；50％的碳减排任务则只能依靠使用新能源来实现。因此，民航部门新能源的研究、开发和使用具有重大的理论和实际意义。对于民航部门新能源的使用，主要是为了解决两个方面的问题：第一是摆脱对化石能源的依赖，解决能源短缺的问题；第二是经济和环保的需要，使用低碳可再生能源可以大幅减少碳排放实现低碳经济。

然而，对于新能源的开发利用，尤其是针对民航部门的替代能源在大规模投入使用之前需要对其固有性质、与当前航空运输系统兼容性、新能源的生产成本、使用技术等方面进行全面的评估。国际上对航空替代燃料最基本的要求就是具有"Drop-in"的兼容性，即要求简单易用，替代能源不能对已有的基础设施、飞机机型和引擎等硬件做较大改动，可以直接与传统航空能源相互替代。

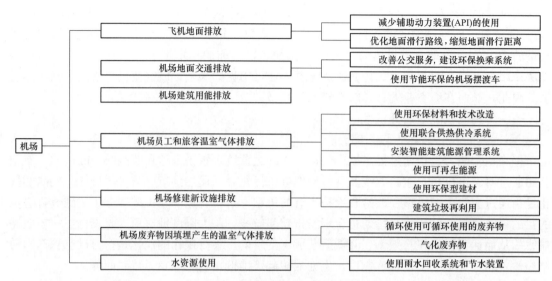

图 7-23 机场的节能减排[20]

　　采用新能源来替代传统航空煤油作为飞机燃料也是航空领域节能减排的重要手段之一。目前主要的替代能源有天然气合成燃料、液氢燃料、煤基燃料和生物燃料四种。使用可再生的新能源一方面可以解决对化石能源的依赖问题，另一方面可以达到环保的目的，有利于航空领域实现碳中和目标。

　　航空和航运需要高能量密度的燃料，转型过程主要有三种技术路径：一是低排放燃料替代技术，改进航空航运动力系统使用先进生物燃料替代传统燃料，到 2050 年，生物燃料消耗将占航空总燃料消耗的 45%，占航运燃料消耗的 20%；二是新型动力技术，开发以氢为燃料的新型航空发动机；三是超高能量密度电池技术，能够满足短途飞行或者短距离航运需求。

　　民航运输低碳化主要方向是生物质燃料。根据现有基础设施和技术条件，航空领域在现有技术体系下难以实现深度减排，需加快生物航煤、氢能、电力等其他零碳技术研发。从燃料能量密度、技术成熟度、改造成本看，生物质燃料最有可能成为未来航空业低碳转型的主要方向。近 10 年来，全球使用生物质燃料的航班已有 24 万个。相关研究表明，与常规燃料相比，在巡航状态下使用生物质航空燃料可降低碳排放量 60%～98%，同时生物质燃料可直接与现有航空煤油混合使用，尽管现阶段其成本远高于传统航煤。电动化路线受功率和续航里程限制，未来主要应用于小型化短途支线客机。研究显示，在飞行场景下，氢能能效是传统喷气机燃料的 3 倍以上，全生命周期碳排放量较航空煤油减少 98.6%，未来在技术取得突破性进展后，有望在民航客机领域实现规模化应用。

参 考 文 献

[1] International Energy Agency. Global energy review：CO₂ emissions in 2021［EB/OL］. (2022-03-08)［2022-08-23］. https：//www.iea.org/reports/global-energy-review-co2-emissions-in-2021-2.

[2] United States Environmental Protection Agency. Global greenhouse gas emissions data［EB/OL］. (2021-

06-01)［2022-08-23］. https：//www. epa. gov/ghgemissions/global-green-house-gas-emissions-data.

［3］生态环境部 . 中华人民共和国气候变化第二次两年更新报告［EB/OL］.（2021-06-01）［2022-08-23］. ht-tps：//www. mee. gov. cn/ywgz/ydqhbh/wsqtkz/201907/P020190701765971866571. pdf.

［4］United States Environmental Protection Agency. Inventory of U. S. Greenhouse gas emissions and sinks ［EB/OL］.（2019-07-01）［2022-08-23］. https：//www. epa. gov/ghg-emissions/inventory-us-greenhouse-gas- emissions -and-sinks.

［5］European Environment Agency. GHG emissions by sector in the EU-28，1990—2016.［EB/OL］.（2018-06-28）［2022-08-23］. https：//www. eea. europa. eu/data-and-maps/daviz/ghg-emissions-by-sector-in ♯ tab-chart _ 1.

［6］International Energy Agency. Transport，energy and CO_2：Moving toward sustainability［M］. IEA Paris，2009.

［7］王海林，何建坤 . 交通部门 CO_2 排放、能源消费和交通服务量达峰规律研究［J］. 中国人口·资源与环境，2018，28（2）：59-65.

［8］交通运输部 . 绿色交通"十四五"发展规划［EB/OL］.（2021-10-29）［2022-08-23］. http：//www. gov. cn/zhengce/zhengceku/2022-01/21/content-5669662. htm.

［9］Department for Business，Energy & Industrial Strategy. 2019 UK greenhouse gas emissions.［EB/OL］.（2020-03-26）［2022-08-23］. https：//assets. pubishing. service. gov. uk/government/uploads/attachment _ data/file/957687/2019 _ Final _ emissions _ statistics _ one _ page _ summ-ary. pdf.

［10］王贺武 . 汽车、交通、能源协同实现碳达峰碳中和目标、路径与政策研究［R］. 电动汽车百人会，2022.

［11］中华人民共和国公安部 . 2021 年全国机动车保有量达 3.95 亿 新能源汽车同比增 59.25％［EB/OL］.（2022-01-11）［2022-08-23］. https：//app. mps. gov. cn/gdnps/pc/content. jsp? id ＝8322369.

［12］中国人民政治协商会议全国委员会 . 实现碳达峰、碳中和，面临哪些挑战？——委员解读中央经济工作会议精神 .［EB/OL］.（2021-06-01）［2022-08-23］. http：//www. cppcc. gov. cn/zxww/2020/12/22/ARTI1608605549528393. shtml.

［13］傅志寰 . 交通强国的战略目标［J］. 中国公路，2017，21：24-25.

［14］中国汽车技术研究中心有限公司，日产投资有限公司，东风汽车有限公司 . 中国新能源汽车产业发展报告（2021）［M］. 北京：社会科学文献出版社，2021.

［15］中国人民政协网 . 交通碳减排提速迫在眉睫 .［EB/OL］.（2021-05-18）［2022-08-23］. http：//www. rmzxb. com. cn/c/2021-05-18/2857335. shtml.

［16］杨冬生 . PHEV 混合动力专用高效发动机技术现状及未来发展趋势［C］. 比亚迪插电式混合动力专用高效发动机技术品鉴会 . 深圳，2020.

［17］GREET Model［EB/OL］.（2021-11-01）［2022-08-23］. https：//greet. es. anl. gov/.

［18］帅石金，王志，马骁，等 . 碳中和背景下内燃机低碳和零碳技术路径及关键技术［J］. 汽车安全与节能学报，2021，12（4）：417-439.

［19］赵航，史广奎 . 混合动力电动汽车基石［M］. 北京：机械工业出版社，2012.

［20］孟春，陈建国 . 大型枢纽机场节能减排管理研究［J］. 中国民用航空，2009，4：31-33.

第八章　化工领域碳中和技术

中国的化学工业规模居世界首位,在国民经济发展中具有重要作用,为其他行业提供一系列关键化学产品,并大量出口创汇。中国石油和天然气(全球化工业的主要原料)的本土供给有限,大宗化学品氨和甲醇通常是用煤炭气化生成的合成气来制造。中国的合成氨和甲醇产量目前分别占世界产量的近三分之一和一半以上[1]。基于我国油气匮乏、煤炭相对丰富的资源特点,现代煤化工产业依靠技术革新,实现石油和天然气资源的补充和部分替代,煤制油、煤制烯烃及其衍生物、煤制天然气、煤制二甲醚、煤制乙二醇等一批煤基化学品和燃料的示范项目陆续投产。

为了实现碳中和目标,中国始终坚持清洁能源、绿色能源的发展思路,其中太阳能将会是能源行业的主要能源结构,其次是风能、潮汐能等清洁能源。另外,氢能及其他能源结构将会成为辅助,而化石能源消费占比将会逐渐降低,直至与清洁能源平衡予以实现碳中和大趋势。其次,在"双碳"趋势下,能源制造业属性占比逐渐提升,清洁设备、环保及回收产业将会长期受到市场青睐,产业影响比重将会快速提升。而新能源汽车有望继续替代传统燃油汽车,驱动碳中和的实现[2, 3]。

根据国际能源署(International Energy Agency,IEA)的预测,在承诺目标情景中,尽管中国从现在到 2030 年期间初级化工产品的产量将增加近 30%,到 2060 年增加近 40%,但化工生产的 CO_2 直接排放量将减少约 90%,从 2020 年的约 5.3 亿 t 下降到 2060 年的约 0.6 亿 t。这相当于化工生产的 CO_2 强度从现在的每吨初级化工产品约 $2.5tCO_2$,降低至 2060 年的约 $0.2tCO_2$。短期内,主要减排措施还是提高能效和材料利用效率[4, 5]。1997—2019 年,我国化工行业碳排放量最高的年份是 2015 年,为 4.64 亿 t,2019 年相较 2015 年已下降 26.4%,为 3.41 亿 t。化工行业碳排放高峰期已过,2019 年排放量已下降到 2008 年的水平。

第一节　基础有机化工行业碳中和

一、基础有机化工行业简介

基础有机化工行业是指以石油、天然气、煤炭等化石能源为原材料,通过化学方法,生产氢气、甲烷、烯烃、苯等有机化工原材料的行业。作为向其他工业部门提供工业生产原材料的基础工业,其具有相当大的生产规模,在我国工业中占据较大的地位。随着中国经济稳定增长及经济全球化发展,房地产、汽车、家电等行业需求逐步增多,市场对基础有机化工产品需求持续上升,推动行业市场规模快速发展。此外,民间资本被充分调动,依据自身优势建厂,参与市场细分领域的探索,进一步推动了行业发展。按照产品销售金额统计,2021年中国基础有机化工的市场规模达 6.13 万亿元。

根据原材料的不同,基础有机化工可以划分为石油化工和煤化工两大类。煤化工的原材料是煤，其主要成分是碳元素，含有少量氢、硫、氧、氮等杂质。煤的利用主要是通过干馏工艺生成煤焦油、焦炭和水煤气等粗产品，此类粗产品可进一步通过化学合成获得甲醇、乙炔、乙酸、烯烃、氨、醚、苯、萘、蒽、酚等基础有机化工品，可广泛应用于农药、医药、材料、化学制剂、燃料等领域。

石油化工的原材料包括石油和天然气，石油是一种天然的烃类混合物，可通过一系列炼化工艺将不同分子量的烃类物质在不同温度下分离获得燃料气、轻油、重油、沥青等石油产品。石油产品可加工生产苯、甲苯、二甲苯、乙烯、丙烯、丁二烯等产物，俗称为三烯三苯。三烯三苯可进一步反应加工生成醇、醛、酮、酸、酯、酚、醚、腈、萘等基础有机化工品，可广泛应用于塑料、橡胶、化纤、涂料、黏合剂、医药、农药等化工品的制造。

天然气是烃类和非烃类混合气体，是一种绿色环保的清洁能源。天然气可通过净化分离作为燃料气使用，也可通过化学加工生成乙烯、丙烯、丁二烯等产物，替代煤和石油等化石燃料的使用。

二、基础有机化工行业碳中和路径

石油化工是国民经济的支柱产业之一，同时也是高耗能、高排放产业。烯烃行业是石油化工产业的重要组成部分，是基础石化向有机原料、合成材料、化工新材料、专用化学品等下游产业链延伸的关键环节，并为下游各行业提供原材料，是国民经济发展的物质基础。由于下游需求保持高速增长，我国烯烃及下游衍生物长期供不应求，目前还有大量产品依赖进口。烯烃下游产品高端化、差异化空间大，烯烃下游的化工新材料产品在我国产业升级过程中发挥着重要作用。在炼油、化肥、氯碱等传统行业产能过剩和同质化竞争问题日益突出的情况下，烯烃行业成为我国石油化工产业高质量发展的重要方向。在下游需求、产业政策、技术进步等多重因素刺激下，目前我国烯烃行业正处于新的一轮扩产高峰，"十四五"至"十五五"期间仍将有大量新增产能[6]。

碳达峰和碳中和的目标提出后，工业开始朝着低碳化的方向发展。如何才能在减少碳排放的同时保证工业的稳定健康发展，是中国需要解决的一个核心问题[7]。烯烃行业面临艰巨的挑战，作为高耗能、高排放行业，碳达峰碳中和相关政策的出台将给烯烃行业的发展带来新的制约。烯烃行业需要在政策体系的指导下，采用绿色、低碳的原料和工艺路线，探索碳中和路径，确保为我国2030年实现碳达峰、2060年实现碳中和目标做出应有贡献。

（一）烯烃生产工艺碳排放情况

根据中国碳核算数据库（CEADs）数据及终端能源消费量核算，2019年我国表观CO_2排放量约104.3亿t，2020年我国表观CO_2排放量约105亿t，其中2020年石油化工行业CO_2排放量约14.8亿t（含外购热力、电力带来的间接排放）。2020年，我国以烯烃为主要目标产品的生产工艺包括蒸汽裂解、煤/甲醇制烯烃、丙烷脱烃等（在忽略炼厂副产物丙烯的情况下）不同的烯烃生产工艺路线的碳排放特点差异性较大。

蒸汽裂解工艺是石油中烃类物质在高温和水蒸气存在的条件下发生分子断裂和脱氢反应生产烯烃，国内主流蒸汽裂解装置的单位烯烃（乙烯＋丙烯）燃动能耗为400～430kg（油当量）/t。蒸汽裂解制烯烃主要的CO_2排放路径是裂解炉燃料气燃烧，约占整个生产过程碳排放的80%以上；来自驱动各种压缩机所需的蒸汽和电力带来的碳排放，占15%～20%；工业生产过程排放较少，主要是烧焦工艺产生的部分CO_2排放，约占总排放量的1%。装置规模是影响蒸汽裂解碳排放强度的重要因素，装置规模越大，裂解和分离过程效率越高，每吨烯烃排放强度越低。百万吨级以上的大型裂解装置每吨烯烃排放强度约为 30 万 t 级小裂解装置的 2/3。综合计算,百万吨级规模石脑油蒸气裂解装置 CO_2 排放强度约为 1tCO$_2$/t 烯烃(乙烯+丙烯)。

丙烷脱氢以丙烷为原料,在催化剂作用下发生脱氢反应生产丙烯。当前主流丙烷脱氢装置的燃动能耗在 400~500kg(油当量)/t 丙烷,略高于大规模蒸气裂解装置吨烯烃能耗。丙烷脱氢装置的主要能耗来自驱动压缩机所需的蒸气,以及加热炉所需的燃料气。根据规模和工艺技术的不同,每吨丙烷 CO_2 排放量为 1.2~1.4t,单位产品排放强度高于大规模的蒸气裂解装置。

煤/甲醇制烯烃的 CO_2 排放可分为两个环节,即煤制甲醇和甲醇制烯烃。其中,煤制甲醇环节是 CO_2 排放的主要来源。另外,大型煤气化装置一般采用纯氧氧化,需要大规模的空分装置和锅炉驱动,燃料煤燃烧也排放大量 CO_2。目前主流工艺生产每吨甲醇的 CO_2 排放量约为 3t。甲醇制烯烃(MTO)过程的主要能耗来自蒸气和电力,生产每吨烯烃(乙烯+丙烯)排放量约为 1.3tCO$_2$。综合煤制甲醇环节和甲醇制烯烃环节,煤制烯烃(CTO)生产每吨烯烃(乙烯+丙烯)排放量约为 10tCO$_2$。

不同工艺和原料路线生产烯烃的碳排放强度及结构如图 8-1 所示。

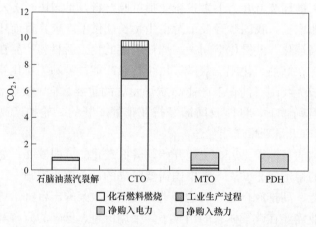

图 8-1　不同工艺和原料路线生产烯烃的碳排放强度及结构

2020 年,我国蒸气裂解产能 2719 万 t/a(以乙烯计),乙烯产量 2486 万 t,丙烯产量 1223 万 t;煤/甲醇制烯烃(CTO/MTO)产能约 687 万 t/a(以乙烯计),乙烯产量 687 万 t,丙烯产量 723 万 t;丙烷脱氢产能约 796 万 t(以丙烯计),丙烯产量约 690 万 t。根据《中国化工生产企业温室气体排放核算方法与报告指南(试行)》中的核算方法,结合不同工艺路线的碳排放特点,估算我国烯烃生产环节 CO_2 排放量约 1.3 亿 t,约占石化化学工业总排放的 8.7%。我国不同工艺路线烯烃生产碳排放比例如图 8-2 所示。

(二)烯烃行业碳中和路径

本部分以石油化工行业中的石油裂解制备烯烃工艺为例,阐述如何在石化行业实现碳中和。

1. 原料端碳中和路径

化石燃料燃烧是烯烃行业最主要的碳排放来源,以低碳电力替代高碳电力和化石燃料,以绿氢替代灰氢，是源头减碳的重要手段，也是烯烃行业实现碳中和的有效途径之一[8]。

对于蒸气裂解工艺，提高轻质原料使用比例，可以降低蒸气裂解碳排放。乙烷、液化气等轻质原料烯烃收率高，相同烯烃规模下裂解炉进料量和分离单元进料量小于石脑油或重质原料，提高轻质原料比例能够降低裂解和分离过程规模，从而降低单位烯烃的能耗和碳排放。轻质原料氢碳比高，裂解产物中副产物氢气比例高，氢气再用作燃料或加氢原料都能够降低全厂的 CO_2 排放。随着我国进口轻质原料资源的不断增加，以及国内对于油田气副产物乙烷，炼油厂副

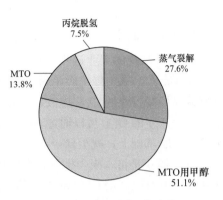

图 8-2　我国不同工艺路线
烯烃生产碳排放比例

产物液化气利用的进一步精细化，蒸气裂解可利用的轻质化原料不断增加，也将成为蒸气裂解装置降低能耗和碳排放的重要途径。此外，在当前裂解炉的基础上，部分或全部转用氢气作为燃料，能够减少燃料气产生的碳排放。该路线能够利用当下的裂解炉技术，但主要难点在于氢气的大规模生产和存储。一方面是在现有成熟技术上进行流程优化，将裂解的副产物甲烷等烃类与水蒸气重整生产氢气，对重整产生的 CO_2 进行捕集，氢气则进入裂解炉燃烧提供热量。另一方面，随着光伏、风电等绿色能源技术的快速发展，以及储氢技术的不断成熟，绿氢（部分）替代燃料气作为裂解炉燃料，未来也可能成为减少裂解炉碳排放的可行路径。

2. 工艺端碳中和路径

通过优化工艺流程，也能在一定程度上提高能源和资源利用效率，降低烯烃项目的能耗和碳排放。

蒸气裂解制烯烃主要的碳排放来自裂解炉燃料气燃烧，占总碳排放的 80% 以上。100 万 t/a（按乙烯计）蒸气裂解装置裂解炉年 CO_2 排放量约 120 万 t。减少裂解炉产生的碳排放是蒸气裂解制烯烃路线实现碳中和的关键。在现有技术条件下，通过对大型装置、裂解原料的优化和裂解炉的优化设计，提高裂解炉的整体效率，降低裂解炉的能耗和碳排放。从优化现有装置运行的角度出发，通过优化裂解原料、优化烧焦控制系统设计、降低烟气排放温度、控制过剩空气系数、加强绝热保温等措施，可以提高裂解炉的能效。采用新的节能技术，改善炉管传热，增加空气预热器，进一步提高裂解炉的热效率[9]。

电气化改造是实现烯烃装置分离过程碳中和的主要手段。烯烃分离环节的大功率压缩机所需的动力消耗也是乙烯项目碳排放的重要来源。目前蒸气裂解装置的大型压缩机（乙烯三机）主要采用蒸气驱动，一般裂解炉产生的热量经急冷锅炉回收后产生的超高压蒸气能够满足大部分动力需求，还需少量外购部分蒸气，外购蒸气产生的碳排放占裂解装置总碳排放的 12%～15%。外购电力产生的碳排放占裂解装置总碳排放的 5% 左右。通过将传统的蒸气驱动压缩机改为电驱压缩机，并结合绿色电力供应，能有效减少此环节的碳排放。

此外，国外许多化工企业正在研究利用电裂解炉裂解烃类物质生产烯烃的技术，以代替传统化石燃料加热的裂解炉。通过与绿色电力融合发展，该技术可能够将裂解环节的碳排放降低约 90%。因此，未来在大型压缩机电气化的基础上，进一步采用电裂解炉，再结合可再生能源绿电，可实现全厂 CO_2 排放大幅度消减。

3. 末端碳捕获、利用与封存技术路径

碳捕获、利用与封存技术 CCUS 是指将 CO_2 从排放源中分离或直接加以利用或封存，以实现 CO_2 减排的工业过程。作为一项有望实现化石能源大规模碳利用的绿色新兴技术，CCUS 具有大幅减少传统能源密集型产业（如化工行业）在整个生命周期内的排放潜力，是有效减少烯烃行业的 CO_2 排放、保障能源安全和实现可持续发展的重要手段[10]。传统烯烃工艺过程产生的 CO_2 可以通过 CCUS 技术得到消减。利用 CCUS 技术，能够在不改变现有工艺流程的基础上，减少烯烃生产过程中的碳排放。

CO_2 捕获是将本来会排放到大气中的 CO_2，分离压缩到可被运输状态的过程。CO_2 捕获在高压下可以产生 CO_2 高纯度流，更容易输送至储存地点储存。大型工业设施是 CO_2 捕获的主要候选对象，不过迄今捕获和储存的大部分 CO_2 是气体加工工业从天然气分离的高纯度流。

在石油化工领域中，气体分离、提纯的重要性不言而喻，在工艺生产流程和石化能源开发的多个方面均有应用。尤其是基于目前亟待节能减排的环境下，如何高效地分离和捕获 CO_2 引起了广泛关注与研究。

当前 CO_2 捕获技术总体可分成四大类：燃烧后捕集技术、燃烧前捕集技术、富氧燃烧技术及化学循环燃烧技术。图 8-3 列出了主要的 CO_2 捕获（分离）技术、过程和用于 CO_2 捕获（分离）的材料类别[11]。

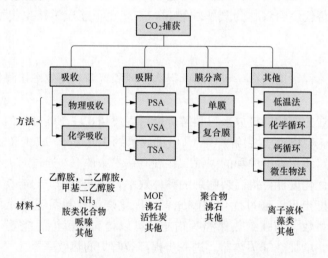

图 8-3 CO_2 捕获的主要技术、工艺和材料

PSA—天然气制氢装置；VSA—真空变压吸附；TSA—变温吸附法

现阶段，常用的分离和捕获 CO_2 的方法有变压吸附法、深冷分离法、有机胺的化学吸收法、膜分离技术、水合物法等，各个分离和捕获 CO_2 技术发展潜力分析如图 8-4 所示[12]，表明各种技术各有优劣，根据具体情况可采用不同分离技术。

CO_2 的资源化利用技术方向较多，目前较多的是应用于油田驱油提高原油采收率、合成可降解塑料等。另外，还可应用于烟丝膨化、焊接保护气、化肥生产、食品保鲜和储存、改善盐碱水质、超临界压力二氧化碳萃取、饮料添加剂、灭火器、粉煤输送、培养海藻等，即现有工业生产中需使用 CO_2 的地方都是一个很好的应用方向。我国在碳利用方面，目前

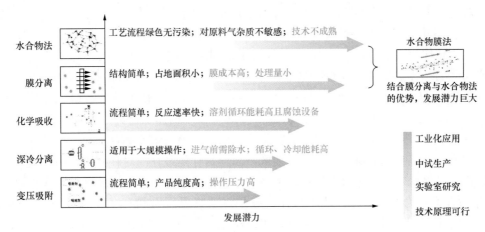

图 8-4　分离和捕获 CO_2 技术发展潜力分析

也正围绕 CO_2 驱油、驱煤层气、CO_2 生物转化和化工合成等不同利用途径开展理论和关键技术研究，且在 CO_2 驱油方面已有工业应用。CO_2 驱油提高采收率技术（CO_2-EOR 技术），是指向目标油藏注入一定量的 CO_2，利用 CO_2 溶于原油降低原油黏度，使原油体积膨胀，降低油水界面等性质，解决目标油藏开发中存在的原油流动困难、地层能量不足等问题，提高油井产量，最终实现油井的经济有效开发，使注入的 CO_2 部分得到封存[13]。同时，采油两次后的油井，可以利用 CO_2 压注进行第三次开采。在高压的 CO_2 作用下，地下的石油向油井方向移动，并喷出地面，以此提高油田采出率。近年来，我国也陆续开展了 CO_2 驱油技术的研究，国内部分油田开展 CO_2-EOR 试验项目见表 8-1。

表 8-1　　　　　　　　　我国部分油田开展 CO_2-EOR 试验项目概览[14]

油田名称	地点	气源	备注
中原油田	中原油田濮城水驱废弃油藏	利用炼油废气生产液态 CO_2	2006 年
胜利油田	纯梁采油厂（高 89 区块）	胜利发电厂：一套年产 4 万 t 的捕集装置，纯度可达到 99.5% 以上	2008 年开始现场试验
江苏油田	富 14 断块：混相驱试验		1998 年开始先导试验
大庆油田	萨南东部过渡带		1998 年
吉林油田	大情字井油田黑 59 区块为首块试验田；黑 59 和黑 79 两个试验区	长岭气田；天然气中脱除的 CO_2	1994 年先导试验
辽河油田	高升油田		2001 年先导试验
大港油田	采油一厂在注水井港 282 井		2012 年 2 月正式注气
延长石油集团公司	靖边采油厂 CO_2＋EOR 实验	煤化工工厂捕集	2012 年 2 月正式注气

高纯 CO_2 在食品工业中也已得到广泛应用，例如制造碳酸饮料、食品保鲜包装、冷链物流用干冰等。CO_2 与环氧化合物反应生产碳酸二甲酯、可降解塑料也技术成熟，如周边有环氧乙烷/环氧丙烷资源的烯烃企业可选择此方法将捕集的 CO_2 加以合理利用，减少碳排

放量。但是，上述几条路线消耗 CO_2 的规模较小，无法消纳国内主流烯烃行业上亿 t 的 CO_2 排放。CO_2 加氢制甲醇是受到广泛关注的技术路线。甲醇市场规模大，能够作为能源载体，也能够作为化工原料，是大规模 CO_2 化学利用的理想载体。通过与生产过程中的副产氢或绿氢的结合，CO_2 加氢制甲醇是有希望大规模消纳 CO_2 排放的技术路线。

永久封存 CO_2 是 CCUS 技术链的最后一步，也是 CCUS 技术的核心组成部分，是国际公认减少 CO_2 排放的地质处置方法，决定了 CCUS 技术的发展潜力和发展方向。CO_2 封存可以通过多种策略来实现，主要包括矿物碳化、海洋和地下地质储存[15]。

我国蒸气裂解装置主要分布在沿海地区，海洋封存是最佳的封存方式。内陆地区的蒸气裂解装置也可根据周边地质情况进行地下地质封存。对于分布在西部地区的烯烃项目，适用的 CO_2 封存方式为地质封存。地质封存一般是将超临界压力状态（气态及液态的混合体）的 CO_2 注入地质结构中，这些地质结构可以是油田、气田、咸水层、无法开采的煤矿等。

对于不适合海洋和地下地质封存的区域，可以通过矿物碳化的方式封存 CO_2[16]。通过原位封存法把烯烃工艺过程排放的 CO_2 直接注入富含硅酸盐的地质构造或碱性含水层中，加快矿物碳化的自然过程，或是通过异位封存法将可发生碳化的天然矿物及工业生产过程中产生的碱性固体废弃物运至加工厂进行矿物碳化[17]。

第二节　无机化工行业碳中和

一、无机化工行业简介

无机化工是无机化学工业的简称，以天然资源和工业副产物为原料生产硫酸、硝酸、盐酸、磷酸、纯碱、烧碱、合成氨、化肥、无机盐等化工产品的工业。包括硫酸工业、纯碱工业、氯碱工业、合成氨工业、化肥工业和无机盐工业。广义上也包括无机非金属材料和精细无机化学品如陶瓷、无机颜料等的生产。无机化工产品的主要原料是含硫、钠、磷、钾、钙等化学矿物和煤、石油、天然气以及空气、水等。

近年来，发展低碳经济正逐渐成为一种新的国际潮流。作为碳排放总量世界第一的国家，我国不得不重视低碳发展。应对气候变化成为我国基本实现社会主义现代化的最大挑战，但同时也是我国实现绿色工业化、城镇化、农业农村现代化的最大机遇。在此背景下，作为传统高碳行业的化工企业也将成为碳中和的直接参与者，不得不面临着企业低碳转型升级与可持续发展的难题。在国家政策引领下，需要充分发挥化工行业在国家能源结构转型升级中的重要作用，通过科技创新与管理模式升级，协同推进化工行业可持续发展与生态环境的高水平保护，助力国家稳步实现"双碳"目标。

在无机化学中，CO_2 是一种重要的原料，大量用于生产纯碱、小苏打、白炭黑、各种金属碳酸盐等大宗无机化工产品和尿素、碳酸氢铵等化肥及水杨酸。这些技术为传统成熟技术，应用比较广泛，其中生产化肥可以实现 CO_2 的规模化利用。CO_2 和金属或非金属氧化物反应可以生产无机化工产品，其中主要有轻质 Na_2CO_3、$NaHCO_3$、$CaCO_3$、$MgCO_3$、K_2CO_3、$BaCO_3$、碱式 $PbCO_3$、Li_2CO_3、MgO、白炭黑和硼砂等，这些无机化工产品大多主要用作基本化工原料。

二、无机化工中的碳中和方法

（1）光合作用。光合作用是人类向自然学习的一种资源化利用方式。科学家们利用光合效率最高的生物——藻类，固定并转化 CO_2 为生物燃料。通过设计和优化反应器结构，使得藻液内的 CO_2 分布更加合理，保障藻类生长所需的良好光照环境和充足的 CO_2 供给，可使单位面积上固定的 CO_2 量提高至自然界的数十倍。生物体系可以确保光合作用的高选择性、低成本、自修复的优点；人工的半导体材料又可以确保高效地捕获光能的作用，在模拟白天、黑夜的亮暗条件下循环数天仍然具有很好的效果。CO_2 还能作为温室气肥，起到保温、增产的作用，广泛应用于农业生产中。

（2）CO_2 驱油技术。CO_2 驱油技术在提高驱油效率的同时，使大量的 CO_2 埋存地下，其存碳率达 70% 以上，把采出的 CO_2 再回收，就可以实现 100% 的碳埋存。

（3）CO_2 矿化（carbon capture and storage，CCS）处理。CO_2 矿化处理的固碳潜能巨大，在人类目前可利用的范围内（地下 15km 深），硅酸盐的储量理论上可以封存至少 4×10^4 亿 t CO_2。快速吸收矿化已能通过化学链技术实现。目前来看，橄榄石是最具意义的 CO_2 矿化原料。使用橄榄石作为矿化 CO_2 具有以下几个优点：广泛分布于全球，有大量橄榄石可用于矿化人类作用排放的 CO_2；在钒、钛、磁铁矿、铜、镍和金刚石等多种矿床中，橄榄石在尾矿中占了很大比例。蛇纹石是另一种富镁硅酸盐矿物，多由橄榄石受热液作用蚀变而成。我国蛇纹岩矿产资源丰富，多为超基性岩型蛇纹岩矿床，具有矿床多、规模大、分布广等特点，因此蛇纹石也可作为 CO_2 矿化的原材料，其反应机理与橄榄石相似。目前，针对橄榄石、蛇纹石的矿化方法多采用电解 NaCl 促进方式。首先电解 NaCl 溶液生成 NaOH 和 HCl，利用 HCl 浸取橄榄石、蛇纹石中的金属离子形成镁离子溶液，再利用 NaOH 吸收 CO_2 形成 $NaHCO_3$ 溶液，在一定条件下将两种溶液混合形成 $MgCO_3$ 沉淀。该类反应主要消耗的能量为电解 NaCl 的过程，其他反应步骤虽为放热反应却很难加以利用，因此不能抵消电解消耗的能量。反应最终产物可作为工业应用的碱式碳酸镁[18]。

三、以水泥生产为例实现低碳流程

水泥是我国重要的基础原材料，在经济社会的建设中具有不可替代的关键作用。改革开放以来，我国的水泥工业得到了快速发展，产量从 1978 年的约 0.6 亿 t，增长到 2020 年的约 24 亿 t。预计水泥工业在 2023 年实现碳达峰，到 2060 年仍有约 9 亿 t 的水泥产量，所以水泥工业碳中和任重道远。

普通硅酸盐水泥（OPC）是一种至关重要的战略性大宗商品材料，由于发展中经济体基础设施的快速增长，目前全球水泥年产量已达 40 亿 t。据估计，全球每年约有 50% 的 OPC 用于生产近 110 亿 t 的混凝土，其余的则用于砂浆、灰泥、砂浆、涂料和其他用途[19]。预计到 2050 年，混凝土的需求每年将增加 180 亿 t 以上。近年来，北非、中东地区以及中国、印度等发展中国家的经济增长迅猛。据估计，每年生产的水泥超过 35 亿 t，每生产一吨水泥大约会释放 900kg 的 CO_2[20]。这一估计相当于每年排放超过 30 亿 t 的 CO_2。因此，水泥行业的 CO_2 排放量占总排放量的 5%～7%[21]。这些碳排放来自窑炉燃烧化石燃料、研磨原材料和成品所使用的电力及主要原料，如石灰石的熟化过程。

水泥行业目前正致力于减少水泥制造过程中产生的碳排放和其他环境影响。这些措施包括提高能源效率、余热回收、可再生能源替代化石燃料、混合水泥或地质聚合物水泥的生产和碳捕获与储存。

常见的水泥生产工艺为干、湿、半湿和半干工艺。图 8-5 所示为干法和湿法水泥生产的一般流程。由图可知，水泥的制造过程的主要步骤包括生料制备、熟料生产、水泥生产（加工）。

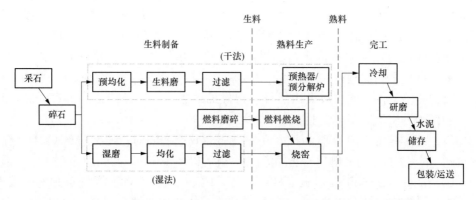

图 8-5　干法和湿法水泥生产的一般流程[22]

图 8-6 表示了水泥生产过程中 CO_2 排放的来源。水泥生产中 CO_2 排放的主要来源是燃料的燃烧和原料的煅烧（$CaCO_3$ 和 $MgCO_3$ 分解为 CaO 和 MgO）。相比之下，其他来源，如电力使用和运输系统（车辆或设备），只占水泥厂 CO_2 总排放量的一小部分。

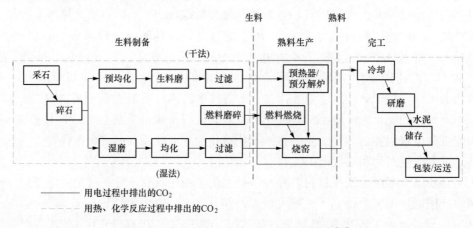

图 8-6　水泥生产过程中 CO_2 排放的分布[22]

据统计，约 83% 的碳是从熟料生产过程中释放出来的。在这一步骤中，燃烧燃料以满足在熟化过程中促进化学反应的热能需求。能源效率的提高减少了因使用燃料和电力而产生的 CO_2 排放。因此，改善水泥熟料生产过程中的能源使用是减少水泥厂 CO_2 排放的最大潜力[22]。

对水泥生产的低碳流程再造可以通过以下几个途径实现：

（1）降低原料制备和水泥制品整理过程中的用电。熟料生产中的碳排放约占碳排放总量的 90%（40% 的燃料燃烧和 50% 的化学反应）。熟料生产过程中排放的大部分碳来源于热能的使用。因此，减少熟料生产过程中碳排放的措施主要集中在减少热能的使用上。

（2）建立高效的运输系统。与机械输送系统相比，螺杆泵和密相泵可实现生料的垂直和水平输送。密集相位系统缓慢地移动，这大大减少了其能量消耗。尽管密相的能耗比斗式提升机高，但其维护成本低，资金成本低，长期灵活性好。此外，由于停机时间减少和可靠性提高，从气动输送机转换到机械输送机也可以节约成本。

（3）改进窑炉燃烧系统及工艺。窑炉的燃烧过程产生大量的碳排放，必须对窑炉进行精确的操作，以改善气流组织。还可以向窑内注入高压空气进行混合，使窑内气体分层破碎混合，提高燃烧效率。混合空气可以减少 CO、NO_x 和 SO_2 的排放。

（4）废热回收。从水泥窑中回收的余热可用于干燥生料，如二次燃料，或者产生蒸汽。除了使用热回收作为一种手段来干燥原料，也可以利用余热发电（热电联产）。例如一种新型马诺克热机（MHE）可以回收废热发电，提高典型水泥厂的运行效率。

（5）生产替代黏合剂。每生产 1t 普通硅酸盐水泥（OPC）就向大气释放等量的 CO_2。在这方面，迫切需要用当地可获得的矿物和工业废料生产水泥，这种水泥可以与 OPC 混合作为替代品，或用新型熟料完全替代，以减少能源需求。引入替代水泥可以降低水泥生产过程中的能源消耗和碳排放[23]。

（6）采用绿色氢能直燃技术。采用绿色氢能直接烧制水泥熟料的工艺技术，每吨水泥生产的 CO_2 排放量可以减少约 27%。

第三节　煤化工与新能源行业碳中和

当前中国经济结构决定了能源使用量巨大，现阶段煤炭仍是国家能源安全的基石，占中国一次能源消耗的 50% 以上，碳减排的压力巨大[24~26]。煤炭作为我国主体能源，要按照绿色低碳的发展方向，实现碳达峰、碳中和目标任务。煤化工产业潜力巨大、大有前途，要提高煤炭作为化工原料的综合利用效能，促进煤化工产业高端化、多元化、低碳化发展，加快关键核心技术攻关，积极发展煤基特种燃料、煤基生物可降解材料等。发展新能源，减少通过现有煤化工与新能源结合实现低碳能源系统，一方面可以让现有的煤化工实现净零碳排放，另一方面是通过太阳能、风能、核能电解水制备绿氢和氧气，合成气不经水汽变换，大大降低煤制甲醇的 CO_2 排放，从而实现煤化工与新能源行业碳中和。

一、煤化工碳中和

我国甲醇生产原料路线包括煤炭、天然气和焦炉气三类，煤制甲醇是我国甲醇生产的主要途径[27]。近年来，随着大型煤气化技术和大型甲醇合成技术的成熟，煤制甲醇原料煤种得到扩大，装置规模不断提升，工艺技术逐渐完善，能耗和污染物排放大幅下降，以煤为原料的甲醇产能快速增加，在原料结构中的比重不断上升。特别是以煤制烯烃为代表的大型上下游一体化项目的建设，使我国煤制甲醇规模和技术达到世界先进水平。但产能在 30 万 t/a 以下和采用非大型气流床气化工艺的仍有约 30% 的产能。大型化装置的能耗水平显著降低，产业结构调整带来的能耗和排碳系数降低仍有较大的潜力。煤制乙二醇 2000 年以来发展迅速，技术也从一代技术发展到了三代技术。经过多年的发展，一些能耗高、装置规模小的产能已成为落后产能，未来随着技术的进步，有必要进行优化升级，降低能耗和排碳水平。现代煤化工产业碳排放中约 60% 以上来自于工艺排放，主要是通过变换净化工序排放。变换是为了将合成气中的 CO 变换为 H_2，以调节后续合成反应的 H_2/CO 比值。从煤气化中获得合成气中的 C 元素，有相当一部分通过后续变换生成 CO_2 排放到了大气中。因此，工艺过程中降低变换比或者不变换，将大大降低工艺过程的 CO_2 排放。

（一）与氢能的互补

1. 与低碳原料制备的富氢气互补

单纯以天然气为原料生产甲醇合成气很容易得到较多的 H_2，而碳源需从烟道气回收或通过二段转化来实现。而以煤为原料生产甲醇合成气的 H_2 较少，需要进行 CO 变换，同时需脱除 CO_2 并直接放空。采用煤和天然气联合造气工艺，充分考虑两种原料的特点，结合两种原料生产合成气的优势，实现碳氢互补。通过降低粗煤气中 CO 变换深度，甚至取消 CO 变换工序，从而节省粗煤气 CO 变换和脱除 CO_2 过程中消耗的额外能量，降低单位产品能耗，减少温室气体的排放。

2. 绿氢用作补氢原料

现代煤化工与可再生能源制氢的深度结合，将来可能是化工行业生产化工品的重要理想路径。如果不发生变换反应，煤气化后进入合成气中的 C 只有少量 CO_2（煤气化过程中产生）在后续工序排放，大部分都通过合成反应进入产品。后续合成反应所需要的 H_2 大部分由可再生能源制氢补充，这样可以做到工艺过程基本不排放 CO_2。目前，由于可再生能源制氢的成本问题，还不能大规模应用于这一过程，但随着技术的进步和碳中和的形势驱动，未来这一过程有望得到规模化应用，从而实现现代煤化工的大幅降碳。

针对变换过程，通过煤化工与绿色能源等融合发展，补入绿氢，也能够实现降低碳排放的效果。利用绿电电解水制绿氢，在甲醇合成系统中补入绿氢调节碳氢比，使碳氢比满足甲醇合成要求，从而降低甚至消除变换过程的碳排放。通过补充绿氢，需要的合成气量也会下降，从而降低煤气化规模，减少原料煤消耗。使用绿氢的同时，电解水产生的绿氧还可替代空分产生的氧气，从而大幅降低空分装置运行规模，减少空分装置能源消耗。按照当前煤制烯烃项目采用较多的粉煤气化或水煤浆气化炉产生合成气的组分，在补入绿氢规模满足下游甲醇合成的碳氢比要求，取消变换环节的同时，副产的绿氧规模也正好能满足气化炉的氧气需求，从而取消空分装置。通过变换和空分的替代，碳减排幅度能够达到 60% 以上。

（二）煤炭清洁利用

经过数十年时间不断的技术变革与创新，中国煤炭行业已拥有一套完整的技术体系[28]，但碳中和要求高碳能源必须实现低碳化甚至零碳化，同时还具备一定的可比经济成本优势。

煤炭利用的主要技术路径见图 8-7。

1. 传统技术

经露天和井工开采后，原煤和一部分经洗选的精煤一同经过不同的运输渠道输入至使用环节。传统技术包含燃烧发电、供热、钢铁冶炼、有色金属冶炼、非金属矿加工、煤化工生产等利用方式。当前与煤炭有关的碳排放高达 71.3 亿 t，绝大部分属于传统技术范畴。因此，变革传统的煤炭利用路径具备巨大的减排潜力。

2. 清洁利用

为实现绿色低碳发展，煤炭行业已采用很多清洁利用技术。主要包含智能化开采、超临界和超超临界压力燃煤发电、低浓度瓦斯利用、煤与有机废弃物协同气化等先进低碳环保技术，对减少煤炭生产利用的碳排放具有显著的效果，但与达成碳中和愿景目标仍有巨大的距离。因此，仍需要进一步寻求更为有效的零碳利用路径。

3. 工艺优化

燃料动力消耗也是大型煤化工项目碳排放的重要来源之一，驱动空分、冰机、合成气压缩机透平需要大量能源。煤化工项目一般采用自建热电站，自产蒸汽驱动上述大型压缩机。在电驱压缩机技术不断成熟的前提下，通过电气化改造，提高电力驱动压缩机的比例，也是大型煤化工项目节能减排的重要手段。此外，随着现代煤化工项目的大型化、一体化发展，

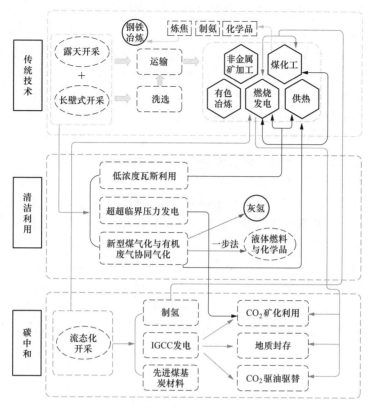

图 8-7 煤炭利用的主要技术路径

项目规模和复杂程度远高于传统煤化工，全厂换热网络优化有很大空间。通过优化换热网络，提高激冷水、乏汽等低位热利用效率，采用热泵技术等手段，能够降低项目燃动能耗，实现节能减排。

4. 碳中和

零碳化和经济上可行是碳中和目标对未来能源体系的基本要求，煤炭行业欲占据一席之地必须满足这两点要求，但当前煤炭利用技术体系远达不到上述要求。因此，必须从根本上实现颠覆式技术突破，打破传统的开采—加工—运输—利用环节，甚至为了实现零排放不得不牺牲一部分资源利用率。从目前已储化联合循环发电＋CO_2 捕集、利用与封存（CCUS）技术体系，它不但大大节省了传统技术路径中开采与洗选、运输环节的耗能，还大幅减少煤系气 CH_4 的逸散，地下气化后的合成气可以分离生产氢，满足传统技术中煤化工生产需求。也可以直接利用合成气联合整体煤气化联合循环发电（IGCC），并借助 CCUS 负碳技术实现 CO_2 利用与封存[29]，从而实现煤炭全生命周期近零排放，达成碳中和目标。这尤为关注深层地下煤气化技术（UCG），主要考虑大规模捕集后 CO_2 去除和浅层地下水污染风险问题。少量的 CO_2 可以矿化利用，也可以驱油驱气，实现封存和经济效益，但未来千万吨级、甚至亿吨级 CO_2 捕集后只能实施地质封存。从目前已储备技术来看，一是流态化开采＋整体煤气化联合循环发电＋CO_2 捕集、利用与封存（CCUS）技术体系，浅层矿体盖层的密封性和稳定性不足，同时压力也不够，CO_2 很难与地下气化后矿渣发生混相反应，形成相对固定的储藏态；二是流态化开采＋制氢＋CO_2 捕集、利用与封存（CCUS）技术体系，这一路径原理与煤化工制氢工艺相似，只是地下气化后的合成气分离生产的氢不再作为煤化工的原料，而是直接作为二次性能源发电或储能，并将 CO_2 捕集、利用与封存于地下矿井。从而实现传统技术中灰氢向绿氢的转变，在可预见的未来煤制绿氢仍然是成本最具优势的技术路径之一[30, 31]。此外，煤炭还可广泛应用于煤基高能燃料合成、先进煤基碳素材料的生产及与生物质和废弃物的协同利用。碳中和技术体系下，改变传统煤炭利用路径，节省了开采和洗选、运输、煤化工及发电和供热等环节大量的碳排放，同时在一定程度上实现了污排协同共治，这将是既立足于中国能源资源禀赋的现实，又切实可行的碳中和。

从当前已经储备的技术来看，经过技术整合可以形成两条可行的技术路径，为煤炭立足于碳中和时代能源体系奠定了坚实的基础。

（1）UCG-IGCC-CCUS 技术。该技术体系采用一种流态化开采方式，最初旨在解决不易开采煤层的难题，其基本原理是通入富氧气体使煤炭在气化炉内发生化学反应，进而形成 CO、CH_4、H_2 等可燃的混合气体，并搜集这些混合可燃气体用于发电、制氢，达成不易开采煤炭能源的利用。目前该项技术已被逐渐掌握，UCG 不仅解决了难开采煤层利用问题，还减少了煤炭开采造成的土地占用及毁损、生态环境破坏、煤层气瓦斯逸散等问题，可以说是一种绿色低碳的开采技术。此外，该技术体系还兼具多个优点，如无须井下作业解决了煤矿生产人员安全问题、满足了煤化工用氢需求等。IGCC 是一种煤炭清洁高效发电技术，它通过空气分离用于煤气化反应，气化后的合成气通过脱硫、净化后再用于联合循环发电。该技术效率较高，已获得了全世界广泛的认可。2013 年我国天津投产了 IGCC 电站，使用净化处理后的合成气，相比常规燃煤机组其优势在于实现了清洁发电，但其空气分离耗电、降低发电效率的缺点也不容忽视。UCG-IGCC 联合发电技术既可直接利用混合气实现清洁化发电，又可省掉煤炭开采、洗选、运输等环节的碳排放，解决了 CH_4 逸散、煤矿污染地下水、土地扰动等环境问题[32]。碳中和目标下传统化石能源能否继续发挥作用，取决于经济可比性和负碳技术。UCG-IGCC 的最大优势是烟气 CO_2 浓度高、捕集成本低、运输距离短，可就近直接注入深层矿井，并充分利用矿压、玻璃化围岩体及残存矿渣形成超临界混相固定。UCG-IGCC-CCUS 技术完全取代传统的煤炭直接燃烧发电、煤制灰氢，实现零碳发电。

（2）UCG-H2-CCUS 技术。该技术体系与 UCG-IGCC-CCUS 的技术原理相似，UCG 产生混合气后，再进一步分离 H_2，并将含有 CH_4、CO 等其他气体进一步与煤反应，生产 H_2，并捕集 CO_2，实现煤制灰氢（CG）＋CCUS 负碳技术向煤制蓝氢（CG-CCUS）转变。受规模、原料、运输成本等影响，制氢成本差异很大，需综合考虑资金成本、运营维护成本、原料/电力成本，一般按平准化计算[33]。与风能电解水（W-ELE）、光能电解水（P-ELE）和生物质气化制氢（BG）相比（见图 8-8），煤制灰氢（CG）相当廉价，但 CG 的碳排放可达 $20.0\sim30.0\,kg\ eCO_2/kg\ H_2$。因此，在碳中和目标下必须引入 CCUS 技术，实现零碳煤制蓝氢（CG-CCUS）。根据相关研究[34]，CG-CCUS 成本约比 CG 高 440 元/t（UCG 不考虑 CO_2 运输成本），再加上 CCUS 耗能造成的碳排放。

综上所述，CG 是当今最廉价的制氢方式，但 CG 排放 CO_2 极高。因此，必须辅助 CCUS 等负碳技术，实现近零排放，其代价仅仅 CO_2 捕集和封存的加压成本。CG-CCUS 与 W-ELE、P-ELE 和 BG 制氢方式相比，仍具备显著的成本优势，可以认为 UCG-CCUS 技术是满足碳中和目标要求的煤炭零碳利用革新技术路径之一。

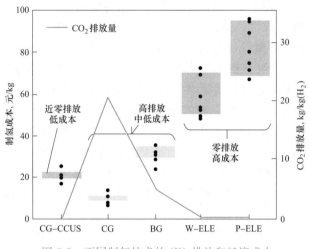

图 8-8　不同制氢技术的 CO_2 排放和经济成本

二、氢能碳中和

氢能是一种清洁能源，氢具有燃烧热值高的特点，是汽油的 3 倍，燃料乙醇的 3.9 倍，焦炭的 4.5 倍。氢燃烧的产物是水，是世界上最干净的能源。电解水制氢作为氢能产业链中的关键技术取得了较大进步，其中以绿电水解制氢作为一种近零碳排放的制氢方式，被行业寄予厚望。目前碱性水解制氢是较为成熟的主流技术，具备产业化发展基础，我国碱性电解水制氢装置数量为 1500～2000 套，氢气产量为 10 万～20 万 t/a。质子交换膜水解制氢是效率更高的一种方式，尤其是具备使用非稳态可再生能源稳定产氢性能，成为未来发展重点方向之一，但当前其成本是碱性水解制氢的 2～3 倍。新能源水解制氢仍受较高成本的制约。当前电解水制氢的成本中电费成本占比高达 80% 左右，但随着制氢技术及绿电成本的下降，未来绿氢成本仍有较大下降空间。

充分利用可再生能源优势，西部煤化工宜发展可再生能源电解水制氢。用于补氢，可降低煤制甲醇（MTO）单耗。煤制烯烃反应过程中的碳排放主要来自 MTO 的合成气变换反应。以常见的航天炉为例，粗煤气中的 CO∶H_2 为 2.6，为了满足生产甲醇的要求，需要通过变换反应将 CO∶H_2 调为 0.45，这一过程中就会产生大量 CO_2 排放。如果从外部补充氢气，来降低 CO∶H_2，理论上可将 MTO 的煤炭单耗从 5t 降低至 2.1t，且 C 元素将全部转化到甲醇中，不产生碳排放。国内煤制烯烃产能集中在西北部地区，很难像上述炼油企业一样配套轻烃裂解来补充氢气，但是西北地区地广人稀、日照充足，非常适合布局光伏项目，以光伏发电电解水产氢与煤气化配合也可以生产烯烃。在煤炭用量不变的情况下，以光伏发电补氢可以多生产约 140% 的聚烯烃产品。

三、太阳能碳中和

太阳能作为一种低碳能源，来自太阳的辐射能量，取之不尽，用之不竭。每年到达地球表面上的太阳辐射能约相当于 130 万亿 t 煤，其总量是现今世界上可以开发的最大能源。目前，太阳能技术主要应用于光伏发电、光化学、光生物转化、光热利用等方面。

光伏发电是我国未来可再生能源发电的主要方式之一，具有能量来源巨大、绿色环保无污染、安全可持续、使用寿命长、运维成本低、应用形式多样、适用范围广等优势。当前我国晶硅太阳能电池技术最成熟，应用最广。薄膜太阳能电池相比晶硅太阳能电池具有材料消耗少、能耗低、成本低可柔性、重量轻、弱光性好、可透光等优势，在 BIPV、分布式电站、移动电源、便携式可穿戴等领域具有广阔的应用前景。

钙钛矿太阳能电池（PSC）相比传统太阳能电池，原料丰富、工艺简单、成本低、能耗低、效率高、载流子寿命长、环保等，尤其对杂质不敏感、吸光能力强、不需高温工艺，其理论成本远低于当前主流技术，极具成本优势及经济性。PSC 技术发展迅猛，光电转换效率提升速度远远超过其他光伏技术，在短短十二年间其转换效率从 2009 年的 3.8％提升至当前的 25.7％，迅速成为当前国际光伏的前沿及产业化热点研究领域，是最具潜力的下一代光伏发电技术，目前处于小规模试验及中试阶段。我国在 PSC 电池领域与国际同步，多项技术保持世界前列。PSC 未来发展所需攻克的主要关键技术如图 8-9 所示。

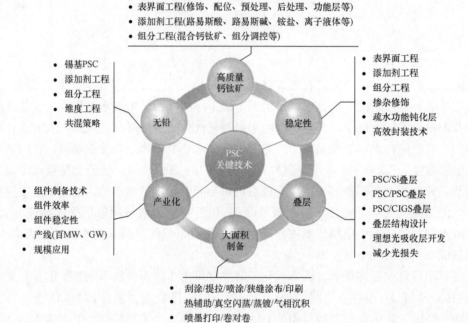

图 8-9　钙钛矿太阳能电池关键技术[35]

四、生物质碳中和

生物质资源种类很多，也是最丰富的一种生物质资源，其中最大一类是木质纤维素，此外还有淀粉、糖类、油脂、甲壳素等。狭义上讲，生物质是指植物，广义上讲还包括甲壳素、动物体内油脂等碳资源。生物质转化利用，已经有成熟的产业化应用，例如乙醇汽油和生物柴油。废弃的生物质资源有废弃的秸秆、厨余垃圾等。最合理的方法是利用这些生物质资源做燃料、化学品等。

生物质能源相关的发电技术主要分为三大类，三类技术的边界见图 8-10。A 是指生物质直燃/气化发电技术，发电能源仅依赖农业、林业废弃物或城市垃圾等生物质资源，可采取直接燃烧的方式发电，也可将生物质在气化炉中气化成可燃气体后再驱动内燃机或者燃气轮机进行发电。B 是指燃煤生物质耦合发电技术，发电能源来自生物质、煤炭等常规化石燃料，可采取直接混燃、间接混燃和并联混燃的技术进行发电[36]。C是指BECCS发电技术，通过在基于生物质能源的发电厂安装CCS相关设备，捕获和储存排放的CO_2，实现全生命周期下的零碳甚至负碳排放。目前生物质能源发电技术在我国能源结构中比例较低。已投入运行的生物质发电中，绝大多数是生物质直燃项目，耦合发电项目还相当有限，仅在个别机组进行了尝试和示范性改造[37]。生物质发电和耦合发电技术在欧美等发达国家应用较为普遍。对于BECCS技术，目前在全球范围内仍处于研发示范阶段，国内仅有部分CCS项目的示范与应用，累计封存了约200万$t CO_2$[42]。CCS各环节技术的成熟度和产业化进展也直接影响后续BECCS技术的应用和推广。总体上讲，三类生物质能源技术的发展规模排序，生物质直燃/气化发电＞生物质混燃发电＞BECCS；减排效率排序，BECCS＞生物质直燃/气化发电＞生物质混燃发电；技术成本排序，生物质混燃发电＞生物质直燃/气化发电＞BECCS。结合碳中和愿景下的能源系统低碳转型路径，三类生物质能源发电技术均能发挥重要的作用。在新建电厂中可增大生物质直燃/气化发电技术的比例，提高可再生能源发电的占比；可对现有的煤电机组进行生物质混燃改造，实现对现役煤电机组的深度脱碳；未来可规模化增大BECCS发电技术的比例，以保障电力部门实现净零排放甚至负排放[38]。

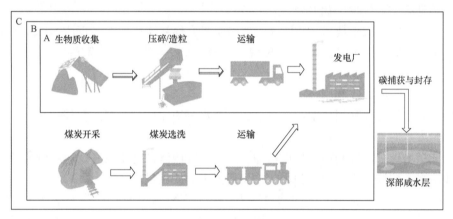

图8-10　不同生物质能源发电技术的边界示意[36]

A—生物质直燃/气化发电；B—燃煤生物质耦合发电；C—BECCS发电

综上所述，碳中和是一种新型的环保手段，在碳中和政策影响下，煤炭行业发展现代煤化工的主要方向包括：坚持低碳发展的生产理念，改善煤炭生产，创新科学技术改进清洁生产，加大新能源的利用率，进一步延伸产业链，重视碳捕集技术的研发应用。即发展太阳能、生物质能、风电等可再生能源、核能等，与现有的煤化工结合实现净零碳排放，保障国家的能源战略需求[39]。

第四节　精细化工行业碳中和

精细化学工业是生产精细化学品工业的通称，简称精细化工，通常也称为专用化学品制造业。精细化工是对基础化学原料进行深加工并制取具有特定功能、特定用途化工产品的化学工业体系，该行业的生产过程技术含量高，注重技术开发、更新和对客户的技术服务[40]。精细化工率（精细化工产值占化工总产值的比例）的高低已经成为衡量一个国家或地区化学工业发达程度和化工科技水平高低的重要标志。精细化学品的品种繁多，如无机化合物、有机化合物、聚合物以及它们的复合物。

一、染料工业碳中和

染料工业作为精细化工行业重要细分产业，也是与纺织、印染等国计民生行业密切相关的重要领域。推动产业结构向绿色低碳转型，大力发展清洁型生产工艺、先进的单元反应、绿色环保型产品，走绿色发展之路已成为我国染料行业发展的必然趋势。在染料工业"三废"污染物排放中，废气排放 VOCs 量相对较小，主要成分为甲苯、甲醇、氯苯、环氧乙烷、氮氧化物、乙酸、丙烯酸甲酯、非甲烷总烃和颗粒物等[41, 42]。

（一）单元反应技术

（1）三氧化硫磺化技术：我国三氧化硫磺化技术在日化行业已发展应用得非常普遍，技术也很成熟，基本达到国际先进水平。染料行业应用得还不够普及，首先应在大吨位中间体生产上加强推广应用，如 DSD 酸、H 酸、J 酸及其他萘系磺酸的制备。

（2）连续绝热硝化技术：苯、氯化苯等连续绝热硝化生产硝基苯、硝基氯苯。

（3）液相催化加氢技术：采用液相催化加氢技术替代现行的铁粉还原技术生产 DSD 酸、H 酸及其他适宜加氢还原的硝基物。

（4）连续法中温碱熔技术：连续法中温碱熔具有经济实用、单位反应器体积和单位时间收率高等优点，适用于 J 酸、2R 酸、K 酸、日酸、S 酸等萘氨羟基磺酸的生产。

（二）节能减排技术

（1）反应余热的回收利用技术。

（2）母液水的循环套用技术：染料合成母液水可用作部分化料及稀释用水，提高水的利用率，减少废水的排放量。

（3）洗涤水梯级循环利用：将设备冲洗水、隔膜压滤冲洗水、各反应罐管道冲洗水，以及储罐冲洗水等按浓度高低梯级利用，减少新鲜水的使用量。

（4）凝结水和软化水站弃水的回收技术：将蒸汽凝结水回收后并入循环水系统循环利用，软化水站产生的含盐废水可以作为锅炉烟湿式除尘水，可并入循环水系统循环利用。

（5）能量梯级综合利用：根据能源和资源的能量品位逐渐加以利用，实行能量的多次利用。

二、日化生产的碳中和

狭义的日用化工行业仅指家用化工产业，主要的日用化工产品有肥皂及合成洗涤剂、化妆品、口腔清洁护理用品以及其他家用化工产品等。我国日化企业数量多、规模小、分布散、产品种类繁多、产量大且工艺相对落后。因此，来自日化企业的污染就成为我国当前环境保护所要解决的重要问题之一。另外，日化生产废水具有成分复杂且很不稳定的特点，尤其是化妆品、洗涤用品，随着产品配方不同，产生废水的成分变化较大，且含有难降解的物质、可生化降解性差。如果有的废水含有原料、中间体或其他有用的物质，尚有一定的回收价值[43]。

（一）日化行业清洁生产新工艺和新技术

（1）连续皂化工艺。传统的肥皂生产是大锅沸煮法，包括皂化、盐析、洗涤、碱析和整理五项基本操作，但其生产周期长、效率低，已经逐步淘汰。目前国内主导制皂工艺是现代化生产方式，由皂化、洗涤、整理三部分装置联合组成，生产效率高且产品质量稳定。

（2）高压酸水解工艺。高压酸水解工艺是以植物或动物油脂为原料，经酸水解工艺，分离制取脂肪酸，精制成皂粒，出售或进一步加工成肥皂产品。高压酸水解工艺在国际上较为流行，在我国也有部分企业采用或尝试采用。该工艺自动化程度高，对油脂原料的质量要求低，油脂利用率高，制得的皂基质量好。在肥皂生产过程中，主要的产污环节是油脂的预处理及制皂基过程，以高压酸水解生产皂基代替传统的大锅皂化，降低对油脂预处理要求的程度，从而减少污染物的产生。

（3）高塔喷粉工艺。目前洗衣粉生产的主导工艺为高塔喷粉，工艺已经相当成熟，大多数家用普通洗衣粉是用喷雾干燥法生产的。该工艺的优点如下：①配方不受限制，能够掺入的表面活性剂含量较高，纯碱不是一种必要组分，故可制成中性的、轻垢型的粉状洗涤剂，粉中的含水量和相对密度均可在一定范围内变动；②颗粒呈空心状，表面积比较大，在水中容易溶解，在洗衣机中使用时，如果粉剂溶解耗费时间，就会使有效的洗涤时间受到损失；③喷雾的粉剂不含粉尘，可自由流动，不易于结块，粉剂外观细腻、密度较轻，故销售吸引力大；④在一定限度内，热敏性原料也可以在喷雾干燥器内处理。

（4）低能乳化工艺。大部分化妆品是油和水的乳化体，乳化工序是重要的生产步骤。乳化体的制造过程，需先将油相、水相分别加热至 $75\sim95℃$，然后混合搅拌、循环冷却，而冷却水带走的热量多不被利用，该工序能量消耗较大。采用低能乳化工艺，可节约 50% 左右的热能。该工艺是先将部分的水相（B相）和油相分别加热到所需温度，将水相加入油相中，进行乳化均质搅拌，该乳化体为浓缩乳化体。再加入剩余的一部分未经加热但经过紫外线灭菌的去离子水（A相）进行稀释。当 A 相加完之后，乳化体的温度能下降到 $50\sim60℃$。采用低能乳化工艺，A 相的水不用加热，节约了加热所耗热能。在乳化过程中，基本不用冷却水强制回流，节约了水资源和循环所需要的能耗。因此，低能乳化节省了冷却时间，加快了生产周期，有效提高设备利用率。

（二）日化行业过程控制优化及资源回收

日化行业生产过程中物料输送、加工时的挥发、跑冒滴漏、操作失误，都会造成物料流失。这是日化行业"三废"来源之一。实行清洁生产要对流失的物料进行回收，其实行的方法有以下几种：一是返回生产流程中；二是经处理后作为原料回用；三是将废弃物利用到其他生产工序。这样建立从原料的投入废弃物的循环回收利用的生产闭合圈，减轻整个生产的整个过程对环境的危害。

（1）甜水的回收。甜水是指油脂皂化或油脂水解所得到的稀甘油溶液，是日用化工生产企业的副产物。采用离子交换法处理甜水，有利于降低甘油损耗，减少能耗、水耗，提高设备的生产能力和改善车间操作环境。

（2）皂化废水的回用。生产废水要实行清浊分流，针对生产多种类产品的企业，其工艺废水可采用内部闭路循环或工艺间循环使用的方式，减少废水的排放。如此既提高了废水的综合利用率，又降低了废水的处理成本。

三、制药工业碳中和

精细化工包含领域还有很多，例如制药工业生产种类多、技术复杂，且生产过程中存在严重污染，目前已经被归到高污染行业中。在碳中和政策的推行下，制药行业合理开展清洁生产、降低制药污染势在必行[44]。

（一）制药行业生产现状

医药产业作为国民经济的支柱性产业，本身有着高污染、高投入的特点。在我国制药企业数量众多，产业布局相对分散，很多制药企业规模偏小且设备落后，生产药品时会产生严重的环境污染问题。

（1）复杂性特点。制药企业生产过程中产生的污染物成分复杂，如废水具有刺激性与腐蚀性的特点，直接威胁到企业周边居民的生命安全，同时还会污染周边生态环境。

（2）一次性特点。制药企业废弃物较多，且废弃物种类复杂，循环利用难度较大，造成污染处理成本过高。

（3）治理难度大。制药企业生产药品时，会产生相应的废水、废渣等，直接对周边环境造成污染，污染物治理难度较大，需要企业投入较大成本，可操作性不强。

（二）创新生产技术

制药行业生产时产生大量污水，可以引入超滤膜技术。超滤膜技术作为一种新型水处理技术方法，主要原理是通过溶液浓度差产生的压力，对溶液中的分子进行选择，达成过滤有害物质的目的。超滤膜技术本质上是物理水处理技术，直接将污水中存在的颗粒物进行过滤，也可以在一定程度上处理水中的病毒、细菌等。实际水处理过程中可根据需求选择合适内容，联合使用超滤膜与反渗透过滤膜，该项技术在污水处理中使用较为广泛，即使处理高污染、高含量的水也具有显著效果。在超滤膜技术没有投入使用前，处理污染程度较高的水时并没有可靠的方法。可以说，超滤膜技术的出现，尤其是双膜处理技术的应用，在提升水源处理质量方面发挥着重要作用。组合膜处理技术种类较多，这里主要介绍两种广泛使用的组合膜处理技术。

（1）混凝-超滤膜处理。这种组合膜技术可以除掉污水中存在的有机物与金属离子，技术应用较为简单，不需要技术人员长期学习或培训，改善传统处理技术的不足。

（2）活性炭-超滤膜处理。此种组合膜技术吸附能力很强，可以大幅提升有机物去除率，减少对膜的污染，一定程度延长膜寿命。原水过滤时也可以利用这种方式将水中的有机物去除掉，改善污水处理质量与效率。

第五节　化工行业减排新装备

化工企业是我国经济快速发展的主要支撑，对促进我国经济、社会发展有重要意义。但是在快速的发展过程中，化工企业必然会消耗大量的能源、资源，由此所导致的碳排放量也是巨大的。因此为了减少碳排放，改善我国的资源能源消耗量，必须进行节能技术优化和设备节能改良，降低生产中对能源的消耗量，促进减少化工企业的碳排放量以实现化工行业的可持续健康发展。化工生产中在消耗能源、资源的同时，还会对我国环境造成污染，不利于环境的保护，甚至会对人们的身体健康造成严重威胁，从而引发社会矛盾。因此化工行业中的所有企业都必须针对生产过程实施改进，降低能源的消耗，减少碳排放量。为了降低化工行业对环境造成的污染，促进化工企业可持续发展，必须加强化工工艺优化和化工设备节能改造。节能生产是化工行业发展的必然趋势，真正做到化工过程的安全、绿色、高效、节能，实现化工生产的碳中和[45]。

一、化工装备减排改进

化工行业要想达到节能减排的目的，必须根据其特殊性制定合理的方案。节能减排不仅在于能源的转变、技术上的精进，也在于设备的健全与完善，从而在使用的过程中减少浪费，最大化利用现有资源。基于新型的绿色工艺技术，改善设备的操作特性，是化工生产单位常用的降低能源损耗、减少碳排放的主要措施。

化工企业生产过程中除了节能技术方面的研究外，还需要科研人员积极开发新设备升级旧设备，在此基础上进一步增强化工设备节约能源的能力。例如，在煤焦油加氢生产过程中，可以结合实际的生产情况，在高温控制过程中可以使用石磨电阻炉或者是感应电炉，这样可以提高能源利用率。将热能回收装置安装在燃煤化工炉的蒸汽出口部分可进一步回收散失的热能，提高热能利用率。环状处理燃煤化工锅炉的热能输送部位可将热能接触面积进一步增加，进而提升热能利用率。以上措施都是在积极引进新设备的基础上实现节能降耗目标。除了新化工设备的引进外，化工企业科研人员还可以积极改造旧设备，推动原有化工设备的升级和改造，在新旧设备有机结合的基础上，促进我国化工企业节能减排目标的尽快实现。

化工生产过程中涉及的设备种类众多，包括换热器、压缩机、分馏塔、加热炉等。对这些设备进行高效节能技术优化，或在化工生产过程中添加有效设备，会带来直观的节能效果。目前，国内外对节能型化工设备的研究主要包括储热器、换热器等设备。

（一）储热器

热能散失、能源转换率低是目前化工生产中存在的重要问题之一。能源转换效率低下，会导致设备内温度达不到指定要求，原料得不到充分的合成，转化时间过长，会直接影响产品的品质。而在工业锅炉中存储一定热量，并在需要的时候释放热量，减少散失。同时该装置能够有效地稳定过滤能力，强化锅炉燃烧能力，能源利用率也会相应提升。

通过设计新型的高效储热器，如管壳式、板式、螺旋盘管式等储热器以实现储、放热过程的传热强化，并通过实验与数值模拟相结合的方法优化储热器的结构和操作参数，提高储热器的传热效率，从而实现节能的目的[46]。

目前较多研究的储热器有管壳式、板式、螺旋管式等。管壳式储热器是目前应用最广、技术最完善的一类储热器，具有结构坚固、适应性强等优点。管壳式储热器的传热强化主要是通过优化储热器的结构参数以提高传热性能。板式储热器具有传热系数高、热阻低、单位体积内传热面积大、占地面积小等优点。

（二）换热器

换热器是在两种或多种不同温度的流体之间提供热能流动的传热装置。换热器广泛应用于化工行业，尤其是石油和天然气工业领域，用于冷却和预热流体。换热器中最重要的热工水力目标是减小特定热负荷所需的换热器的尺寸，增加可用换热器的容量，提高运行能力，或降低泵送功率。

化工企业在设备选型时，需要做到以下几点：充分考虑换热设备的经济性，按需选材，合理确定结构尺寸；优化设计，提高换热效率，满足能效要求；对有保温或者保冷要求的换热设备，要提出有效的措施；同时满足换热设备允许压力降和传热系数的要求；换热设备在设计上尽量选用高效传热元件来强化传热；减小流体流动阻力、减少传热死区、减少管道的诱导振动，从而提高换热设备使用寿命。

此外，提高热交换器的热工性能和水力性能对于能量转换非常重要，并且对于通过节约资源来实现系统的经济回收也非常重要。传热流体为系统中的能量交换提供条件，其作用取决于导热系数、黏度、密度和热容等物理性质。低导热系数往往是热传导流体的主要限制因素，而纳米流体由于其高导热系数而成为替代热传导流体的重要原因。纳米流体可增强换热器热传递的能力，节约水的消耗和工业浪费，改善系统性能并提高能源效率。不过，纳米流体的稳定性及其生产成本是阻碍纳米流体商业化的主要因素。

（三）再沸器

石油化工、煤化工、制药、水处理等装置中的绝大多数蒸发器（再沸器）采用蒸汽加热，而传统的蒸发（再沸）设备换热效率低、能耗高。新型高效降膜式蒸发（再沸）设备较传统设备的能耗降低 30％以上，有巨大的节能潜力。降膜式蒸发器（再沸器）上部管箱内设有液体物料的分布装置以及换热管管口布膜器，物料沿管内壁呈膜状流动，较薄的液膜具有较高的蒸发传热系数，传热能耗低。管箱内部的液体分布装置采用单级或多级结构，换热管口采用旋流式分布器，使液位更稳定、液体分布更均匀，可解决由于负荷变化或设备安装偏差等因素而造成的液体分布不均问题，避免换热管内可能出现的偏流、干点等现象，设备不易结垢、结焦，甚至堵管。换热管采用外表面纵槽管强化传热，可显著提高换热效率。

（四）冷凝器

几乎所有的工业冷却过程都需要采用冷却设备，特别是在制冷、石化、炼油、化工、冶金、纺织、食品、啤酒、冷冻、食品加工、工业制造等领域应用广泛。

蒸发式冷凝器是采用水和空气冷却工艺流体的设备，具有节水、节能和占地面积小的优点，大力发展蒸发式冷凝器技术具有重要意义。但蒸发式冷凝器在我国起步较晚，技术水平不高。目前蒸发式冷凝器存在以下不足之处：风机、水泵能耗高，用水量大；一般的蒸发式冷凝器风机、水泵常年定流量运行，在环境气温低的情况下会出现冷却水量和冷却风量过剩，导致大量的水、电白白浪费。针对这些问题，有研究者[47]研制出了新型高效智能蒸发式冷凝器，该产品的主要特点如下：

（1）先进的智能控制系统，独有的适应于气候变化的专家系统，能够根据热负荷变化自动调节冷却水泵流量和冷却风机风量。另外，能实现部分故障自诊断、自我保护调节；严重问题报警并自动停机。

（2）高效换热管与 PVC 填料一体化的有机结合，降低了冷却水泵的电能消耗，节省了设备的占地面积及现场安装费用，并节省了循环水量。其中，换热管采用椭圆无缝镀锌管，传热性能明显提高。

（3）装配式结构，方便运输，并能实现现场安装简易快速。

新型高效节能节水蒸发式冷凝器和水冷式凉水塔的二次冷却系统相比，占地面积仅相当于水冷式冷却塔的 15％～30％，体积减小 60％～80％，可以安装在地下室，有效消除噪声和热污染；其冷凝温度接近露点，比水冷式和凉水塔的二次冷却散热装备冷凝系统低 3～10℃，提高制冷效率 15％～30％，是一种节能节水的直接冷却散热新装备。

二、化工装备节能技术未来发展趋势

化工企业在我国工业领域占据非常重要的地位。据实际的调查分析可知化工企业的大型化工设备投资量与小型化工设备投资量相比，前者要远远小于后者。因此，不少化工企业在工作量一样的情况下会选择引进大型的化工设备，可见大型的化工设备是我国化工企业未来发展的趋势。但是大型的化工设备会受到多种因素的制约，如设备的性能、规格等。要想将大型化工设备的有效性得以全面发展就需要进一步提升企业生产力，满足社会进步的需求。此时的化工企业还可以考虑小型的化工设备，借助小型化工设备来积极改善大型设备受限等问题。例如，在化工企业的脱硫工序生产中可以在促使各个工序有效衔接的基础上，对二甲醚和甲醇的收率合理调整，尽可能延长衍生物内部催化剂的使用年限，有效纳入化工设备的节能技术。再如，在换热器关闭流体流动状态的考察认证中，可以进一步验证分析该类流动状态，在验证分析并修正优化的基础上，促使紊流结构因素的稳定状态得以继续强化，确保传热系统的正常运行。化工设备中有效纳入节能技术可促使化学工艺生产达到更为稳定的状态，能发挥化工设备更高的实用价值，相信在不久的将来节能技术会在化工设备中更好地运用[48]。

参 考 文 献

[1] 倪吉，杨奇．实现碳中和，对化工意味着什么 [J]．中国石油和化工，2020 (11)：26-31.

[2] 董金池，翁慧，庞凌云，等．中国石化和化工行业二氧化碳减排技术及成本研究 [J]．环境工程，2021，39 (10)：32-40.

[3] 甘志霞，张玮艺．化工行业碳减排政策面临的问题和建议 [J]．中国国情国力，2016 (6)：52-55.

[4] 刘忠春．碳中和背景下化工行业可持续发展的路径选择 [J]．广东化工，2021，48 (17)：71+70.

[5] 温倩，郑宝山，王钰，等．石化和化工行业碳达峰、碳中和路径探讨 [J]．化学工业，2022，40 (1)：12-18.

[6] 赵彤阳，吴文龙．我国烯烃行业碳达峰、碳中和路径分析 [J]．化学工业，2022，40 (1)：19-28.

[7] 支现方，宋旭．碳达峰与碳中和背景下工业低碳发展制度探讨 [J]．能源与节能，2022 (3)：39-40.

[8] 刘红光，何铮，刘潇潇，等．我国石化产业碳达峰、碳中和实现路径研究 [J]．当代石油石化，2022，30 (2)：1-4.

[9] 孙铁，高培军．乙烯裂解炉的节能降耗措施探讨 [J]．化工管理，2018 (30)：186.

[10] HASAN M F, FIRST E L, BOUKOUVALA F, et al. A multi-scale framework for CO_2 capture, utilization, and sequestration: Ccus and ccu [J]. Computers & Chemical Engineering, 2015, 81: 2-21.

[11] 肖筱瑜，谷娟平，梁文寿，等．二氧化碳捕集、封存与利用技术应用状况 [J]．广州化工，2022，50 (3)：26-29.

[12] 樊栓狮，尤莎莉，郎雪梅，等．笼型水合物膜分离和捕获二氧化碳研究进展 [J]．化工进展，2020，39 (4)：1211-1218.

[13] 郭雪飞，孙洋洲，张敏吉，等．油气行业二氧化碳资源化利用技术途径探讨 [J]．国际石油经济，2022，30 (1)：59-66.

[14] 蔡涛，刘宏卫，包兴．煤化工行业二氧化碳利用技术的分析研究 [J]．中国煤炭，2018，44 (1)：8.

[15] AMINU M, NABAVIS A, ROCHELLE C A, et al. A review of developments in carbon dioxide storage [J]. Applied Energy, 2017, 208: 1389-1419.

[16] SNæBJÖRNSDÓTTIR S Ó, SIGFÚSSON B, MARIENI C, et al. Carbon dioxide storage through mineral carbonation [J]. Nature Reviews Earth & Environment, 2020, 1 (2): 90-102.

[17] 马铭婧，郗凤明，凌江华，等．二氧化碳矿物封存技术研究进展 [J]．生态学杂志，2019，38 (12)：

3854-3863.

[18] 林志杰，陈卓伶，王辉．碳中和技术的化学原理及发展现状［J］．广州化工，2021，49（19）：26-28.

[19] IMBABI MS, CARRIGAN C, MCKENNA S. Trends and developments in green cement and concrete technology ［J］. International Journal of Sustainable Built Environment，2012，1（2）：194-216.

[20] HASANBEIGI A, PRICE L, LU H, et al. Analysis of energy-efficiency opportunities for the cement industry in shandong province, china：A case study of 16 cement plants ［J］. Energy，2010，35（8）：3461-3473.

[21] TURNER L K, COLLINS F G. Carbon dioxide equivalent（CO_2-e）emissions：A comparison between geopolymer and opc cement concrete ［J］. Construction & Building Materials，2013，43：125-130.

[22] ISHAK S A, HASHIM H. Low carbon measures for cement plant-a review ［J］. Journal of Cleaner Production，2015，103：260-274.

[23] NAQI A, JANG J G. Recent progress in green cement technology utilizing low-carbon emission fuels and raw materials：A review ［J］. Sustainability，2019，11（2）：537-554.

[24] 袁亮，张农，阚甲广，等．我国绿色煤炭资源量概念、模型及预测［J］．中国矿业大学学报，2018，47（01）：1-8.

[25] 谢和平，王国法，任怀伟，等．煤炭革命新理念与煤炭科技发展构想［J］．煤炭学报，2018，43（5）1187-1197.

[26] 齐晔．低碳发展的中国逻辑：煤炭消费达峰是前提［J］．环境经济，2017，（16）：16-20.

[27] 陈浮，于昊辰，卞正富，等．碳中和愿景下煤炭行业发展的危机与应对［J］．煤炭学报，2021，46（06）：1808-1820.

[28] 刘高军．碳达峰碳中和背景下火力发电厂碳排放分析与建议［J］．洁净煤技术，2022：1-8.

[29] 王双明，申艳军，孙强，等．"双碳"目标下煤炭开采扰动空间 CO_2 地下封存途径与技术难题探索［J］．煤炭学报，2022，47（01）：45-60.

[30] 陈浮，王思遥，于昊辰，等．碳中和目标下煤炭变革的技术路径［J］．煤炭学报，2022，47（4）：1452-1461.

[31] 谢继东，李文华，陈亚飞．煤制氢发展现状［J］．洁净煤技术，2007，（2）：77-81.

[32] FENG Y, YANG B, HOU Y, et al. Comparative environmental benefits of power generation from underground and surface coal gasification with carbon capture and storage ［J］. Journal of Cleaner Production，2021，310：127383.

[33] 王彦哲，周胜，周湘文，等．中国不同制氢方式的成本分析［J］．中国能源，2021，41（5）：29-37.

[34] NAKATEN N, SCHLUETER R, AZZAM R, et al. Development of a techno-economic model for dynamic calculation of cost of electricity, energy demand and CO_2 emissions of an integrated ucg-ccs process ［J］. Energy，2014，66：779-790.

[35] 苗青青，石春艳，张香平．碳中和目标下的光伏发电技术［J］．化工进展，2022，41（3）：1125-1131.

[36] AGBOR E, OYEDUN A O, ZHANG X, et al. Integrated techno-economic and environmental assessments of sixty scenarios for co-firing biomass with coal and natural gas ［J］. Applied Energy，2016，169：433-449.

[37] 蒋大华，孙康泰，亓伟，等．我国生物质发电产业现状及建议［J］．可再生能源，2014，32（4）：542-546.

[38] 樊静丽，李佳，晏水平，等．我国生物质能-碳捕集与封存技术应用潜力分析［J］．热力发电，2021，50（1）：7-17.

[39] 李晋，蔡闻佳，王灿，等．碳中和愿景下中国电力部门的生物质能源技术部署战略研究［J］．中国环境管理，2021，13（1）：59-64.

［40］程铸生．精细化学品化学（修订版）［M］．上海：华东理工大学出版社，2002．

［41］范荣香．染料行业现状特点及未来发展趋势浅析［J］．染整技术，2012，34（9）：1-5．

［42］王伟．构建绿色低碳发展体系——染料行业推进碳中和路径浅析［J］．中国石油和化工，2021，（05）：66-68．

［43］许冲，王刚．日化行业的清洁生产［J］．广东化工，2012，39（8）：97-98．

［44］陈祥林．清洁生产在制药行业中的应用［J］．化工设计通讯，2019，45（10）：220-221．

［45］黄磊，吴强，温小光，等．化工节能技术及节能设备发展概述［J］．化工管理，2020，（15）：137-138．

［46］林文珠，凌子夜，方晓明，等．相变储热的传热强化技术研究进展［J］．化工进展，2021，40（9）：5166-5179．

［47］高效节能蒸发式冷凝器［J］．中国高校科技与产业化，2007，（11）：78-80．

［48］乔平．试论化工设备升级改造和节能技术［J］．当代化工研究，2020，（17）：148-149．

第九章　环境生态领域碳中和技术

自然生态系统深度参与全球碳循环过程，森林、草原、湿地、海洋等生态系统吸收大量 CO_2，是全球重要的碳汇。通过推动生态保护与修复等一系列生态工程，既能实现山水林田湖草沙冰协同发展，也能增强生态系统的碳汇能力，对碳中和有着巨大的促进作用。

第一节　全球碳循环与陆地生态系统的碳汇功能

全球碳循环是碳以各种形式在生物圈、大气圈、水圈、岩石圈和土壤圈之间迁移转化、循环往复的过程，又称为碳的生物地球化学循环。碳在生物群落和无机环境之间的循环主要是以 CO_2 的形式进行的，如图9-1所示，大气中的 CO_2 通过绿色植物、光合细菌、蓝藻等的光合作用和硝化细菌的化能合成作用进入到生物群落，又通过生物的呼吸作用和微生物的分解作用重新回到无机环境。碳库是全球碳循环研究中最基本的概念，定义为能够积累或者排放碳元素的所有生态系统。目前地球上主要有四大碳库，即大气碳库、海洋碳库、陆地生物圈碳库和岩石圈碳库。在碳库的基础上，联合国政府间气候变化专门委员会（IPCC）进一步界定了碳源和碳汇的概念。如果在一定时期内流入碳库的碳大于流出的，且该碳库的相关系统是从大气中净吸收碳，则该系统为碳汇，反之则为碳源。碳汇/源效应是一个动态的相互反馈的过程，一般用碳通量来进行表征。碳通量指的是生态系统中通过某一生态断面的碳总量。相关研究表明，工业革命前，陆地生物圈碳库和大气碳库之间在自然状态下的年碳交换量约为1200亿 t，海洋碳库与大气碳库的年交换量约为900亿 t，不同碳库之间的碳通量大致保持平衡[1]。但是工业革命以来，化石能源燃烧、水泥生产、森林砍伐、农业生产等人类活动加剧，促使更多的 CO_2 从陆地生物圈释放到大气中，大气中的 CO_2 浓度从工业革命前的 $504mg/m^3$ 增加到2008年的 $693mg/m^3$，地表温度也足足升高了 $2.4℃$。

在全球变暖的大背景下，深入理解全球碳循环机制显得尤为重要。20世纪60年代以来，CO_2 在各个碳库中的存量和通量问题一直是全球碳循环研究的难点和热点，但是大量研究结果之间存在显著差异，说明在 CO_2 汇/源效应方面的研究仍然有较大的不确定性。有学者在进行全球尺度的 CO_2 核算时发现存在着一个 $1.4\sim1.7pg\ C$（$1pg = 10^{15}g$）的未知碳汇[2]，即失汇现象。针对失汇问题，多数研究者认为是对陆地生态系统，尤其是对森林生态系统的碳库大小和碳汇能力缺乏足够精确的了解。因此，本节重点关注陆地生态系统的碳汇功能。

陆地生态系统的碳汇功能同样可以用碳通量进行表征，陆地生态系统的碳通量又称为生态系统净碳交换量（NEE），指的是陆地生态系统中的植被通过光合作用固定储存的碳和生物呼吸分解消耗的碳，综合引起的陆地生态系统与大气之间碳交换的变化。一般情况下，如果NEE为负值，陆地生态系统表现为碳汇；反之，则为碳源。NEE的负值越小，表示陆地生态系统吸收碳的能力越弱；反之，表明陆地生态系统吸收碳的能力越强。NEE正值越大，陆地生态系统释放碳的能力越强，反之则越弱[1]。本节会将对以下几个典型陆地生态系统（森林生态系统、草原生态系统、湿地生态系统、农田生态系统、城市生态系统）的碳汇功能进行分析。

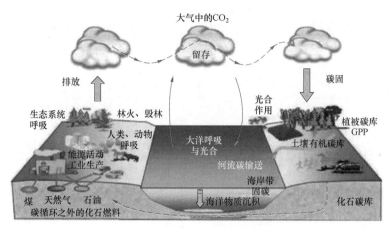

图 9-1　全球碳循环示意

一、森林生态系统

森林生态系统是陆地生态系统的主体，也是陆地生态系统中最大的碳库，在调节全球碳平衡方面发挥着不可替代的作用。据 IPCC 估算，全球陆地生态系统中大约储存了 2.48 万亿 t 碳，其中森林生态系统的碳储量达到了 1.15 万亿 t，森林植被的碳储量约占全球植被的 77%。森林生态系统的碳汇功能主要体现在植被在生长过程中通过光合作用吸收大气中的 CO_2，并将其转化为有机物，从而减小 CO_2 的浓度。有研究计算出北半球中高纬度的森林植被净吸收的 CO_2 为（0.7 ± 0.2）pg C[3]。除了植被碳汇，土壤碳汇也是一个值得讨论的问题，目前森林土壤的碳储量已经占到了全球土壤的 39%。在陆地植被通过光合作用固定的 CO_2 中，有一半会以凋落物的形式进入土壤，由此可见，土壤圈也是一个巨大的有机碳库。甚至有学者预测 2040 年时，欧洲森林的土壤碳汇量占森林总碳汇量的比例将达到 60% 以上[2]。森林生态系统碳汇功能中不容忽视的还有木材加工剩余物的固碳减排作用。如图 9-2 所示，森林成熟后会被采伐和加工，这部分加工剩余物如果被当作薪炭材，则在一定程度上代替了化石能源的燃烧，达到了减排作用。如果木材被深加工，则继续起到了固碳作用。

影响森林生态系统碳汇功能的因素可以分为自然因素和人为因素。自然因素主要是火灾和病虫害，它已经对森林的碳汇/源动态产生了重要影响。最新研究发现，火灾使得亚马孙热带雨林每年向大气中排放的 CO_2 是其吸收的 3 倍，亚马孙热带雨林东部地区已经成为碳源[3]。就人类活动而言，不同区域的森林生态系统碳汇大小受到不同人为因素的影响。在美国，土地利用变化和精细的管理是影响其碳汇功能的主要因素；在欧洲，土地利用及管理的变化、施肥作用和氮沉降是碳汇变化的主导因素；对中国而言，陆地碳汇的增加主要来源于造林和再造林工程。目前，提升森林生态系统碳汇潜力已经成为各地实现碳中和目标的主要途径。科学界的基本共识是：与通过工程手段实施碳捕获、利用和封存技术相比，增加森林面积、修复退化森林、更新抚育森林是性价比最高的从大气中移除碳的方式。

二、草原生态系统

草原是世界上分布最广泛的植被类型之一，总体覆盖面积约占全球陆地表面积的 40%。

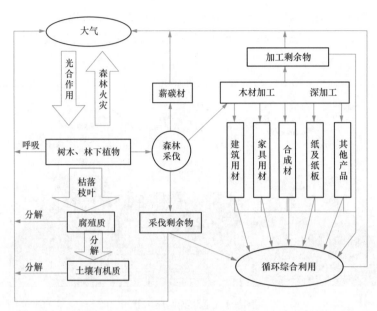

图 9-2 森林碳循环概念

草原生态系统的碳汇功能主要是指草场上各种植物吸收大气中的 CO_2 并能够将其固定在植被或土壤中的能力，这使得草原生态系统在缓解气候变暖、防风固沙、涵养水源、保护生物多样性、维持全球碳平衡等方面具有重要作用。草原生态系统的碳储量占陆地生态系统总碳储量的 30%～34%，是仅次于森林生态系统的第二大碳库。

　　中国作为世界上排名第二的草原大国，其草原生态系统蕴含着巨大的碳汇潜力。在当前气候条件下，我国草地的年碳汇潜力可以消减年工业碳排放量的 77.32%[4]。然而，与森林生态系统相比，草原生态系统更易受到人类活动干扰，碳汇能力也更易遭到破坏，青藏高原的退化草甸如图 9-3 所示。相关数据显示，从 20 世纪 70 年代到 21 世纪初，我国草原的退化使草地生物量碳库损失了 1881 万 t 碳，土壤有机碳库损失了 12 271 万 t 碳，分别占各自碳库总储量的 6.7% 和 3.0%[5]。草原退化的主要原因是过度农垦、过度放牧、过度樵采和草原工业开矿等。如果采取科学有效的管理措施，可以极大地增加草原有机碳含量，进而提升草原生态系统的碳汇能力。2000 年至今，我国先后实施了退牧还草、京津风沙源治理、

图 9-3 退化的草原

草原生态补偿等重大工程。以内蒙古草原为例进行碳汇潜力的测算，发现如果同类型、不同退化水平的草原植被覆盖率分别提高 5%、10%、20% 和 30%，草原碳储量将会相应提高 14.1%、28.2%、56.5% 和 84.7%[6]。由此可以认为，草原围栏封育、免耕补播、休牧轮牧、草畜平衡、栽培草地、自然保护地建设等一系列措施可以明显改善草原生态状况，提升碳汇能力，有助于早日实现"双碳"目标。

三、湿地生态系统

湿地是生态系统中较为特殊的存在，属于陆地和水体的过渡地带，通常包括泥炭地、森林湿地、沼泽、湿草甸和其他潮湿低地，也包括所有季节性或常年积水的地段如湖泊、滩涂、珊瑚礁、红树林、水库、低潮时水深浅于 6m 的海岸带等。湿地面积仅占全球面积的 4% ~ 6%，但湿地生态系统中的碳储量却占全球陆地碳储量的 12% ~ 24%[7]，是地球重要的碳库之一。湿地生态系统的固碳功能已在全球范围内达成了共识。湿地植物通过光合作用吸收大气中的 CO_2，将其转化为有机质。随着根、茎、叶和果实的枯落，其残体通过腐殖化作用和泥炭化作用转化为腐殖质和泥炭储存在湿地生态系统中。由于泥炭中水分过于饱和，营造了一个厌氧环境，导致植物残体分解释放 CO_2 的过程十分缓慢，从而有效固定了植物残存体中的大部分碳。与此同时，厌氧环境导致了 CH_4 的产生，因此湿地生态系统也是 CH_4 的源，CO_2 与 CH_4 净释放间的平衡共同决定了湿地生态系统是大气的碳源或碳汇（见图 9-4）。但是因为湿地生态系统具有较高的生产力水平及其特殊的还原环境，一般还是会表现出碳汇的功能。

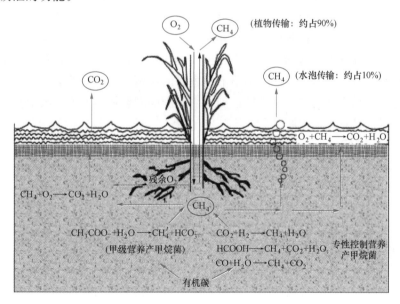

图 9-4　湿地生态系统 CH_4、CO_2 的排放过程[8]

全球气候变化和人类活动都会对湿地碳循环造成影响，从而改变湿地生态系统的碳汇功能。气候变化对湿地生态系统碳循环的影响是综合性的，一般表现为温度的异常波动，进而影响湿地植被、温度水分、土壤理化性质和光合作用与分解作用间的平衡过程等。人类活动对湿地生态系统碳循环的影响主要是土地利用方式的改变。随着种植业的不断发展，湿地排干、湿地开垦等现象屡见不鲜，湿地生态系统中储存了几千年的碳被迅速分解并释放到大气中，湿地生产力下降，固碳能力减弱，甚至产生净碳排放，彻底破坏湿地的碳汇功能。因此，加强湿地保护势在必行，可以通过退渔还湿、退耕还湿、红树林造林等方式，恢复原有湿地生态系统的水文和植被，增加其碳储量。

四、农田生态系统

农业通过生产粮食，保障了人类社会的可持续发展，但也导致了大量的 CO_2 排放。据统计，全球农业排放的 CO_2 占人为温室气体排放总量的 21％ ～ 25％。农田生态系统作为陆地生态系统中最活跃的碳库，极易受到人类活动的影响从而发生变化。因此，研究农田生态系统的碳循环，进一步探索其碳汇/源功能，对确保全球粮食安全与减缓气候变化都具有积极意义。农业生态系统碳库主要包括植被碳库与耕地土壤有机碳库，农田生态系统的碳循环过程就是围绕植被和土壤两大碳库与环境之间输入输出的过程，以及碳库不同组分之间的迁移转化。土壤中碳储量的变化会直接影响大气中 CO_2 的浓度，农田生态系统最终表现出碳汇功能还是碳源功能，很大程度上取决于土壤有机碳的固定和温室气体释放之间的平衡。

21 世纪前，人们普遍认为农田生态系统的碳源或碳汇能力较弱。但近年来的研究表明，2010 年全球耕地土壤有机碳储量相对于 1901 年增加了 125％，但仍处于未饱和状态，在未来 50～100 年内，全世界耕地的固碳潜力存在巨大缺口，尤其是在中国，有望实现每亩增汇 1t 碳[9]。整体上来看，当前我国农田生态系统是一个弱碳汇，但由于各地区资源禀赋与经济发展的差异，我国农田生态系统的碳汇功能也具有地域差异。大部分地区为碳汇区，但京、津、沪、云、贵、川等地的农田生态系统仍然表现为碳源[10]。而且我国耕地土壤碳库现在处于负平衡状态，即有机碳储量在逐年减少。农田生态系统的碳汇/源功能受到多种因素影响，有研究将其分为土地利用方式变化、气候因子、农业生产方式水平和结构、土壤条件、作物品种及全球变化六个方面。本质上最重要的还是人类活动的影响，它渗透在各个因素之中。目前增汇减排措施也是从人类活动入手，例如调整耕作方式、改变水肥条件、秸秆还田等，已取得明显效果（见图 9-5）。

五、城市生态系统

城市化是地球上最不可逆转、最明显的人为力量之一。城市人口的比例正在增长，预计到 2050 年将达到世界人口的 70％。城市地区既是全球环境变化的推动者，也是接受者。城市碳循环在城市发展与全球环境变化之间的反馈中发挥着重要作用。一方面，它是全球环境变化的驱动力，因为全球 70％ 以上的 CO_2 排放来自城市地区；另一方面，热浪、水资源短缺、空气污染等全球和区域环境变化影响城市碳循环。通过自然（如城市植被和土壤）和人为成分（如建筑物、家具、垃圾填埋场等）的碳循环在城市地区是内在耦合的。在城市中，不仅绿色植物吸收碳，混凝土建筑也吸收碳。来自植被和土壤的碳排放与化石燃料燃烧的排放相辅相成。城市地区有各种各样的碳储存池：从植被和土壤到建筑物、家具和垃圾填埋场。

城市系统由城市蔓延和城市足迹组成[12]。城市足迹是指满足城市人口消费和废物积累需求所需的自然资源投入（见图 9-6）。与自然生态系统不同，城市系统的能源生产与化石燃料燃烧产生的碳排放密切相关。城市系统单位面积每年消耗的能量是森林的 1000 倍或更多[13]。

城市地区的碳循环包括有机碳和无机碳的循环。有机碳多储存在树木、草地等生物量

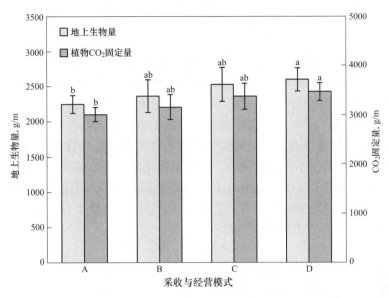

图 9-5　不同管理模式下的农田地上生物量和相应的 CO_2 固定量[11]

不同小写字母表示显著差异值（$P<0.05$）；竖线表示标准差（$n=3$）

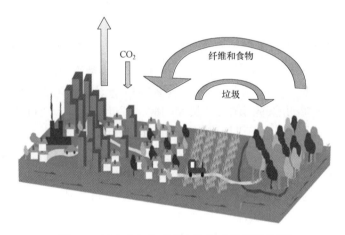

图 9-6　城市大气物理碳交换与虚拟碳转移[12]

中，或储存在由生物量衍生的人工制品中，如木制家具、建筑结构、纸张、衣服和天然材料制成的鞋子。同时，无机碳或化石碳主要被循环并储存在混凝土、塑料、沥青、砖等人类制造的物品中。因此，城市生态系统中储存的碳总量取决于城市的建设强度、主要植被类型、植被的碳吸收和释放速率、土壤的碳释放、植被和土壤的管理。城市影响碳循环还表现在不透水地面对有机碳分解的影响。城市不透水地面下的有机碳分解速度通常较慢，城市植被带的土壤受气候及管理制度的影响可能成为碳源也可能成为碳汇。例如，在沙漠城市的公园中，土壤往往因为园艺水肥的控制产生碳积累，而温带城市的高碳土壤很可能会失去碳[14]。

第二节　陆地生态系统碳源汇监测及估算方法

　　陆地生态系统是全球碳库中重要的组成部分，量化并分析其碳源汇特征是全球碳循环研究的重点，也是实现当前碳中和目标的重要前提。全球碳计划（global carbon project）中的碳收支数据表明，在过去的几十年内，陆地生态系统吸收并固定了大量的大气 CO_2，有效地减缓了全球气候变暖，仅 2010—2019 年，全球陆地生态系统就吸收了约 31% 的人为 CO_2 排放量[15]。由于不同陆地生态系统碳源汇估算方法的精度及适用性存在显著差异，其碳源汇的监测和评估仍然存在较大的不确定性。不同的陆地生态系统碳源汇估算方法仍需要进一步地梳理和总结。目前常用的区域陆地生态系统碳源汇的估算方法包括地面调查和清单法、涡度协方差法、大气反演法和生态系统过程模拟法。不同的陆地生态系统碳源汇估算方法具有不同的优缺点、适用性及不确定性来源[16, 17]。

　　一、地面调查和清单法

　　传统的清查法通常在典型的陆地生态系统中设置样地，通过连续观测样地的碳储量，比较不同观测时期生态系统碳储量的变化来估算陆地生态系统的碳收支。目前的地面调查和清单法相关研究主要集中在森林生态系统。以中国为例，从 20 世纪 40 年代至今，全国范围内已经开展了 7 次系统的森林调查和清查工作，样方量超过 25 万个，其调查数据包含森林的类型、龄级、面积和蓄积量等。森林清查相关方法可进一步分为 IPCC 法、生物量转换因子法和生物量转换因子连续函数法[18]。

　　（1）IPCC 法。IPCC 法是以森林蓄积（V）、木材密度（D）、生物量换算因子（BEF）和根茎比（R）等为参数，构建森林生物量（B）模型，其基本公式为

$$B = V \times D \times BEF \times (1 + R) \tag{9-1}$$

该方法相对稳定，通过合理的调整与尺度转换，可以应用于大尺度研究。但是采用该方法会因为生物量换算因子的取值不同而产生不同的计算结果。

　　（2）生物量转换因子法。生物量转换因子法是将生物量换算因子与该类森林的总蓄积量相乘得到森林总生物量。该方法结合详细的森林清查数据估算森林碳储量，具有较高的精度。其不足之处在于将不同森林类型的生物量换算因子看作常数，可能带来一定的估算误差。

　　（3）生物量转换因子连续函数法。生物量转换因子连续函数法是在生物量转换因子法的基础上对 BEF 的取值进行了改进。目前应用较广泛的 BEF 改进公式为

$$BEF = a + b/V \tag{9-2}$$

式中：a 和 b 均为常数；V 为林分材积。

　　该方法通过对原本固定取值的生物量平均换算因子进行调整，结合森林龄级进一步划分生物量换算因子，从而实现了更加精准的森林生物量估算。

　　对于灌丛、草地等生态系统，目前尚缺乏长期连续的清查数据，通常通过部分已有的清查数据与遥感植被指数建立经验关系来预测长期连续的植被碳库变化[19]。

　　已有相当多的研究应用清查法确定中国国家尺度的陆地生态系统碳收支。其中代表性的工作包括：Fang 等人[20] 和 Piao 等人[19] 结合中国森林、草地、农田、灌丛的清查资料等，估算中国陆地生态系统的碳汇能力为每年 1 亿～2.6 亿 t，是同期化石燃料排放的 21%～37%。Fang 等人[21] 和 Tang 等人[22] 基于 17 000 个不同陆地生态系统的样方观测数据，更新

了 2001—2010 年间中国陆地生态系统的碳汇能力（约为每年 2 亿 t 碳），并确定了森林、农田和灌丛生态系统的重要性，分别贡献了陆地总碳汇的 80%、12% 和 8%，还明确了草地生态系统的弱碳源属性。Wang 等人[23]结合 2009—2018 年两次国家森林清查数据，更新了同期中国陆地碳汇约为每年 28 亿 t 碳。

　　总体来说，该方法最突出的优点在于可以直接观测陆地生态系统的碳储量变化，在小尺度具有相当高的准确性。而该方法的缺点包括：①碳汇或者碳储量的年际变化（全球陆地碳汇约 3Pg C）相对于陆地总的碳储量（陆地生态系统碳储量约为 2000Pg C）太小，导致测定误差可能大于陆地碳汇；②没有考虑碳的横向输移过程，例如通过风蚀、水蚀等过程将碳转移到其他生态系统；③样方的调查量非常有限，进行大尺度研究时必须进行尺度转换，但是尺度转换方法目前仍具有相当大的不确定性；④对于土地利用面积较低的部分生态类型（如湿地和湖泊），目前仍缺乏长期的清查数据；⑤因连续观测数据有限，目前仍较难捕捉陆地生态系统碳源汇的年际动态变化。

二、涡度协方差法

　　涡度协方差技术根据微气象学原理直接测量其足迹区域（通常为几平方米到几平方公里）内的陆地生态系统与大气之间的净 CO_2 交换量。CO_2 垂直通量（F_C）表示为瞬时垂直风速偏差（w'）与空气中 CO_2 密度（ρ'_C）之间的平均协方差。其基本公式为[24]

$$F_C = \overline{w'\rho'_C} \tag{9-3}$$

　　涡度协方差技术可以实时监测生态系统尺度上的陆地-大气碳交换。在目前的技术条件下，可以在小时、天、季节和年时间尺度上测量 CO_2 垂直通量的细微变化。涡度协方差可以对陆地碳通量直接、精确、连续地观测，是揭示陆地生态系统与大气相互作用的最有效方法。其缺点主要包括：①基于微气象学原理，该技术不可避免地受到观测缺失、复杂的下垫面和气象条件、仪器偶发误差等因素导致的测量误差和系统误差的影响；②没有考虑火灾、牲畜啃食等干扰，容易导致区域尺度的估算偏差，从而高估区域生态系统碳汇；③观测站点数量有限，在中国不足 100 个，在世界范围内也仅有 500 个，这导致在进行尺度转换时容易高估全球陆地碳汇。总体而言，涡度协方差法很少用于估计区域尺度的碳汇规模，它更多地用于了解生态系统尺度上碳循环对气候变化的响应。基于该技术，于贵瑞等人[25]构建了中国陆地生态系统通量观测研究网络，用于定量和评估中国陆地生态系统碳收支和碳汇量。

三、大气反演法

　　大气反演模型是基于观测到的大气 CO_2 浓度数据及大气传输模型，结合人为 CO_2 排放清单，估算陆地生态系统碳汇。

$$C_{ecosystem} = C_{inverse} - C_{human} \tag{9-4}$$

式中：$C_{ecosystem}$ 为陆地生态系统的 CO_2 通量；$C_{inverse}$ 为基于大气反演模型估算的优化的 CO_2 通量；C_{human} 为人类活动排放的 CO_2 通量。

　　早期的部分研究基于大气反演模型，估算全球陆地碳汇总量为每年 15 亿～20 亿 t 碳，并预测全球碳汇主要集中在北半球高纬度地区，其碳汇为每年 19 亿～35 亿 t 碳[26, 27]。2000 年以后，随着大气 CO_2 观测数据的积累及模型的改良，该方法更广泛地应用于估算不同空间尺度（全球、国家及区域）的陆地碳汇。Jiang 等人[28]基于大气反演模型估算中国 2006～2009 年的陆地碳汇约为每年 4.5 亿 t 碳。Wang 等人[29]进一步结合 GEOS-Chem 大气传输模型和贝叶斯反演算法估算中国 2010—2016 年的陆地碳汇约为每年 (11.1 ± 3.8) 亿 t 碳，相当于同时期中国人为 CO_2 排放的 45%。以上研究表明，大气反演模型的优点在于可以实时估算陆地碳汇空间分布，并评估陆地碳汇及其在全球范围内对气候变化的响应。其局限性包括以下几点：①大气 CO_2 浓度观测站数量不足，在发展中国家尤为稀疏，限制了模型在全球尺度应用的准确性；②该方法受到人为 CO_2 排放估算精度的影响，如果人为排放高估，则会导致陆地碳汇也被高估；③受到大气环流模型不确定性的影响；④由于大气反演得到的 CO_2 通量数据空间分辨率较低，无法准确量化不同生态系统的碳汇大小。

四、生态系统过程模拟法

全球植被动力学模型（DGVM）通常用来模拟潜在植被变化及其相关的生物地球化学和水文循环对气候变化的响应。模型通常以长时间序列的气候数据、大气 CO_2 浓度和土壤属性数据为输入参数，模拟生态系统过程的每月或每日动态，包括植被生理过程、植被动态、植被物候、营养物质循环等。DGVM 广泛用于通过模拟陆地生态系统碳循环过程和机制来估算网格化的碳通量。这些模型已成为包括全球碳计划在内的全球或区域陆地生态系统碳汇评估的重要工具。常见的 DGVM 包括 IBIS 模型、CLM-DGVM 模型、LPJ 模型等[30]。

（1）IBIS 模型。该模型是最早的 DGVM，旨在将地表和水文过程、陆地生物地球化学循环和植被动态连接在一个物理一致的框架内。新版本的 IBIS 2.6 改进了地表物理学、植物生理学、冠层物候、植物功能类型差异和碳分配等过程。此外，新版本的 IBIS 还包括一个新的地下生物地球化学子模型，该子模型与植物残体产生（凋落物和细根周转）耦合，所有过程都组织在一个分层框架中，并以不同的时间步长运行，从 60min 到 1 年不等。

（2）CLM-DGVM 模型。该模型模拟了各种空间和时间尺度上陆地生态系统的物理、化学和生物过程与气候变化之间的相互影响。该模型考虑了地表异质性，并由陆地生物地球物理、水文循环、生物地球化学、人类维度和生态系统动力学相关的部分或者子模型构成。此外，该模型更详细地描述了植物个体结构和植被动力过程，同时使用积温模型改进了对植被生长季变化的预测和模拟。

（3）LPJ 模型。该模型可以结合区域气候条件和大气 CO_2 浓度数据，预测地球主要气候区原生生态系统的结构、组成和功能特性。该模型的输出通常包括主要物种或植物功能类型（PET）、生物量和土壤有机质碳库、叶面积指数（LAI）、净初级生产力（NPP）、净生态系统碳平衡、野火碳排放、生物挥发性有机化合物（BVOC）、蒸散量、径流量、氮通量。最新版本 LPJ 4.1 包括更多输出和功能，例如甲烷排放、土壤氮化学、永久冻土动力学和新的野火模型等。

除了以上模型，还有很多各具特色的 DGVM，如 ORCHIDEE 模型、SEIB 模型、TRIFFID 模型、HYBRID3 模型、VECODE 模型、SDGVM 模型。这些模型之间的结构、参数和驱动因素都具有明显差异，对陆地碳循环过程的模拟也不尽相同。目前已有相当多的研究基于不同的模型或者不同的模型组合对不同时间和空间尺度的陆地生态系统碳汇进行估算。Keenan 等[31]结合 10 个不同的 DGVM 阐明了全球陆地碳汇从 1950 年（每年 10 亿～20亿 t 碳）到 2000 年（每年 20 亿～40 亿 t 碳）是逐渐增加的。Piao 等人[32]基于 8 种不同的DGVM 发现 1998—2012 年全球陆地碳汇有明显的增长趋势，其增长速率约为每年 (1.7 ± 3.5) 亿 t 碳。Piao 等人[19]在结合地面清查数据、大气反演模型的基础上，使用 5 种 DGVM估算了 1980—1990 年中国陆地生态系统碳汇，为每年 1.9 亿～2.6 亿 t 碳。以上研究表明

DGVM 的主要优点包括：①有利于进行陆地碳源汇归因分析，定量分析不同驱动因素对陆地碳汇变化的贡献；②可以预测未来陆地碳源汇的大小及变化趋势。其不足之处在于：①该模型简化了碳循环过程，忽略了森林管理及农业灌溉等人类活动对碳循环过程的影响；②模型的结构、参数仍然具有较大的不确定性；③气候数据等驱动因子也存在较大的不确定性；④大多数模型没有考虑碳的横向输移，例如河流中碳的搬运过程。

第三节 典型生态系统的碳中和技术

实现碳中和的两个决定因素是碳减排和碳增汇，其中陆地生态系统是关键的碳减排和增汇主体[33]。本节从农业生态系统、林草生态系统和湿地生态系统分别阐述其固碳减排技术。

一、农业生态系统碳中和技术

（一）农业生态系统秸秆的资源化利用

农作物秸秆是成熟农作物茎叶部分的总称，我国每年秸秆产量近 10 亿 t，其中秸秆的露天焚烧约占总产量的 18.59%。农作物秸秆的露天焚烧不仅污染空气，而且产生大量碳排放，给中国碳中和目标的实现带来一定挑战。因此，减少农作物秸秆的焚烧，加强秸秆的资源化利用是农田生态系统固碳减排的关键。秸秆的资源化利用包括秸秆的肥料化、饲料化、基料化、燃料化和原料化。其中，秸秆还田是最为环保、绿色的秸秆处理方式，相关研究表明秸秆长期还田可以有效提高农田土壤中的有机质，有利于提升土壤肥力和增加土壤固碳[34]。秸秆还田后，在土壤微生物的作用下分解转化为有机质，由此产生的腐殖酸与土壤中的钙离子、镁离子等结合成稳定团粒，可以改善农田土壤的理化性质，提高土壤的生物活性。此外还可以减少农作物对外部投入品的依赖，改善农田生态环境，促进农业的可持续发展。常用的秸秆还田方式主要有秸秆直接还田、堆沤还田、过腹还田，这些方法都能有效提高土壤肥力，提升土壤固碳能力。

（二）农业生态系统的低碳施肥措施

大气中 5%～20% 的 CO_2 来源于土壤，其中耕地土壤是重要的 CO_2 排放源。施肥措施是影响耕地温室气体排放的重要因素，主要包括肥料类型、施用量、施用方式等。其中，肥料类型主要有无机肥、有机肥和复合肥。长期施用有机和无机肥，土壤 CO_2 排放量虽然会增加，但作物的碳同化量提高，使农业生态系统呈现为碳汇。相比单一施有机和无机肥，有机肥与无机肥的配施对农业生态系统生产力的提升具有更高的促进作用，可增加土壤有机碳的积累。此外，传统的施肥方式是农民根据往年经验估计化肥施用量，不仅提高了成本和碳排放量，而且不利于土壤的可持续利用。通过测土配方施肥这一低碳施肥技术（见图9-7），可实现化肥的高效利用。测土配方施肥根据土质来确定肥料类型与用量，避免过度施肥，从而降低碳排放量。在现阶段，大量使用有机肥并不现实，因此推广测土配方施肥技术是减少农业碳排放量的重要途径。

（三）农业生态系统的低碳种植制度

种植制度是指一个地区或生产单位的作物组成、配置、熟制与种植方式的结合。通常，多熟制比一年一熟或闲田更利于碳的固定，多熟制种植虽然从土壤中带走了大量营养物质，但多熟制留给土壤的作物残茬以及归还土壤的有机质也相应增多。同时，多熟制往往有较充足的水分、养分补给和良好的耕种管理，使土壤的环境条件不断得到改善，水、肥、气、热

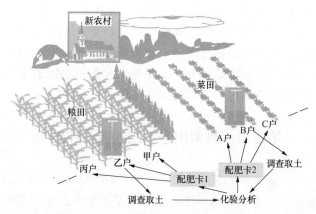

图 9-7　测土配方施肥技术示意

诸多环境因素不断得到调节，进而增加土壤的固碳能力。其次，不同作物轮作比单一作物连作更有利于固碳。党廷辉[35]在黄土旱塬区轮作培肥研究中发现，与小麦连作相比，小麦/玉米轮作能显著增加土壤有机质含量。轮作模式中含有深根系或高地上生物量的作物，像玉米、牧草更有利于土壤碳的固定。玉米大豆带复合栽培技术是近年来农业农村部主推的技术模式，打破了传统小麦、玉米常规栽培模式，提高了粮食和食用油作物种植效率，也是构建绿色种植制度的有效探索（见图 9-8）。大豆的固氮作用和轮作模式使土壤有机质含量增加 19.8%、作物固碳能力增加 18.6%[36]。与现有技术相比，该技术具有高产量、可持续性、机械化耕作、低碳高效等优点。

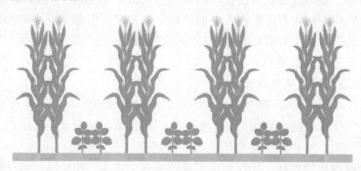

图 9-8　玉米大豆带状复合种植技术示意

（四）农业生态系统的保护性耕作方式

保护性耕作是指通过少耕、免耕、地表微地形改造技术及地表覆盖、合理种植等综合配套措施，从而减少农田土壤侵蚀，保护农田生态环境，并获得生态效益、经济效益及社会效益协调发展的可持续农业技术（见图 9-9）。中国从 20 世纪 70 年代开始关注少耕、免耕等保护性耕作技术，距今已有近 50 年的历史。近年来，农业农村部组织相关部门在北方部分省、自治区、直辖市的多个县组织开展了保护性耕作试验示范，取得了较好的效果。国家保护性耕作项目组多年研究表明，与常规耕作相比，我国保护性耕作技术可减少碳排放 5%～20%[37]。保护性耕作（免耕、少耕）的农业管理措施，可以将 60%～70% 丧失的土壤碳重新固定下来。农田耕作方法的转变，例如从传统翻耕转变为免耕或少耕，可通过提升土壤有机碳固存及节省能耗的方式，实现土壤碳库提升与碳排放降低的目标。因此，相较于传统耕作方式，保护性耕作有较高的土壤固碳能力。因地制宜地推广少耕、免耕和地表覆盖技术，可为农作物构建良好的生长条件，从而达到固碳减排的目的。

(a) 传统耕作方式

(b) 保护性耕作方式

图 9-9　传统耕作方式与保护性耕作方式

二、林草生态系统碳中和技术

林草生态系统由林地、草地及林草交融地带组成，这一生态系统不仅能够维护区域生态环境的稳定，而且在陆地生态系统碳固存方面具有重要作用。通过对林草生态系统的保护、修复和可持续管理来增强区域固碳能力，有助于碳中和目标的实现，也是保护生物多样性、促进可持续发展等多重效益的解决方案[38]。

（一）林草生态系统水土保持的固碳效应

在地表植被稀疏、坡度较大的林草生态系统中，降雨大概率会引发土壤侵蚀。作为土地退化的重要形式之一，土壤侵蚀不仅导致水土的大量流失，而且伴随着土壤有机碳的横向迁移与矿化分解。据估计，全球每年约有 2.7pg 有机碳随侵蚀泥沙进行水平迁移，其中 5%～20% 的有机碳在迁移过程中被释放到大气中。因此，有效防控林草生态系统水土流失是减少土壤碳排放的重要举措[39]。

近几十年，中国针对林草生态系统开展了一系列水土保持措施，包括修建梯田、截留沟、竹节沟、鱼鳞坑等（见图 9-10）。这些水土保持工程措施通过拦截和缓和地表径流，增强土壤入渗等功能，以达到控制水土流失的目标。这些措施可有效降低地表径流对土壤的携带能力，增强土壤团聚体的稳定性及其对土壤有机碳的物理保护。同时，在工程措施的作用下，土壤质地、结构逐渐改善，肥力逐渐提高，植物生长状况得到改善，进而提升植物对大气 CO_2 的光合固定能力。据相关研究保守估计，未来 50 年世界农田土壤中的土壤碳固存量为 21 亿～42 亿 t 碳，年增长 0.4 亿～0.8 亿 t 碳。这种土壤固碳速率是目前大气中 CO_2 浓度增加速率的 12%～25%[40]。

（二）提高低效林草生态系统的固碳能力

在长期土壤侵蚀与人为活动的影响下，大量林草生态系统表现出植物生长缓慢及土壤质

图 9-10 林草生态系统水土保持工程措施

量下降的现象，呈现明显的退化趋势。林草生态系统土壤质量的下降及植被覆盖度的降低不仅导致土壤有机碳等养分含量的下降，而且降低了土壤的抗侵蚀能力，造成土壤侵蚀-养分流失-土壤侵蚀的恶性循环。为打破这一恶性循环，增加林草生态系统碳固存，低效林草生态系统的修复是关键。

对于低效森林生态系统而言，林下植被的恢复是控制土壤侵蚀与增加土壤碳固存的重点。林下植被的生物量通常由森林林下草本、灌木及藤本植物的生物量构成。对于贫瘠的退化土壤，耐旱、耐贫瘠且根系发达的芒萁、单叶蔓荆、牡荆、茅草、紫穗槐、截叶胡枝子、蜡杨梅、紫花苜蓿等通常作为林下植被恢复的先锋物种。林下植被的恢复有助于森林生态系统养分有效性的增加，对于提升森林生态系统的光合固碳能力与碳输入水平，增加土壤碳库具有重要意义。此外，与乔木相比，林下草本植物根系通常小于1mm，能够有效缠绕土壤颗粒，提高土壤抗侵蚀能力，提升土壤有机碳的稳定性，以降低土壤碳排放。

对于退化的草地生态系统，其修复措施主要体现在围封育草、选取优质牧草等。其中，围封育草是一种简单且有效的恢复退化草地植被生产力的方法，能够显著增加土壤有机碳储存量。围封通过增加禾草类比例、减少根茎比，提高了植被群落的盖度、高度、植物多样性、生产力和枯落物累积量，成为修复退化草地生态系统植物和土壤碳库的重要方法。

（三）林草生态系统稳定生物质炭的形成

为了实现碳中和目标，我国在制定碳中和战略规划时，要将技术创新驱动放在高质量增长的核心位置，在世界经济的绿色低碳转型中抢占技术优势和市场。林草生物质炭是林草行业服务碳中和目标的重要领域，具有良好的发展前景。

林草生物质能源是由太阳能转化而成，储藏于林业生物质（以木本、草本植物为主的生物质）中，一般通过直接燃烧、热化学转换、生物转换、液化等技术加以利用。当前，90％以上人为排放的温室气体都由化石能源燃烧产生，大量的温室气体及有害气体的排放无疑加重了环境的负担，使环境逐渐恶化。而林草生物质炭是一种清洁能源，能有效降低 CO_2 的排放量，并能提高能源的燃烧效率。大气中 CO_2 经植物的光合作用，把无机碳转化为有机碳进入植物体内，植物体内这种不稳定的有机碳（生物质），在人为作用下，通过限氧热解过程转化为更加稳定的有机碳（生物质炭），以这种稳定形式的碳封存在土壤碳库中（见图9-11），可以稳定存在千年以上。同时，由于其自身独特的结构及理化性质，生物质炭具有降低土壤矿化作用、提高作物产量、减少或修复土壤环境污染、减少土壤中 CH_4 和 N_2O 等温室气体排放的作用[41]。

（四）林草生态系统可持续管理的碳减排效应

可持续的森林管理可以通过改变采伐、间伐和干扰发生的程度控制碳输入和碳输出，通

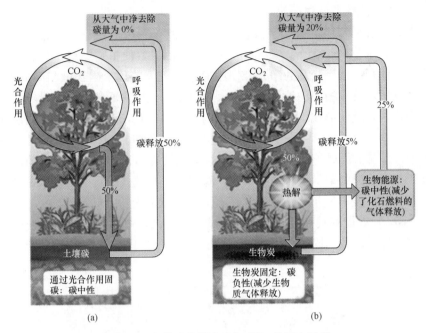

图 9-11　生物质炭固定大气 CO_2 的概念示意

过最优化的森林经营管理既可以维持较高的生产力，同时可达到森林土壤碳增汇的目标[42]。目前，提高森林碳储量的管理措施包括延长轮伐期、木制林产品的管理、避免皆伐、避免炼山造林和其他高排放活动。经采伐等人为干扰后，林草生态系统中储存的巨大生物量和土壤碳库将迅速释放。而择伐和间伐作业虽会大幅增加采伐和更新成本，但可减少生物量碳流失。此外，相比于常见的杉木和马尾松，竹子在短期内能够较快地生长发育。研究表明 1 公顷竹子及其制品可以在 60 年内储存 306t 碳，而同等条件下 1 公顷杉木林的碳储量仅为178t，在合适的区域采用以竹代木的方法，可快速增加生态系统碳储量。林草生态系统病虫害属常态型生物自然灾害。据统计，2010 年，中国有 1.15×10^{10} 公顷森林受遭受到病虫害的影响，其中严重发生面积约 8.73×10^4 公顷。林草生态系统病虫害的发生将会显著降低其生产力，从而大幅度削弱固碳能力。因而，林草生态系统病虫害的防控是其保持较高固碳能力的基础。

　　综上所述，林草生态系统实现固碳减排，主要通过以下四种途径：①开展水土保持工程措施，减少林草生态系统水土流失及其碳排放；②修复低效林草生态系统，增加其固碳能力；③高效利用林草生物质，形成稳定性较高的生物质炭；④建立合适的林草生态系统管理制度，减少土壤碳的释放。

　　三、湿地生态系统碳中和技术

　　湿地生态系统由湿地植物、动物、微生物等生物要素，以及与此相关的阳光、水分、土壤等非生物要素共同组成。湿地生态系统是地球上碳储量最大的陆地生态系统，尽管全球湿地面积仅占陆地总面积的 4%～5%，但其碳储量高达 450Gt（$1Gt = 10^9 t$），约占陆地生态圈总碳量的 20%[43]。近半个世纪以来，人类对天然湿地的干预不断增强，导致湿地面积锐减、湿地旱化严重，储藏的有机碳大量降解，开始成为一个向大气层释放温室气体的碳源。因此，迫切需要发展湿地生态系统中碳增汇，提高其固碳能力[44]。

（一）湿地生态系统高效固碳植被的引入

湿地生态系统沉积物中的碳含量及储量与植物种类密切相关[45]。大米草（spartina alterniflora）和互花米草（spartina anglica）是沿海盐沼主要的植物类型，它们具有较长的生长季、较大的叶面积指数、较高的净光合作用速率和较大的地上生物量和固碳能力。同时，互花米草根系发达，具有极高的地下生物量，通过茎和土壤表面释放的碳量较少，可加速土壤中有机碳的积累，进而形成碳汇。随着冲积扇的外推，互花米草在潮上带则逐渐让位于芦苇等其他禾本植物（见图9-12）。目前，我国学者在闽江河口、长江口和苏北滨海等区域对互花米草湿地碳储量和固碳能力开展研究，结果表明互花米草作为滨海湿地的入侵种，其储碳量明显高于我国滨海湿地的土著植物芦苇、海三棱草和碱蓬。然而，米草在国内部分地区存在绞杀土著物种、侵占航道、危害贝类养殖、诱发赤潮等副作用，这时应引种其天敌叶蝉（prokelisiaspp）以控制其种群规模[47]。因此，互花米草的生态功能值得进一步研究，应通过趋利避害发挥其高效的固碳作用。

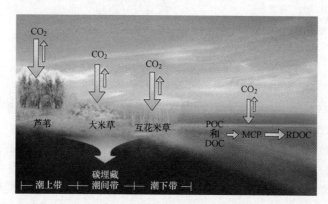

图 9-12　滨海湿地生态系统中代表性禾本植物用于固碳增汇的设想[46]

MCP—微型生物碳泵；POC—颗粒有机碳；DOC—溶解有机碳；RDOC—惰性溶解有机碳

（二）湿地生态系统的保护与管理

开垦湿地是我国自然湿地面积减少，碳汇功能下降的主要原因，湿地保护越来越受到重视[48]。在国务院批准的《全国湿地保护工程规划》（2004—2030年）中提出，到2030年，使90%以上的天然湿地得到有效保护；同时，还将完成湿地恢复工程140万公顷。我国长江湖泊湿地和东北沼泽湿地是面积减小的主要区域，根据洞庭湖和三江平原湿地和农田的数据，围湖造田和沼泽开垦所造成的碳损失量分别为 $0.82Tg(1Tg = 10^{12}g)$ 和 26.90Tg，这说明将湿地转化成旱田的碳损失要远远大于转化成水田。对此，要积极响应国家政策，采取退田还湖、退田还泽的湿地恢复措施（见图9-13）。采取有效措施保护和恢复湿地的生态服务功能是实现碳中和目标的重要环节。

因此，充分发挥湿地生态系统服务功能，实现固碳增汇，主要通过以下两种方式：①对互花米草等高效固碳物种进行系统的研究，全面认识其在生态系统中的作用与功能，在保证无生态风险的前提下，提高碳汇效应；②在滨海湿地中构建湿地蓝碳示范区，建立不同类型的滨海湿地固碳增汇的生态管理对策。

图 9-13　退田还湖工程

参 考 文 献

[1] KARIM A，VEIZER J，BARTH J. Net ecosystem production in the great lakes basin and its implications for the North American missing carbon sink：A hydrologic and stable isotope approach [J]. Global & Planetary Change，2008，61 (1-2)：15-27.

[2] DIXON R K，SOLOMON A M，BROWN S，et al. Carbon pools and fluxes of global forest ecosystems [J]. Science，1994，263 (5144)：185-190.

[3] QIN Y，XIAO X，WIGNERON J P，et al. Carbon loss from forest degradation exceeds that from deforestation in the Brazilian Amazon [J]. Nature Climate Change，2021，11 (5)：442-448.

[4] LUO C，BAO X，WANG S，et al. Impacts of seasonal grazing on net ecosystem carbon exchange in alpine meadow on the Tibetan Plateau [J]. Plant and Soil，2015，396：381-395.

[5] 钟华平，樊江文，于贵瑞，等. 草地生态系统碳蓄积的研究进展 [J]. 草业科学，2005，22 (1)：4-11.

[6] RUI Z，XZA B，XZ B，et al. Drought-induced shift from a carbon sink to a carbon source in the grasslands of Inner Mongolia，China-ScienceDirect [J]. CATENA，2020，195：104845.

[7] 吕铭志，盛连喜，张立. 中国典型湿地生态系统碳汇功能比较 [J]. 湿地科学，2013，11 (1)：114-120.

[8] 孟伟庆，吴绽蕾，王中良. 湿地生态系统碳汇与碳源过程的控制因子和临界条件 [J]. 生态环境学报，2011，20 (8-9)：1359-1366.

[9] 朱燕茹，王梁. 农田生态系统碳源/碳汇综述 [J]. 天津农业科学，2019，25 (3)：27-32.

[10] LIPING G，ERDA L. Carbon sink in cropland soils and the emission of greenhouse gases from paddy soils：A review of work in China [J]. Chemosphere-Global Change Science，2001，3 (4)：413-418.

[11] MEI W，YIN Q，TIAN X，et al. Optimization of plant harvest and management patterns to enhance the carbon sink of reclaimed wetland in the Yangtze River estuary [J]. Journal of Environmental Management，2022，312：114954.

[12] CHURKINA G. Modeling the carbon cycle of urban systems [J]. Ecological Modelling，2008，216 (2)：107-113.

[13] ODUM E P. Ecology：A bridge between science and society [M]. Sinauer Associates Incorporated，1997.

[14] CHURKINA G. Carbon Cycle of Urban Ecosystems [J]. Carbon Sequestration in Urban Ecosystems，2012：315-330.

[15] FRIEDLINGSTEIN P，O'SULLIVAN M，JONES M W，et al. Global Carbon Budget 2020 [J]. Earth System Science Data，2020，12 (4)：3269-3340.

[16] PIAO S，HE Y，WANG X，et al. Estimation of China's terrestrial ecosystem carbon sink：Methods，progress and prospects [J]. Science China Earth Sciences，2022，65 (4)：641-651.

[17] YANG Y, SHI Y, SUN W, et al. Terrestrial carbon sinks in China and around the world and their contribution to carbon neutrality [J]. Science China Life Sciences, 2022, 65 (5): 861-895.

[18] 曾伟生, 陈新云, 蒲莹, 等. 基于国家森林资源清查数据的不同生物量和碳储量估计方法的对比分析 [J]. 林业科学研究, 2018, 31 (1): 66-71.

[19] PIAO S, FANG J, CIAIS P, et al. The carbon balance of terrestrial ecosystems in China [J]. Nature, 2009, 458 (7241): 1009-1013.

[20] FANG J Y, GUO Z D, PIAO S L, et al. Terrestrial vegetation carbon sinks in China, 1981—2000 [J]. SCI CHINA SER D, 2007, 50: 1341-1350.

[21] FANG J, YU G, LIU L, et al. Climate change, human impacts, and carbon sequestration in China [J]. Proceedings of the National Academy of Sciences, 2018, 115 (16): 4015-4020.

[22] TANG X, ZHAO X, BAI Y, et al. Carbon pools in China's terrestrial ecosystems: New estimates based on an intensive field survey [J]. Proceedings of the National Academy of Sciences, 2018, 115 (16): 4021-4026.

[23] WANG Y, WANG X, WANG K, et al. The size of the land carbon sink in China [J]. Nature, 2022, 603 (7901): E7-E9.

[24] BURBA G, ANDERSON D. A brief practical guide to eddy covariance flux measurements: Principles and workflow examples for scientific and industrial applications [M]. Lincoln, NE, USA: Li-Co, Biosciences, 2010.

[25] 于贵瑞, 张雷明, 孙晓敏. 中国陆地生态系统通量观测研究网络 (ChinaFLUX) 的主要进展及发展展望 [J]. 地理科学进展, 2014, 33 (7): 903-917.

[26] TANS P P, FUNG I Y, TAKAHASHI T. Observational Contrains on the Global Atmospheric CO_2 Budget [J]. Science, 1990, 247 (4949): 1431-1438.

[27] CIAIS P, TANS P P, TROLIER M, et al. A Large Northern Hemisphere Terrestrial CO_2 Sink Indicated by the 13C/12C Ratio of Atmospheric CO_2 [J]. Science, 1995, 269 (5227): 1098-1102.

[28] JIANG F, CHEN J M, ZHOU L, et al. A comprehensive estimate of recent carbon sinks in China using both top-down and bottom-up approaches [J]. Scientific Reports, 2016, 6 (1): 1-9.

[29] WANG J, FENG L, PALMER P I, et al. Large Chinese land carbon sink estimated from atmospheric carbon dioxide data [J]. Nature, 2020, 586 (7831): 720-723.

[30] 车明亮, 陈报章, 王瑛, 等. 全球植被动力学模型研究综述 [J]. 应用生态学报, 2014, 25 (1): 263-271.

[31] KEENAN T F, PRENTICE I C, CANADELL J G, et al. Recent pause in the growth rate of atmospheric CO_2 due to enhanced terrestrial carbon uptake [J]. Nat Commun, 2016, 7 (1): 13428.

[32] PIAO S, HUANG M, LIU Z, et al. Lower land-use emissions responsible for increased net land carbon sink during the slow warming period [J]. Nature Geoscience, 2018, 11 (10): 739-743.

[33] 方精云. 碳中和的生态学透视 [J]. 植物生态学报, 2021, 45 (11): 1173-1176.

[34] 李颖. 农业碳汇功能及其补偿机制研究 [D]. 泰安: 山东农业大学, 2014.

[35] 党廷辉. 黄土旱塬区轮作培肥试验研究 [J]. 土壤侵蚀与水土保持学报, 1998, 4 (3): 45-48+67.

[36] 雍太文, 杨文钰. 玉米大豆带状复合种植技术的优势, 成效及发展建议 [J]. 中国农民合作社, 2022, 154 (3): 20-22.

[37] 禄兴丽. 保护性耕作措施下西北旱作麦玉两熟体系碳平衡及经济效益分析 [D]. 杨凌: 西北农林科技大学, 2017.

[38] 余新晓, 贾国栋, 郑鹏飞. 碳中和的水土保持实现途径和对策 [J]. 中国水土保持科学 (中英文), 2021, 19 (6): 138-144.

[39] 肖海兵．黄土高原侵蚀与植被恢复驱动下土壤有机碳矿化与固定特征及其微生物作用机制 [D]．北京：中国科学院大学，2019.

[40] LAL R. World cropland soils as a source or sink for atmospheric carbon [J]. Advances in Agronomy，2001，17：145-191.

[41] LEHMANN J. Bio-energy in the black [J]. Frontiers in Ecology and the Environment，2007，5 (7)：381-387.

[42] JANDL R，LINDNER M，VESTERDAL L，et al. How strongly can forest management influence soil carbon sequestration? [J]. Geoderma，2007，137 (3-4)：253-268.

[43] 田应兵．湿地土壤碳循环研究进展 [J]．长江大学学报（自科版），2005 (8)：1-4.

[44] 于彩芬，陈鹏飞，刘长安，等．互花米草湿地碳储量及碳汇研究进展 [J]．海洋开发与管理，2014，31 (8)：85-89.

[45] 贾瑞霞，仝川，王维奇，等．闽江河口盐沼湿地沉积物有机碳含量及储量特征 [J]．湿地科学，2008，6 (4)：492-499.

[46] 焦念志，刘纪化，石拓，等．实施海洋负排放践行碳中和战略 [J]．中国科学：地球科学，2021，51 (4)：632-643.

[47] 闫茂华，薛华杰，陆长梅，等．中国米草生态工程的功与过 [J]．生物学杂志，2006，(5)：5-8.

[48] 段晓男，王效科，逯非，等．中国湿地生态系统固碳现状和潜力 [J]．生态学报，2008，28 (2)：463-469.

第十章 碳中和技术集成方法及案例

第一节 碳中和技术交互集成概述

一、现状趋势及意义

实现碳中和是一场广泛而深刻的系统性变革，单凭某个领域或行业的技术创新远远不够。全领域全行业必须携手并进、合作互通，针对领域之间的关键技术交互和集成，探索技术创新，形成"1+1＞2"的碳中和技术集成组合优势，助力早日实现碳达峰、碳中和目标。

随着各层级碳达峰碳中和政策行动的推进，如何促进不同领域、不同技术之间的集成及系统应用，也逐渐成为当前政策文件的热点。在教育部印发的《高等学校碳中和科技创新行动计划》中指出，"围绕零碳能源、零碳原料/燃料与工艺替代、二氧化碳（CO_2）捕集/利用/封存、集成耦合与优化等关键技术创新需求，加强基础研究突破行动"，强调了加快碳减排关键技术攻关、开展技术创新以加强多能互补耦合和全产业链/跨产业低碳技术集成耦合的重要性。

目前，以各个领域行业为代表，围绕某个主要领域，碳中和技术创新及应用探索逐步增多，如王灿等[1]对电力、工业、交通、建筑等四大行业的碳中和技术路线及创新进行了系统分析。此外，许多学者已经开始探讨和展望围绕碳捕集、封存及再利用技术（carbon capture, utilization and storage，CCUS）与不同领域行业之间的集成[2-4]。这些针对具体领域的碳中和技术创新及路径展望为实现行业碳中和提供了重要方向，也为不同领域之间的碳中和的技术集成奠定了交叉合作的基础。然而，技术创新及集成多聚焦在本领域或相关领域合作，对于综合性跨领域的碳中和技术交互集成及系统应用研究仍相对碎片化，处于初期探索阶段。

就我国而言，对于碳中和技术的集成应用仍存在以下几方面的现实困境：

（1）不同区域的碳中和技术应用潜力及经济基础差异较大，对于碳中和技术集成仍存在具体的方向选择难题，如西部地区的可再生能源升级技术、东部地区化工、建筑业密集的高碳源减排技术，都需要因地制宜考虑不同区域的情况进行技术组合。

（2）不同行业之间的碳中和技术重点及任务压力千差万别，如电力领域及工业领域实现深度减排和零碳排放将主要依赖于零碳能源系统升级及技术集成，重点包括氢能、核能等能源制取领域与 CO_2 减排的关键技术集成[1]；建筑领域则需要在建筑材料、智能制造和运维的基础上推进以建筑为核心，结合能源、建设、管理一体化的建筑碳中和集成系统。因此，对于行业之间的共性关键交叉技术的攻坚，是碳中和技术集成的重点和难点。

（3）技术应用的时序选择，也是技术集成应用时必须结合综合效益评估考虑的重点及难点。例如，美国较早提出了CCUS技术，但至今国际上仍未实现成本可控、可普及的大规模的应用，对于CCUS技术的集成创新仍是当下应当推进的重点。

因此，对于碳中和技术的交互集成，亟须全局统筹及系统考虑。需要综合不同区域、不同行业的技术创新的综合效益及应用时序特点，通过强化技术之间的集成优化，使各类技术在特定场景下的组合实现最优的减碳效果。同时，需要加强碳中和目标与其他社会经济发展目标及可持续发展目标的协同。

二、技术集成路径

面对碳中和技术交互集成的现状发展困境及战略意义，未来实现系统性的跨领域、综合性碳中和技术集成仍任重道远。对于碳中和技术集成路径，需要重点从技术集成基础、集成原理及集成效果出发，对目前重点领域的碳中和集成基础进行全面阐述，重点集成交互领域包括如能源互联、工业生产优化、建筑建造集成创新等。

从具体的集成方式来看，碳中和技术集成可分为两类：一是多领域之间碳中和技术集成及应用，例如能源、工业、交通领域之间的综合性碳中和技术集成，通过不同领域的耦合、衔接进行技术集成创新，提供了一种跨领域系统性的碳中和技术集成方式；二是重点领域之间的技术交互集成方法，例如建筑、能源等领域，目前多数围绕以能源替代、能源利用循环为核心思路，串联耦合多部门技术集成并实现综合效益控制。

基于此，本章主要围绕多领域的综合性碳中和集成技术及系统应用，以及重点领域的碳中和技术集成，通过典型案例介绍了两个综合性碳中和技术集成系统。同时，也介绍了围绕工业领域和建筑-能源领域的碳中和技术集成方法。在工业领域中，介绍了5个集成技术及案例，包括钢铁-能源领域集成、化工-能源领域集成、化工-热电领域集成等技术思路和当前应用，提供了重点领域技术集成的关键问题及集成方向。在建筑-能源领域方面，重点介绍了两个新型建筑集成供电系统，为未来的建筑领域的全面电气化技术集成创新提供借鉴。

第二节　多领域碳中和综合性技术集成

一、LUT可持续能源系统

（一）现状基础及趋势

电力、热力、运输和工业部门是温室气体排放的主要来源，约占所有温室气体排放量的76%[5]。通过电气化作为部门集成耦合核心，脱碳电力部门将为供热和运输部门提供可持续能源，从而形成高效的电力使用转化过程和综合能源系统优化集成。虽然能源系统整体电气化程度的提高、行业整合和向可再生能源过渡对于实现碳中和是有益的，但领域行业之间的技术结构差异使得最优可持续能源系统的实现具有挑战性。同时，各部门之间的过渡需要遵循最优顺序；此外，可再生能源系统的正确建模、存储操作以及不同部门的耦合需要高时间分辨率的模拟[6]。

研究表明，基于可再生能源的综合能源系统在世界不同地区的技术和经济可行性，证明可再生能源资源足以满足电力、热力和运输部门的能源需求。不同地区的综合性可持续能源系统集成的能源结构和部门耦合特征各不相同。例如，在太阳带国家，太阳能光伏（photo-voltaics，PV）在电力供应中发挥着重要作用，而风力发电在哈萨克斯坦、芬兰等高纬度国家，风力发电则发挥着重要作用。然而，目前仍有较多研究集中于电力部门的脱碳，忽略了部门耦合的影响，如去化石化的主要关注点是电力、热力和交通部门，很少考虑到工业部门的整合。

目前，在综合性能源系统集成方面，EnergyPlan、TIMES等集成性能源系统建模工具技术被广泛应用于芬兰、约旦、爱尔兰和欧洲地区[7]，但在自动优化及运行的准确和稳定性方面有待加强。越来越多的学者提出能源系统转型的全球性观点，并提出可持续能源集成系统模型应当能够以全小时分辨率模拟完全耦合的能源系统，包括电力、热力、运输和工业部门，以捕捉可再生能源资源可变性的影响，存储需求和系统集成可能产生的协同效应。

本节介绍的模型是 LUT 能源系统转换模型进一步发展的结果。该模型可以模拟电力系统、热力系统、集中式系统或产消者比例高的系统，对于孤立的能源系统或区域一体化方案，该模型可实现小时级的模拟精度，是以能源作为跨领域联系耦合的碳中和技术集成的综合性方法。下面将重点介绍 LUT 的模型原理及其效果。

（二）系统集成原理

1. 模型流程

LUT 能源系统能在给定的条件下模拟电力、热力、运输和工业部门的过渡。对于每个时间步长（小时分辨率），模型定义了一个综合能源系统的最佳结构和每个系统元素的运行模式，以达到整个能源系统的整体成本最小值。系统成本计算为所有考虑的技术年度资本和运营支出的总和，包括爬坡成本。能源系统转型模拟是在 2015—2050 年进行，时间步长为 5 年。

该模型描述了电力、热力、运输和工业部门的转型，涵盖了大部分能源需求和人为温室气体排放。同时，该模型定义了能源系统的结构和运行，以满足电力需求、空间和生活热水需求、运输部门的能源需求和工业需求。实现这些部门整合的主要技术是供热、运输和工业过程的电气化，特别是各种能源转化变体，如电转热装置，以及包括电动汽车、动力燃料、直接空气碳捕集（direct air carbon capture and sequestration，DACCS）和用于海水反渗透淡化的电转水装置。其中，部分过程可以逆向进行，例如热电、燃料电或车辆到电网，以便可以组合高效的部门耦合路线。LUT 模型从各种输入数据到输出结果的流程图如图 10-1 所示。

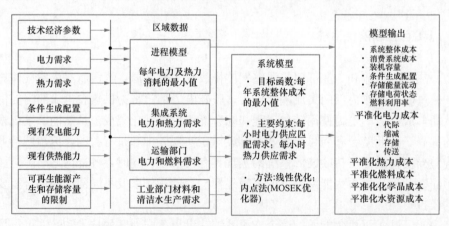

图 10-1　LUT 能源系统转换模型的主要输入和输出[8]

其中，工业部门的模型包含从当前最先进的工艺到未来预期的改进技术，并酌情考虑原料转换的选择。对于化工行业，化石燃料原料在过渡期间被可再生电力、水和空气所取代，以生产所需的化学品。在钢铁行业，更多的重点是废钢和钢铁产品的回收，在无法回收的情况下，直接电力和氢气作为替代煤炭的原料用于炼钢。在电力密集型铝行业，更加重视铝的回收利用。所有重要的原材料流、废热和副产品在每个过渡年份中被收集起来，用于在各自行业内生产最终用途产品。该集成系统的一体化方案如图 10-2 所示。关于该模型的详细描述，包括模型公式和能源成本计算程序，以及所有用于哈萨克斯坦能源转型的技术和财务假设的建模，可详见 Bogdanov 等人[8]（2021）的论文。

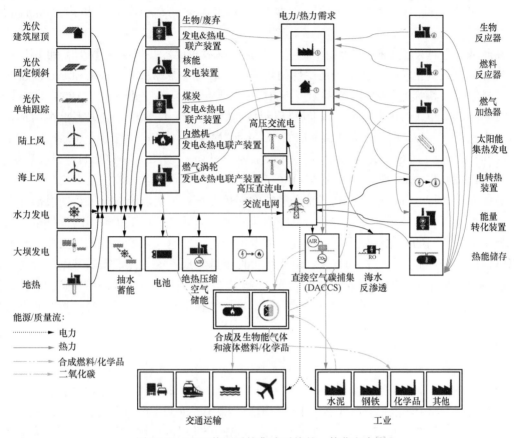

图 10-2　LUT 能源系统集成系统的一体化方案[8]

2. 主要应用技术

为了代表当前基于化石燃料的电力、热力、运输和工业部门向基于高比例可再生能源的能源系统的转变，该模型考虑了七个主要类别的技术。

（1）发电：可再生能源、化石燃料和核技术。

（2）产热：可再生能源和化石技术。

（3）交通：公路、铁路、海运和航空。

（4）工业过程：水泥、钢铁、化学品、铝、纸浆和造纸、海水淡化和输水技术。

（5）储能：电力、热能和燃料。

（6）能源部门的桥接技术。

（7）输电技术。

（三）系统效果及未来展望

在该模型用于哈萨克斯坦的模拟试验中，首先针对五个最佳政策情景研究了向基于可再生能源的综合能源系统的过渡效益：

（1）BPS-1：电力部门。

（2）BPS-2：电力和热力一体化。

（3）BPS-3：电力、热力和运输部门一体化。

（4）BPS-4：电力、热力、交通和工业综合部门，不包括海水淡化。

（5）BPS-5：电力、热力、运输和工业包括海水淡化的综合部门，作为完整的能源系统。

在此基础上，设置了相应的约束条件、成本及技术假设，并依次从 BPS-1 到 BPS-5 分析了这五种情景。比较了添加不同能源部门集成耦合后对于能源系统中碳中和综合效益的影响。明显的效果特征是能源系统集成水平的提高会导致更低的平准化发电成本（levelized cost of energy，LCOE）和弃电，以及存储组件的效率提升。尽管整体电力需求在增加，但平准化发电成本（LCOE）正从 2015 年的 62 欧元/MWh（BPS-2）稳步下降到 2050 年的 42.5 欧元/MWh（BPS-5）。平均热力成本（levelized cost of heat，LCOH）从 37 欧元/MWh（BPS-2）降至 34.5 欧元/MWh（BPS-5）。

总体而言，行业部门耦合有利于整个系统的能效提升。工业能源需求供给的灵活性允许系统平衡总能源需求并增加使用成本最低的光伏发电。与此同时，工业部门的额外电力需求也加速了电力部门的去化石化进程。在综合能源系统中，发电成为整个系统的支柱，从而降低了整体能源和产品成本。面向未来，对于综合性能源集成系统的探索需要进一步针对不同地区的特性，探索可持续的综合能源集成系统及其应用方式。同时，需要在高储能需求、高成本电力、热力和合成燃料供应等方面进行技术难题创新突破，以提高不同领域之间能源联动耦合的灵活性及稳定性。

二、能源互联网系统

（一）现状及趋势

能源关系到一个国家的安全，自第二次工业革命能源生产相关技术发明以来，能源生产与消费主要经历了四个阶段：分散式能源生产与消费、集中式能源生产与消费、分布式能源生产与消费、智能网联能源生产和消费。能源互联网是第四个阶段的产物，它综合运用了先进的电力电子技术、信息技术和智能管理技术。能源互联网将大量由分布式能量采集装置、分布式能量储存装置和各种类型负载构成的新型电力网络、石油网络、天然气网络等能源节点互联起来，实现了能量双向流动、能量对等交换和共享网络。能源互联网结构示意见图 10-3。

随着化石燃料的逐渐枯竭，以及由其使用引起的环境污染问题日益严重，以大规模利用化石燃料为基础的传统工业模式逐渐被新型能源利用体系所取代，即能源互联网。能源互联网的特点是新能源技术与信息技术的深度融合。目前，电力、天然气、热力等能源供应系统相互独立、单独规划，十分不利于统一规划和控制[9]。因此，能源互联网的发展对于实现碳中和具有十分重要的意义。

（二）系统集成原理

能源互联网是多个领域和技术的集成，其基于区域和广域能源互联网络，可以实现能源网络的自控、自适应和自优化。此外，可以实现多个能源系统的有序配置、互联互通和协同调度，提高能源系统的整体效率[10]。在能源互联网中有些关键的概念和技术，关键概念有产消者、微网、虚拟电厂、智慧能源等。下面介绍关于能源互联网系统的一些关键概念和关键技术。

1. 关键概念

在能源领域，随着分布式发电和储能的快速发展和广泛应用，传统的能源消费者不再只被动地进行能源消费，而是可以独立地进行能源生产。在互联网生态系统中，能源用户不再是孤立的被动消费者，而是具有双重身份，既是生产者又是消费者，即产消者。

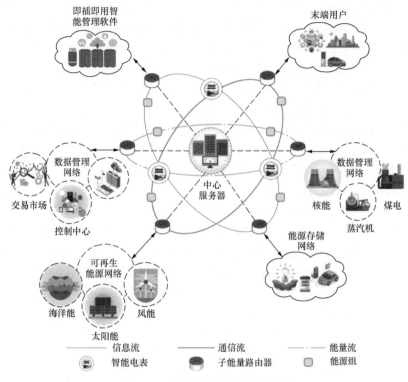

图 10-3　能源互联网结构示意[11]

微电网是一个小型配电系统，通过多个分布式能源为消费者提供能源，包括分布式发电机和分布式储能设备。微电网是智能电网环境下主电网的有效补充，一般包括一些可再生能源发电（如风电和太阳能发电）和一些分布式发电机和存储设备（如柴油发电机、微型涡轮机和燃料电池）。与传统的大型主电网相比，微电网具有诸多优势，如发电方式多样，系统运行可靠，供电方式灵活，排放水平较低等。

虚拟电网（virtual power plants，VPP）是一种创新的能源系统运行理念。它是指通过先进的控制、计量、通信等技术，将分布式发电机、储能系统、可控负载、电动汽车等分布式能源设备聚合起来。多个分布式能源设备的优化协调可以通过更高层次的软件架构来实现，有利于资源的优化配置和利用。通过 VPP 工程，可以弥补不同分布式能源的不稳定性缺陷。

智慧能源指通过与先进的信息通信技术相结合，实现能源系统的智能化发展。智能能源的最终目标是实现能源生产和消费的革命，使电力系统变得更加智能、安全、稳定和可靠，直至最终实现能源结构优化、节能减排，以及提高能源效率。智能能源的内容包括智能生产、分布式能源网络、新能源消费模式以及基于智能电网的通信设施和商业模式。智慧能源是能源互联网的概括形式，能源互联网是智慧能源的具体实施路径。

2. 关键技术

支撑多能源互联系统的关键技术主要有能源路由器、能源中心、能源互联网接入设备、智能能源管理系统、分布式能源、智能计量基础设施、点对点（peer to peer，P2P）能源交易及软件定义网络。

能源路由器（energy router，ER）是实现能源互联网基础设施的必要设备，具有能量和电压水平形式的转换、高电能质量、即插即用接口等特性。现已发展出了基于固态变压器（solid-state transformer，SST）、多端口转换器（multiport converters，MPC）和电力通信线（power line communication，PLC）三种架构类型的能量路由器。SST 的优点是即插即用、可灵活的功率控制以及选出最佳能量流。PLC 与 SST 类似，它使用同一条电力线进行能源和通信的传输，因此更加经济，但它对带宽要求高、存在数据速率低、信号衰减等缺点。MPC 是专为低压配电网络（如家庭和建筑物）而设计，它管理的子系统包括发电资源系统和存储系统，可以较好维持和平衡能源的供应。

能源中心（energy hub，EH）是未来能源网络项目中的一个重要概念。EH 是一个结合各种能源网络（包括电力、热力和燃气）以满足最终用户需求的系统。EH 给能源互联网提供了灵活性和可靠性，可灵活地利用来自不同能源网络的能源，因此它不依赖于特定的能源，反过来又可提高了系统的可靠性。

能源互联网接入设备（energy internet access equipment，EIAE）是一种可实时连接和监控能源使用和能源供应的方式。在能源互联网基础设施中，各种能源生产网络、储能网络和分布式能源相互连接，才能提供全面灵活的能源供应。EIAE 可作为用户的信息物理终端媒介，充当接口并测量、观察和控制所有使用分布式能源设备。另外，EIAE 使用测量、观察和控制方法实现最终用户和能源生产之间的交互，并在能源互联网中提供组件，EIAE 还可以作为能源互联网中提供所有上述服务的最终执行组件/设备。

智能能源管理系统可为能源互联网提供快速可靠的信息。学者们提出了一种智能能源管理（intelligent energy management，IEM）软件[12]，该软件可与分布式能源、存储系统和最终用户进行交互，实现即插即用的功能。IEM 具有分布式和扁平架构，具有扩展性和可持续性。IEM 致力于可再生能源的最佳利用，并在发生突发事件或电网电力故障时调用存储系统。本质上，IEM 执行多目标任务、调整负载需求曲线、调节电压并最小化运营成本和电路损耗。为实现这些目标，IEM 需要识别和整合可再生分布式资源，进行准时的能源和电力调度，并有效地控制和分配任务。

分布式能源是能源互联网的重要组成部分，分布式能源指分布在用户端的能源综合利用系统，其中包括一次能源和二次能源。一次能源以气体燃料为主，可再生能源为辅，利用一切可以利用的资源；二次能源以分布在用户端的热电冷（值）联产为主，其他中央能源供应系统为辅，实现以直接满足用户多种需求的能源梯级利用，并通过中央能源供应系统提供支持和补充。在环境保护方面，分布式能源可以将部分污染分散化、资源化；在能源输送和利用方面，采用分片布置的方式，减少长距离输送能源带来的损失，从而有效提高了能源利用的安全性和灵活性。

智能计量基础设施类型丰富，其中以智能仪表等设备为代表，可提供准确的数据测量、数据控制和数据预测。作为高级计量基础设施的重要组成部分，智能电表收集产生的能源和末端用户消耗能源的实时信息。基于这些信息，智能电表与需求侧管理和需求响应一起为末端用户和能源供应端提供了调节依据。

由于能源互联网是一个互联、开放、智能和以用户为中心的系统，它使安全可靠的 P2P 能源交易和交付变得可行。因此，P2P 允许生产消费者通过出售多余能源或减少能源需求参与电力市场。产消者可以充分利用分布式能源，从而降低电力成本。P2P 能源交易具有许多潜在的好处，例如降低峰值（需求）、降低整体运营和投资成本、降低储备容量要求以及提高能源效率和电力系统可靠性。

软件定义网络（software-defined network，SDN）是一种创新的网络方法。SDN 旨在通过建立资源可编程的软件网络来改进路由策略，是为了满足多样化的通信需求而构建的新型网络创新架构。同时，SDN 是网络虚拟化的一种实现方式，可实现网络流量的灵活控制，使网络作为管道变得更加智能，为核心网络和应用的创新提供了良好的平台。

（三）系统效果及未来展望

尽管能源互联网结合了许多有前景的特性和通用技术，但它需要众多能源、信息和通信网络之间的协调与合作，也带来了一些问题和挑战，如系统复杂性、系统安全性、效率、标准化问题、社会接受度，以及能源交易、商业模式等。目前能源互联网仍在起步阶段。

人类的能源系统正在经历重大变革，可再生能源会越来越多地出现在能源结构中。能源互联网其实是以互联网理念构建的新型信息能源融合广域网，它以大电网为主干网，以微网为局域网，以开放对等的信息能源一体化架构，真正实现能源的双向按需传输和动态平衡使用，因此可以最大限度地适应新能源的接入。能源互联网具有从根本上改变能源分配技术和业务的巨大潜力，随着能源系统不断向能源互联网过渡，能源互联网也必将在能源结构改革和全球碳中和中发挥至关重要的作用。

第三节　工业-能源领域碳中和技术集成

一、可再生能源与 CCUS 耦合的 SMGUS 系统

（一）现状基础及趋势

为了满足日益增长的社会和经济福利需求，未来几十年内全球对钢铁的需求将呈上升趋势。由于高炉炼钢技术在炼钢工艺中的主导地位，全球通过高炉路线生产的钢铁占所有钢铁生产的 70% 以上。然而，世界钢铁协会指出 2020 年，全球钢铁行业的吨钢 CO_2 排放量达 1.89t，较 2019 年增加 0.04t，钢铁行业始终存在着能源密集和 CO_2 密集的现象。碳在高炉炼钢中用作还原剂，最终以 CO/CO_2 混合物的形式出现在钢厂气体中。如何充分利用这些气体来提高钢厂综合集成性能而使单一 CO_2 排放减少，成为钢厂升级优化重点。

根据钢铁行业自身的技术特性，开发新型的 CCUS 技术，并与化工、能源等相关领域在更长的技术链条上实现全流程的 CO_2 收集利用，是钢铁领域实现碳中和技术集成的重点。低碳钢厂煤气利用系统（SMGUS）是钢铁领域早有探索并展开应用的综合性集成系统，其涉及多台具有不同特性的设备集成。然而多年来，多数对于 SMGUS 系统技术创新的研究大多只关注其经济表现。为节约经济成本，在如何实现设备之间有效调度方面也有过一系列探索。近几年，随着碳中和概念的普及，对于 SMGUS 系统技术创新的重点开始聚焦于 CO_2 减排，Kong[13] 提出了一种绿色混合整数线性规划模型，以灵活的燃气分配降低碳排放，但使得燃气锅炉性能下降。Wei 等人[14] 则采用了联合目标函数，包括储气罐惩罚成本、能源购买成本和碳排放成本的联合目标函数来优化 SMGUS 系统，在促进 CO_2 减排的同时使得碳排放成本增加 21.5%。在 CCUS 技术耦合 SMGUS 系统方面，CCUS 的集成使 SMGUS 演变为多联产系统，其中包含电力、热能、CO_2、甲醇等多种能源和物质流。目前已有研究仅针对 SMGUS 的给定运行条件[15]，但考虑到钢厂中发电量的波动、电力和热力需求的变化，以及可再生能源的间歇性，如何实现灵活调度优化也是未来技术集成优化的重点。

总体来说，SMGUS 内多个能量转换设备的集成优化运行是钢厂在减排增效方面面临的

重要挑战，在能量转换、储存和运输过程中，气、电、热和碳之间的耦合非常紧密。如果设备管理不协调，可能会威胁整个集成系统的稳定运行。近年来，虽然对于 SMGUS 以减排为目标的优化探索开始增多，但大多数研究 CO_2 排放约束作为重点，如果缺少可再生能源和 CCUS 技术的整合，实现高炉炼钢过程中的实现低碳目标将会面临极大的挑战。因此，为了实现低碳目标，SMGUS 的低碳优化，不仅要考虑系统设备之间有效动态调度的优化过程，还要考虑设备的配置及重点耦合流程，需要进一步深入探索。

本节介绍的可再生能源与 CCUS 耦合的 SMGUS 系统，由 Han 等人[16]提出。他们开发了一种集溶剂型碳捕集、甲醇生产于一体的 SMGUS 系统，并引入人工智能技术（AI），对 SMGUS 系统进行优化调度，为系统面向碳中和目标提供了较好的技术集成思路。

（二）系统集成原理

可再生能源与 CCUS 耦合的 SMGUS 系统主要优化重点如下：首先，建立了 SMGUS 内部设备的第一性原理模型；其次，利用贝叶斯优化的梯度提升回归树（gradient boosting regression tree，GBRT）来识别复杂设备的有效代理模型，以简化调度计算；最后，开发了反映 SMGUS 系统的环境、经济和安全性能的综合目标函数和粒子群优化（particle swarm optimization，PSO）算法，用于在操作约束下找到最佳解决方案。该系统的主要技术创新包括以下几个方面：①SMGUS 与可再生能源和 CCUS 技术相结合的优化调度；②在 SMGUS 系统优化调度中应用 GBRT 和 PSO 的人工智能技术，协调多设备交互，实现 SMGUS 安全、经济、低碳运行；③碳中和技术通过集成合作实现互惠互利；④进行敏感性分析以了解关键因素对 SMGUS 系统实现碳中和的影响。

图 10-4 所示为可再生能源与 CCUS 耦合的低碳 SMGUS 系统流程。该系统与年产 150 万 t 粗钢的钢厂兼容。高炉煤气（blast furnace gas，BFG）、焦炉煤气（coke oven gas，COG）、顶吹转炉煤气（linz-donawitz gas，LDG）分别由钢厂的高炉、焦炉和转炉产生。这些气体一部分用于炼钢过程，其余气体则被送至 SMGUS 系统中。SMGUS 系统中有三个储气罐，分别储存多余的 BFG、COG 和 LDG。设备方面，系统采用 50MWe 高炉煤气-联合循环燃气轮机装置（BFG-CCGT）、50MWe 锅炉-涡轮热电联产装置和 35t/h 燃气锅炉装置（GB）为炼钢厂和所在工业园区提供热力和电力。在这些装置的下游部署了一个 30% 单乙醇胺（MEA）溶剂型燃烧后碳捕集（PCC）装置，以减少其 CO_2 排放。不过，PCC 装置需要消耗大量蒸气进行溶剂再生。另外，系统还部署了甲醇生产装置，用于将部分捕集的 CO_2 和 H_2（从 COG 中回收）转化为粗甲醇。除钢厂燃气发电厂外，工业园区的区域能源系统还安装了 22.5MWe 风力涡轮机和 11.25MWe 光伏板，作为附加电源。当发电量不足时，系统允许从外部电网购买电力，然而该系统产生的多余电力不能转移到外部电网。可再生能源与 CCUS 耦合的 SMGUS 系统包括多种设备，这些设备之间存在不同行为和多种能源之间的复杂相互作用。

该可再生能源与 CCUS 耦合的 SMGUS 系统的运行原理主要包括两大板块：SMGUS 系统中设备过程模型确定，低碳 SMGUS 优化调度方法构建。

1. SMGUS 系统中设备的过程模型确定

（1）开发第一原理模型来表示 SMGUS 系统内多个设备的行为。

1）能源层面发电技术的选择及组织——使用在 MATLAB/Simulink 环境中开发的三菱 M251S 型 BFG-CCGT 技术的第一原理模型来表示过程的行为。

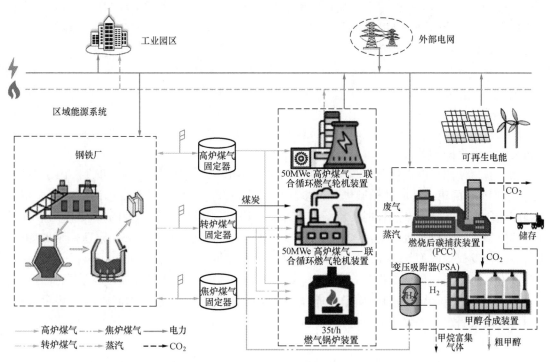

图 10-4　可再生能源与 CCUS 耦合的低碳 SMGUS 系统流程[16]

2）明确燃料消耗和能量转化装置（CHP 和 GB 装置）的数学关系。

3）碳捕集装置的设置及耦合（CCUS）。为了准确反映该过程，开发了基于 30%（质量分数）MEA 的溶剂型燃烧后碳捕集（PCC）装置。该装置将来自 BFG-CCGT、CHP 和 GB 的烟气混合并送至吸收器，在那里 CO_2 被从顶部喷射的 MEA 溶剂化学吸收。为了使减压和降温后的溶剂再生，需要抽出 BFG-CCGT、CHP 和 GB 产生的蒸汽用于加热再沸器。该模型已得到较好的实际应用验证（见图 10-5）。

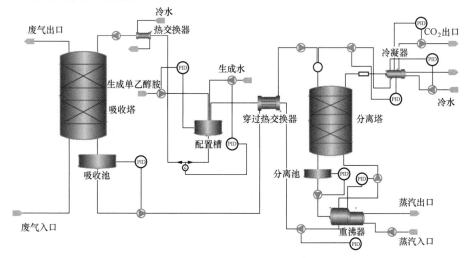

图 10-5　溶剂型燃烧后碳捕集（PCC）装置技术流程[16]

4）设置基于 CO_2 的甲醇生产装置模型。在 SMGUS 系统中考虑了碳利用，以将部分捕集的 CO_2 转化为粗甲醇。H_2 是从回收的焦炉煤气中获得。CO_2 和 H_2 在变压吸附器中压缩并送至合成装置，在合成装置中发生以下反应生成粗甲醇：

$$CO_2 + H_2 \rightleftharpoons CH_3OH + H_2O \tag{10-1}$$

$$CO_2 + H_2 \rightleftharpoons CO + H_2O \tag{10-2}$$

$$CO_2 + H_2 \rightleftharpoons CH_3OH \tag{10-3}$$

5）明确光伏发电和风力发电模型，通过开发光伏（PV）和风能模型来分别表示功率输出和天气条件之间的关系。

（2）通过使用贝叶斯优化的梯度增强回归树（GBRT），进行代理模型开发。由于 BFG-CCGT 和 PCC 的第一性原理模型包含过多的中间变量和非线性方程，直接调用这些模型会使调度优化变得非常复杂和耗时。因此，应用 GBRT 使用第一原理模型的输入-输出数据开发代理模型，以提供过程的准确和有效的表示。GBRT 被应用于使用第一原理模型的输入-输出数据开发代理模型。GBRT 模型由多个弱学习机以回归树的形式组成，每棵树都旨在使用线搜索最小化当前模型的损失函数。作为 GBRT 中的两个关键超参数，弱学习器的数量 M 和学习率 lr 共同影响回归的质量。通过使用贝叶斯优化来调整 GBRT 中的这些超参数，从而对不同设备之间的优化调度进行代理拟合。

2. 可再生能源与 CCUS 耦合的 SMGUS 系统的优化调度

在模型开发及代理设置之后，需要对系统整体的优化调度目标及约束进行设置。

（1）明确 SMGUS 系统调度的目标函数。需要充分考虑 SMGUS 系统在经济、环保和安全方面的运行目标。目标函数由以下几项成本和收益构成：储气罐液位波动惩罚成本（C_{gh}）、碳排放惩罚成本（C_{emi}）、能源采购成本（C_{pur}），可再生电力削减的惩罚成本（C_{cut}）和粗甲醇的利润（P_{MeOH}）。整体的最小化可以实现 SMGUS 系统的优化调度，具体的整体最优化公式为 $\min(C_{gh}+C_{emi}+C_{pur}+C_{cut}-P_{MeOH})$。对于每项成本，都需要明确具体的含义和计算方法。

（2）SMGUS 系统调度的约束条件设置。重点考虑 SMGUS 系统的能量平衡和碳捕集的运行约束。

（3）在调度中应用 PSO 算法来寻找 SMGUS 的最优运行策略。

（三）系统效果及未来展望

该拟建可再生能源与 CCUS 耦合的 SMGUS 系统，根据位于中国北方石家庄的工业园区的典型电力和热量需求进行试验，验证技术集成的有效性，分别考虑了三种情况（见图 10-6）：Case01，传统 SMGUS 系统仅与可再生能源相结合；Case02，不考虑 CO_2 利用率的 SMGUS 系统；Case03，可再生能源与 CCUS 耦合的 SMGUS 系统三种系统集成的效果对比。从整体运营成本来说，Case03 的可再生能源与 CCUS 耦合的 SMGUS 系统是最低的，且利用灵活的碳捕集技术可以简化可再生能源的使用过程。从综合系统的角度来看，利用低谷期过剩的可再生能源来降低碳捕集的运行成本，从而实现更多的 CO_2 捕集。部署基于甲醇生产的碳利用可以提高系统的经济性能。此外，系统的灵活性可以得到进一步提高，将可再生能源弃电从 109.6MWh 降低到 2.67MWh（减少 97.6%），并稳定储气罐水平的波动。由于甲醇生产需要消耗大量能源，CO_2 排放量比 Case02 高 263t，但与 Case01（减排 62.2%）相比，仍可实现 2020.8tCO_2 减排。

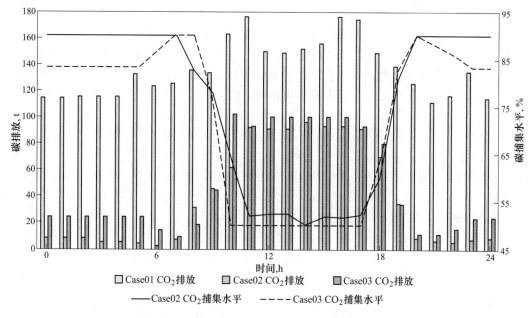

图 10-6　三种情况的 CO_2 排放和捕集水平[16]

可再生能源与 CCUS 耦合的 SMGUS 系统的应用表明，如果能够充分发挥这些设备的可调节性，无论是间歇性可再生能源的集成，还是降低碳捕集和利用的运营成本，SMGUS 系统中涉及的多个设备的技术集成具有"1+1＞2"的组合优势。此外，基于人工智能的调度方法在钢厂碳中和技术集成系统中的应用也具备较好的有效性。通过进一步对系统调度结果的敏感性分析表明，未来可再生能源与 CCUS 耦合的 SMGUS 系统需要聚焦煤耗限制、可再生能源装机容量、CO_2 排放惩罚系数、CO_2 捕集约束模式等关键因素进行优化和调整。

二、电转气技术与燃气、碳捕集技术集成系统

（一）现状基础及趋势

风能和太阳能是重要的新型能源，风力发电在电力供应中占据了很高的份额。但由于可再生能源的间歇性和波动性，被削减的能源量是巨大的。研究表明，风能和太阳能的削减量分别达到了 419 亿 kWh 和 73 亿 kWh[17]。为了电网的稳定，必须加以平衡，从而需要长期、大容量的电力储备，并储备生产能力。电转气技术（power-to-gas，PtG）应运而生。PtG 通过剩余电力与电网兼容气体的转换，将电网与燃气网连接起来，是一种高效的能源转换和存储技术。

碳捕集技术、可再生能源及多能源系统是实现低碳排放和可持续能源发展的重要措施。PtG 与燃气机组联合配备碳捕集系统（carbon capture system，CCS）可以利用综合能源站的多余功率生产 H_2，将 H_2 与捕集的 CO_2 进一步合成甲烷（CH_4）。该集成系统可有效降低碳排放，提高可再生能源渗透率[18]。

PtG 所需的 CO_2 可以通过碳捕集系统供给，合成的 CH_4 可以再次供给发电机组或供热机组。从碳利用的角度，实现了 CO_2-CH_4-CO_2-CH_4 的动态循环，并提出了 CO_2 的再利用思路。从能源使用角度看，在可再生能源渗透率较高的情况下，可形成提高能源利用效率的电-气-电（E-G-E）或电-气-热（E-G-T）多能源系统。因此，CCS 与 PtG 的同步运行产生的经济和环境效益十分可观。

（二）系统集成原理

　　碳捕集系统与电转气系统协同运行的过程分为两个阶段：碳捕集和气体合成。首先，在碳捕集阶段，采用广泛使用的后燃烧技术。将来自发电单元的烟气送至吸收塔与溶剂混合，然后将混合物泵送至汽提塔，从混合物中分离出 CO_2。部分捕集的 CO_2 一部分提供给 PtG 以合成气体，另一部分可被储存起来或运输利用。第二阶段的气体合成包括两个步骤：第一步，水被电解产生 H_2 和 O_2，由于 H_2 容易燃烧、爆炸，通常会转化为 CH_4；第二步，名为萨巴蒂尔反应（Sabatier reaction），将 H_2 进入 CH_4 反应器，通过 H_2 和 CO_2 的相互作用生成 CH_4。合成气体可以直接注入天然气网。然而，由于可再生能源的不确定性，以及来自多能源网络的电力或天然气的使用时间电价的变化，捕集 CO_2，生产 H_2 和 CH_4，以及对生产的 CH_4 和 H_2 进行利用的最佳时间，可能不一致。因此，为了提高整体运行效率，可配置 CO_2、H_2 和 CH_4 的储存设施。

　　图 10-7 所示为集成 PtG 和 CCS 的多能源系统框架。虚线内的设备类型可灵活选择以供不同规划使用。在此系统中，电力子系统连接到主电网，可以替代组件包括发电单元、电池单元和燃气透平。天然气子系统可以与外部天然气公司进行交易，此时 PtG 装置可根据需要进行灵活选用。热力子系统的可用组件包括燃气透平、电锅炉、燃气锅炉和蓄热罐。热力子系统也可以与外部热力公司进行热交换。在此系统中，电锅炉作为电-热交换设备，PtG 机组为电-气转换设施，燃气锅炉为气-热转换设备，燃气透平为电-气-热协同装置。综合能源站的输出端口连接到多能源网络，这表明可再生能源、燃气发电 CCS 设施和氢燃料发电设施的多余功率，以及 PtG 的合成 CH_4，不仅可以满足综合能源站的电力和天然气需求外，还可以出售给多能源网络以获取利润。此外，电池和储气库中的电力和天然气也可以出售给多能源网络。

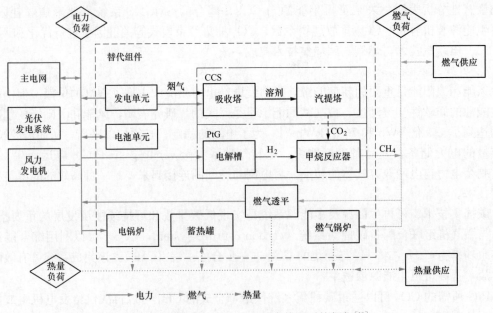

图 10-7　集成 PtG 和 CCS 的多能源系统框架[19]

（三）系统效果及未来展望

　　通过多种能量转换设备的集成以及 CCS 和 PtG 的耦合，系统实现了节能运行和环境性能的优化，既能减少碳排放，又能吸收利用多余的可再生能源，从而实现了较低的总成本。然而由于 PtG 和 CCS 的成本相对较高，系统设计需要在设备容量、成本和环境效益之间进行平衡。

未来的能源站规划研究工作需要考虑多能源网络和多个综合能源系统之间的相互作用，以及在配电电力市场中的竞价策略。同时，还需要提高 CCS、PtG 集成技术的社会接受度。对此可以采取多种措施，例如，落实合理的补贴政策，推动宣传活动，突出耦合系统的经济和环境优势等。

三、超临界压力水煤气化与超临界压力透平气化产物直接膨胀一体化发电系统

（一）现状基础及趋势

煤炭是全球第二大一次能源来源（约 30%），作为原料贡献了全球 40% 以上的电力生产。然而煤炭的大量消耗造成了严重的环境污染问题，如酸雨和温室效应等。同时，煤的直接燃烧并不能有效利用其内储存的高效能量。传统燃煤超临界电厂的热效率一般为41.0%～45.0%。煤的气化有着广阔的前景，因为煤在利用前先气化成合成气，而合成气可以在联合循环中使用，从而产生更多的电能。全球主要的煤基综合气化联合循环项目的热效率为 35.0%～43.0%。

超临界压力水（super critical water，SCW）能高效、清洁地将煤转化为富氢合成气以供进一步利用。气化产物由生成的合成气和未反应的超临界压力水组成，合成气部分溶解在未反应的超临界压力水中。气化产物中存在着大量的化学能和显热。

在与发电系统集成方面，目前主要有两种集成方案[20]。

集成方案一：煤直接燃烧、自热与超临界压力透平一体化。如图 10-8 所示，煤与标准铜线和纯氧燃烧后产生高温混合工质（由 CO_2 和 H_2O 组成），混合工质经过超临界压力透平发电。在超临界压力透平中膨胀后，CO_2 可以从 H_2O 中分离出来，被捕集以备将来使用。该方案合理利用了超临界压力透平的压力能和显热。然而从热效率的角度来看，由于透平进口温度相对较低（约 620℃），从热效率的角度来看，该集成方案不够高效。

集成方案二：联合循环煤气化、外加热与合成氧燃烧一体化。如图 10-9 所示，煤由SCW 气化，外部能源提供热量。根据能量的梯级利用原理，将生产出来的合成气转移到联合循环中进行高效发电，气化产物的显热可回收或转移到朗肯循环中进行发电。在此集成方案中，需要将合成气与未反应的超临界压力水分离。在分离过程中，气化产物的压力和温度会降低到常压值。因此，气化产物的压力能在泄压中释放，而没有得到合理利用。但是由于联合循环的发电效率较高，所以该集成方案可能比方案一更有效。

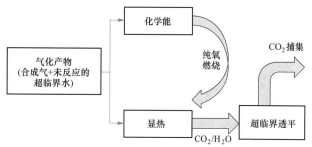

图 10-8　超临界压力水煤气化高效发电集成方案一[20]

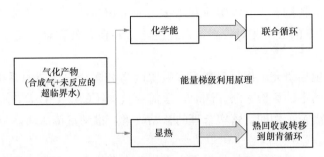

图 10-9　超临界压力水煤气化高效发电集成方案二[20]

由于联合循环比超临界压力透平的能源利用更加高效，所以方案二优于方案一，但方案二没有充分利用气化产物的压力能，因此需要一种新型集成方案。基于超临界压力水煤气化的高压特性，气化产物可直接进入超临界压力透平发电，同时合成气可以从未反应的水中分离出来并输送到联合循环中，从而可以进一步提高集成化燃煤发电系统的热效率。

（二）系统集成原理

超临界压力水煤气化具有以下特征：①超临界压力水中 N、S、P、As、Hg 等元素均为无机盐，分离后的合成气在使用前无须进行清洗；②与传统煤气化技术（约 1200℃）相比，完全气化可以在更低的温度（500～700℃）下实现；③在常规煤气化技术中，采用纯氧作为气化剂，以提高煤气化效率。因此，需要向空分装置提供大量的能量来生产纯氧。而在煤的超临界压力水气化过程中，超临界压力水代替了纯氧。因此，可以省略空分装置，提高热性能。

SCWG 与超临界压力透平气化产物直接膨胀一体化的新型发电系统流程如图 10-10 所示。煤在气化炉中通过 SCW 气化，温度和压力分别为 650℃和 25MPa。气化产物由 H_2O、CO_2 和 H_2 组成。在气化炉内流出后进入超临界压力透平，然后将压力扩展到 1bar 用于发电。气化产物随后进入热交换器，显热部分用于预热锅炉给水。在热交换过程之后，气化产物被冷却到 25℃。合成气从未反应的水中分离出来，并被转移到联合循环用于发电。未反应的水被循环利用，并与补充水混合，以保持系统的持续运行。混合水通过气化产物在热交换器中的显热进行预热，再由锅炉内的高温烟气加热至超临界压力状态[20]。

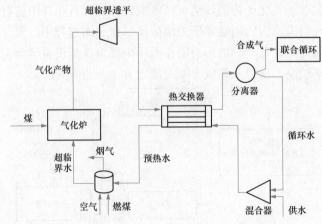

图 10-10　集成 SCWG 的发电系统流程[20]

（三）系统效果及未来展望

在此新型系统中，借助于联合循环使得系统性能有了较大幅度的提高。该系统的仿真结果表明，当水煤浆浓度为25%（质量分数）、超临界压力透平的出口压力为1bar时，系统的热效率可达54.7%。此外，气化后产物的显热和潜热均高于煤气化联合循环发电中生成的合成气。

基于超临界压力水煤气化的发电系统，可以同时为工业的生产过程提供工艺蒸汽、电力、热水，降低散煤的消耗，减少硫氧化物、氮氧化物和粉尘的排放，从而实现了煤的高效清洁利用。同时该系统也实现了煤的化学能与物理能的综合梯级利用，在不增加煤消耗量的情况下，大幅提高了燃煤发电效率。除此之外，该系统还有着环境友好的优势。该系统以煤作为原料输入，经过超临界压力水气化之后，合成气体中不含氮、硫等污染物，可替代现有的电厂或煤锅炉，而不会带来环境压力，也无须使用复杂的脱硫脱硝设备。

四、太阳能与甲醇高效热化学集成的分布式能源系统

（一）现状基础及趋势

与大规模集中式能源系统相比，分布式能源系统可以直接面向用户的冷、热、电等多种用能需求，采用能量的梯级利用原理，利用烟气余热实现制冷和供热，可以大幅提高系统的一次能源利用率。另外，太阳能易于集成在分布式能源系统中。在太阳能热化学过程中，太阳能被用来驱动吸热化学反应，升级为太阳能燃料的化学能，并以高效、稳定的过程存储。与上述太阳能热转换过程相比，太阳能热化学过程中发生的㶲破坏更少。目前，太阳能热化学过程已广泛应用于甲烷重整领域，例如将中低温太阳能与甲醇热化学互补过程与分布式能源系统相结合，集成多能源互补的能源梯级利用系统。

迄今为止，各系统的太阳能热化学过程主要由高温太阳能热（600℃以上）驱动。例如，集成了布雷顿循环和跨临界CO_2制冷循环的太阳能驱动的热电联产系统[21]，具有甲烷重整的太阳能热化学的混合动力系统[22, 23]等，其中高温太阳能热量由高浓度比收集器进行收集。太阳光被浓缩和吸收作为热能，并且随着太阳热化学温度的升高，太阳能转化为热能的热损失和不可逆损失也有所增加，同时系统的投资成本和复杂性也会急剧增加。因此，实现低温太阳能热化学过程将成为一条高效、低成本的太阳能利用途径。

甲醇分解的太阳热化学反应可在200~300℃下进行。相较于高温太阳能热化学过程，利用甲醇分解的中低温太阳能热化学过程实现了更高效的太阳能升级，即通过甲醇分解的热化学反应将太阳能和烟道热转化为化学能，进而实现太阳能与化石燃料的有效整合利用。

（二）系统集成原理

太阳能混合分布式能源系统由中低温太阳能热和余热驱动的热化学反应组合，实现了太阳能与甲醇的高效热化学集成。该系统输入太阳能和甲醇，输出功率、冷量和热量。甲醇通过太阳能热化学吸收器/反应器和化学回收过程分解为合成气（由H_2和CO组成）。合成气驱动内燃机输出功率，同时回收的余热依次驱动化学回收、冷却和加热装置。

该系统集成了太阳能热化学、化学回收、发电和余热回收过程，原理如图10-11所示。系统由五个主要部分组成，即太阳能热化学吸收器/反应器、化学回收装置、预热单元、系统输出单元和存储装置，其功能如下所述：

（1）太阳能热化学过程，即由太阳能热化学吸收器中太阳能驱动的甲醇分解反应，将太

阳能升级为合成气（由 H_2 和 CO 组成）化学能。

（2）化学回收过程，即在固定床反应器中由高温余热驱动的吸热甲醇分解反应，将余热升级为合成气化学能，提高废热回收效率。

（3）在预热单元中，吸收太阳能吸收器和固定床反应器出口的低温余热和高温合成气的冷量，使液态甲醇汽化。冷却后的合成气被送往气液分离器。未反应的甲醇返回甲醇罐，合成气储存在合成气罐中。

（4）合成气被送入内燃机中辅助发电，再根据排气温度通过化学回收过程和 Li-Br 吸收式制冷机循环利用排气热量。气缸冷却水、中冷水和润滑油的废热被回收以输出热量。

（5）储能单元将化学储能和物理储能结合在一起。通过储存太阳能热化学过程产生的合成气，太阳能被储存为太阳能燃料化学能，具有较高的能量密度和稳定性。高温余热先通过热油加热回收，再作为热油显热储存在热罐中，有助于甲醇在固定床反应器中分解。

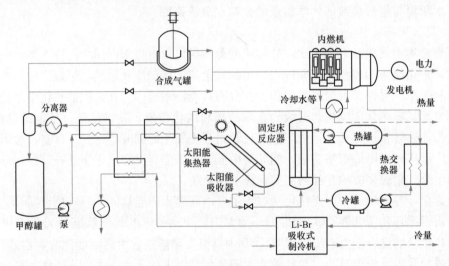

图 10-11　系统集成原理[24]

（三）系统效果及未来展望

该系统运行周期内，集成了中低温太阳能热化学反应和化学回收过程，从而提高了太阳能利用效率和余热回收性能。在设计条件下，大约 33.3% 的废气热量通过化学回收过程得到回收。与直接利用余热驱动吸收式制冷机的系统相比，废气回收的㶲破坏率降低了 23.41%。同时，太阳能和余热被升级为合成气化学能，并得到了更有效的利用。该系统的年平均太阳能-化学能效率和正常净太阳能-电效率分别达到 66.1% 和 24.7%[24]。

此外，该系统将热化学过程和能量（太阳能和余热）存储结合起来，降低了系统对不同太阳辐射水平的敏感性，并在非设计条件下提高了性能。总体而言，该系统利用太阳能和清洁燃料之间的储能和协同作用，灵活高效地提供了可利用能源，能够满足部分工业厂房在典型夏季的电力和热负荷需求。

五、基于太阳能辅助生物质气化的冷热三联供电系统

（一）现状基础及趋势

将可再生能源集成到冷-热-电（combined cooling, heating power, CCHP）系统中是一种有效利用分布式能源以减少化石能源消耗和 CO_2 排放的方案。生物质作为稳定的燃料，

可以通过气化转化为天然气燃料，以取代天然气，而无须对原动机或系统进行大规模调整。与其他生物质技术相比，气化技术能够处理较低等级的燃料，提高能源系统的可持续性和灵活性。结合生物质-空气气化的热电联产系统在夏季冷却模式下的能源效率为50%，年能源效率为28%，是一种高效系统[25]。

太阳能辅助发电技术可以将太阳能与基于各种化石燃料燃烧的朗肯循环发电厂进行耦合发电。然而太阳能发电存在间歇性与波动性等缺点，而生物质发电具有可靠性与稳定性的优势。这两种能源的不同特征为太阳能辅助生物质热电联产系统集成提供了潜在的可能。

在过去十年中，生物质热电联产系统受到了广泛关注。基于生物质燃烧的大中型热电联产电厂技术已相对成熟。在混合热电联产系统中，尽管生物质子系统可能对系统总能量效率和㶲效率的贡献可能大于太阳能子系统，但在生物质气化热电联产系统中引入太阳能更利于减少温室气体排放。此外，在混合热电联产系统中，生物质能和太阳能的补充可以解决太阳能利用过程中的不稳定性和不连续性。基于此，混合热电联产系统已成为传统热电联产系统中最有前途的替代天然气的方案之一。

（二）系统集成原理

基于太阳能热生物质气化的新型热电联产系统的能量流程图如图10-12所示。太阳能收集器反射太阳辐射，以驱动太阳能气化炉中的生物质蒸汽气化，从而生成产物气体。从气化炉排出的高温产物气体用来加热自来水，为气化过程提供蒸汽。产物气体而后经过热交换器HX-01（heat exchanger，HX），在气体净化系统中进一步冷却净化。通过太阳能热生物质气化的太阳能燃料最终储存在罐中。

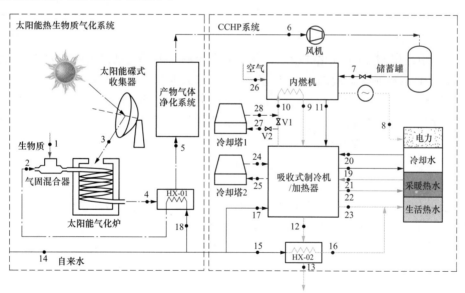

图 10-12 基于太阳能热生物质气化的新型热电联产系统的能量流程图[26]

通过利用产物气体和空气驱动内燃机（internal combustion engine，ICE）发电，系统使用内燃机的废热（包括高温废气和低温冷却水）来供应吸收式制冷机/加热器的水源，以在冷却条件下产生冷冻水，或在加热条件下产生用于采暖的热水，并为用户提供生活热水。冷却塔仅用于吸收式制冷机/加热器在冷却条件下的运行。同时，由于废气温度较高，来自吸收式制冷机/加热器的废气继续释放热量，通过热交换器 HX-02 产生生活热水，并最终进入大气环境。系统通过控制冷却塔 2 维持冷凝器和吸收器中溴化锂的温度。为了满足冷却水的温度要求，确保其安全运行，当温度高于设定温度时，热水通过打开 V2 阀门和关闭 V1 流向冷却塔 1 进行冷却。基于能源梯级利用的原则，表 10-1 列出了基本设计温度的要求。

当系统在非设计条件下运行时，太阳辐射强度小于设计工况的太阳辐射强度，部分输入的生物质原料通过集中太阳能的过热蒸汽气化成合成气，而其余生物质则通过自热气化技术用空气进行气化，产生的合成气在 ICE-CCHP 系统中混合成燃料。

表 10-1　　　　　　　　　　　基本设计温度参数[26]

组成单元	温度参数（K）	取值
生物质蒸汽子系统	蒸汽	723（状态 2）
	HX-01 进口	1073（状态 4）
	HX-01 出口	316（状态 5）
内燃机	内燃机进口	298（状态 7）
吸收式制冷机/加热器	夹套水	343/358（状态 10/9）
	排出气体	736/443（状态 11/12）
	冷冻水	280/287（状态 19/20）
	冷却水	305/309（状态 21/22）
热交换器	HX-02 排出气体	393（状态 13）
	生活热水	333（状态 16）

（三）系统效果及未来展望

基于太阳能辅助生物质气化的冷热三联供电系统的显著特点是生物质和太阳能的综合互补利用，这一特点区别于传统的平行补充利用。在白天太阳能可用时，太阳能热生物质气化子系统可以产生更多的产物气体进行储存。在夜晚等太阳能不可用时，储存的产物气体仍然可以持续驱动内燃机。因此，这种新型的冷热电联供系统可以依靠太阳能实现不间断地长期运行。不过，要实现系统经济高效运行，应追踪太阳辐射的情况，为此需要智能控制系统，以适应天气参数的变化。虽然这种较为复杂的控制措施会增加系统成本，但增加的成本远远低于系统的运行效益。

该系统的仿真结果表明，在全负荷运行模式下，其平均能量效率和㶲效率分别达到了 56% 和 28%，此时太阳能与生物质的能量比约为 0.19。与不采用太阳能的常规生物质气化热电联产系统相比，采用太阳能热生物质气化的产物气体热值增加率达到 55.1%，在冷、热两种模式下生物质的节约率分别约为 9.2% 和 2.0%。因此，该集成系统对提高生物质能源利用效率是有效可行的。

尽管仿真结果证明了其可行性，但在未来仍需要进一步对系统进行研究和开发。例如，探索有效提高能源利用率的太阳能气化炉设计，进行降低单位成本和多种产品的经济分析，以及开发智能控制系统，能够经济高效运行并可切换操作模式，以跟踪太阳辐射的变化。总体而言，基于太阳能热气化系统的热电联产系统为分布式可再生能源的有效利用提供了一条可行的途径。

第四节　建筑-能源领域碳中和技术集成

一、"光储直柔"的建筑新型供配电技术

（一）现状基础及趋势

在碳达峰、碳中和背景下，建筑节能发展进入新时期。首先，低碳发展成为全球共识，可再生能源利用蓬勃发展，建筑电气化将成为促进可再生电力能源在建筑领域运用的必要途径。其次，建筑外表资源化利用成为建筑领域不断探索的发展方向，分布式风光电源成为一种重要的发展形式。建筑屋顶以及可能接受到足够多的太阳辐射的建筑垂直表面，都是安装太阳能光伏的最佳场景，可成为建筑节能的新途径。同时，城市能源系统的可持续发展也成为未来实现碳中和的重要内容，这要求加快构建"源网荷储控"一体化模式和"热电气"多能协同模式，挖掘建筑分布式蓄能和可调节负荷，以提高建筑能源的灵活性。

目前，中国的建筑电气化处于快速发展阶段。建筑部门的电气化水平正在快速提升。"十三五"期间，电气化率累计提升了 10.9 个百分点，达到 44.1％，电气化发展潜力巨大。中国各省市的电气化进程差异明显，北京、上海等一线城市的建筑人均用电量接近3000kWh，是全国平均水平的 2 倍多。同时，中国的建筑人均用电量距离发达国家仍有明显差距，中国的建筑电气化还有很大的增长潜力。此外，还应考虑到用能模式的差异和能效水平的提升。

在建筑电气化的技术发展路径中，不仅要推进电能替代，提高建筑电气化率，还需要促进建筑配用电系统的发展。建筑配用电系统以建筑使用者和建筑内部电气设备为服务对象，以保障建筑电气设备的使用体验和安全可靠为基本功能。一直以来，建筑配用电系统的设计往往与建筑节能结合在一起，如研究建筑电气系统中电力变压器、电力电缆等环节的节能措施，建立建筑配用电系统节能运行评价体系[27]。近年来，随着建筑节能的推进和新型建筑中太阳能等可再生能源技术应用的增加，建筑配用电系统更需要考虑可再生能源的接入。

本节介绍的光储直柔的建筑新型供配电技术，主要关注建筑配用电系统的关键四项技术组合。虽然光储直柔的各项技术单独已经有了大量研究，且也有许多研究将其与建筑场景相结合，但是将这些技术有机融合并集成示范的项目却并不多见。本节旨在介绍这种未来建筑电气化的集成技术思路及示范案例。

（二）系统集成原理

"光储直柔"的建筑新型供配电技术这一建筑电气化集成技术系统的工作原理如图 10-13所示[29]。未来在高比例可再生能源结构下，新型建筑配用电应具备 4 项新技术——光、储、直、柔。其中，光和储分别指分布式光伏和分布式储能；直是指建筑配用电网从传统的交流配电网改为采用低压直流配电网；柔则是指建筑用电设备应具备可中断、可调节的能力，使建筑用电需求从刚性转变为柔性。

（1）光。太阳能光伏发电是未来主要的可再生电源之一。建筑外表面是发展分布式光伏发展的空间资源，将太阳能设施作为建筑的一部分，并将建筑、技术和美学融为一体，是未来建筑和能源系统的发展趋势之一。光伏组件成本的快速下降使光伏建筑一体化变得更加可行。此外，与光伏电站相比，建筑光伏可以节省一系列建设和维护费用。未来，光伏技术有望进一步实现技术创新。

（2）储。在建筑中应用的储能属于表后储能（behind-the-meter energy storage），是指

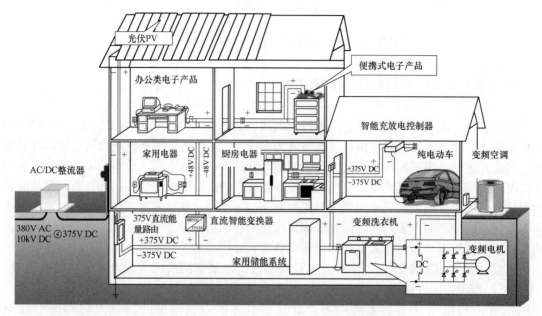

图 10-13　"光储直柔"建筑新型供配电技术原理[29]

在用户所在场地建设的一种设备系统。该系统接入用户内部配电网,并以用户内部配电网系统平衡调节为特征,通过物理储能、电化学电池或电磁能量存储介质进行可循环电能的存储、转换及释放的设备系统。随着分布式光伏和电动汽车与建筑配用电系统的融合发展,储能有利于提高建筑配用电系统的可靠性。总体来说,建筑储能技术目前还处于初期发展阶段,真正将储能配置在建筑内部的项目还比较少,需要进一步考虑建筑电池的热安全问题、电池控制如何、建筑负荷特性匹配等关键技术。

(3) 直。电源侧的分布式光伏、储能电池等普遍输出直流电。建筑内部改用直流配用电网,可以取消直流设备与配电网之间的交直变换环节,同时放开配用电系统对电压和频率的限制。直流建筑的配用电系统结构如图 10-13 所示,在建筑入口处设有 AC/DC 整流器,它可以将外电网的交流电整流为直流电为建筑供电,或者在建筑电力富余时将直流电逆变为交流电,供给外部电网。而建筑内部通过直流电配电网与所有电源和电器(设备)连接。当电源或电器(设备)的电压等级与配电网电压等级不同时,需设置 DC/DC 变压器。未来,随着"光"和"储"的应用逐渐普及,低压直流配电技术将持续受到关注,建筑低压直流配电的生态环境也将逐渐形成。

(4) 柔。建筑设备往往具有可中断和可调节的特性。例如,空调和供热系统可以利用建筑围护结构的蓄热特性和人们对温度波动的适应性来进行短期负荷功率调节,从而为电力系统提供一定程度的灵活性,以平衡建筑用户体验和电网灵活性需求之间的关系。建筑设备的可调节性也能够为电力系统所用[28]。然而,由于缺乏有效的激励机制,目前的需求响应技术还主要停留在理论研究和模拟仿真阶段,实际工程应用较少。

(三) 系统效果及未来展望

位于深圳市的未来大厦 R3 模块就是"光储直柔"集成示范建筑之一,其建筑面积 6259m²,主要用于办公场景,配备了办公环境所必需的直流空调多联机系统、LED 照明系统、直流多媒体、直流办公设备、直流充电桩等必要设备,并搭载智能化控制系统。未来大厦低压直流配用电系统见图 10-14。该建筑于 2019 年底竣工,目前已投入科研使用。

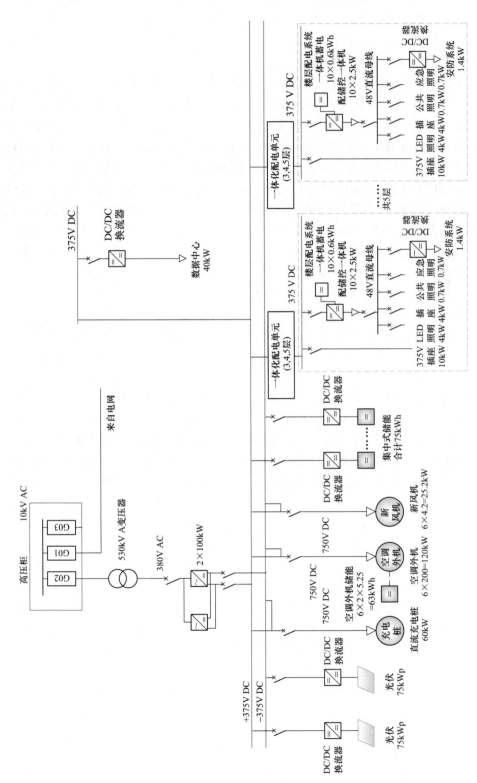

图 10-14　未来大厦低压直流配用电系统[29]

在"光"方面，未来大厦 R3 模块配置了 150kW 的光伏系统，位于屋顶的 1870m² 区域；在"直"方面，未来大厦 R3 模块采用了全直流配用电系统；在"储"方面，建筑中配置了三层电池储能系统；在"柔"方面，未来大厦 R3 模块基于直流配用电系统，采用了基于直流母线电压的自适应控制策略。

通过集成应用光储直柔技术，该建筑的配电容量显著降低。根据常规商业办公楼的配电设计标准，该建筑需要至少配置 400kW 的 AC/DC 变换器容量。而目前该建筑仅配置了 200kW 的 AC/DC 变换器容量，比传统系统降低了 50%。由此可见，光储直柔技术能够有效降低建筑对城市电量和容量的需求。此外，集成应用光储直柔技术对于城市电网的稳定运行有积极作用，包括削减夏季空调负荷峰值、缓解电网增容压力、增强电网供电可靠性等。

光储直柔技术并非全新的技术，但是在建筑领域的集成应用却是全新的探索。在碳中和背景下，可再生能源高比例渗透和建筑节能理念的转变为光储直柔技术的发展创造了机遇和场景。然而，光储直柔技术在建筑中的集成应用仍然面临着技术不成熟、标准不完善、产品不完备等问题。要想实现工程应用和大规模推广，未来还有待更广泛深入的研究、跨学科跨部门的流程和大量实践经验的积累。

二、生物质与地热能耦合建筑热电供能系统

（一）现状基础及趋势

随着中国城市化进程的加快，尤其是近 20 年内，中国建筑规模得到前所未有的发展。与此同时，随着社会经济的发展，人们对于居住、工作舒适度的要求日益提高，使得建筑领域的耗能不断增长。2020 年，中国的建筑终端能源消费量占全球的 17% 以上，建筑 CO_2 排放量（直接和间接）占全球排放量的近 25%。建筑部门在中国的排放总量中的占比约为 20%，其中约 25% 来自该部门的直接用能，75% 来自间接用能（使用化石燃料提供热力和电力）[30]。由于中国经济正处于持续快速发展阶段，持续不断增加的建筑能耗将会给节能工作带来巨大挑战。针对建筑领域的节能，主要从以下三个方面考虑：一是建筑本体节能优化设计；二是降低自身能源需求与能量损耗；三是产能端开源优化。其中，产能端开源优化主要集中于建筑能源供应系统的研究，通过对能源系统集成与优化实现产能端与用能端的优化匹配。

作为一种新型的能源系统形式，分布式能源系统是建立在用户附近、根据用户负荷需求而建立的能源系统。作为最具前景和实用性的分布式能源系统，冷热电三联产系统（包括热电联产系统）直接面向用户，为用户提供所需电力、冷量或热量等产品。图 10-15 所示为典型的冷热电三联产系统流程。联产系统中通过燃料燃烧驱动原动机发电，原动机排出高温余热，一方面通入制冷装置制取冷量，另一方面通入换热器为用户供热。当联产系统输入能量不足以满足建筑用户负荷需求时，可以采取辅助措施进行补充，如从大电网引入公共用电，通过驱动电制冷机制冷或通过辅助锅炉为用户提供待补充的热负荷等。

同时，考虑到化石燃料对环境的危害，需要改变能源供应、能源需求和能源系统的结构，因此，以可再生能源为输入的冷热电三联产系统受到广泛关注。2021 年，国际能源署发布了《中国能源体系碳中和路线图》，预测热泵、区域能源系统和其他直接基于可再生能源的技术（主要是生物质锅炉、太阳能热力和地热）将占 2030 年新装供热系统的 75%。这为分布式能源系统的发展提供了良好的基础。

在众多可再生能源中，生物质能和地热能具有独特的优势。生物质是碳中和的资源，它

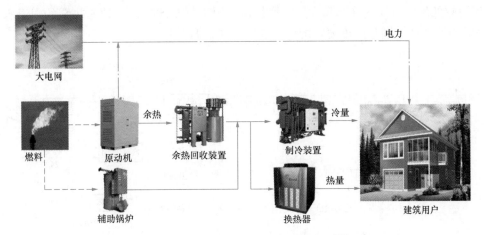

图 10-15 典型冷热电三联产系统流程[31]

可吸收 CO_2、阳光和水，通过光合作用产生碳水化合物，是碳中和的资源。在对生物质的利用技术中，气化是最有潜力的技术之一。而地热能的优势在于其来自地球内部的热能，不易受到天气的影响。地源热泵是一种高效的地热能利用技术，可将土壤中的热量转移到需求侧。然而，采用地源热泵系统生产生活热水时，较高的目标温度会导致较高的压缩比，从而降低地源热泵主机的性能系数。因此，为了更好地利用生物质、提高地源热泵系统的性能系数，将基于生物质部分气化及地源热泵热水温度分级提升机理，集成至生物质与地热能耦合建筑热电供能系统中。

本节介绍的生物质与地热能耦合建筑热电供能系统是由 Zhang 等人[32]提出的，通过对典型案例，进行了热力学分析，并建立了㶲分析及㶲成本分析模型。该模型可为系统设计人员和操作人员提供理论依据，并将分析扩展到此类系统的不同方案。

(二) 系统集成原理

将生物质部分气化与地源热泵相结合的建筑热电供能系统由四部分组成：生物质部分气化子系统、燃气透平发电循环子系统、蒸汽透平循环发电子系统、地源热泵子系统。

图 10-16 所示为生物质与地热能耦合建筑热电供能系统示意。在生物质部分气化子系统中，预热的生物质材料 (1) 与气化剂一起被送入生物质气化炉，气化剂由高温氧气 (7，温度 400℃) 和蒸汽 (4，温度 400℃) 组成。在进入气化炉之前，水 (3) 和氧气 (6) 分别通过换热器-01 和换热器-02 中生物气体的显热进行预热。气化过程的部分产物是未反应的半焦和生物气体。未反应的半焦 (9) 将在半焦锅炉中与空气一起燃烧，燃烧热将用于加热来自换热器-03 的水 (13)，产生高压过热蒸汽 (14)，以驱动蒸汽透平发电。发电后，排出的蒸汽 (15) 在冷凝器 1 中完全冷凝，用于加热水 (12)，然后泵入换热器-03。对于生物气体，在燃气净化装置 (包括旋风分离器和洗涤器) 去除气体中的杂质和水后，将其送入燃气透平发电循环子系统进行发电。在燃气透平发电子系统中，由烟气 (24) 预热的压缩空气 (22) 将与压缩生物气体 (19) 一起送入燃烧器。燃烧后，高温高压的烟气 (23) 流入燃气透平发电，然后用于加热换热器-04 中的压缩空气。在地源热泵子系统中，蒸发器中的制冷剂 (33) 从地热井中吸收地热能，并通过蒸发制冷循环将热能传递到冷凝器中，将冷水 (28) 预热到规定温度 (如 39℃)，得到中温水 (29)。燃气透平子系统中最后得到的温

度和压力较低的出口烟气（25）被送入换热器，用于重新加热来自地源热泵的中温水（29，温度39℃），并产生满足温度要求的生活热水（30，温度55℃）。

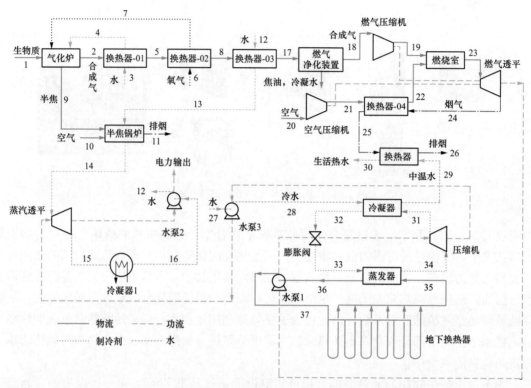

图 10-16 生物质与地热能耦合建筑热电供能系统示意[33]

在整个耦合系统中，电力主要由燃气透平发电循环子系统和蒸汽透平循环发电子系统提供，燃气透平提供燃气压缩机和空气压缩机所需电力，同时地源热泵子系统所需电力也由耦合系统提供，当耦合系统发电量不能提供地源热泵所需电力时，考虑从外界输入电力驱动地源热泵子系统产生活热水。

（三）系统效果及未来展望

在生物质与地热能耦合建筑热电供能系统中，生物质部分气化的过程有助于减少㶲损失，进而提高系统的㶲效率。仿真结果表明[32]，该系统的㶲效率可达13.7%左右，㶲损失主要发生在气化炉中，其次是煤焦锅炉，分别占㶲总损失的38.2%和21.7%。同时，地源热泵需要的温水中间温度降低了地源热泵的压缩比，提高了地源热泵的性能系数。对于该系统的㶲经济分析表明，热水、燃气轮机发电和蒸汽透平发电的单位成本分别为92.5美元/GJ、12.4美元/GJ和23.9美元/GJ。生物质的价格和其他一些经济因素，如利率、使用寿命和运行时间，也会对产品的单位成本产生一定影响。

此外，基于能源、经济与环境指标，对生物质与地热能耦合的建筑热电供能系统基于能源、经济与环境指标建立优化模型[34]，选取优化变量的取值如下：原动机容量为276kW，碳转化率为1，中温水温度为25℃（此时系统性能最佳）。仿真结果表明，通过耦合系统与参比分产系统性能进行对比分析可知，经过优化耦合，系统一次能源节约率为7.6%、年总成本节约率为23.6%，CO_2排放减少率为66.5%，综合性能指标可达32.6%。

总体而言，将热电联产系统与生物质能和地热能相结合可以提高生物质能与地热能的利用效率，符合可持续发展的要求。未来在生物质能与地热能耦合方面，需要清晰地了解耦合系统中各设备的利用效率，并从经济、能源、环境等角度对系统进行进一步分析。同时，需要考虑对不同季节供能产物的差异，考虑引入蓄能装置，将多余热量或电量进行储存。这既可以提高耦合系统能源利用效率，又可以增强耦合系统的灵活性，从而实现耦合系统在不同模式间的智能转化。

参 考 文 献

[1] 王灿，丛建辉，王克，等．中国应对气候变化技术清单研究 [J]．中国人口·资源与环境，2021，31（03）：1-12.

[2] 张贤．碳中和目标下中国碳捕集利用与封存技术应用前景 [J]．可持续发展经济导刊，2020，(12)：22-24.

[3] 张贤，李凯，马乔，等．碳中和目标下 CCUS 技术发展定位与展望 [J]．中国人口·资源与环境，2021，31（09）：29-33.

[4] 张九天，张璐．面向碳中和目标的碳捕集、利用与封存发展初步探讨 [J]．热力发电，2021，50（01）：1-6.

[5] CHANGE I C. Mitigation of climate change [J]. Contribution of working group Ⅲ to the fifth assessment report of the intergovernmental panel on climate change, 2014, 1454：147.

[6] BROWN T W, BISCHOF-NIEMZ T, BLOK K, et al. Response to "burden of proof: A comprehensive review of the feasibility of 100% renewable-electricity systems" [J]. Renewable and Sustainable Energy Reviews, 2018, 92：834-847.

[7] CONNOLLY D, MATHIESEN B V. A technical and economic analysis of one potential pathway to a 100% renewable energy system [J]. International Journal of Sustainable Energy Planning and Management, 2014, 1：7-28.

[8] BOGDANOV D, GULAGI A, FASIHI M, et al. Full energy sector transition towards 100% renewable energy supply: Integrating power, heat, transport and industry sectors including desalination [J]. Applied Energy, 2021, 283：116273.

[9] LV Z, KONG W, ZHANG X, et al. Intelligent security planning for regional distributed energy internet [J]. IEEE Transactions on Industrial Informatics, 2020, 16（5）：3540-3547.

[10] REN S, HAO Y, XU L, et al. Digitalization and energy: How does internet development affect china's energy consumption? [J]. Energy Economics, 2021, 98：105220.

[11] HUSSAIN H M, NARAYANAN A, NARDELLI P H J, et al. What is energy internet? Concepts, technologies, and future directions [J]. IEEE Access, 2020, 8：183127-183145.

[12] HUANG A Q, CROW M L, HEYDT G T, et al. The future renewable electric energy delivery and management (freedm) system: The energy internet [J]. Proceedings of the IEEE, 2011, 99（1）：133-148.

[13] KONG H-n. A green mixed integer linear programming model for optimization of byproduct gases in iron and steel industry [J]. Journal of Iron and Steel Research, International, 2015, 22（8）：681-685.

[14] WEI Z, ZHAI X, ZHANG Q, et al. A minlp model for multi-period optimization considering couple of gas-steam-electricity and time of use electricity price in steel plant [J]. Applied Thermal Engineering, 2020, 168：114834.

[15] GHANBARI H, SAXÉN H, GROSSMANN I E. Optimal design and operation of a steel plant integrated with a polygeneration system [J]. AIChE Journal, 2013, 59 (10): 3659-3670.

[16] XI H, WU X, CHEN X, et al. Artificial intelligent based energy scheduling of steel mill gas utilization system towards carbon neutrality [J]. Applied Energy, 2021, 295: 117069.

[17] JIN S, LI Y, HUANG G, et al. Analyzing the performance of clean development mechanism for electric power systems under uncertain environment [J]. Renewable Energy, 2018, 123: 382-397.

[18] PURSIHEIMO E, HOLTTINEN H H, KOLJONEN T. Path towards 100 % renewable energy future and feasibility of power-to-gas technology in nordic countries [J]. IET Renewable Power Generation, 2017, 11 (13): 1695-1706.

[19] ZHANG X, BAI Y, ZHANG Y. Collaborative optimization for a multi-energy system considering carbon capture system and power to gas technology [J]. Sustainable Energy Technologies and Assessments, 2022, 49: 101765.

[20] CHEN Z, GAO L, ZHANG X, et al. High-efficiency power generation system with integrated supercritical water gasification of coal [J]. Energy, 2018, 159: 810-816.

[21] WANG J, PAN Z, NIU X, et al. Parametric analysis of a new combined cooling, heating and power system with transcritical CO_2 driven by solar energy [J]. Applied Energy, 2012, 94: 58-64.

[22] BIANCHINI A, PELLEGRINI M, SACCANI C. Solar steam reforming of natural gas integrated with a gas turbine power plant [J]. Solar energy, 2013, 96: 46-55.

[23] BIANCHINI A, PELLEGRINI M, SACCANI C. Solar steam reforming of natural gas integrated with a gas turbine power plant: Economic assessment [J]. Solar Energy, 2015, 122: 1342-1353.

[24] LIU T, LIU Q, LEI J, et al. Solar-clean fuel distributed energy system with solar thermochemistry and chemical recuperation [J]. Applied Energy, 2018, 225: 380-391.

[25] WANG J-J, YANG K, XU Z-L, et al. Energy and exergy analyses of an integrated cchp system with biomass air gasification [J]. Applied Energy, 2015, 142: 317-327.

[26] WANG J, MA C, WU J. Thermodynamic analysis of a combined cooling, heating and power system based on solar thermal biomass gasification [J]. Applied Energy, 2019, 247: 102-115.

[27] 王露. 浅谈建筑电气的节能 [D]. 西安: 长安大学, 2013.

[28] 尹力, 刘纲, 万文轩, 等. 考虑用能舒适度时变性的商业园区调峰策略 [J]. 供用电, 2020, 37 (08): 3-9+15.

[29] 李叶茂, 李雨桐, 郝斌, 等. 低碳发展背景下的建筑"光储直柔"配用电系统关键技术分析 [J]. 供用电, 2021, 38 (01): 32-38.

[30] 国际能源署 (IEA). 中国能源体系碳中和路线图 [R]. 巴黎, 2021.

[31] LIU M, SHI Y, FANG F. Combined cooling, heating and power systems: A survey [J]. Renewable and Sustainable Energy Reviews, 2014, 35: 1-22.

[32] ZHANG X, LI H, LIU L, et al. Exergetic and exergoeconomic assessment of a novel chp system integrating biomass partial gasification with ground source heat pump [J]. Energy Conversion and Management, 2018, 156: 666-679.

[33] 张晓烽. 生物质与太阳能、地热能耦合建筑 CCHP 系统集成研究 [D]. 长沙: 湖南大学, 2018.

[34] ZHANG X, LI H, LIU L, et al. Optimization analysis of a novel combined heating and power system based on biomass partial gasification and ground source heat pump [J]. Energy Conversion and Management, 2018, 163: 355-370.